# 老吕说写作

**2022 管理类/经济类联考**

精析写作近年真题+实时热点话题，把握命题方向

< **精选最具代表性的话题**
< **名师老吕逐句逐段带你写**
< **传授万能写作框架与技巧**

## 只需 5 步，带你写作快速成文

| | |
|---|---|
| **Step1：析材料** | 全方面分析材料，了解命题人的出题意图 |
| **Step2：定立意** | 独创"克罗特"审题立意法，5 步正确立意 |
| **Step3：搭框架** | 浓缩 12 年教学经验，教你万能写作框架 |
| **Step4：列素材** | 引用典型示例与名人名言，增强论证力度 |
| **Step5：填段落** | 教你运用管理学思维阐述论点，文章有深度 |

扫码 0 元领课 >>

## 老吕始创"1342"写作口诀

**1：一个主题**
一篇文章只能围绕一个主题进行论述

**3：三句开头**
开头固定句式：引材料句，过渡句，论点句

**4：四段正文**
正文部分四段按照五种结构框架灵活编排

**2：两句结尾**
第一句：运用修辞显格调
第二句：呼应标题显论点

## 帮你扫除写作"疑难杂症"

不会审题、审跑题
**抓不准材料主旨脉络**

只会写大白话
**不会说理，立章没有深度**

写作没框架、没技巧
**逻辑结构不清晰**

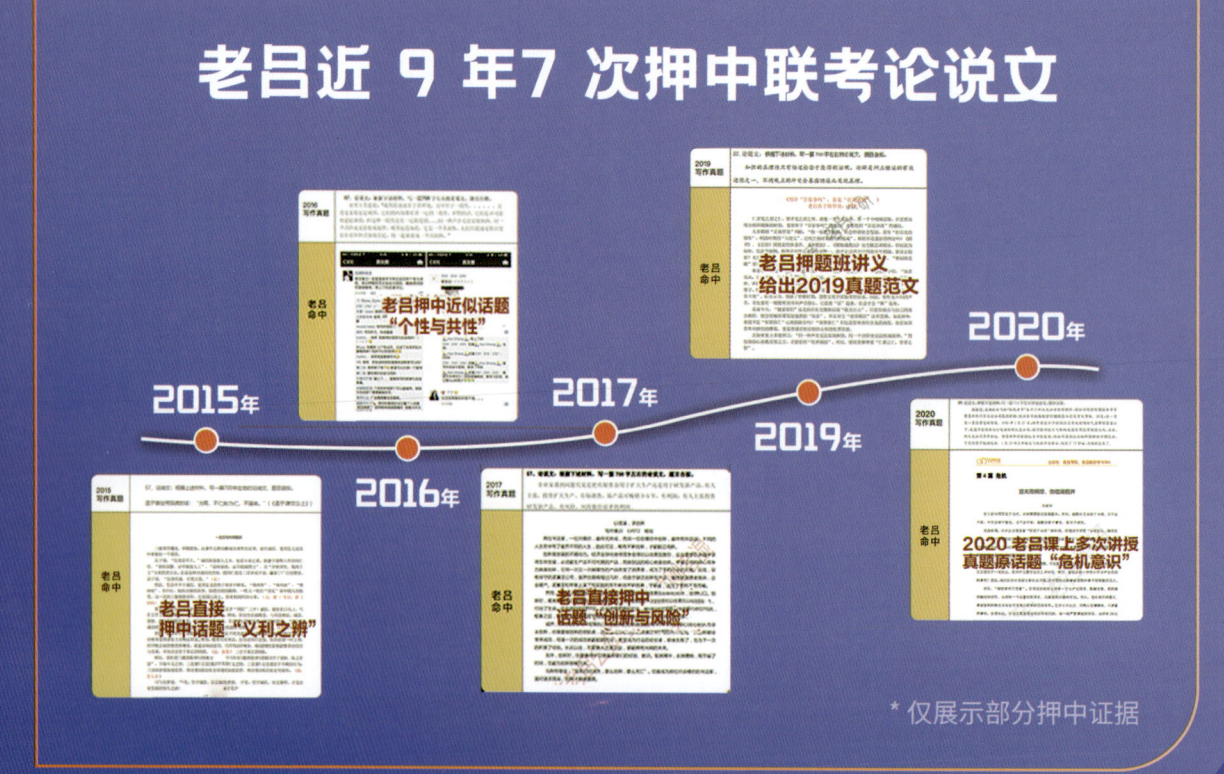

## 老吕近9年7次押中联考论说文

2015年 — 2016年 — 2017年 — 2019年 — 2020年

2015写作真题：老吕命中 老吕直接押中话题"义利之辨"

2016写作真题：老吕命中 老吕押中近似话题"个性与共性"

2017写作真题：老吕命中 老吕直接押中话题"创新与风险"

2019写作真题：老吕押题班讲义 给出2019真题范文

2020写作真题：老吕命中 2020老吕课上多次讲授真题原话题"危机意识"

*仅展示部分押中证据

**199管理类联考/396经济类联考必听免费课程**

# 母题的魔法
## 联考高分训练营

吕建刚

**3** 晚直播　解密联考备考难题

### DAY1· 　199联考选择
**总论+管综数学母题的魔法**
管综目标分数240+，如何达成？
如何2分钟做完1道数学题？

- 联考命题特点及应对策略分析
- 数学必考母题模型及其 N 种变化

### DAY1· 　396联考选择
**396 数学全年备考规划**
396 数学与数三比较难易如何？
396 如何进行复习备考？

- 396 数学考试范围及经典题型分析
- 396 数学65分全年备考规划

### DAY2· 逻辑母题的魔法
逻辑题目读不懂，如何快速拆解题干，找准逻辑关系？

- "公式法""搭桥法"秒杀形式逻辑
- 论证逻辑必考母题模型的真题应用
- 万能"列表法"拆解综合推理

### DAY3· 写作母题的魔法
联考写作与高中作文有何不同？文笔差又懒得背，如何得高分？

- 论证有效性分析得分要点及谬误分析
- 论说文底层逻辑与管理决策4步骤的关系
- 33 类母题 16 类母理的真题应用

赠书活动截止至2021年6月30日

## 直播福利

听完任意1节直播《择校手册》包邮寄送

选 **199联考** 听直播赠送 >

选 **396联考** 听直播赠送 >

## 根据报考专业，扫码加助教 >

~~¥99~~ 限时 **0元** 领课

1. 扫码添加助教，免费领课，进入学习群
2. 听完任意1节直播，助教按照下单地址寄送资料，获赠名单群内公布

199 联考请加　　396 联考请加

## 母题是什么？

母题即命题模型。
母题者，题妈妈也，一生二，二生四，以至无穷。

老吕精研23年 41套真题

| 数学真题 759 道 | —— | 数学 101 类母题 |
| 逻辑真题 1455 道 | —— | 逻辑 36 类母题 |
| 写作真题 56 篇 | —— | 写作 33 类母题 |

万题归宗
'母题的魔法'

**搞定母题就等于搞定联考 <**

**92%** 数学真题 92%直接来源于母题，8%来源于母题变化

逻辑真题 90%直接来源于母题，10%来源于母题变化 **90%**

**98%** 论证有效性分析98%来源于母题

论说文考题 85%来源于母题，其余题目适用母理 **85%**

# 管理类/经济类联考

# 老吕联考线上精品课

## 帮你解决联考备考4大难题

| 自学效果差 | 缺乏应试技巧 | 抓不准核心考点 | 无人领学难坚持 |

## 针对不同专业开设3门课程

| 针对专业 | MPAcc/MAud/MLIS 物流/工业工程与管理 | MBA/MPA/MEM/MTA | MF/MT/MAS/MIB/MI/MV |
|---|---|---|---|
| | 老吕管综弟子班 | 老吕MBA签约过线班 | 老吕经综弟子班(396) |
| 科目 | 199 管综 | 199 管综+英语二 | 396 经综 |
| 课时 | 295H | 管综 295H/英语 140H | 250.5H |
| 内容 | ·数学基础、逻辑基础、写作基础<br>·数学母题、逻辑母题<br>·数学母题 800 练、逻辑母题 800 练<br>·近 5 年真题串讲<br>·写作母题训练营<br>·冲刺点题（写作点题 + 冲刺模考） | 管综：<br>同"老吕管综弟子班"<br><br>英语：<br>·词汇、长难句、阅读基础夯实<br>·阅读、完型、新题型、翻译、写作技巧强化训练<br>·近 3 年真题演练<br>·冲刺押题（作文押题 + 冲刺模考） | 数学：<br>·396 数学必考点分析<br>·微积分、线代、概率基础<br>·396 数学必考题型强化训练<br>·396 数学秒杀技巧冲刺<br><br>逻辑：<br>同"老吕管综弟子班"<br><br>写作：<br>同"老吕管综弟子班" |
| 服务 | 1 专属班主任、定期班会<br>2 每月更新复习规划<br>3 阶段模考，查缺补漏<br>4 小程序打卡、督学<br>5 学长学姐经验分享会<br>6 专业助教老师答疑 | 1 第一年不过国家线，第二年免费重读（第一年听课率达60%且参加考试没过国家线，第二年补交少量资料费重读相同课程）<br>2 专属班主任、定期班会<br>3 每月更新复习规划<br>4 阶段模考，查缺补漏<br>5 小程序打卡、督学<br>6 学长学姐经验分享会<br>7 专业助教老师答疑 | 1 专属班主任、定期班会<br>2 每月更新复习规划<br>3 阶段模考，查缺补漏<br>4 学长学姐经验分享会<br>5 专业助教老师答疑 |
| | ¥5980 限时优惠价 ¥4?80 | ¥6980 限时优惠价 ¥5?80 | ¥4980 限时优惠价 ¥3?80 |

扫码了解
课程详情
早报更优惠

管理类联考

集训地点
**济南**

# 老吕暑期45天集训营

适用专业：MPAcc/MAud/MLIS/MBA/MPA/MTA/MEM/物流工程/工业工程与管理

## 跟老吕康哥集训45天，堪比自学3个月

- 母题强化集训
  **45天提高50分**
- 高三魔鬼作息
  **军事化管理**

以老吕为核心**全名师阵容**

- 专业1对1
  **答疑/写作批改**
- 良好教学氛围
  **舒适住宿条件**

## 暑期/半年集训课程体系

### 2021.7.10-8.25
**老吕暑期45天集训营**

为期45天的面授集训
暑期集中强化提分

【连锁酒店2人间】
【班主任严格督管】
【学习规划+个性调整】
【定期测评+答疑批改】
【暑期教辅资料】

**¥18800 120人/班**

### 2021.7.10-12.15
**老吕半年集训弟子班**

长达5个月面授集训，包含暑期、秋季、冬季集训
3个阶段课程，并配备弟子班全年网课

【配套老吕弟子班网课】
【上床下桌4人寝】
【班主任严格督管】
【学习规划+个性调整】
【定期测评+答疑批改】
【择校评估1对1】
【全套教辅资料】

**¥49800 限招80人**

扫码咨询优先选座>
预付定金享超大额优惠

老吕专硕系列

# MBA/MPA/MPAcc

主编 ◎ 吕建刚

副主编 ◎ 罗瑞　刘晓宇　毕雅迪

## 管理类联考
# 老·吕·数·学
—— 真题超精解 ——

（母题分类版）

（第2版）

北京理工大学出版社
BEIJING INSTITUTE OF TECHNOLOGY PRESS

版权专有　侵权必究

### 图书在版编目（CIP）数据

管理类联考·老吕数学真题超精解：母题分类版 / 吕建刚主编. —2版. —北京：北京理工大学出版社，2021.5

ISBN 978-7-5682-9844-5

Ⅰ.①管… Ⅱ.①吕… Ⅲ.①高等数学-研究生-入学考试-题解 Ⅳ.①O13-44

中国版本图书馆CIP数据核字（2021）第093171号

出版发行 / 北京理工大学出版社有限责任公司
社　　址 / 北京市海淀区中关村南大街5号
邮　　编 / 100081
电　　话 / (010) 68914775（总编室）
　　　　　 (010) 82562903（教材售后服务热线）
　　　　　 (010) 68948351（其他图书服务热线）
网　　址 / http：//www.bitpress.com.cn
经　　销 / 全国各地新华书店
印　　刷 / 保定市中画美凯印刷有限公司
开　　本 / 787毫米×1092毫米　1/16
印　　张 / 18.5　　　　　　　　　　　责任编辑 / 多海鹏
字　　数 / 434千字　　　　　　　　　　文案编辑 / 胡　莹
版　　次 / 2021年5月第2版　2021年5月第1次印刷　责任校对 / 李亚男
定　　价 / 69.80元　　　　　　　　　　责任印制 / 李志强

图书出现印装质量问题，请拨打售后服务热线，本社负责调换

# 图书配套服务使用说明

## 一、图书配套工具库：喵屋

扫码下载"乐学喵 App"
（安卓/iOS 系统均可扫描）

下载乐学喵App后，底部菜单栏找到"喵屋"，在你备考过程中碰到的所有问题在这里都能解决。可以找到答疑老师，可以找到最新备考计划，可以获得最新的考研资讯，可以获得最全的择校信息。

## 二、各专业配套官方公众号

可扫描下方二维码获得各专业最新资讯和备考指导。

**老吕考研**
（所有考生均可关注）

**老吕教你考MBA**
（MBA/MPA/MEM/MTA
专业考生可关注）

**会计专硕考研喵**
（会计专硕、审计
专硕考生可关注）

**图书情报硕士考研喵**
（图书情报硕士考生可关注）

**物流与工业工程考研喵**
（物流工程、工业工程
考生可关注）

**396经济类联考**
（金融、应用统计、税务、
国际商务、保险及资产评估
考生可关注）

## 三、视频课程

扫码观看
199管综基础课程

扫码观看
396经综基础课程

## 四、图书勘误

扫描获取图书勘误

# 如何高效使用真题？

所有同学都知道，真题是考研备考的重中之重，那么，如何高效使用真题呢？我认为，至少分为两个步骤．

第一步，当然是限时模考．《老吕综合真题超精解(试卷版)》提供了完整的真题套卷和标准答题卡，就是为了方便你模考．

老吕要求你严格按照 3 小时的做题时间，排除一切干扰，从写名字到做题、涂卡、写作文，进行限时模考．通过限时模考，我们能调整做题顺序、把握做题速度、测试自我水平、进行查缺补漏．

另外，老吕发现有很多同学在模考时懒得写作文，或者做题太慢，没时间写作文．你进了考场也懒得写作文吗？虽然模考没有人监督你，但请不要自欺欺人！

但使用真题的关键是第二步，就是模考后，使用《老吕综合真题超精解(母题分类版)》进行题型总结．为什么呢？理由如下．

## 1. 数学的命题特点是重点题型反复考

**来看一道 2019 年的真题：**

设圆 $C$ 与圆 $(x-5)^2+y^2=2$ 关于直线 $y=2x$ 对称，则圆 $C$ 的方程为（　　）．

(A) $(x-3)^2+(y-4)^2=2$  (B) $(x+4)^2+(y-3)^2=2$
(C) $(x-3)^2+(y+4)^2=2$  (D) $(x+3)^2+(y+4)^2=2$
(E) $(x+3)^2+(y-4)^2=2$

这一道题曾在 2010 年考过近似题，如下：

圆 $C_1$ 是圆 $C_2: x^2+y^2+2x-6y-14=0$ 关于直线 $y=x$ 的对称圆．

(1) 圆 $C_1: x^2+y^2-2x-6y-14=0$．
(2) 圆 $C_1: x^2+y^2+2y-6x-14=0$．

**再看一道 2019 年的真题：**

某单位要铺设草坪，若甲、乙两公司合作需要 6 天完成，工时费共计 2.4 万元；若甲公司单独做 4 天后由乙公司接着做 9 天完成，工时费共计 2.35 万元．若由甲公司单独完成该项目，则工时费共计（　　）万元．

(A) 2.25　　(B) 2.35　　(C) 2.4　　(D) 2.45　　(E) 2.5

这一道题曾在 2015 年考过近似题，如下：

一项工作，甲、乙合作需要 2 天，人工费 2 900 元；乙、丙合作需要 4 天，人工费 2 600 元；

1

甲、丙合作2天完成了全部工作量的$\frac{5}{6}$，人工费2 400元．甲单独做该工作需要的时间和人工费分别为（　　）．

(A)3天，3 000元　　　　(B)3天，2 850元　　　　(C)3天，2 700元
(D)4天，3 000元　　　　(E)4天，2 900元

**再看一道2019年的真题：**

设数列$\{a_n\}$满足$a_1=0$，$a_{n+1}-2a_n=1$，则$a_{100}=$（　　）．
(A)$2^{99}-1$　　(B)$2^{99}$　　(C)$2^{99}+1$　　(D)$2^{100}-1$　　(E)$2^{100}+1$

这一道题在2019版《老吕数学要点精编》中有原题，如下：

数列$\{a_n\}$中，$a_1=1$，$a_{n+1}=3a_n+1$，求数列的通项公式．

受篇幅所限，老吕不再一一列举真题，但老吕可以很负责任地和你说，数学90%以上的题目是以前考过或者在老吕的书上写过的题．因此，数学备考一定要总结题型，也就是搞定母题．

## 2. 逻辑的命题特点也是重点题型反复考

自1997年到现在，仅管理类联考和管理类联考的前身MBA联考，就考了1 500余道逻辑题，而逻辑只有三四十个知识点，这意味着什么？就是所有题目，都在以前考过十几二十次，"新瓶装旧酒"而已．

**来看一道2019年的管理类联考真题：**

新常态下，消费需求发生深刻变化，消费拉开档次，个性化、多样化消费渐成主流．在相当一部分消费者那里，对产品质量的追求压倒了对价格的考虑．供给侧结构性改革，说到底是满足需求．低质量的产能必然会过剩，而顺应市场需求不断更新换代的产能不会过剩．

根据以上陈述，可以得出以下哪项？
(A)只有质优价高的产品才能满足需求．
(B)顺应市场需求不断更新换代的产能不是低质量的产能．
(C)低质量的产能不能满足个性化需求．
(D)只有不断更新换代的产品才能满足个性化、多样化消费的需求．
(E)新常态下，必须进行供给侧结构性改革．

此题考查的是串联推理，你可以在近10年的管理类、经济类联考真题中找到40余道相似题（受篇幅所限，老吕不再一一列举）．

**再看一道2018年的管理类联考真题：**

唐代韩愈在《师说》中指出："孔子曰：三人行，则必有我师．是故弟子不必不如师，师不必贤于弟子，闻道有先后，术业有专攻，如是而已．"

根据上述韩愈的观点，可以得出以下哪项？
(A)有的弟子必然不如师．　　　　(B)有的弟子可能不如师．
(C)有的师不可能贤于弟子．　　　(D)有的弟子可能不贤于师．
(E)有的师可能不贤于弟子．

此题考查的是简单命题的负命题，你可以在近10年的管理类、经济类联考真题中找到约10道相似题（受篇幅所限，老吕不再一一列举）．

**再看一道 2016 年的管理类联考真题:**

近年来,越来越多的机器人被用于在战场上执行侦察、运输、拆弹等任务,甚至将来冲锋陷阵的都不再是人,而是形形色色的机器人.人类战争正在经历自核武器诞生以来最深刻的革命.有专家据此分析指出,机器人战争技术的出现可以使人类远离危险,更安全、更有效率地实现战争目标.

以下哪项如果为真,最能质疑上述专家的观点?

(A)现代人类掌控机器人,但未来机器人可能会掌控人类.

(B)因不同国家之间军事科技实力的差距,机器人战争技术只会让部分国家远离危险.

(C)机器人战争技术有助于摆脱以往大规模杀戮的血腥模式,从而让现代战争变得更为人道.

(D)掌握机器人战争技术的国家为数不多,将来战争的发生更为频繁也更为血腥.

(E)全球化时代的机器人战争技术要消耗更多资源,破坏生态环境.

此题考查的是措施目的的削弱,你可以在近 10 年的管理类、经济类联考真题中找到约 10 道相似题(受篇幅所限,老吕不再一一列举).

可见,逻辑备考的关键,也是题型总结,也就是搞定母题.

## 3. 写作的命题大方向不变

首先,论证有效性分析是典型的套路化文章,常见的逻辑谬误都有固定的写作套路,而且,也都曾在真题里出现过.

常见的论证有效性分析母题如下:

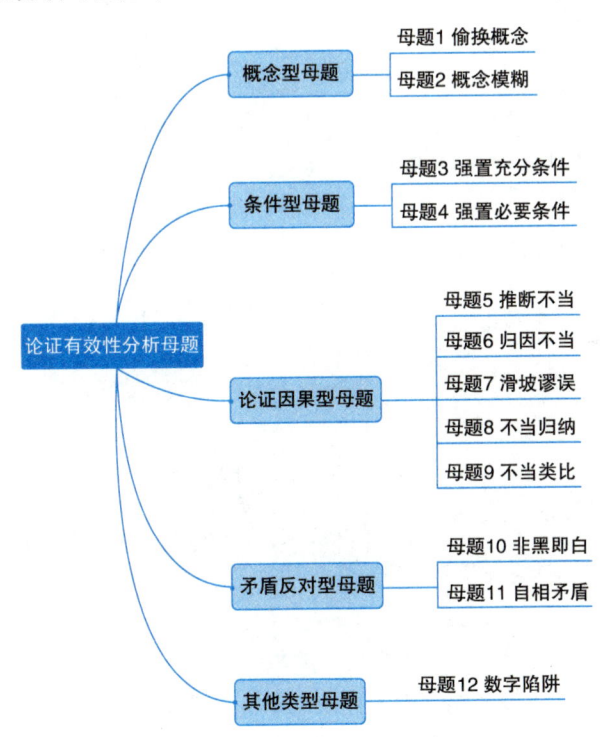

```
论证有效性分析母题
├── 概念型母题
│   ├── 母题1 偷换概念
│   └── 母题2 概念模糊
├── 条件型母题
│   ├── 母题3 强置充分条件
│   └── 母题4 强置必要条件
├── 论证因果型母题
│   ├── 母题5 推断不当
│   ├── 母题6 归因不当
│   ├── 母题7 滑坡谬误
│   ├── 母题8 不当归纳
│   └── 母题9 不当类比
├── 矛盾反对型母题
│   ├── 母题10 非黑即白
│   └── 母题11 自相矛盾
└── 其他类型母题
    └── 母题12 数字陷阱
```

最后,论说文真题看起来变化多端,实际上考的都是管理者素养、企业管理、社会治理三个方向,本质上来说,都是对考生管理决策能力的考查,因此,论说文母题的思路如下:

### 4. 199管理类联考全年备考规划

| 阶段 | 备考用书 | 使用方法 | 配套课程 |
| --- | --- | --- | --- |
| 零基础阶段 | 《老吕数学要点精编》(基础篇)<br>《老吕逻辑要点精编》(基础篇)<br>《老吕写作要点精编》(基础篇) | 第1步：理解核心考点．<br>第2步：本节自测＋阶段模考辅助练习，"小试牛刀"． | 老吕数学基础班<br>老吕逻辑基础班<br>老吕写作基础班 |
| 母题基础阶段 | 《老吕数学要点精编》(母题篇)<br>《老吕逻辑要点精编》(母题篇)<br>《老吕写作要点精编》(母题篇) | 第1步：理解母题，掌握命题模型及变化．<br>第2步：归纳总结解题技巧、方法．<br>第3步：自测＋模考强化练习，巩固提高． | 老吕数学母题班<br>老吕逻辑母题班<br>老吕写作母题营 |
| 母题强化阶段 | 《老吕数学母题800练》<br>《老吕逻辑母题800练》 | 第1步：母题精练(题型强化训练)．<br>第2步：母题模考测试．<br>第3步：总结归纳错题及相关题型． | 老吕数学母题800练<br>老吕逻辑母题800练 |
| 真题阶段 | 第1轮模考：<br>《老吕综合真题超精解》(试卷版) | | 真题串讲班 |
| | 第2轮总结：<br>《老吕数学真题超精解》<br>(母题分类版)<br>《老吕逻辑真题超精解》<br>(母题分类版)<br>《老吕写作真题超精解》<br>(母题分类版) | 第1步：用试卷版真题限时模考，分析错题，总结方法．<br>第2步：用母题分类版真题，总结归纳各题型解题技巧，探析真题的命题规律与破解之道． | — |
| 冲刺阶段 | 《老吕综合冲刺8套卷》 | 第1步：限时模考．<br>第2步：反思错题．<br>第3步：回归母题，系统总结． | — |
| 押题阶段 | 《老吕综合密押6套卷》<br>《老吕写作考前必背母题33篇》 | 第1步：限时模考．<br>第2步：归纳总结． | 冲刺点题班 |

真题是考研备考的重中之重，老吕全套图书更是你成功上岸的必备．希望这套书能帮助大家考上梦想中的名校，实现你的人生理想．让我们一起努力，让我们一直努力！加油！

吕建刚

# 目录
## Contents

必读：管理类联考数学题型说明 / 1
真题考点题型对照表 / 4

## 第1章 算术

**题型1 整数不定方程问题 / 1**
　　变化1 加法模型 / 1
　　变化2 乘法模型 / 4
　　变化3 不等式模型 / 6
　　变化4 盈不足模型 / 6

**题型2 整除与带余除法 / 7**
　　变化1 整除问题 / 8
　　变化2 带余除法问题 / 9

**题型3 奇数与偶数问题 / 10**

**题型4 质数与合数问题 / 11**
　　变化1 基本的质数问题 / 11
　　变化2 分解质因数 / 13

**题型5 约数与倍数问题 / 13**

**题型6 实数的运算技巧 / 14**
　　变化1 多分数相加模型 / 15
　　变化2 换元法模型 / 17
　　变化3 多个括号相乘模型 / 17
　　变化4 无理分数模型 / 18
　　变化5 错位相减法型 / 19

**题型7 有理数与无理数的运算 / 19**

**题型8 等比定理与合比定理 / 20**
　　变化1 等式问题 / 21
　　变化2 不等式问题 / 22

**题型9 其他比例问题 / 22**
　　变化1 连比问题 / 22
　　变化2 两两之比问题 / 23
　　变化3 正比例与反比例 / 24

**题型10 非负性问题 / 25**
　　变化1 非负性问题标准模型 / 25
　　变化2 配方模型 / 26
　　变化3 定义域模型 / 27
　　变化4 方程组模型 / 27

**题型11 绝对值的自比性与符号判断问题 / 28**
　　变化1 绝对值的自比性问题 / 28
　　变化2 符号判断问题 / 29

**题型12 绝对值的最值问题 / 30**
　　变化1 线性和问题 / 30
　　变化2 三个线性和问题 / 32
　　变化3 线性差问题 / 32
　　变化4 复杂线性和问题 / 33

**题型13 绝对值函数、方程、不等式 / 34**
　　变化1 绝对值方程 / 34

变化2　绝对值不等式 / 36
　　变化3　绝对值函数及其图像 / 37
题型14　绝对值的化简求值与证明 / 39
　　变化1　证明绝对值不等式 / 40
　　变化2　三角不等式问题（等号成立、等号不成立）/ 42
　　变化3　绝对值代数式的化简求值 / 43
　　变化4　定整问题（整数范围内的绝对值

求值问题）/ 46
题型15　平均值与方差 / 46
　　变化1　平均值的定义 / 47
　　变化2　方差与标准差的定义 / 48
题型16　均值不等式 / 50
　　变化1　求最值 / 51
　　变化2　证明不等式 / 53
　　变化3　柯西不等式 / 54

# 第2章　整式与分式

题型17　双十字相乘法 / 56
　　变化1　求系数 / 56
　　变化2　求展开式 / 57
题型18　待定系数法与多项式的系数问题 / 57
　　变化1　待定系数法的基本问题 / 58
　　变化2　完全平方式 / 58
　　变化3　展开式的系数和问题 / 59
　　变化4　利用二项式定理求系数 / 60
题型19　代数式的最值问题 / 60
　　变化1　配方型 / 61
　　变化2　一元二次函数型 / 61
题型20　三角形的形状判断问题 / 62
题型21　整式的除法与余式定理 / 64
　　变化1　余式定理与因式定理 / 64

　　变化2　二次除式问题 / 65
　　变化3　可求解的三次除式问题 / 66
　　变化4　不可求解的三次除式问题 / 66
题型22　齐次分式求值 / 67
　　变化1　齐次分式求值 / 67
　　变化2　类齐次分式求值 / 69
题型23　已知 $x+\dfrac{1}{x}=a$ 或者 $x^2+ax+1=0$，

求代数式的值 / 69
　　变化1　求整式的值 / 69
　　变化2　求分式的值 / 70
题型24　其他整式、分式的化简求值 / 71
　　变化1　求整式的值 / 72
　　变化2　求分式的值 / 72

# 第3章　函数、方程和不等式

题型25　集合的运算 / 74
　　变化1　两饼图问题 / 74
　　变化2　三饼图问题 / 75
　　变化3　其他集合问题 / 77
题型26　不等式的性质 / 78
　　变化1　不等式的证明 / 79
　　变化2　反证法 / 80

题型27　函数方程的基础题 / 81
　　变化1　解方程 / 81
　　变化2　解不等式 / 82
　　变化3　一元二次函数的图像 / 82
题型28　一元二次函数的最值 / 84
　　变化1　对称轴在定义域上 / 84
　　变化2　对称轴不在定义域上 / 86

题型 29　根的判别式问题 / 87
　　变化 1　完全平方式 / 87
　　变化 2　判断一元二次函数根的情况 / 87
　　变化 3　抛物线与 $x$ 轴（或其他直线）的交点 / 88
　　变化 4　高次或绝对值方程的根 / 89

题型 30　韦达定理问题 / 90
　　变化 1　常规韦达定理问题 / 90
　　变化 2　公共根问题 / 91
　　变化 3　倒数根问题 / 92
　　变化 4　一元三次方程问题 / 92
　　变化 5　根的高次幂问题 / 93
　　变化 6　韦达定理综合题 / 93

题型 31　根的分布问题 / 94
　　变化 1　正负根问题 / 94
　　变化 2　区间根问题 / 96
　　变化 3　有理根或整数根问题 / 98

题型 32　一元二次不等式的恒成立问题 / 99
　　变化 1　不等式在全体实数上恒成立或无解 / 99
　　变化 2　不等式在某一区间上恒成立 / 100
　　变化 3　已知参数的范围，求自变量的范围 / 100

题型 33　穿线法解不等式 / 101
　　变化 1　分式方程 / 101
　　变化 2　穿线法解高次不等式 / 102
　　变化 3　穿线法解分式不等式 / 103

题型 34　指数与对数 / 103
　　变化 1　判断单调性 / 104
　　变化 2　解指数、对数方程 / 104
　　变化 3　解指数、对数不等式 / 105

题型 35　其他特殊函数 / 105
　　变化 1　最值函数 / 105
　　变化 2　分段函数 / 106
　　变化 3　复合函数 / 107

# 第 4 章　数列

题型 36　等差数列基本问题 / 108
　　变化 1　求和 / 108
　　变化 2　求项数 / 110
　　变化 3　求某项 / 111

题型 37　两等差数列相同的奇数项和之比 / 112

题型 38　等差数列 $S_n$ 的最值问题 / 113

题型 39　等比数列基本问题 / 114

题型 40　无穷等比数列 / 116

题型 41　数列的判定 / 118

题型 42　等差数列和等比数列综合题 / 120

题型 43　数列与函数、方程的综合题 / 123
　　变化 1　数列与一元二次函数 / 123
　　变化 2　数列与指数、对数 / 124

题型 44　已知递推公式求 $a_n$ 问题 / 125
　　变化 1　类等差 / 125
　　变化 2　类等比 / 126
　　变化 3　类一次函数 / 126
　　变化 4　$S_n$ 与 $a_n$ 的关系 / 127
　　变化 5　周期数列 / 128
　　变化 6　直接计算型 / 129

题型 45　数列应用题 / 130
　　变化 1　等差数列应用题 / 130
　　变化 2　等比数列应用题 / 131

# 第5章 几何

题型46 三角形的心及其他基本问题 / 133
    变化1 内心 / 133
    变化2 外心 / 134
    变化3 重心、垂心及中心 / 134
    变化4 其他定理 / 135

题型47 平面几何五大模型 / 139
    变化1 等面积模型 / 139
    变化2 共角模型 / 141
    变化3 相似模型 / 142
    变化4 共边模型（燕尾模型）/ 144
    变化5 风筝与蝴蝶模型 / 145

题型48 求面积问题 / 146
    变化1 割补法求阴影部分面积 / 146
    变化2 对折法求阴影部分面积 / 149
    变化3 集合法求阴影部分面积 / 150
    变化4 其他求面积问题 / 152

题型49 空间几何体问题 / 153
    变化1 表面积与体积 / 153
    变化2 空间几何体的切与接 / 157
    变化3 与水有关的应用题 / 158
    变化4 其他题型 / 159

题型50 点、直线与直线的位置关系 / 160
    变化1 点与直线的位置关系 / 160
    变化2 直线与直线平行 / 161
    变化3 直线与直线相交、垂直 / 162

题型51 点、直线与圆的位置关系 / 163
    变化1 点与圆的位置关系 / 163
    变化2 直线与圆的相离 / 164
    变化3 直线与圆的相切 / 164
    变化4 直线与圆的相交 / 168
    变化5 与直线的距离为定值的圆上的点的个数判断 / 170
    变化6 平移问题 / 170

题型52 圆与圆的位置关系 / 171
    变化1 圆与圆的位置关系 / 171
    变化2 圆系方程与两圆的公共弦 / 172

题型53 图像的判断 / 172
    变化1 直线的判断 / 172
    变化2 两条直线的判断 / 173
    变化3 圆的判断 / 174
    变化4 半圆的判断 / 175
    变化5 其他题型 / 175

题型54 过定点与曲线系 / 176
    变化1 过定点的直线系 / 176
    变化2 其他过定点问题 / 176

题型55 面积问题 / 177
    变化1 三角形面积 / 177
    变化2 其他图形面积 / 178

题型56 对称问题 / 180
    变化1 点关于直线对称 / 180
    变化2 直线关于直线对称 / 181
    变化3 圆关于直线对称 / 182
    变化4 关于特殊直线的对称 / 183
    变化5 中心对称 / 184

题型57 最值问题 / 184
    变化1 求 $\dfrac{y-b}{x-a}$ 的最值 / 184
    变化2 求 $ax+by$ 的最值 / 185
    变化3 求 $(x-a)^2+(y-b)^2$ 的最值 / 185
    变化4 利用对称求最值 / 187
    变化5 求到圆上点的距离的最值 / 187
    变化6 其他题型 / 188

## 第6章　数据分析

题型58　排列组合的基本问题 / 189

题型59　排队问题 / 192

题型60　看电影问题 / 193

题型61　不同元素的分配问题 / 194
　变化1　不同元素的分组 / 194
　变化2　不同元素的分配 / 195

题型62　不能对号入座问题 / 197
　变化1　不对号入座 / 197
　变化2　部分对号入座 / 198

题型63　常见古典概型问题 / 198
　变化1　基本古典概型问题 / 198
　变化2　不同元素的分组与分配问题 / 201

题型64　掷色子问题 / 204
　变化1　掷色子问题与点、圆的位置关系 / 204
　变化2　掷色子问题与数列 / 204

题型65　数字之和问题 / 205

题型66　袋中取球模型 / 206
　变化1　一次取球模型 / 206
　变化2　不放回取球模型(抽签模型) / 208
　变化3　有放回取球模型 / 209

题型67　独立事件 / 211

题型68　伯努利概型 / 216

题型69　闯关与比赛问题 / 218
　变化1　比赛问题 / 218
　变化2　闯关问题 / 219

## 第7章　应用题

题型70　简单算术问题 / 221
　变化1　植树问题(线形) / 221
　变化2　植树问题(环形植树) / 221
　变化3　植树问题(公共坑) / 222
　变化4　牛吃草问题 / 223
　变化5　给水排水问题 / 223
　变化6　鸡兔同笼问题 / 224
　变化7　其他算术问题 / 224

题型71　平均值问题 / 227
　变化1　十字交叉法 / 227
　变化2　十字交叉法解溶液配比问题 / 229
　变化3　加权平均值 / 230
　变化4　调和平均值 / 230
　变化5　至多至少问题 / 231

　变化6　其他题型 / 231

题型72　比例问题 / 232
　变化1　三个数的比 / 232
　变化2　固定比例 / 233
　变化3　比例变化 / 233
　变化4　移库问题 / 234
　变化5　百分比问题 / 234

题型73　增长率问题 / 235
　变化1　一次增长模型 / 235
　变化2　连续增长(复利)模型 / 237
　变化3　连续递减模型 / 239
　变化4　其他题型 / 239

题型74　利润问题 / 241

变化1　打折问题 / 241
　　　变化2　判断赢亏问题 / 242
　　　变化3　其他价格、利润问题 / 244

**题型75**　**阶梯价格问题** / 244

**题型76**　**溶液问题** / 246
　　　变化1　稀释问题 / 246
　　　变化2　蒸发问题 / 246
　　　变化3　倒出溶液再加水问题 / 247
　　　变化4　溶液配比问题 / 247

**题型77**　**工程问题** / 248
　　　变化1　总工作量不为1 / 249
　　　变化2　合作问题（总工作量为1）/ 250
　　　变化3　工费问题（总工作量为1）/ 252
　　　变化4　效率判断（总工作量为1）/ 254
　　　变化5　效率变化问题 / 255

**题型78**　**行程问题** / 256
　　　变化1　迟到早到问题 / 256
　　　变化2　直线追及相遇问题 / 258
　　　变化3　环形跑道问题 / 260

　　　变化4　交换目的地问题 / 260
　　　变化5　多次相遇问题（泳池相遇模型）/ 261
　　　变化6　航行问题（与水速有关）/ 261
　　　变化7　与火车有关的问题 / 263
　　　变化8　其他行程问题 / 264

**题型79**　**图像与图表问题** / 265
　　　变化1　行程问题的图像 / 265
　　　变化2　注水问题的图像 / 266
　　　变化3　其他一次函数应用题的图像 / 267
　　　变化4　图表题 / 267

**题型80**　**最值问题** / 268
　　　变化1　转化为一元二次函数求最值 / 269
　　　变化2　转化为均值不等式求最值 / 270
　　　变化3　转化为不等式求最值 / 271
　　　变化4　极值法求最值 / 272

**题型81**　**线性规划问题** / 273
　　　变化1　临界点为整数点 / 273
　　　变化2　临界点为非整数点 / 274
　　　变化3　解析几何型线性规划问题 / 275

# 必读： 管理类联考数学题型说明

## 一、题型与分值

管理类联考中，数学分为两种题型，即问题求解和条件充分性判断，均为选择题．其中，问题求解题15道，每道题3分，共45分；条件充分性判断题有10道，每题3分，共30分．

## 二、条件充分性判断

### 1. 充分性定义

对于两个命题A和B，若有A⇒B，则称A为B的充分条件．

### 2. 条件充分性判断题的题干结构

题干先给出结论，再给出两个条件，要求判断根据给定的条件是否足以推出题干中的结论．

例：

方程 $f(x)=1$ 有且仅有一个实根． （结论）

（1） $f(x)=|x-1|$． （条件1）

（2） $f(x)=|x-1|+1$． （条件2）

### 3. 条件充分性判断题的选项设置

如果条件（1）能推出结论，就称条件（1）是充分的；同理，如果条件（2）能推出结论，就称条件（2）是充分的．在两个条件单独都不充分的情况下，要考虑二者联立起来是否充分，然后按照以下选项设置做出选择．

**考生注意**

**选项设置：**

(A) 条件(1)充分，条件(2)不充分．

(B) 条件(2)充分，条件(1)不充分．

(C) 条件(1)和条件(2)单独都不充分，但条件(1)和条件(2)联合起来充分．

(D) 条件(1)充分，条件(2)也充分．

(E) 条件(1)和条件(2)单独都不充分，条件(1)和条件(2)联合起来也不充分．

**【注意】**

①条件充分性判断题为固定题型，其选项设置(A)、(B)、(C)、(D)、(E)均同以上选项设置(即此类题型的选项设置是一样的)．

②各位同学在备考管理类联考数学之前，要先了解条件充分性判断题型的题干结构及其选项设置．

③由于此类题型选项设置均相同，本书之后将不再单独注明条件充分性判断题及选项设置，出现条件(1)和条件(2)的就是这种题型，各位同学只需将选项设置记住，即可做题．

## 典型例题

**例1** 方程 $f(x)=1$ 有且仅有一个实根.

(1) $f(x)=|x-1|$.

(2) $f(x)=|x-1|+1$.

【解析】由条件(1)得
$$|x-1|=1 \Rightarrow x-1=\pm 1 \Rightarrow x_1=2, x_2=0,$$
所以条件(1)不充分.

由条件(2)得
$$|x-1|+1=1 \Rightarrow x-1=0 \Rightarrow x=1,$$
所以条件(2)充分.

【答案】(B)

**例2** $x=3$.

(1) $x$ 是自然数.

(2) $1<x<4$.

【解析】条件(1)不能推出 $x=3$ 这一结论,即条件(1)不充分.

条件(2)也不能推出 $x=3$ 这一结论,即条件(2)也不充分.

联立两个条件,可得 $x=2$ 或 $3$,也不能推出 $x=3$ 这一结论,所以条件(1)和条件(2)联立起来也不充分.

【答案】(E)

**例3** $x$ 是整数,则 $x=3$.

(1) $x<4$.

(2) $x>2$.

【解析】条件(1)和条件(2)单独显然不充分,联立两个条件得 $2<x<4$.

仅由这两个条件当然不能得到题干的结论 $x=3$.

但要注意,题干还给了另外一个条件,即 $x$ 是整数;

结合这个条件,可知两个条件联立起来充分,选(C).

【答案】(C)

**例4** $x^2-5x+6\geqslant 0$.

(1) $x\leqslant 2$.

(2) $x\geqslant 3$.

【解析】由 $x^2-5x+6\geqslant 0$,可得 $x\leqslant 2$ 或 $x\geqslant 3$.

条件(1):可以推出结论,充分.

条件(2):可以推出结论,充分.

两个条件都充分,选(D).

注意:在此题中我们求解了不等式 $x^2-5x+6\geqslant 0$,即对不等式进行了等价变形,得到了一个结论,然后再看条件(1)和条件(2)能不能推出这个结论.切记不是由这个不等式的解去推出条件(1)和条件(2).

【答案】(D)

**例5** $(x-2)(x-3)\neq 0$.

(1) $x\neq 2$.

(2) $x\neq 3$.

【解析】条件(1)：不充分，因为在 $x\neq 2$ 的条件下，如果 $x=3$，可以使 $(x-2)(x-3)=0$.

条件(2)：不充分，因为在 $x\neq 3$ 的条件下，如果 $x=2$，可以使 $(x-2)(x-3)=0$.

所以，必须联立两个条件，才能保证 $(x-2)(x-3)\neq 0$.

【答案】(C)

**例6** $(a-b)\cdot |c| \geqslant |a-b|\cdot c$.

(1) $a-b>0$.

(2) $c>0$.

【解析】此题有些同学会这么想：

由条件(1)，可知 $(a-b)=|a-b|>0$.

由条件(2)，可知 $|c|=c>0$.

故有
$$(a-b)\cdot |c|=|a-b|\cdot c,$$

能推出 $(a-b)\cdot |c| \geqslant |a-b|\cdot c$，所以联立起来成立，选(C).

条件(1)和条件(2)联立起来确实能推出结论，但问题在于：

由条件(1)，可知 $(a-b)=|a-b|>0$，则 $(a-b)\cdot |c| \geqslant |a-b|\cdot c$，可化为 $|c|\geqslant c$，此式是恒成立的.

也就是说，仅由条件(1)就已经可以推出结论了，并不需要联立. 因此，本题选(A).

各位同学一定要谨记，将两个条件联立的前提是条件(1)和条件(2)单独都不充分.

【答案】(A)

## 真题考点题型对照表

| 《老吕数学真题超精解(母题分类版)》 | 《老吕数学要点精编(母题篇)》 |
|---|---|
| 题型1　整数不定方程问题 | 题型6　整数不定方程问题 |
| 题型2　整除与带余除法 | 题型1　整除问题<br>题型2　带余除法问题 |
| 题型3　奇数与偶数问题 | 题型3　奇数与偶数问题 |
| 题型4　质数与合数问题 | 题型4　质数与合数问题 |
| 题型5　约数与倍数问题 | 题型5　约数与倍数问题 |
| 题型6　实数的运算技巧 | 题型9　实数的运算技巧 |
| 题型7　有理数与无理数的运算 | 题型8　有理数与无理数的运算 |
| 题型8　等比定理与合比定理 | 题型11　等比定理与合比定理 |
| 题型9　其他比例问题 | 题型12　其他比例问题 |
| 题型10　非负性问题 | 题型15　非负性问题 |
| 题型11　绝对值的自比性与符号判断问题 | 题型16　自比性问题 |
| 题型12　绝对值的最值问题 | 题型17　绝对值的最值问题 |
| 题型13　绝对值函数、方程、不等式 | 题型13　绝对值函数、方程、不等式 |
| 题型14　绝对值的化简求值与证明 | 题型14　绝对值的化简求值与证明 |
| 题型15　平均值与方差 | 题型18　平均值与方差 |
| 题型16　均值不等式 | 题型19　均值不等式 |
| 题型17　双十字相乘法 | 题型20　因式分解<br>题型21　双十字相乘法 |
| 题型18　待定系数法与多项式的系数问题 | 题型22　待定系数法与多项式的系数 |
| 题型19　代数式的最值问题 | 题型23　代数式的最值问题 |
| 题型20　三角形的形状判断问题 | 题型24　三角形的形状判断问题 |
| 题型21　整式的除法与余式定理 | 题型25　整式的除法与余式定理 |
| 题型22　齐次分式求值 | 题型26　齐次分式求值 |
| 题型23　已知 $x+\dfrac{1}{x}=a$ 或者 $x^2+ax+1=0$,求代数式的值 | 题型27　已知 $x+\dfrac{1}{x}=a$ 或者 $x^2+ax+1=0$,求代数式的值 |
| 题型24　其他整式、分式的化简求值 | 题型29　其他整式、分式的化简求值 |
| 题型25　集合的运算 | 题型30　集合的运算 |
| 题型26　不等式的性质 | 题型31　不等式的性质 |

续表

| 《老吕数学真题超精解(母题分类版)》 | 《老吕数学要点精编(母题篇)》 |
|---|---|
| 题型 27　函数方程的基础题 | 题型 32　简单方程(组)和不等式(组)<br>题型 33　一元二次函数的基础题 |
| 题型 28　一元二次函数的最值 | 题型 34　一元二次函数的最值 |
| 题型 29　根的判别式问题 | 题型 35　根的判别式问题 |
| 题型 30　韦达定理问题 | 题型 36　韦达定理问题 |
| 题型 31　根的分布问题 | 题型 37　根的分布问题 |
| 题型 32　一元二次不等式的恒成立问题 | 题型 38　一元二次不等式的恒成立问题 |
| 题型 33　穿线法解不等式 | 题型 41　穿线法解不等式 |
| 题型 34　指数与对数 | 题型 39　指数与对数 |
| 题型 35　其他特殊函数 | 题型 43　其他特殊函数 |
| 题型 36　等差数列基本问题 | 题型 44　等差数列基本问题 |
| 题型 37　两等差数列相同的奇数项和之比 | 题型 45　两等差数列相同的奇数项和之比 |
| 题型 38　等差数列 $S_n$ 的最值问题 | 题型 46　等差数列 $S_n$ 的最值问题 |
| 题型 39　等比数列基本问题 | 题型 47　等比数列基本问题 |
| 题型 40　无穷等比数列 | 题型 48　无穷等比数列 |
| 题型 41　数列的判定 | 题型 51　数列的判定 |
| 题型 42　等差数列和等比数列综合题 | 题型 52　等差数列和等比数列综合题 |
| 题型 43　数列与函数、方程的综合题 | 题型 53　数列与函数、方程的综合题 |
| 题型 44　已知递推公式求 $a_n$ 问题 | 题型 54　已知递推公式求 $a_n$ 问题 |
| 题型 45　数列应用题 | 题型 55　数列应用题 |
| 题型 46　三角形的心及其他基本问题 | 题型 56　三角形的心及其他基本问题 |
| 题型 47　平面几何五大模型 | 题型 57　平面几何五大模型 |
| 题型 48　求面积问题 | 题型 58　求面积问题 |
| 题型 49　空间几何体问题 | 题型 59　空间几何体问题 |
| 题型 50　点、直线与直线的位置关系 | 题型 60　点与点、点与直线的位置关系<br>题型 61　直线与直线的位置关系 |
| 题型 51　点、直线与圆的位置关系 | 题型 62　点与圆的位置关系<br>题型 63　直线与圆的位置关系 |
| 题型 52　圆与圆的位置关系 | 题型 64　圆与圆的位置关系 |
| 题型 53　图像的判断 | 题型 65　图像的判断 |
| 题型 54　过定点与曲线系 | 题型 66　过定点与曲线系 |

续表

| 《老吕数学真题超精解(母题分类版)》 | 《老吕数学要点精编(母题篇)》 |
|---|---|
| 题型 55　面积问题 | 题型 67　面积问题 |
| 题型 56　对称问题 | 题型 68　对称问题 |
| 题型 57　最值问题 | 题型 69　最值问题 |
| 题型 58　排列组合的基本问题 | 题型 71　排列组合的基本问题 |
| 题型 59　排队问题 | 题型 72　排队问题 |
| 题型 60　看电影问题 | 题型 73　看电影问题 |
| 题型 61　不同元素的分配问题 | 题型 75　不同元素的分配问题 |
| 题型 62　不能对号入座问题 | 题型 79　不能对号入座问题 |
| 题型 63　常见古典概型问题 | 题型 82　常见古典概型问题 |
| 题型 64　掷色子问题 | 题型 83　掷色子问题 |
| 题型 65　数字之和问题 | 题型 85　数字之和问题 |
| 题型 66　袋中取球模型 | 题型 86　袋中取球模型 |
| 题型 67　独立事件 | 题型 87　独立事件 |
| 题型 68　伯努利概型 | 题型 88　伯努利概型 |
| 题型 69　闯关与比赛问题 | 题型 89　闯关与比赛问题 |
| 题型 70　简单算术问题 | 题型 90　简单算术问题 |
| 题型 71　平均值问题 | 题型 91　平均值问题 |
| 题型 72　比例问题 | 题型 92　比例问题 |
| 题型 73　增长率问题 | 题型 93　增长率问题 |
| 题型 74　利润问题 | 题型 94　利润问题 |
| 题型 75　阶梯价格问题 | 题型 95　阶梯价格问题 |
| 题型 76　溶液问题 | 题型 96　溶液问题 |
| 题型 77　工程问题 | 题型 97　工程问题 |
| 题型 78　行程问题 | 题型 98　行程问题 |
| 题型 79　图像与图表问题 | 题型 99　图像与图表问题 |
| 题型 80　最值问题 | 题型 100　最值问题 |
| 题型 81　线性规划问题 | 题型 101　线性规划问题 |

注意：本书题型更多知识讲解和练习详见《老吕数学要点精编(母题篇)》和《老吕数学母题800练》对应的题型．

# 第1章 算术

## 题型1 整数不定方程问题

**题型概述**

| 命题概率 | 母题特点 |
|---|---|
| (1)近10年真题命题数量：10. <br> (2)命题概率：1. | (1)未知数个数大于方程个数. <br> (2)已知未知数的解为整数. |

**母题变化**

**变化1　加法模型**

| 母题模型 | 解题思路 |
|---|---|
| (1)题干可整理为 $ax+by=c$ 的形式. <br> (2)解为整数. | 第1步：将题干信息化简为 $ax+by=c$； <br> 第2步：解出 $x=\dfrac{c-by}{a}$ 或 $y=\dfrac{c-ax}{b}$； <br> 第3步：再穷举. |

1. (2011年管理类联考真题)①在年底的献爱心活动中，某单位共有100人参加捐款，经统计，捐款总额是19 000元，个人捐款数额有100元、500元和2 000元三种，该单位捐款500元的人数为(　　).

(A)13　　　　(B)18　　　　(C)25　　　　(D)30　　　　(E)38

【解析】设捐款100元、500元、2 000元的人数分别为 $a,b,c$，根据题意，得

$$\begin{cases} a+b+c=100, \\ 100a+500b+2\,000c=19\,000, \end{cases}$$

化简得

$$\begin{cases} a+b+c=100, \\ a+5b+20c=190, \end{cases}$$

两式相减，得 $4b+19c=90$，得 $b=\dfrac{90-19c}{4}$.　　　加法模型

---

① 本书选用的管理类联考真题中，2009年及2009年以后的1月真题统称为"管理类联考真题"；10月真题统称为"在职MBA联考真题"；2008年及2008年以前的1月真题统称为"MBA联考真题".

1

又因为 $a,b,c$ 均为正整数，利用穷举法(或选项代入法)，可知 $c=2$，$b=13$. 所以捐款500元的人数为13.

【答案】(A)

2.(2016年管理类联考真题)(条件充分性判断)利用长度为 $a$ 和 $b$ 的两种管材能连接成长度为37的管道(单位：米).

(1) $a=3$，$b=5$.
(2) $a=4$，$b=6$.

(A)条件(1)充分，但条件(2)不充分.
(B)条件(2)充分，但条件(1)不充分.
(C)条件(1)和条件(2)单独都不充分，但条件(1)和条件(2)联合起来充分.
(D)条件(1)充分，条件(2)也充分.
(E)条件(1)和条件(2)单独都不充分，条件(1)和条件(2)联合起来也不充分.

【解析】设长度为 $a$ 的管道 $x$ 根，长度为 $b$ 的管道 $y$ 根.

条件(1)：$37=3x+5y$，整理得 $y=\dfrac{37-3x}{5}$. 〔加法模型〕

穷举得整数解 $\begin{cases} x=9, \\ y=2, \end{cases}$ 或 $\begin{cases} x=4, \\ y=5, \end{cases}$ 故条件(1)充分.

条件(2)：$37=4x+6y$，显然等号左边为奇数，右边为偶数，无整数解，故条件(2)不充分.

【答案】(A)

### 考生注意

此题为条件充分性判断题，这种题型的特点是：

题干先给出一个结论：利用长度为 $a$ 和 $b$ 的两种管材能连接成长度为37的管道(单位：米).

再给出两个条件：(1) $a=3$，$b=5$.
(2) $a=4$，$b=6$.

解题思路：

条件(1)能充分地推出结论吗？条件(2)能充分地推出结论吗？如果两个都不充分的话，两个条件联立能充分地推出结论吗？

选项设置：

(A)条件(1)充分，但条件(2)不充分.
(B)条件(2)充分，但条件(1)不充分.
(C)条件(1)和条件(2)单独都不充分，但条件(1)和条件(2)联合起来充分.
(D)条件(1)充分，条件(2)也充分.
(E)条件(1)和条件(2)单独都不充分，条件(1)和条件(2)联合起来也不充分.

【注意】

①条件充分性判断题为固定题型，其选项设置(A)、(B)、(C)、(D)、(E)均同此题(即此类题型的选项设置是一样的).

②各位同学在做条件充分性判断题之前,要先了解这类题型的题干结构及其选项设置,详细内容可参看本书前文的《必读:管理类联考数学题型说明》.

③由于此类题型选项设置均相同,本书之后的例题将不再单独注明条件充分性判断题及选项设置,出现条件(1)和条件(2)的就是这种题型,各位同学只需将选项设置记住,即可做题.

**3.** (2017年管理类联考真题)某公司用1万元购买了价格分别为1 750元和950元的甲、乙两种办公设备,则购买的甲、乙办公设备的件数分别为(    ).

(A)3,5    (B)5,3    (C)4,4    (D)2,6    (E)6,2

【解析】设购买甲设备 $x$ 件,乙设备 $y$ 件,根据题意,得
$$1\,750x+950y=10\,000,$$
化简得
$$35x+19y=200, \text{即 } y=\frac{200-35x}{19}.$$

加法模型

穷举法,令 $x=1,2,3,\cdots$,可得 $x=3,y=5$.

【答案】(A)

**4.** (2020年管理类联考真题)已知甲、乙、丙三人共捐款3 500元,则能确定每人的捐款金额.

(1)三人的捐款金额各不相同.

(2)三人的捐款金额都是500的倍数.

【解析】条件(1):显然不充分.

条件(2):设三人的捐款数为 $500a,500b,500c$,则有
$$500a+500b+500c=3\,500,\text{整理得 } a+b+c=7,$$

加法模型的变形

显然有多组解,所以条件(2)不充分.

联立条件(1)和条件(2),得 $a+b+c=7=1+2+4$,但无法确定谁是1,谁是2,谁是4.
故联立两个条件也不充分.

进行穷举时要注意3点:(1)奇偶性;(2)数字是否可以互换;(3)是否可以取负数

【答案】(E)

**5.** (2021年管理类联考真题)某人购买了果汁、牛奶、咖啡三种物品,已知果汁每瓶12元,牛奶每盒15元,咖啡每盒35元,则能确定所买的各种物品的数量.

(1)总花费为104元.

(2)总花费为215元.

【解析】设果汁、牛奶、咖啡的数量分别是 $x,y,z$.

条件(1):$12x+15y+35z=104$,观察可知,$z$ 只可能等于1或2.

令 $z=1$,则 $12x+15y+35=104$,即 $12x+15y=69$,得 $4x+5y=23$.

故 $x=\frac{23-5y}{4}$,穷举可知,$y=3,x=2$.

令 $z=2$,则 $12x+15y+70=104$,即 $12x+15y=34$,易知此方程无整数解.

综上,$x=2,y=3,z=1$,条件(1)充分.

条件(2)：$12x+15y+35z=215$，根据奇偶性分析，$12x$ 为偶数，$15y+35z$ 必为奇数，则 $15y+35z$ 的个位数必为 5，因此，$12x$ 的尾数必为 0，故 $x$ 为 5 或 10 或 15.

当 $x=5$ 时，$15y+35z=155 \Rightarrow y=8$，$z=1$ 或 $y=1$，$z=4$，故不能确定各种物品的数量，条件(2)不充分．

【答案】(A)

6. (2010年在职MBA联考真题)一次考试有 20 道题，做对一题得 8 分，做错一题扣 5 分，不做不计分．某同学共得 13 分，则该同学没做的题数是（　　）．
(A)4　　　　(B)6　　　　(C)7　　　　(D)8　　　　(E)9

【解析】加法模型．

设该同学做对的题数为 $x$、做错的题数为 $y$，则没做的题数为 $20-x-y$. 根据题意，做对的题所得的分数减去做错的题所扣的分数等于最终得分，即

$$8x-5y=13,$$

（1）整理成 $ax+by=c$ 的形式

整理，得

$$y=\frac{8x-13}{5},$$

（2）解出 $x=\dfrac{c-by}{a}$ 或 $y=\dfrac{c-ax}{b}$

因为 $x$，$y$ 均为正整数，且 $x+y\leqslant 20$，故利用穷举法，可知 $x=6$，$y=7$．

（3）穷举

所以该同学没做的题数为 $20-x-y=7$．

【答案】(C)

### 变化2　乘法模型

| 母题模型 | 解题思路 | 常用公式 |
| --- | --- | --- |
| 式×式×…＝<br>整数×整数×… | 第1步：将左边进行因式分解，化为几个式子的积；<br>第2步：将等号右边进行因数分解，化为几个整数的积；<br>第3步：对应项相等． | (1) 若 $ab\pm n(a+b)=0$，则有 $(a\pm n)\cdot(b\pm n)=n^2$.<br>(2) 平方差公式：<br>$a^2-b^2=(a+b)(a-b)$ |

7. (2017年管理类联考真题)某机构向 12 位教师征题，共征集到 5 种题型的试题 52 道，则能确定供题教师的人数．
(1)每位供题教师提供的试题数相同．
(2)每位供题教师提供的题型不超过 2 种．

【解析】两个条件单独显然不充分，联立之．

由条件(1)，可设一共有 $x$ 位教师提供了题目，每位供题教师提供 $y$ 道题目，则有

$$\begin{cases} xy=52, \\ x\leqslant 12 \end{cases} \text{且 } x,y \text{ 为正整数}.$$

分解因数，则有 $xy=52=2\times 26=4\times 13=1\times 52$．

乘法模型

由"每位供题教师提供的试题数相同"可知，不止有一位教师，又知教师数量 $x\leqslant 12$，故有 2 位

或4位教师提供了题目.

联立条件(2)，每位教师提供的题型不超过2种，若只有2位供题教师，则最多提供4种题型，不满足"共征集到5种题型"这个条件，故只能有4位供题教师．所以两个条件联立充分．

【答案】(C)

**8.**（2018年管理类联考真题）设 $m,n$ 是正整数，则能确定 $m+n$ 的值．

(1) $\dfrac{1}{m}+\dfrac{3}{n}=1$.

(2) $\dfrac{1}{m}+\dfrac{2}{n}=1$.

【解析】条件(1)：

$\dfrac{1}{m}+\dfrac{3}{n}=1 \Rightarrow 3m+n=mn \Rightarrow mn-3m-n=0$

$\Rightarrow m(n-3)-n+3=3 \Rightarrow (m-1)(n-3)=3$

$\Rightarrow (m-1)(n-3)=3=1\times 3=3\times 1$

$\Rightarrow \begin{cases} m-1=1, \\ n-3=3 \end{cases}$ 或 $\begin{cases} m-1=3, \\ n-3=1, \end{cases}$

由 $m-1+n-3=3+1=4$，得 $m+n=8$.

故条件(1)充分．

> 此因式分解过程总结如下：
> $ax+by=xy$
> $\Rightarrow xy-ax-by=0$
> $\Rightarrow x(y-a)-b(y-a)=ab$
> $\Rightarrow (x-b)(y-a)=ab$

> 乘法模型进行穷举时要注意3点：
> (1) 奇偶性；
> (2) 数字是否可以互换；
> (3) 是否可以取负数

条件(2)：利用小定理可得

$\dfrac{1}{m}+\dfrac{2}{n}=1 \Rightarrow 2m+n=mn \Rightarrow (m-1)(n-2)=2=1\times 2=2\times 1$

$\Rightarrow \begin{cases} m-1=1, \\ n-2=2 \end{cases}$ 或 $\begin{cases} m-1=2, \\ n-2=1, \end{cases}$

由 $m-1+n-2=1+2=3$，得 $m+n=6$.

故条件(2)也充分．

【答案】(D)

**9.**（2019年管理类联考真题）能确定小明的年龄．

(1)小明的年龄是完全平方数．

(2)20年后小明的年龄是完全平方数．

【解析】两个条件单独显然不充分，联立之．

设小明的年龄为 $x$，则有

$\begin{cases} x=m^2, \\ x+20=n^2, \end{cases}$

整理得 $20+m^2=n^2$，$(n+m)(n-m)=20=5\times 4=10\times 2=20\times 1$.

> 乘法模型：式×式×…＝整数×整数×…

穷举可知，只有当 $(n+m)(n-m)=10\times 2$ 时成立，

此时 $n+m=10$，$n-m=2$，解得 $m=4$，$n=6$.

> 对任意两个整数 $a,b$，必有 $a+b$ 和 $a-b$ 同为奇数或同为偶数

故小明的年龄为 $x=m^2=4^2=16$．两个条件联立充分．

【快速得分法】此题可以使用穷举法．因为年龄在100以内，穷举$1^2,2^2,\cdots,10^2$，找到相差20的两个完全平方数即可．

【答案】(C)

### 变化3　不等式模型

| 母题模型 | 解题思路 |
| --- | --- |
| $a<x<b$ | 第1步：将题干化简为两个不等式；<br>第2步：分别解两个不等式，求出未知数的范围$a<x<b$；<br>第3步：穷举，解出$x$． |

**10.**(2015年管理类联考真题)在某次考试中，甲、乙、丙三个班的平均成绩分别为80，81和81.5，三个班的学生得分之和为6 952，则三个班共有学生(　　)人．

(A)85　　　(B)86　　　(C)87　　　(D)88　　　(E)89

【解析】方法一：利用不等式模型．

设甲、乙、丙三个班的人数分别为$x,y,z$，根据题意，得
$$80x+81y+81.5z=6\ 952,$$

可整理为$\begin{cases}80(x+y+z)+y+1.5z=6\ 952,\\ 81.5(x+y+z)-1.5x-0.5y=6\ 952.\end{cases}$

故有
$$\begin{cases}80(x+y+z)<6\ 952,\\ 81.5(x+y+z)>6\ 952,\end{cases}$$

(1)将题干化简为两个不等式

解得$\dfrac{6\ 952}{81.5}<x+y+z<\dfrac{6\ 952}{80}.$

(2)分别解两个不等式，求出未知数的范围；$a<$未知数$<b$

上式等价于$85.3<x+y+z<86.9.$因为人数为正整数，故$x+y+z=86.$

方法二：极值法．

在总分一定的情况下，若分数高，则人少；若分数低，则人多．

假设三个班的平均成绩均为81.5分，则总人数为$\dfrac{6\ 952}{81.5}\approx 85.3.$

假设三个班的平均成绩均为80分，则总人数为$\dfrac{6\ 952}{80}=86.9.$

故总人数一定在85.3和86.9之间且为整数，即为86人．

【答案】(B)

### 变化4　盈不足模型

| 母题模型 | 解题思路 |
| --- | --- |
| 分一样东西，如果每人多分一些，则不够；如果每人少分一些，则有剩余． | 方法一：转化为加法模型．<br>方法二：转化为不等式模型． |

**11.**(2015年管理类联考真题)几个朋友外出游玩，购买了一些瓶装水，则能确定购买的瓶装水数量．

(1)若每人分3瓶，则剩余30瓶．

(2)若每人分10瓶,则只有1人不够.

【解析】显然两个条件单独都不能确定购买的瓶装水的数量,联立之.

方法一:转化为加法模型.

设人数为 $x$,购买瓶装水的数量为 $y$,条件(2)中还差 $m$ 瓶水,显然 $1 \leqslant m < 10$,根据题意得

$$\begin{cases} y=3x+30, \\ y+m=10x, \end{cases}$$

两式相减,得 $m=7x-30$,即 $7x-m=30$,得 $x=\dfrac{m+30}{7}$.    加法模型

穷举得,当 $m=5$ 时,$x=5$,$y=45$.

故可以确定一共有45瓶水,条件(1)和条件(2)联立起来充分.

方法二:转化为不等式模型.

设人数为 $x$,购买瓶装水的数量为 $y$,则有

$$\begin{cases} y=3x+30, \\ 10(x-1)<y<10x, \end{cases}$$

注意:每人分10瓶只有1人不够,表达式为 $10(x-1)$ 而不是 $9x$,$9x$ 表示的是每个人分9瓶

整理,得 $10(x-1)<3x+30<10x$,即 $\dfrac{30}{7}<x<\dfrac{40}{7}$.    不等式模型

由于 $x$ 为整数,故有 $x=5$,$y=45$.

因此可以确定一共有45瓶水,条件(1)和条件(2)联立起来充分.

【答案】(C)

12.(2020年管理类联考真题)共有 $n$ 辆车,则能确定人数.

(1)若每辆20座,1车未满.

(2)若每辆12座,则少10个座.

【解析】盈不足模型,可转化为不等式求解.

两个条件单独显然不充分,联立之.设人数为 $x$,则

$$\begin{cases} 20(n-1)<x<20n, \\ 12n+10=x, \end{cases}$$

注意:每辆车20座,1车未满,表达式为 $20(n-1)$ 而不是 $19n$,$19n$ 表示的是每辆车19座

解得 $\dfrac{5}{4}<n<\dfrac{15}{4}$,因为 $n$ 为正整数,故可取 2 或 3,则人数为 34 或 46. 故联立也不充分.

【答案】(E)

## 题型 2  整除与带余除法

### 题型概述

| 命题概率 | 母题特点 |
| --- | --- |
| (1)近10年真题命题数量:3.<br>(2)命题概率:0.3. | 题干出现"整除""整数""余数"等字样. |

7

> 母题变化

### 变化 1　整除问题

| 母题模型 | 解题思路 |
| --- | --- |
| $x=ak(k\in \mathbf{Z})$ | 整除问题，常用以下方法：<br>(1) 特殊值法(首选方法)．<br>(2) 设 $k$ 法(常用方法，必须掌握)：$x$ 被 $a$ 整除，可设 $x=ak(k\in \mathbf{Z})$．<br>(3) 分解因式法：已知条件往往是待求式子的因式．<br>(4) 拆项法． |

**1.** (2016 年管理类联考真题)从 1 到 100 的整数中任取一个数，则该数能被 5 或 7 整除的概率为(　　)．

(A)0.02　　(B)0.14　　(C)0.2　　(D)0.32　　(E)0.34

【解析】①能被 5 整除的数有 $100\div 5=20$(个)．

②能被 7 整除的数有 $98\div 7=14$(个)．

③既能被 7 整除，也能被 5 整除的数有 35、70，共 2 个．　　**易错点**

根据两集合容斥原理，能被 5 或 7 整除的有 $20+14-2=32$(个)，故概率 $P=\dfrac{32}{100}=0.32$．

【答案】(D)

**2.** (2017 年管理类联考真题)在 1 到 100 之间，能被 9 整除的整数的平均值是(　　)．

(A)27　　(B)36　　(C)45　　(D)54　　(E)63

【解析】由题意，所有能被 9 整除的数都是 9 的倍数，1～100 之内，能整除 9 的最大数是 99，故所求平均值为 $\dfrac{9\times(1+2+3+4+\cdots+11)}{11}=54$．

【答案】(D)

**3.** 若 $5m+3n(m,n\in \mathbf{N})$ 是 11 的倍数，则 $9m+n$(　　)．[①]

(A)是 11 的倍数　　　　(B)不是 11 的倍数　　　　(C)不都是 11 的倍数

(D)是质数　　　　(E)以上选项均不正确

【解析】设 $5m+3n=11k(k\in \mathbf{Z}^+)$，则有 $n=\dfrac{11k-5m}{3}$，代入 $9m+n$ 中，得

$$9m+n=9m+\dfrac{11k-5m}{3}=\dfrac{11k+22m}{3}=\dfrac{11(k+2m)}{3},$$

因为 $m,n\in \mathbf{N}$，则 $9m+n$ 必为整数，故 $\dfrac{11(k+2m)}{3}$ 为整数．因为 11 与 3 互质，则 $\dfrac{k+2m}{3}$ 为整数，即 $9m+n=11\times \dfrac{1}{3}(k+2m)$，所以 $9m+n$ 一定是 11 的倍数．

【答案】(A)

---

[①] 试题没有标明出处的均为练习题，之后不再一一说明．

## 变化 2  带余除法问题

| 母题模型 | 解题思路 |
|---|---|
| $x = ak + r(k \in \mathbf{Z})$ | 带余除法问题常用以下方法：<br>(1) 特殊值法．<br>带余除法的条件充分性判断问题，首选特殊值法．<br>(2) 设 $k$ 法．<br>若 $x$ 被 $a$ 除余 $r$，可设 $x = ak + r(k \in \mathbf{Z})$．<br>若 $a$ 被 $b$ 除余 $r$，则 $a - r$ 能被 $b$ 整除． |

4. (2019 年管理类联考真题)设 $n$ 为正整数，则能确定 $n$ 除以 5 的余数．
   (1) 已知 $n$ 除以 2 的余数．
   (2) 已知 $n$ 除以 3 的余数．

【解析】方法一：使用特殊值法．

两个条件单独显然不充分，联立两个条件，可令余数均为 0，则 $n$ 为 6 的倍数．

令 $n = 6$，除以 5 的余数为 1；令 $n = 12$，除以 5 的余数为 2，显然余数不确定．

故两个条件联立也不充分．

方法二：条件(1)中 $n$ 除以 2 若有余数只能是 1．   余数一定小于除数，若余数大于除数，说明未除尽

可设 $n \div 2 = m \cdots 1$ 即 $n = 2m + 1$，$m$ 的值不确定，所以无法确定 $n$ 的值，也就无法确定 $n$ 除以 5 的余数．故条件(1)不成立．

同理，条件(2)不成立，联立条件(1)和条件(2)也不成立．

【答案】(E)

5. 一个盒子装有 $m(m \leqslant 100)$ 个小球，按照每次 2 个排序取出，盒内只剩下 1 个小球；按照每次 3 个排序取出，盒内只剩下 1 个小球；按照每次 4 个排序取出，盒内也只剩下 1 个小球；如果每次取出 11 个，则余 4 个，则 $m$ 的各数位上的数字之和为(    )．
   (A) 9    (B) 10    (C) 11    (D) 12    (E) 13

【解析】由"按照每次 2 个、每次 3 个、每次 4 个的顺序取出，最终盒内都只剩下 1 个小球"知 $m - 1$ 能被 2、3、4 的最小公倍数 12 整除，由此可设 $m = 12k_1 + 1$．

又由"每次取出 11 个，则余 4 个"，设 $m = 11k_2 + 4$，故

$$\begin{cases} m = 12k_1 + 1, \\ m = 11k_2 + 4, \end{cases} \text{其中 } k_1, k_2 \in \mathbf{Z}^+.$$

讨论：① 若 $k_1 = k_2 = k$，则有 $12k + 1 = 11k + 4$，解得 $k = 3$，符合题干．

因此 $m = 12 \times 3 + 1 = 37$，则 $m$ 的各数位上的数字之和为 10．

② 若 $k_1 \neq k_2$，则 $m = 12k_1 + 1 = 11k_1 + k_1 + 11 - 10 = 11(k_1 + 1) + k_1 - 10 = 11k_2 + 4$，故有

$$\begin{cases} k_1 + 1 = k_2, \\ k_1 - 10 = 4, \end{cases} \text{解得} \begin{cases} k_1 = 14, \\ k_2 = 15, \end{cases}$$

因此 $m = 12k_1 + 1 = 12 \times 14 + 1 = 169 > 100$，故不成立．

【答案】(B)

## 题型 3　奇数与偶数问题

### 题型概述

| 命题概率 | 母题特点 |
| --- | --- |
| (1) 近 10 年真题命题数量：3.<br>(2) 命题概率：0.3. | 送分题，判断奇数偶数. |

### 母题变化

| 母题模型 | 解题思路 |
| --- | --- |
| 偶数为 $2n(n\in \mathbf{Z})$<br>奇数为 $2n+1(n\in \mathbf{Z})$ | (1) 奇数和偶数的四则运算规律：<br>奇数＋奇数＝偶数；奇数＋偶数＝奇数；<br>奇数×奇数＝奇数；奇数×偶数＝偶数.<br>(2) 特殊值法. |

1. (2010 年管理类联考真题)有偶数位来宾.

    (1)聚会时所有来宾都被安排坐在一张圆桌周围，且每位来宾与其邻座性别不同.

    (2)聚会时男宾人数是女宾人数的两倍.

    【解析】条件(1)：所有来宾在一张圆桌周围，任选一位男士作为起点，他的邻座一定是位女士，所以全场一定可以分为一男一女的组合，男宾人数与女宾人数相等，男女人数之和必为偶数，故条件(1)充分.

    条件(2)：设女宾为 1 位，则男宾为 2 位，总数为 3 位，故条件(2)不充分.

    【答案】(A)

2. (2012 年管理类联考真题)已知 $m$，$n$ 是正整数，则 $m$ 是偶数.

    (1)$3m+2n$ 是偶数.

    (2)$3m^2+2n^2$ 是偶数.

    【解析】条件(1)：$3m+2n$ 是偶数，$2n$ 也是偶数，由奇偶性，得 $3m$ 是偶数，$m$ 必是偶数，条件(1)充分.

    条件(2)：$3m^2+2n^2$ 是偶数，$2n^2$ 也是偶数，则 $3m^2$ 是偶数，$m^2$ 是偶数，又因为 $m$ 是正整数，所以 $m$ 必是偶数，条件(2)也充分.

    【答案】(D)

3. (2013 年在职 MBA 联考真题)$m^2n^2-1$ 能被 2 整除.

    (1)$m$ 是奇数.

    (2)$n$ 是奇数.

【解析】条件(1)与条件(2)单独显然不充分,考虑联立.
$m^2n^2-1=(mn)^2-1$,当 $m$ 和 $n$ 均为奇数时,$mn$ 为奇数,故 $m^2n^2-1$ 为偶数,能被2整除,所以联立两个条件充分.
【答案】(C)

4.(2014年在职MBA联考真题)$m^2-n^2$ 是4的倍数.
(1)$m$,$n$ 都是偶数.
(2)$m$,$n$ 都是奇数.
【解析】$m^2-n^2=(m+n)(m-n)$.
条件(1):因为偶数+偶数=偶数,偶数-偶数=偶数,偶数×偶数必定是4的倍数,故充分.
条件(2):因为奇数+奇数=偶数,奇数-奇数=偶数,偶数×偶数必定是4的倍数,故充分.
【答案】(D)

## 题型4 质数与合数问题

### 题型概述

| 命题概率 | 母题特点 |
| --- | --- |
| (1)近10年真题命题数量:5.<br>(2)命题概率:0.5. | 已知条件中出现"质数"字样. |

### 母题变化

#### 变化1 基本的质数问题

| 母题模型 | 解题思路 |
| --- | --- |
| 一般来说,题干会直接声明一些数为质数. | (1)质数问题最常用的方法就是穷举法,使用穷举法时,常根据整除的特征、奇偶性等缩小穷举的范围.故30以内的质数要熟练记忆:2,3,5,7,11,13,17,19,23,29.<br>(2)特殊质数常作为突破口,如2(质数中唯一的偶数),5. |

1.(2010年管理类联考真题)三名小孩中有一名学龄前儿童(年龄不足6岁),他们的年龄都是质数(素数),且依次相差6岁,他们的年龄之和为( ).
(A)21      (B)27      (C)33      (D)39      (E)51
【解析】穷举法.
设三个小孩的年龄分别为 $a$,$b$,$c$,其中小于6的质数有2,3,5,则
若 $a=2$,则 $b=8$,$c=14$,不合题意;

若 $a=3$，则 $b=9$，$c=15$，不合题意；

若 $a=5$，则 $b=11$，$c=17$，符合题意．

故三人的年龄之和为 $a+b+c=5+11+17=33$.

【答案】(C)

**2. (2011年管理类联考真题)** 设 $a,b,c$ 是小于12的三个不同的质数(素数)，且 $|a-b|+|b-c|+|c-a|=8$，则 $a+b+c=($ ).

(A)10　　(B)12　　(C)14　　(D)15　　(E)19

【解析】穷举法．小于12的质数有11，7，5，3，2．不妨设 $a>b>c$，则 $|a-b|+|b-c|+|c-a|=a-b+b-c+a-c=2a-2c=8$，即 $a-c=4$．又因为 $a,b,c$ 是小于12的质数，可知 $a=7$，$b=5$，$c=3$．所以，$a+b+c=15$.

【答案】(D)

**3. (2013年管理类联考真题)** $p=mq+1$ 为质数．

(1) $m$ 为正整数，$q$ 为质数．

(2) $m,q$ 均为质数．

【解析】举反例．

条件(1)：当 $m=1$，$q=3$ 时，$p=1\times3+1=4$ 不是质数，故条件(1)不充分．

条件(2)：当 $m=3$，$q=5$ 时，$p=3\times5+1=16$ 不是质数，故条件(2)不充分．

条件(1)和条件(2)联立等价于条件(2)，故联立起来也不充分．

【答案】(E)

**4. (2015年管理类联考真题)** 设 $m,n$ 是小于20的质数，满足条件 $|m-n|=2$ 的 $\{m,n\}$ 共有 ( ).

(A)2组　　(B)3组　　(C)4组　　(D)5组　　(E)6组

【解析】穷举法．小于20的质数为2，3，5，7，11，13，17，19．

满足题意要求的 $\{m,n\}$ 的取值为

$$\{3,5\}, \{5,7\}, \{11,13\}, \{17,19\},$$

共4组．

> 注意：此题问的是集合 $\{m,n\}$ 有几组．集合中的元素具有无序性，$\{3,5\}$ 和 $\{5,3\}$ 是同一个集合．故此题不能认为有8组不同的取值

【答案】(C)

**5. (2021年管理类联考真题)** 设 $p,q$ 是小于10的质数，则满足条件 $1<\dfrac{q}{p}<2$ 的 $p,q$ 有( )组．

(A)2　　(B)3　　(C)4　　(D)5　　(E)6

【解析】已知小于10的质数有2，3，5，7，如果 $p,q$ 满足 $1<\dfrac{q}{p}<2$，则 $p<q<2p$.

穷举法易知，当 $\dfrac{q}{p}=\dfrac{3}{2}$ 或 $\dfrac{5}{3}$ 或 $\dfrac{7}{5}$ 时，满足条件，故满足条件的取值有3组．

【答案】(B)

**6. (2014年在职MBA联考真题)** 两个相邻的正整数都是合数，则这两个数的乘积的最小值是( ).

(A)420　　(B)240　　(C)210　　(D)90　　(E)72

【解析】穷举法．

将合数依次列举：4，6，8，9，…，发现8和9相邻，乘积为72，是满足题干条件的两个数的乘积的最小值．

【快速得分法】选项代入法．

观察选项，发现72最小，72＝8×9符合题干条件，选(E)．

【答案】(E)

### 变化2　分解质因数

| 母题模型 | 解题思路 |
| --- | --- |
| 涉及质数的积或整数的积，可用分解质因数法． | (1) 把一个合数分解为若干个质因数的乘积的形式，称为分解质因数，如 12＝2×2×3．<br>(2) 分解质因数可以用短除法．先试2，再试3，再试5，再试7，直到试到不能除为止． |

**7.** (2014年管理类联考真题)若几个质数(素数)的乘积为770，则它们的和为(　　)．
(A)85　　　　(B)84　　　　(C)28　　　　(D)26　　　　(E)25

【解析】分解质因数：770＝2×5×7×11，所以，它们的和为 2＋5＋7＋11＝25．

【答案】(E)

**8.** (2009年在职MBA联考真题) $a+b+c+d+e$ 的最大值是133．
(1) $a$，$b$，$c$，$d$，$e$ 是大于1的自然数，且 $a \cdot b \cdot c \cdot d \cdot e = 2\,700$．
(2) $a$，$b$，$c$，$d$，$e$ 是大于1的自然数，且 $a \cdot b \cdot c \cdot d \cdot e = 2\,000$．

【解析】定理：$ab$ 为定值，若要 $a+b$ 最大，则两个数相差越大越好；若要 $a+b$ 最小，则两个数越接近越好．$a+b$ 为定值，若要 $ab$ 最大，则两个数越接近越好；若要 $ab$ 最小，则两个数相差越大越好．

分解质因数法．

条件(1)：$2\,700=2\times2\times3\times3\times3\times5\times5$．由定理知，欲使 $a+b+c+d+e$ 的值最大，则 $a \cdot b \cdot c \cdot d \cdot e=2 \cdot 2 \cdot 3 \cdot 3 \cdot 75=2\,700$，$a+b+c+d+e=85$，故条件(1)不充分．

条件(2)：$2\,000=2\times2\times2\times2\times5\times5\times5$．欲使 $a+b+c+d+e$ 的值最大，则 $a \cdot b \cdot c \cdot d \cdot e=2 \cdot 2 \cdot 2 \cdot 2 \cdot 125=2\,000$，$a+b+c+d+e=133$，故条件(2)充分．

【答案】(B)

## 题型5　约数与倍数问题

> 题型概述

| 命题概率 | 母题特点 |
| --- | --- |
| (1) 近10年真题命题数量：1．<br>(2) 命题概率：0.1． | (1) 求约数、倍数，或公约数、公倍数．<br>(2) 真题多为送分题． |

## 母题变化

| 母题模型 | 解题思路 |
|---|---|
| k ┃ x  y<br>　　a  b | (1) 公约数公倍数模型：<br>若已知两个数的最大公约数$(a,b)$为$k$，可设这两个数分别为$ak$，$bk$（$a$，$b$互质），则最小公倍数$[a,b]$为$abk$，乘积为$abk^2$.<br>(2) 小定理：<br>两个正整数的乘积等于这两个数的最大公约数与最小公倍数的积，即$ab=(a,b)[a,b]$. |

**1.**（2017年管理类联考真题）将长、宽、高分别是12，9和6的长方体切割成正方体，且切割后无剩余，则能切割成相同正方体的最少个数为（　　）.

(A)3　　(B)6　　(C)24　　(D)96　　(E)648

【解析】要使切割成的相同正方体的个数最少，则需要正方体的棱长最大．

长方体的长、宽、高的最大公约数为3，故可令正方体的边长为3.

故能切成相同正方体的个数 $=\dfrac{长方体体积}{正方体体积}=\dfrac{12\times9\times6}{3^3}=24.$

【答案】(C)

**2.**（2010年在职MBA联考真题）某种同样的商品装成一箱，每个商品的重量都超过1千克，并且是1千克的整数倍．去掉箱子重量后净重210千克，拿出若干个商品后，净重183千克，则每个商品的重量为（　　）千克．

(A)1　　(B)2　　(C)3　　(D)4　　(E)5

【解析】方法一：由题意可知，每个商品重量必为210和183的公约数．210和183的公约数为1和3．因为重量大于1千克，所以只能是3千克．

方法二：210千克拿出若干个商品后净重183千克，说明拿出的若干个商品的重量为$210-183=27$千克，故商品的重量必定能整除27，因此只能是3千克．

【答案】(C)

# 题型6　实数的运算技巧

## 题型概述

| 命题概率 | 母题特点 |
|---|---|
| (1) 近10年真题命题数量：4．<br>(2) 命题概率：0.4． | 常考一组有规律的式子求和． |

母题变化

### 变化 1 多分数相加模型

| 母题模型 | 解题思路 | 常用公式 |
|---|---|---|
| 已知条件为多个分式或多个分式求和. | 裂项相消法：<br>第1步：将题干中的每个分式变成两个分式之差；<br>第2步：前后项相消. | (1) $\dfrac{1}{n(n+k)}=\dfrac{1}{k}\left(\dfrac{1}{n}-\dfrac{1}{n+k}\right)$；<br>(2) $\dfrac{1}{n(n+1)}=\dfrac{1}{n}-\dfrac{1}{n+1}$；<br>(3) $\dfrac{1}{(2n-1)(2n+1)}=\dfrac{1}{2}\left(\dfrac{1}{2n-1}-\dfrac{1}{2n+1}\right)$；<br>(4) $\dfrac{1}{n(n+1)(n+2)}=\dfrac{1}{2}\left[\dfrac{1}{n(n+1)}-\dfrac{1}{(n+1)(n+2)}\right]$；<br>(5) $\dfrac{n-1}{n!}=\dfrac{1}{(n-1)!}-\dfrac{1}{n!}$. |

**1.** (2009年管理类联考真题) 设直线 $nx+(n+1)y=1$（$n$ 为正整数）与两坐标轴围成的三角形的面积为 $S_n$（$n=1,2,\cdots,2\,009$），则 $S_1+S_2+\cdots+S_{2\,009}=$（　　）.

(A) $\dfrac{1}{2}\times\dfrac{2\,009}{2\,008}$    (B) $\dfrac{1}{2}\times\dfrac{2\,008}{2\,009}$    (C) $\dfrac{1}{2}\times\dfrac{2\,009}{2\,010}$

(D) $\dfrac{1}{2}\times\dfrac{2\,010}{2\,009}$    (E) 以上选项均不正确

【解析】由直线与两坐标轴相交，可求得直线的横截距为 $\dfrac{1}{n}$，纵截距为 $\dfrac{1}{n+1}$，故三角形的面积为

$$S_n=\dfrac{1}{2n(n+1)}=\dfrac{1}{2}\left(\dfrac{1}{n}-\dfrac{1}{n+1}\right),\quad \text{裂项相消法}$$

则

$$S_1+S_2+\cdots+S_{2\,009}=\dfrac{1}{2}\times\left(1-\dfrac{1}{2}+\dfrac{1}{2}-\dfrac{1}{3}+\cdots+\dfrac{1}{2\,009}-\dfrac{1}{2\,010}\right)$$

$$=\dfrac{1}{2}\times\left(1-\dfrac{1}{2\,010}\right)=\dfrac{1}{2}\times\dfrac{2\,009}{2\,010}.$$

【答案】(C)

**2.** (2013年管理类联考真题) 已知 $f(x)=\dfrac{1}{(x+1)(x+2)}+\dfrac{1}{(x+2)(x+3)}+\cdots+\dfrac{1}{(x+9)(x+10)}$，则 $f(8)=$（　　）.

(A) $\dfrac{1}{9}$   (B) $\dfrac{1}{10}$   (C) $\dfrac{1}{16}$   (D) $\dfrac{1}{17}$   (E) $\dfrac{1}{18}$

【解析】题干为多个分式相加，故用裂项相消法.

$$f(x)=\dfrac{1}{(x+1)(x+2)}+\dfrac{1}{(x+2)(x+3)}+\cdots+\dfrac{1}{(x+9)(x+10)}$$

$$=\dfrac{1}{x+1}-\dfrac{1}{x+2}+\dfrac{1}{x+2}-\dfrac{1}{x+3}+\cdots+\dfrac{1}{x+9}-\dfrac{1}{x+10}$$

$$= \frac{1}{x+1} - \frac{1}{x+10}.$$

公式 $\frac{1}{n(n+1)} = \frac{1}{n} - \frac{1}{n+1}$

所以，$f(8) = \frac{1}{9} - \frac{1}{18} = \frac{1}{18}.$

【答案】(E)

3. (2012年在职MBA联考真题) 在等差数列 $\{a_n\}$ 中，$a_2 = 4$，$a_4 = 8$，若 $\sum\limits_{k=1}^{n} \frac{1}{a_k a_{k+1}} = \frac{5}{21}$，则 $n =$ ( ).

(A) 16　　　(B) 17　　　(C) 19　　　(D) 20　　　(E) 21

【解析】$\{a_n\}$ 的公差 $d = \frac{a_4 - a_2}{2} = 2$，首项为2，故 $a_n = 2n$.

故 $\sum\limits_{k=1}^{n} \frac{1}{a_k a_{k+1}} = \frac{1}{2 \times 4} + \frac{1}{4 \times 6} + \cdots + \frac{1}{2n \times 2(n+1)}$

$= \frac{1}{4} \left[ \frac{1}{1 \times 2} + \frac{1}{2 \times 3} + \cdots + \frac{1}{n \times (n+1)} \right]$

$= \frac{1}{4} \left( 1 - \frac{1}{2} + \frac{1}{2} - \frac{1}{3} + \cdots + \frac{1}{n} - \frac{1}{n+1} \right)$

$= \frac{1}{4} \left( 1 - \frac{1}{n+1} \right)$

$= \frac{5}{21},$

$\sum\limits_{k=1}^{n}$ 表示从 $k=1$ 到 $k=n$ 的所有项求和.

例如：$\sum\limits_{k=1}^{n} k = 1 + 2 + 3 + \cdots + n$

多个分式相加，用裂项相消法.
使用公式：
$\frac{1}{n(n+k)} = \frac{1}{k} \left( \frac{1}{n} - \frac{1}{n+k} \right);$
$\frac{1}{n(n+1)} = \frac{1}{n} - \frac{1}{n+1}$

解得 $n = 20.$

【答案】(D)

4. 已知 $\frac{1}{1 \times 3} + \frac{1}{3 \times 5} + \cdots + \frac{1}{(2n-1)(2n+1)} = \frac{1\,024}{2\,049}$，则 $n =$ ( ).

(A) 1 023　　　(B) 1 024　　　(C) 1 025　　　(D) 2 049　　　(E) 2 050

【解析】裂项相消法.

$\frac{1}{1 \times 3} + \frac{1}{3 \times 5} + \cdots + \frac{1}{(2n-1)(2n+1)}$

$= \frac{1}{2} \times \left[ \left( 1 - \frac{1}{3} \right) + \left( \frac{1}{3} - \frac{1}{5} \right) + \cdots + \left( \frac{1}{2n-1} - \frac{1}{2n+1} \right) \right]$

$= \frac{1}{2} \times \left( 1 - \frac{1}{2n+1} \right)$

$= \frac{n}{2n+1}$

$= \frac{1\,024}{2\,049},$

公式：$\frac{1}{(2n-1)(2n+1)} = \frac{1}{2} \times \left( \frac{1}{2n-1} - \frac{1}{2n+1} \right)$

解得 $n = 1\,024.$

【注意】此类题在公式记不住的情况下，试一下前2~3项即可找出规律．
【答案】(B)

### 变化2　换元法模型

| 母题模型 | 解题思路 |
| --- | --- |
| 已知条件中出现公共部分 | 换元，令公共部分为 $t$ |

5. (2015年管理类联考真题)已知 $M=(a_1+a_2+\cdots+a_{n-1})(a_2+a_3+\cdots+a_n)$，$N=(a_1+a_2+\cdots+a_n)(a_2+a_3+\cdots+a_{n-1})$，则 $M>N$．

(1) $a_1>0$.　　　　　　　　　　(2) $a_1 a_n>0$.

【解析】观察题干发现有公共部分，故使用换元法．

将公共部分设为 $t$，即令 $a_2+a_3+\cdots+a_{n-1}=t$，则 $M=(a_1+t)(t+a_n)$，$N=(a_1+t+a_n)\cdot t$．故

$$M-N=(a_1+t)(t+a_n)-(a_1+t+a_n)\cdot t=a_1 a_n,$$

当 $a_1 a_n>0$ 时，$M>N$．

故条件(1)不充分，条件(2)充分．

【答案】(B)

> 两个数比大小，可使用比差法或比商法．此题适合用比差法

### 变化3　多个括号相乘模型

| 母题模型 | 解题思路 | 常用公式 |
| --- | --- | --- |
| 已知条件中出现多个括号相乘． | 凑平方差公式 | (1) 直接用平方差公式 $$1-\frac{1}{n^2}=\frac{n-1}{n}\cdot\frac{n+1}{n}.$$ (2) 凑平方差公式 $$(a+b)(a^2+b^2)(a^4+b^4)\cdots$$ $$=\frac{(a-b)(a+b)(a^2+b^2)(a^4+b^4)\cdots}{(a-b)}$$ $$=\frac{(a^2-b^2)(a^2+b^2)(a^4+b^4)\cdots}{(a-b)}$$ $$=\frac{(a^8-b^8)\cdots}{(a-b)}.$$ |

6. (2008年MBA联考真题) $\dfrac{(1+3)(1+3^2)(1+3^4)(1+3^8)\cdots(1+3^{32})+\dfrac{1}{2}}{3\times 3^2\times 3^3\times\cdots\times 3^{10}}=(\quad)$．

(A) $\dfrac{1}{2}\times 3^{10}+3^{19}$　　　　　(B) $\dfrac{1}{2}+3^{19}$　　　　　(C) $\dfrac{1}{2}\times 3^{19}$

(D) $\dfrac{1}{2}\times 3^9$　　　　　(E) 以上选项均不正确

【解析】凑平方差公式．

$$\frac{(1-3)(1+3)(1+3^2)(1+3^4)(1+3^8)\cdots(1+3^{32})+(1-3)\times\dfrac{1}{2}}{(1-3)\times 3\times 3^2\times 3^3\times\cdots\times 3^{10}}$$

$$=\frac{(1-3^{64})-1}{-2\times 3^{55}}$$
$$=\frac{1}{2}\times 3^9.$$

【答案】(D)

> 公式：
> $(a+b)(a^2+b^2)(a^4+b^4)\cdots$
> $=\frac{(a-b)(a+b)(a^2+b^2)(a^4+b^4)\cdots}{(a-b)}$
> $=\frac{(a^2-b^2)(a^2+b^2)(a^4+b^4)\cdots}{(a-b)}$
> $=\frac{(a^8-b^8)\cdots}{(a-b)}$

7. $\left(1-\dfrac{1}{4}\right)\times\left(1-\dfrac{1}{9}\right)\times\left(1-\dfrac{1}{16}\right)\times\cdots\times\left(1-\dfrac{1}{99^2}\right)=(\quad)$.

(A) $\dfrac{50}{99}$　　(B) $\dfrac{49}{99}$　　(C) $\dfrac{49}{100}$　　(D) $\dfrac{99}{100}$　　(E) $\dfrac{1}{2}$

【解析】
$$\left(1-\frac{1}{4}\right)\times\left(1-\frac{1}{9}\right)\times\left(1-\frac{1}{16}\right)\times\cdots\times\left(1-\frac{1}{99^2}\right)$$
$$=\left(1-\frac{1}{2}\right)\times\left(1+\frac{1}{2}\right)\times\left(1-\frac{1}{3}\right)\times\left(1+\frac{1}{3}\right)\times\cdots\times\left(1-\frac{1}{99}\right)\times\left(1+\frac{1}{99}\right)$$
$$=\frac{1}{2}\times\frac{3}{2}\times\frac{2}{3}\times\frac{4}{3}\times\cdots\times\frac{98}{99}\times\frac{100}{99}=\frac{1}{2}\times\frac{100}{99}=\frac{50}{99}.$$

【答案】(A)

> 公式：$1-\dfrac{1}{n^2}=\dfrac{n-1}{n}\cdot\dfrac{n+1}{n}$

### ▶变化 4　无理分数模型

| 母题模型 | 解题思路 | 常用公式 |
| --- | --- | --- |
| 已知条件中出现多个无理分数相加减． | 第1步：分母有理化；<br>第2步：前后项相消． | (1) $\dfrac{1}{\sqrt{n+k}+\sqrt{n}}=\dfrac{1}{k}(\sqrt{n+k}-\sqrt{n})$；<br>(2) $\dfrac{1}{\sqrt{n+1}+\sqrt{n}}=\sqrt{n+1}-\sqrt{n}$． |

8. (2021年管理类联考真题) $\dfrac{1}{1+\sqrt{2}}+\dfrac{1}{\sqrt{2}+\sqrt{3}}+\cdots+\dfrac{1}{\sqrt{99}+\sqrt{100}}=(\quad)$.

(A) 9　　(B) 10　　(C) 11　　(D) $3\sqrt{11}-1$　　(E) $3\sqrt{11}$

【解析】多个无理分数相加减，应先将分母有理化，再消项，即
$$\frac{1}{1+\sqrt{2}}+\frac{1}{\sqrt{2}+\sqrt{3}}+\cdots+\frac{1}{\sqrt{99}+\sqrt{100}}$$
$$=\frac{\sqrt{2}-1}{(1+\sqrt{2})(\sqrt{2}-1)}+\frac{\sqrt{3}-\sqrt{2}}{(\sqrt{2}+\sqrt{3})(\sqrt{3}-\sqrt{2})}+\cdots+\frac{\sqrt{100}-\sqrt{99}}{(\sqrt{99}+\sqrt{100})(\sqrt{100}-\sqrt{99})}$$
$$=\sqrt{2}-1+\sqrt{3}-\sqrt{2}+\cdots+\sqrt{100}-\sqrt{99}$$
$$=\sqrt{100}-1$$
$$=9.$$

> 公式：$\dfrac{1}{\sqrt{n+1}+\sqrt{n}}=\sqrt{n+1}-\sqrt{n}$

【答案】(A)

9. $\left(\dfrac{1}{1+\sqrt{2}}+\dfrac{1}{\sqrt{2}+\sqrt{3}}+\cdots+\dfrac{1}{\sqrt{2\,010}+\sqrt{2\,011}}\right)\times(1+\sqrt{2\,011})=(\quad)$.

(A) 2 006　　(B) 2 007　　(C) 2 008　　(D) 2 009　　(E) 2 010

【解析】分母有理化.

$$\left(\frac{1}{1+\sqrt{2}}+\frac{1}{\sqrt{2}+\sqrt{3}}+\cdots+\frac{1}{\sqrt{2009}+\sqrt{2010}}+\frac{1}{\sqrt{2010}+\sqrt{2011}}\right) \cdot (1+\sqrt{2011})$$
$$=[(\sqrt{2}-1)+(\sqrt{3}-\sqrt{2})+\cdots+(\sqrt{2010}-\sqrt{2009})+(\sqrt{2011}-\sqrt{2010})] \cdot (\sqrt{2011}+1)$$
$$=(\sqrt{2011}-1)(\sqrt{2011}+1)$$
$$=2011-1$$
$$=2010.$$

公式：$\frac{1}{\sqrt{n+1}+\sqrt{n}}=\sqrt{n+1}-\sqrt{n}$

【答案】(E)

### 变化5　错位相减法型

| 母题模型 | 解题思路 |
|---|---|
| 已知条件中出现一个等差数列中的项乘以一个等比数列中的项，求$S_n$. | 第1步：在$S_n$上同乘以等比数列的公比$q$，得到$q \cdot S_n$；<br>第2步：$S_n - q \cdot S_n$，即可求解. |

**10.**(1999年MBA联考真题)求和$S_n = 3 + 2 \times 3^2 + 3 \times 3^3 + 4 \times 3^4 + \cdots + n \times 3^n$ 的结果为(　　).

(A) $\dfrac{3(3^n-1)}{4} + \dfrac{n \cdot 3^n}{2}$　　　　　　(B) $\dfrac{3(1-3^n)}{4} + \dfrac{3^{n+1}}{2}$

(C) $\dfrac{3(1-3^n)}{4} + \dfrac{(n+2) \cdot 3^n}{2}$　　(D) $\dfrac{3(3^n-1)}{4} + \dfrac{3^n}{2}$

(E) $\dfrac{3(1-3^n)}{4} + \dfrac{n \cdot 3^{n+1}}{2}$

【解析】
$$\begin{cases} S_n = 3 + 2 \times 3^2 + 3 \times 3^3 + 4 \times 3^4 + \cdots + n \times 3^n, \\ 3S_n = 3^2 + 2 \times 3^3 + 3 \times 3^4 + \cdots + (n-1) \times 3^n + n \times 3^{n+1}, \end{cases}$$

(1)形如一个等差数列中的项与等比数列中的项相乘，用错位相减法.
(2)错位相减法的关键：在$S_n$上乘以公比$q$

两式相减，得

$$-2S_n = 3 + 3^2 + 3^3 + 3^4 + \cdots + 3^n - n \times 3^{n+1} = \frac{3(1-3^n)}{1-3} - n \times 3^{n+1},$$

解得 $S_n = \dfrac{3(1-3^n)}{4} + \dfrac{n \cdot 3^{n+1}}{2}.$

【答案】(E)

## 题型7　有理数与无理数的运算

**题型概述**

| 命题概率 | 母题特点 |
|---|---|
| (1)近10年真题命题数量：0.<br>(2)命题概率：0. | 送分题 |

### 母题变化

| 母题模型 | 解题思路 |
| --- | --- |
| 已知 $a,b$ 为有理数，$\lambda$ 为无理数，若有 $a+b\lambda=0$，则有 $a=b=0$. | (1) 有理数的加、减、乘、除四则运算仍为有理数；<br>有理数＋无理数＝无理数；<br>无理数＋无理数＝有理数或无理数；<br>有理数×无理数＝0 或无理数；<br>无理数×无理数＝有理数或无理数．<br>(2) 无理数的化简求值：<br>① 分母有理化；<br>② 将根号下面的式子凑成完全平方式，可以去根号；<br>③ $(\sqrt{n+k}+\sqrt{n})(\sqrt{n+k}-\sqrt{n})=k$. |

**(2009 年在职 MBA 联考真题)** 若 $x,y$ 是有理数，且满足 $(1+2\sqrt{3})x+(1-\sqrt{3})y-2+5\sqrt{3}=0$，则 $x,y$ 的值分别为（　　）．

(A) 1，3　　(B) $-1$，2　　(C) $-1$，3　　(D) 1，2　　(E) 以上选项均不正确

【解析】定理：已知 $a,b$ 为有理数，$\lambda$ 为无理数，若 $a+b\lambda=0$，则 $a=b=0$.

将原方程整理，可得

$$(1+2\sqrt{3})x+(1-\sqrt{3})y-2+5\sqrt{3}=0,$$
$$x+2\sqrt{3}x+y-\sqrt{3}y-2+5\sqrt{3}=0,$$
$$x+y-2+(2x-y+5)\sqrt{3}=0,$$

即

$$\begin{cases} x+y-2=0, \\ 2x-y+5=0, \end{cases}$$

解得 $x=-1$，$y=3$.

【答案】(C)

## 题型 8　等比定理与合比定理

### 题型概述

| 命题概率 | 母题特点 |
| --- | --- |
| (1) 近 10 年真题命题数量：0.<br>(2) 命题概率：0. | 题干中出现多个分式相等，或多个分式组成的不等式． |

## 母题变化

### 变化 1 等式问题

| 母题模型 | 解题思路 |
|---|---|
| 等比定理：<br>已知 $\dfrac{a}{b}=\dfrac{c}{d}=\dfrac{e}{f} \Rightarrow \dfrac{a+c+e}{b+d+f}=\dfrac{a}{b}=\dfrac{c}{d}=\dfrac{e}{f}$<br>（其中，$b+d+f \neq 0$）.<br>合比定理：$\dfrac{a}{b}=\dfrac{c}{d} \Leftrightarrow \dfrac{a+b}{b}=\dfrac{c+d}{d}$.<br>分比定理：$\dfrac{a}{b}=\dfrac{c}{d} \Leftrightarrow \dfrac{a-b}{b}=\dfrac{c-d}{d}$. | (1) 易错点：使用等比定理时，"分母不等于 0"并不能保证"分母之和也不等于 0"，所以要先讨论分母之和是否为 0.<br>(2) 合比定理与分比定理是在等式两边加减 1 得到的．但是解题时，未必非得是加减 1，也可以是加减别的数．<br>(3) 使用合比定理的目标，往往是将分子变成相等的项，吕老师将其命名为"通分子". |

**1. (2002 年在职 MBA 联考真题)** 若 $\dfrac{a+b-c}{c}=\dfrac{a-b+c}{b}=\dfrac{-a+b+c}{a}=k$，则 $k$ 的值为（　　）.

(A) 1　　　(B) 1 或 $-2$　　　(C) $-1$ 或 2　　　(D) $-2$　　　(E) $-1$

【解析】方法一：经典方法，设 $k$ 法．

由 $\dfrac{a+b-c}{c}=k$，得 $a+b-c=ck$，同理，得 $a-b+c=bk$，$-a+b+c=ak$.

三个等式相加，得 $(a+b+c)=k(a+b+c)$.

故有 $k=1$ 或者 $a+b+c=0$. 若 $a+b+c=0$，则 $a+b=-c$，代入原式可知 $k=-2$.

方法二：等比定理法．

(1) 当 $a+b+c=0$ 时，$a+b=-c$，代入原式，可知 $k=-2$；

(2) 当 $a+b+c \neq 0$ 时，由等比定理可知

$$\dfrac{a+b-c}{c}=\dfrac{a-b+c}{b}=\dfrac{-a+b+c}{a}=\dfrac{(a+b-c)+(a-b+c)+(-a+b+c)}{a+b+c}=k,$$

> 欲使用等比定理，先判断分母之和是否为 0，故分 2 类讨论

整理，得 $k=1$.

方法三：合比定理法．

在等式的各个位置均 $+2$，得

> 合比、分比定理的原理是在等式的左右两边同加或同减一个数．其目的多数时候是为了将分子化成相同的项

$$\dfrac{a+b-c}{c}+2=\dfrac{a-b+c}{b}+2=\dfrac{-a+b+c}{a}+2=k+2,$$

$$\dfrac{a+b-c+2c}{c}=\dfrac{a-b+c+2b}{b}=\dfrac{-a+b+c+2a}{a}=k+2,$$

$$\dfrac{a+b+c}{c}=\dfrac{a+b+c}{b}=\dfrac{a+b+c}{a}=k+2,$$

若 $a+b+c \neq 0$，由等比定理，得 $\dfrac{3(a+b+c)}{a+b+c}=k+2$，即 $3=k+2$，$k=1$；

若 $a+b+c=0$，由上式得 $k+2=0$，即 $k=-2$.

【答案】(B)

### 变化 2　不等式问题

| 母题模型 | 解题思路 |
| --- | --- |
| $\dfrac{c}{a+b}<\dfrac{a}{b+c}<\dfrac{b}{c+a}$ | (1) 使用合比定理可以实现通分子. <br> (2) 注意符号问题. |

**2.** (2004 年在职 MBA 联考真题) $\dfrac{c}{a+b}<\dfrac{a}{b+c}<\dfrac{b}{c+a}$.

(1) $0<c<a<b$.

(2) $0<a<b<c$.

【解析】原式可化简为 $\dfrac{c}{a+b}+1<\dfrac{a}{b+c}+1<\dfrac{b}{c+a}+1$, 即 $\dfrac{a+b+c}{a+b}<\dfrac{a+b+c}{b+c}<\dfrac{a+b+c}{c+a}$. 　合比定理

条件(1): 由 $0<c<a<b$, 得 $a+b>b+c>a+c>0$.

故 $\dfrac{a+b+c}{a+b}<\dfrac{a+b+c}{b+c}<\dfrac{a+b+c}{c+a}$, 条件(1)充分.

条件(2): 由 $0<a<b<c$, 得 $0<a+b<a+c<b+c$.

故 $\dfrac{a+b+c}{a+b}>\dfrac{a+b+c}{a+c}>\dfrac{a+b+c}{c+b}$, 条件(2)不充分.

> 此题中两个条件中都已知各字母为正, 不需要注意符号问题. 但是, 若没有这个条件, 则要注意符号问题.

【快速得分法】特殊值法.

条件(2): 令 $a=1,b=2,c=3$, 则有 $\dfrac{c}{a+b}=1,\dfrac{a}{b+c}=\dfrac{1}{5},\dfrac{b}{a+c}=\dfrac{1}{2}$, 故条件(2)不充分.

【答案】(A)

## 题型 9　其他比例问题

### 题型概述

| 命题概率 | 母题特点 |
| --- | --- |
| (1) 近 10 年真题命题数量: 3. <br> (2) 命题概率: 0.3. | 已知条件中出现比例或者求比例. |

### 母题变化

### 变化 1　连比问题

| 母题模型 | 解题思路 |
| --- | --- |
| 已知 $\dfrac{x}{a}=\dfrac{y}{b}=\dfrac{z}{c}$ | 常用设 $k$ 法: 可设 $\dfrac{x}{a}=\dfrac{y}{b}=\dfrac{z}{c}=k$, 则 $x=ak,y=bk,z=ck$. |

1. (2015年管理类联考真题)若实数 $a,b,c$ 满足 $a:b:c=1:2:5$,且 $a+b+c=24$,则 $a^2+b^2+c^2=($  ).

   (A)30　　(B)90　　(C)120　　(D)240　　(E)270

   【解析】方法一:见比设 $k$ 法.

   设 $a=k,b=2k,c=5k$,则 $k+2k+5k=8k=24$,得 $k=3$.

   故 $a=3,b=6,c=15$,$a^2+b^2+c^2=3^2+6^2+15^2=270$.

   方法二:$a:b:c=1:2:5$,故 $a=24\times\frac{1}{8}=3$,$b=24\times\frac{2}{8}=6$,$c=24\times\frac{5}{8}=15$,则
   $$a^2+b^2+c^2=3^2+6^2+15^2=270.$$

   【答案】(E)

2. (2012年在职MBA联考真题)将3 700元奖金按 $\frac{1}{2}:\frac{1}{3}:\frac{2}{5}$ 的比例分给甲、乙、丙三人,则乙应得奖金(　　)元.

   (A)1 000　　(B)1 050　　(C)1 200　　(D)1 500　　(E)1 800

   【解析】
   $$甲:乙:丙=\frac{1}{2}:\frac{1}{3}:\frac{2}{5}=\frac{15}{30}:\frac{10}{30}:\frac{12}{30}=15:10:12,故乙应得奖金为$$
   $$3\ 700\times\frac{10}{15+10+12}=1\ 000(元).$$

   【答案】(A)

3. (2013年在职MBA联考真题)如果 $a,b,c$ 的算术平均值等于13,且 $a:b:c=\frac{1}{2}:\frac{1}{3}:\frac{1}{4}$,那么 $c=($  ).

   (A)7　　(B)8　　(C)9　　(D)12　　(E)18

   【解析】由题意得 $\frac{a+b+c}{3}=13$,得 $a+b+c=39$.

   $a:b:c=\frac{1}{2}:\frac{1}{3}:\frac{1}{4}=\frac{6}{12}:\frac{4}{12}:\frac{3}{12}=6:4:3$,所以 $c=39\times\frac{3}{6+4+3}=9$.

   【答案】(C)

### 变化2　两两之比问题

| 母题模型 | 解题思路 |
| --- | --- |
| 已知三个对象的两两之比 | 用最小公倍数法,取中间项的最小公倍数.如<br>　　甲:乙$=7:3$,乙:丙$=5:3$,<br>可令乙取3和5的最小公倍数15,则<br>　　甲:乙:丙$=35:15:9$. |

4. 某产品有一等品、二等品和不合格品三种，若在一批产品中一等品件数和二等品件数的比是 5∶3，二等品件数和不合格品件数的比是 4∶1，则该批产品的不合格品率约为(　　).
 (A)7.2%　　(B)8%　　(C)8.6%　　(D)9.2%　　(E)10%

【解析】设二等品的件数为 $x$，则一等品的件数为 $\frac{5}{3}x$，不合格品的件数为 $\frac{1}{4}x$．

所以总件数为 $\frac{5}{3}x+x+\frac{1}{4}x=\frac{35}{12}x$，不合格品率为 $\dfrac{\frac{1}{4}x}{\frac{35}{12}x}\times100\%=\frac{3}{35}\times100\%\approx8.6\%$．

【快速得分法】最小公倍数法．

取二等品的两个数字的最小公倍数 12，如表 1-1 所示，得一等品∶二等品∶不合格品 = 20∶12∶3，所以不合格品率为 $\frac{3}{20+12+3}\times100\%\approx8.6\%$．

表 1-1

| 一等品 | 二等品 | 不合格品 |
| --- | --- | --- |
| 5 | 3 | |
| | 4 | 1 |
| 20 | 12 | 3 |

【答案】(C)

### 变化 3　正比例与反比例

| 母题模型 | 解题思路 |
| --- | --- |
| 若两个数 $x$，$y$，满足 $y=kx(k\neq0)$，则称 $y$ 与 $x$ 成正比例； 若两个数 $x$，$y$，满足 $y=\dfrac{k}{x}(k\neq0)$，则称 $y$ 与 $x$ 成反比例． | 直接套正比例和反比例公式即可 |

5. 某商品销售量对于进货量的百分比与销售价格成反比例，已知销售价格为 9 元时，可售出进货量的 80%．又知销售价格与进货价格成正比例，已知进货价格为 6 元，销售价格为 9 元．在以上比例系数不变的情况下，当进货价格为 8 元时，可售出进货量的百分比为(　　).
 (A)72%　　(B)70%　　(C)68%　　(D)65%　　(E)60%

【解析】方法一：设新销售价格为 $x$，由销售价格与进货价格成正比例，设比例系数为 $k_1$．根据题意，可得 $k_1=\dfrac{x}{8}=\dfrac{9}{6}$，解得 $x=12$．

设可售出进货量的百分比为 $y$，由销售量对于进货量的百分比与销售价格成反比例，设比例系数为 $k_2$．根据题意可得 $12y=9\times80\%=k_2$，解得 $y=60\%$．

方法二：设新销售价格为 $x$，可售出进货量的百分比为 $y$，则根据题意可列出表 1-2.

表 1-2

| $\dfrac{销售量}{进货量}\times 100\%$ | 销售价格 | 进货价格 |
|---|---|---|
| 80% | 9 | 6 |
| $y$ | $x$ | 8 |

销售价格与进货价格成正比例，所以 $\dfrac{x}{8}=\dfrac{9}{6}$，解得 $x=12$.

销售量对于进货量的百分比与销售价格成反比例，所以 $xy=9\times 80\%$，解得 $y=60\%$.

【答案】(E)

> 若两个数 $x$，$y$，满足 $y=\dfrac{k}{x}(k\neq 0)$，则称 $y$ 与 $x$ 成反比例，题干称比例系数不变，所以可得出关系式 $k=x_1y_1=x_2y_2$.

> 若两个数 $x$，$y$，满足 $y=kx(k\neq 0)$，则称 $y$ 与 $x$ 成正比例，题干称比例系数不变，所以可得出关系式 $k=\dfrac{y_1}{x_1}=\dfrac{y_2}{x_2}$.

## 题型 10　非负性问题

### 题型概述

| 命题概率 | 母题特点 |
|---|---|
| (1) 近 10 年真题命题数量：0.<br>(2) 命题概率：0. | (1) 未知数个数大于方程个数.<br>(2) 出现根号、绝对值、平方等非负式. |

### 母题变化

**变化 1　非负性问题标准模型**

| 母题模型 | 解题思路 |
|---|---|
| 已知：$a^2+\sqrt{b}+\lvert c\rvert=0$ 或 $a^2+\sqrt{b}+\lvert c\rvert\leqslant 0$，可得 $a=b=c=0$. | 整理成标准模型，分别令各项等于 0，即可求解. |

1. (2011 年管理类联考真题) 若实数 $a$，$b$，$c$ 满足 $\lvert a-3\rvert+\sqrt{3b+5}+(5c-4)^2=0$，则 $abc=$ ( ).

   (A) $-4$　　(B) $-\dfrac{5}{3}$　　(C) $-\dfrac{4}{3}$　　(D) $\dfrac{4}{5}$　　(E) 3

【解析】根据非负性，可知

$\begin{cases}a-3=0,\\3b+5=0,\\5c-4=0,\end{cases}$

> 题目满足非负性模型：$a^2+\sqrt{b}+\lvert c\rvert=0$，故令各项等于 0

解得 $a=3$，$b=-\dfrac{5}{3}$，$c=\dfrac{4}{5}$，所以 $abc=-4$.

【答案】(A)

**2.**（1997年MBA联考真题）若 $\sqrt{a-60}+|b+90|+|c-130|=0$，则 $a+b+c$ 的值是（　　）.

(A) 0　　　　　　　　　　(B) 280　　　　　　　　　　(C) 100

(D) $-100$　　　　　　　　(E) 无法确定

【解析】根据非负性得 $a=60$，$b=-90$，$c=130$，所以 $a+b+c=100$.

【答案】(C)

### 变化2　配方模型

| 母题模型 | 解题思路 |
| --- | --- |
| 已知：$a^2-2ab+b^2+\sqrt{c}+|d|=0$.<br>可配方为 $(a-b)^2+\sqrt{c}+|d|=0$.<br>可得 $a-b=0$，$c=0$，$d=0$. | 配方成非负性模型，再令各项等于0，即可求解. |

**3.**（2008年在职MBA联考真题）$|3x+2|+2x^2-12xy+18y^2=0$，则 $2y-3x=$（　　）.

(A) $-\dfrac{14}{9}$　　(B) $-\dfrac{2}{9}$　　(C) 0　　(D) $\dfrac{2}{9}$　　(E) $\dfrac{14}{9}$

【解析】原式可化为 $|3x+2|+2(x-3y)^2=0 \Rightarrow x=-\dfrac{2}{3}$，$y=-\dfrac{2}{9}$. 所以 $2y-3x=\dfrac{14}{9}$.

【答案】(E)

**4.** 实数 $x$，$y$，$z$ 满足条件 $|x^2+4xy+5y^2|+\sqrt{z+\dfrac{1}{2}}=-2y-1$，则 $(4x-10y)^z=$（　　）.

(A) $\dfrac{\sqrt{6}}{2}$　　(B) $-\dfrac{\sqrt{6}}{2}$　　(C) $\dfrac{\sqrt{2}}{6}$　　(D) $-\dfrac{\sqrt{2}}{6}$　　(E) $\dfrac{\sqrt{6}}{6}$

【解析】将条件进行配方，得

$$|x^2+4xy+5y^2|+\sqrt{z+\dfrac{1}{2}}=-2y-1,$$

$$|x^2+4xy+4y^2|+\sqrt{z+\dfrac{1}{2}}+y^2+2y+1=0,$$

$$|(x+2y)^2|+\sqrt{z+\dfrac{1}{2}}+(y+1)^2=0.$$

（配方成非负性模型）

由非负性可得

$$\begin{cases} x+2y=0, \\ z+\dfrac{1}{2}=0, \\ y+1=0 \end{cases} \Rightarrow \begin{cases} x=2, \\ y=-1, \\ z=-\dfrac{1}{2}, \end{cases}$$

（令各项等于0，并求解）

所以 $(4x-10y)^z = (8+10)^{-\frac{1}{2}} = \dfrac{1}{\sqrt{18}} = \dfrac{\sqrt{2}}{6}$.

> 分数指数幂 $a^{\frac{n}{m}} = \sqrt[m]{a^n}$；
> 负指数幂 $a^{-m} = \dfrac{1}{a^m}$

【答案】(C)

### 变化3　定义域模型

| 母题模型 | 解题思路 |
| --- | --- |
| 已知：$a^2 + \sqrt{b} + |c| = 0$ 或 $a^2 + \sqrt{b} + |c| \leqslant 0$. 可知：定义域 $b \geqslant 0$. | 根据根式的定义域求出取值范围，再进一步计算. |

5. 设 $x$，$y$，$z$ 满足 $\sqrt{3x+y-z-2} + \sqrt{2x+y-z} = \sqrt{x+y-2\,002} + \sqrt{2\,002-x-y}$，则 $x+y+z=(\quad)$.

   (A) 4 000　　　　　　　　(B) 4 002
   (C) 4 004　　　　　　　　(D) 4 006
   (E) 4 008

> 根号有两种命题方向：
> (1) 去根号：平方法、配方法、换元法．
> (2) 定义域

【解析】由根式的定义域可知 $\begin{cases} x+y-2\,002 \geqslant 0, \\ 2\,002-x-y \geqslant 0, \end{cases}$ 可得 $x+y=2\,002$.　①

原方程可化为
$$\sqrt{3x+y-z-2} + \sqrt{2x+y-z} = 0.$$

由非负性，得
$$3x+y-z-2=0,\quad ②$$
$$2x+y-z=0,\quad ③$$

联立式①②③可得 $x=2$，$y=2\,000$，$z=2\,004$，故 $x+y+z = 2+2\,000+2\,004 = 4\,006$.

【答案】(D)

6. 已知 $x$ 满足 $\sqrt{x-999} + |99-2x| = 2x$，则 $99^2 - x = (\quad)$.

   (A) 999　　　　　　(B) 99　　　　　　(C) $-99$
   (D) $-999$　　　　　(E) $99^2$

【解析】由根式的定义域可知 $x - 999 \geqslant 0$，由 $x \geqslant 999$，知 $99 - 2x < 0$，故原式可化为
$$\sqrt{x-999} + 2x - 99 = 2x,$$

即 $\sqrt{x-999} = 99$，故 $x - 999 = 99^2$，$99^2 - x = -999$.

【答案】(D)

### 变化4　方程组模型

| 母题模型 | 解题思路 |
| --- | --- |
| 已知：两个方程有三个或更多未知数，方程中有根号、平方、绝对值等非负式． | 方法一：加减消元法．<br>方法二：代入消元法． |

**7.**(2009年管理类联考真题)已知实数 $a,b,x,y$ 满足 $y+|\sqrt{x}-\sqrt{2}|=1-a^2$ 和 $|x-2|=y-1-b^2$,则 $3^{x+y}+3^{a+b}=($　　$)$.

(A)25　　　　(B)26　　　　(C)27　　　　(D)28　　　　(E)29

【解析】题干中的两式相加得
$$y+|\sqrt{x}-\sqrt{2}|+|x-2|=1-a^2+y-1-b^2,$$
整理得 $|\sqrt{x}-\sqrt{2}|+|x-2|+a^2+b^2=0.$

由非负性,易知 $x=2,a=0,b=0$,代入 $y+|\sqrt{x}-\sqrt{2}|=1-a^2$ 可得 $y=1$.

故 $3^{x+y}+3^{a+b}=28.$

【快速得分法】特殊值法.

令 $x=2,a=b=0$,可知 $y=1$,代入验证即可.

【答案】(D)

> 方程组的非负性问题,归根结底还是方程组,而解方程组的基本办法就是消元.消元常见两种方式:加减消元法、代入消元法.两种方法都能解此题.不过,加减消元法运算量更小,故用加减消元法.

**8.**(2009年在职MBA联考真题) $2^{x+y}+2^{a+b}=17.$

(1) $a,b,x,y$ 满足 $y+|\sqrt{x}-\sqrt{3}|=1-a^2+\sqrt{3}b.$

(2) $a,b,x,y$ 满足 $|x-3|+\sqrt{3}b=y-1-b^2.$

【解析】条件(1)和条件(2)单独显然不成立,故考虑联立两个条件.

用加减消元法,将两个条件中的式子相加,可得
$$|\sqrt{x}-\sqrt{3}|+a^2+|x-3|+b^2=0,$$
根据非负性,可知 $x=3,a=b=0$,代入条件(1),得 $y=1$.

所以,$2^{x+y}+2^{a+b}=2^4+2^0=17.$ 故条件(1)和条件(2)联立起来充分.

【答案】(C)

## 题型11　绝对值的自比性与符号判断问题

### 题型概述

| 命题概率 | 母题特点 |
| --- | --- |
| (1) 近10年真题命题数量:0.<br>(2) 命题概率:0. | 形如 $\dfrac{\|a\|}{a}$ 或 $\dfrac{a}{\|a\|}$. |

### 母题变化

▶ **变化1**　绝对值的自比性问题

| 母题模型 | 解题思路 |
| --- | --- |
| $\dfrac{\|a\|}{a}=\dfrac{a}{\|a\|}=\begin{cases}1,&a>0,\\-1,&a<0.\end{cases}$ | 第1步:判断符号;<br>第2步:套用公式即可得1或−1.<br>多数题可用特殊值法. |

1. (2008年MBA联考真题) $\dfrac{b+c}{|a|}+\dfrac{c+a}{|b|}+\dfrac{a+b}{|c|}=1.$

(1)实数 $a,b,c$ 满足 $a+b+c=0.$

(2)实数 $a,b,c$ 满足 $abc>0.$

【解析】显然条件(1)和条件(2)都不充分,故联立两个条件.

可令 $a>b>c$,因为 $a+b+c=0$,且 $abc>0$,必有 $a>0$, $b<0$, $c<0$.

故原式可化简为 $\dfrac{b+c}{a}-\dfrac{c+a}{b}-\dfrac{a+b}{c}=\dfrac{-a}{a}-\dfrac{-b}{b}-\dfrac{-c}{c}=1$,故两个条件联立起来充分.

【答案】(C)

### 变化2　符号判断问题

| 母题模型 | 解题思路 |
| --- | --- |
| (1) $abc>0$,说明 $a,b,c$ 有3正或2负1正；<br>(2) $abc<0$,说明 $a,b,c$ 有3负或2正1负；<br>(3) $abc=0$,说明 $a,b,c$ 至少有1个为0；<br>(4) $a+b+c>0$,说明 $a,b,c$ 至少有1正,注意有可能某个字母等于0；<br>(5) $a+b+c<0$,说明 $a,b,c$ 至少有1负,注意有可能某个字母等于0；<br>(6) $a+b+c=0$,说明 $a,b,c$ 至少有1正1负,或者三者都等于0. | 遇到复杂的符号判断问题,常将已知条件相加或相乘,化成判断 $a+b+c$ 或 $abc$ 的符号问题. |

2. (2002年MBA联考真题)已知 $a,b,c$ 是不完全相等的任意实数,若 $x=a^2-bc$, $y=b^2-ac$, $z=c^2-ab$,则 $x,y,z$ ( ).

(A)都大于0

(B)至少有一个大于0

(C)至少有一个小于0

(D)都不小于0

(E)以上选项均不正确

【解析】 $x+y+z=a^2-bc+b^2-ac+c^2-ab$

$$=\dfrac{a^2-2ab+b^2+b^2-2bc+c^2+c^2-2ac+a^2}{2}$$

$$=\dfrac{(a-b)^2+(b-c)^2+(c-a)^2}{2}.$$

$a,b,c$ 是不完全相等的任意实数,所以 $\dfrac{(a-b)^2+(b-c)^2+(c-a)^2}{2}>0$,即 $x+y+z>0$,故 $x,y,z$ 中至少有一个大于0.

【答案】(B)

## 题型 12　绝对值的最值问题

### 题型概述

| 命题概率 | 母题特点 |
| --- | --- |
| (1) 近10年真题命题数量：0.<br>(2) 命题概率：0.<br>说明：直接命题数量虽然不多，但可和其他题型结合考查，故仍需重视． | 常见形如 $y=|x-a|\pm|x-b|$ 求最值． |

### 母题变化

**变化 1　线性和问题**

| 母题模型 | 解题思路 |
| --- | --- |
| 形如 $y=|x-a|+|x-b|$ | 设 $a<b$，则当 $x\in[a,b]$ 时，$y$ 有最小值 $|a-b|$．<br>如图 1-1 所示：<br><br>图 1-1<br><br>推广：若 $y=|x-a_1|+|x-a_2|+\cdots+|x-a_{2n-1}|+|x-a_{2n}|$（共有偶数个），且 $a_1<a_2<\cdots<a_{2n-1}<a_{2n}$，则当 $x\in[a_n,a_{n+1}]$ 时，取区间内任意一点，代入式中即可得出 $y$ 的最小值，最小值点有无穷多个． |

1. (2003 年 MBA 联考真题)不等式 $|x-2|+|4-x|<s$ 无解．
   (1) $s\leqslant 2$.　　　　(2) $s>2$.

   【解析】不等式 $|x-2|+|4-x|<s$ 无解，等价于 $|x-2|+|x-4|\geqslant s$ 恒成立．
   令 $y=|x-2|+|x-4|$，则 $y$ 的最小值为 2.
   故只要保证最小值 $2\geqslant s$，即可保证 $y\geqslant s$ 恒成立．
   故条件(1)充分，条件(2)不充分．
   【答案】(A)

   > 遇到无解的不等式，转化为恒成立的不等式更容易求解
   >
   > $y=|x-a|+|x-b|$ 的最小值为 $|a-b|$

2. (2008 年 MBA 联考真题) $f(x)$ 有最小值 2.
   (1) $f(x)=\left|x-\dfrac{5}{12}\right|+\left|x-\dfrac{1}{12}\right|$.

(2) $f(x)=|x-2|+|4-x|$.

【解析】根据三角不等式，有

> 三角不等式：
> $||a|-|b||\leqslant|a\pm b|\leqslant|a|+|b|$

条件(1)：$f(x)=\left|x-\dfrac{5}{12}\right|+\left|x-\dfrac{1}{12}\right|\geqslant\left|x-\dfrac{5}{12}-x+\dfrac{1}{12}\right|=\dfrac{1}{3}$，条件(1)不充分.

条件(2)：$f(x)=|x-2|+|4-x|\geqslant|x-2+4-x|=2$，条件(2)充分.

【答案】(B)

**3.** (2007年在职MBA联考真题)设 $y=|x-2|+|x+2|$，则下列结论正确的是( ).

(A) $y$ 没有最小值

(B) 只有一个 $x$ 使 $y$ 取到最小值

(C) 有无穷多个 $x$ 使 $y$ 取到最大值

(D) 有无穷多个 $x$ 使 $y$ 取到最小值

(E) 以上选项均不正确

【解析】方法一：分组讨论法.

> 分组讨论法去绝对值符号是解决绝对值问题的万能方法

$$y=|x-2|+|x+2|=\begin{cases}-2x, & x<-2,\\ 4, & -2\leqslant x\leqslant 2,\\ 2x, & x>2.\end{cases}$$

显然当 $-2\leqslant x\leqslant 2$ 时，$y$ 有最小值4.

方法二：几何意义法.

$$y=|x-2|+|x+2|,$$

即数轴上的点 $x$ 到点 $-2$ 和 $2$ 的距离之和. 画数轴易知，当 $-2\leqslant x\leqslant 2$ 时，$y$ 有最小值4.

方法三：直接记定理.

当 $-2\leqslant x\leqslant 2$ 时，$y$ 有最小值4.

> 函数 $y=|x-a|+|x-b|$，设 $a<b$，则当 $x\in[a,b]$ 时，$y$ 有最小值 $|a-b|$

【答案】(D)

**4.** 若 $M=|a-1|+|a-3|$，则 $M$ 的最大值为4.

(1) $-1\leqslant a<4$.

(2) $0\leqslant a\leqslant\dfrac{7}{2}$.

【解析】形如 $y=|x-a|+|x-b|$，具体图像如图1-2所示.

根据图像可知，最大值取在区间左右两边的端点上，故直接试端点即可.

条件(1)：当 $a=-1$ 时，$M=|-1-1|+|-1-3|=6$，不充分.

条件(2)：当 $a=0$ 时，$M=|0-1|+|0-3|=4$；

当 $a=\dfrac{7}{2}$ 时，$M=\left|\dfrac{7}{2}-1\right|+\left|\dfrac{7}{2}-3\right|=3$，故条件(2)充分.

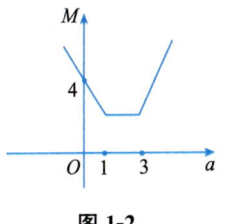

图1-2

【答案】(B)

## 变化 2　三个线性和问题

| 母题模型 | 解题思路 |
| --- | --- |
| 形如 $y=\|x-a\|+\|x-b\|+\|x-c\|$ | 若 $a<b<c$，则当 $x=b$ 时，$y$ 有最小值 $\|a-c\|$．<br>如图 1-3 所示：<br><br>图 1-3<br><br>推广：$y=\|x-a_1\|+\|x-a_2\|+\cdots+\|x-a_{2n-1}\|$（共有奇数个），且 $a_1<a_2<\cdots<a_{2n-1}$，则当 $x=a_n$（中间项）时，代入式中即可得出 $y$ 的最小值，最小值点只有 1 个． |

**5.**（2009 年在职 MBA 联考真题）设 $y=\|x-a\|+\|x-20\|+\|x-a-20\|$，其中 $0<a<20$，则对于满足 $a\leqslant x\leqslant 20$ 的 $x$ 值，$y$ 的最小值是（　　）．

(A) 10　　　　(B) 15　　　　(C) 20　　　　(D) 25　　　　(E) 30

【解析】由题意可知，$x-a\geqslant 0$，$x-20\leqslant 0$，$x-a-20<0$．

去绝对值符号，得

$$y=|x-a|+|x-20|+|x-a-20|=x-a+20-x+a+20-x=40-x,$$

故当 $x=20$ 时，$y$ 有最小值是 20．

【快速得分法】$a<20<a+20$，将 $x=20$ 代入原式，可知 $y$ 的最小值是 20．

【答案】(C)

> $y=|x-a|+|x-b|+|x-c|$，若 $a>b>c$，则当 $x=b$ 时，$y$ 取最小值

## 变化 3　线性差问题

| 母题模型 | 解题思路 |
| --- | --- |
| 形如 $y=\|x-a\|-\|x-b\|$ | 在 $x=a$ 处，$y$ 能取最小值 $-\|a-b\|$，最小值点不唯一；<br>在 $x=b$ 处，$y$ 能取最大值 $\|a-b\|$，最大值点不唯一．<br>如图 1-4（正 Z 形或反 Z 形中的一个）：<br><br>图 1-4 |

**6.** 设 $y=\|x-a\|-\|x+4\|$ 的最小值为 $-2$，则 $a$ 的值为（　　）．

(A) $a=-2$　　　　(B) $a=-2$ 或 $a=-6$　　　　(C) $a=2$ 或 $a=-6$

(D) $a=-2$ 或 $a=6$　　　　(E) $a=2$ 或 $a=6$

【解析】形如 $y=|x-a|-|x-b|$，具体图像如图 1-5 所示．根据图像可知，最小值取在 $x=a$ 处．

当 $x=a$ 时，$y=|x-a|-|x+4|$ 的最小值为 $-|a+4|$，故 $-|a+4|=-2$，解得 $a=-2$ 或 $a=-6$．

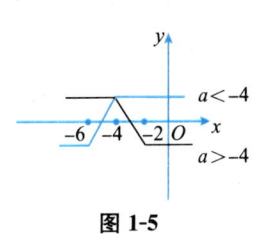

【答案】(B)

图 1-5

> **变化 4　复杂线性和问题**

| 母题模型 | 解题思路 |
| --- | --- |
| 形如 $y=A|x-a|\pm B|x-b|\pm C|x-c|$ | 若定义域为全体实数，则最值一定取在 $x=a$ 或 $x=b$ 或 $x=c$ 处．若定义域为某个区间，则最值可能取在区间端点上或 $x=a$、$x=b$、$x=c$ 处． |

7. 函数 $y=2|x+1|+|x-2|-5|x-1|+|x-3|$ 的最大值是(　　)．

(A) $-3$　　　(B) $2$　　　(C) $7$　　　(D) $-1$　　　(E) $10$

【解析】分别令 $x=-1$，$x=2$，$x=1$，$x=3$，可知函数的图像过以下四个点：
$$(-1,-3),(2,2),(1,7),(3,-1).$$
故 $y$ 的最大值为 $7$．

最值一定取在令其某个绝对值内的式子为零时的 $x$ 值处

【答案】(C)

8. 已知 $\dfrac{8x+1}{12}-1\leqslant x-\dfrac{x+1}{2}$，关于 $|x-1|-|x-3|$ 的最值，下列说法正确的是(　　)．

(A) 最大值为 1，最小值为 $-1$

(B) 最大值为 2，最小值为 $-1$

(C) 最大值为 2，最小值为 $-2$

(D) 最大值为 1，最小值为 $-2$

(E) 无最大值和最小值

【解析】由 $\dfrac{8x+1}{12}-1\leqslant x-\dfrac{x+1}{2}\Rightarrow\dfrac{8x-11}{12}\leqslant\dfrac{x-1}{2}$，解得 $x\leqslant\dfrac{5}{2}$．

当 $x\leqslant 1$ 时，$|x-1|-|x-3|=1-x-(3-x)=-2$；

当 $1<x\leqslant\dfrac{5}{2}$ 时，$|x-1|-|x-3|=x-1-(3-x)=2x-4$；

分类讨论法

当 $x=\dfrac{5}{2}$ 时，有最大值 1．

所以当 $x\leqslant\dfrac{5}{2}$，$|x-1|-|x-3|$ 的最大值为 1，最小值是 $-2$．

【快速得分法】最值一定取在端点处或绝对值内的式子为零处，而定义域为 $x\leqslant\dfrac{5}{2}$，故直接令 $x=1$ 和 $x=\dfrac{5}{2}$ 即可求得最值．

【答案】(D)

## 题型 13　绝对值函数、方程、不等式

### 题型概述

| 命题概率 | 母题特点 |
| --- | --- |
| (1) 近 10 年真题命题数量：6.<br>(2) 命题概率：0.6. | 题干出现含绝对值的函数、方程、不等式. |

### 母题变化

#### 变化 1　绝对值方程

| 母题模型 | 解题思路 |
| --- | --- |
| 含绝对值的方程求解 | (1) 解绝对值方程的常用方法：<br>①首先考虑选项代入法；<br>②平方法去绝对值；<br>③分类讨论法去绝对值；<br>④图像法.<br>(2) 解绝对值方程的易错点.<br>方程 $\|f(x)\|=g(x)$ 有隐含定义域，不能直接平方，而是等价于 $\begin{cases} g(x)\geq 0, \\ f^2(x)=g^2(x). \end{cases}$ |

**1.** (2009 年管理类联考真题) 方程 $|x-|2x+1\|=4$ 的根是(　　).

(A) $x=-5$ 或 $x=1$　　　　(B) $x=5$ 或 $x=-1$　　　　(C) $x=3$ 或 $x=-\dfrac{5}{3}$

(D) $x=-3$ 或 $x=\dfrac{5}{3}$　　　　(E) 不存在

【解析】分类讨论法去绝对值符号.

原式等价于 $x-|2x+1|=4$ 或 $x-|2x+1|=-4$，即

　　　　Ⅰ：$|2x+1|=x-4$ 或 Ⅱ：$|2x+1|=x+4$.

解式Ⅰ：当 $x-4\geq 0$，即 $x\geq 4$ 时，必有 $2x+1>x-4$，故 $|2x+1|=x-4$ 无解.

解式Ⅱ：$\begin{cases} 2x+1\geq 0, \\ 2x+1=x+4 \end{cases}$ 或 $\begin{cases} 2x+1<0, \\ -2x-1=x+4, \end{cases}$ 解得 $x=3$ 或 $x=-\dfrac{5}{3}$.

【快速得分法】使用选项代入法可速解此题.

【答案】(C)

**2.** (2019 年管理类联考真题) 设实数 $a, b$ 满足 $ab=6$，$|a+b|+|a-b|=6$，则 $a^2+b^2=$(　　).

(A) 10　　　　(B) 11　　　　(C) 12　　　　(D) 13　　　　(E) 14

【解析】由题意知目的是求 $a^2+b^2$ 的值,故 $a$,$b$ 的大小关系不影响结果.又由 $ab=6>0$ 知 $a$,$b$ 同号.不妨设 $a>b>0$,则已知条件可转化为 $\begin{cases} ab=6, \\ a+b+a-b=6, \end{cases}$ 解得 $a=3$,$b=2$,满足所给条件,可得 $a^2+b^2=13$.

【快速得分法】特殊值法,观察题干,可令 $a=3$,$b=2$.

【答案】(D)

> 题干选项中不带字母,也不带"或",凑出一组满足条件的特值一定能算出答案

**3.** (2007 年在职 MBA 联考真题)方程 $|x+1|+|x|=2$ 无根.

(1) $x\in(-\infty,-1)$.

(2) $x\in(-1,0)$.

【解析】分类讨论法去绝对值符号.

条件(1):当 $x\in(-\infty,-1)$ 时,$|x+1|+|x|=2$ 可化为 $-x-1-x=2$,$x=-\dfrac{3}{2}$,方程有根,故条件(1)不充分.

条件(2):当 $x\in(-1,0)$ 时,$|x+1|+|x|=2$ 可化为 $x+1-x=2$,无解,故条件(2)充分.

【答案】(B)

**4.** (2013 年在职 MBA 联考真题)方程 $|x+1|+|x+3|+|x-5|=9$ 存在唯一解.

(1) $|x-2|\leqslant 3$.

(2) $|x-2|\geqslant 2$.

【解析】方法一:解绝对值方程.

条件(1):解绝对值不等式,即 $-3\leqslant x-2\leqslant 3 \Rightarrow -1\leqslant x\leqslant 5$,原方程可化为 $x+1+x+3+5-x=9$,解得 $x=0$,存在唯一解,故条件(1)充分.

条件(2):解绝对值不等式,即 $x-2\geqslant 2$ 或 $x-2\leqslant -2$,解得 $x\geqslant 4$ 或 $x\leqslant 0$.

① $x\geqslant 4$ 时,原方程可化为 $x+1+x+3+|x-5|=9 \Rightarrow |x-5|=5-2x\geqslant 0$,解得 $x\leqslant \dfrac{5}{2}$,与 $x\geqslant 4$ 无交集,无解.

② 当 $x\leqslant 0$ 时,$|x+1|+|x+3|-x+5=9$,即 $|x+1|+|x+3|=x+4$.

当 $x+4\geqslant 0$ 时,两边平方得

$$2|(x+1)(x+3)|=6-x^2.$$

> 注意隐含定义域问题:$2|(x+1)(x+3)|=6-x^2$,可知 $6-x^2\geqslant 0$,从而排除增根

故 $x$ 的取值范围为

$$\begin{cases} x\leqslant 0, \\ x+4\geqslant 0, \\ 6-x^2\geqslant 0 \end{cases} \Rightarrow \begin{cases} x\leqslant 0, \\ x\geqslant -4, \\ -\sqrt{6}\leqslant x\leqslant \sqrt{6} \end{cases} \Rightarrow -\sqrt{6}\leqslant x\leqslant 0.$$

a. 当 $-\sqrt{6}\leqslant x\leqslant -1$ 时,化简得 $-2(x+1)(x+3)=6-x^2$,解得 $x_3=-2$,$x_4=-6$(含去);

b. 当 $-1\leqslant x\leqslant 0$ 时,化简得 $2(x+1)(x+3)=6-x^2$,解得 $x_1=0$,$x_2=-\dfrac{8}{3}$(含去).

综合上述情况,一共有两个解,$x=0$ 或 $x=-2$,故条件(2)不充分.

方法二：图像法.

画出函数的图像如图 1-6 所示，观察图像与直线 $y=9$ 的交点位置.

> 图像法是求解复杂绝对值方程的一种方法，但需要注意的是，它一般只能估算范围，不能精确求解

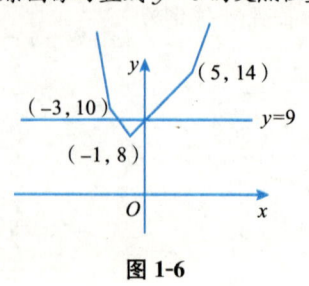

**图 1-6**

条件(1)：当 $-1 \leqslant x \leqslant 5$ 时，存在唯一解，充分.

条件(2)：当 $x \geqslant 4$ 或 $x \leqslant 0$ 时，有两个解，不充分.

【答案】(A)

### 变化 2　绝对值不等式

| 母题模型 | 解题思路 |
| --- | --- |
| 含绝对值的不等式求解 | (1) 特殊值验证选项法.<br>(2) 平方法去绝对值.<br>$\|f(x)\|^2 = [f(x)]^2$，要注意定义域问题.<br>(3) 分类讨论法去绝对值.<br>$\|f(x)\| < a \Leftrightarrow -a < f(x) < a$，其中 $a > 0$；<br>$\|f(x)\| > a \Leftrightarrow f(x) < -a$ 或 $f(x) > a$，其中 $a > 0$；<br>$\|f(x)\| = \begin{cases} f(x), & f(x) \geqslant 0, \\ -f(x), & f(x) < 0. \end{cases}$<br>(4) 三角不等式法.<br>$\|a\| - \|b\| \leqslant \|a \pm b\| \leqslant \|a\| + \|b\|$.<br>(5) 图像法. |

**5.**(2017 年管理类联考真题) 不等式 $\|x-1\| + x \leqslant 2$ 的解集为(　　).

(A) $(-\infty, 1]$　　(B) $\left(-\infty, \dfrac{3}{2}\right]$　　(C) $\left[1, \dfrac{3}{2}\right]$　　(D) $[1, +\infty)$　　(E) $\left[\dfrac{3}{2}, +\infty\right)$

【解析】分类讨论法去绝对值符号.

当 $x < 1$ 时，原式等价于 $1 - x + x \leqslant 2$，成立；

当 $x \geqslant 1$ 时，原式等价于 $x - 1 + x \leqslant 2$，解得 $x \leqslant \dfrac{3}{2}$，故 $1 \leqslant x \leqslant \dfrac{3}{2}$.

两种情况求并集，得解集为 $\left(-\infty, \dfrac{3}{2}\right]$.

【快速得分法】取特值 0 和 $\dfrac{3}{2}$ 可速知选(B).

【答案】(B)

**6.**(2012 年在职 MBA 联考真题) $x^2 - x - 5 > \|1 - 2x\|$.

(1) $x > 4$.　　(2) $x < -1$.

36

【解析】原式可化为 $\begin{cases} 1-2x \leqslant 0, \\ x^2-x-5 > 2x-1 \end{cases}$ 或者 $\begin{cases} 1-2x > 0, \\ x^2-x-5 > 1-2x, \end{cases}$ 解得 $x > 4$ 或 $x < -3$.

故条件(1)充分,条件(2)不充分.

【答案】(A)

**变化 3  绝对值函数及其图像**

| 母题模型 | 解题思路 |
| --- | --- |
| $y=|f(x)|$ | 先画 $y=f(x)$ 的图像,再将图像的 $x$ 轴下方的部分翻到 $x$ 轴上方. |
| $y=f(|x|)$ | 先画 $y$ 轴右侧图像,令 $x>0$,画出 $y=f(x)$ 的图像;再画 $y$ 轴左侧图像,即将图像的 $y$ 轴右侧的部分翻到 $y$ 轴左侧. |
| $|ax+by|=c$ | 可化简为 $ax+by=\pm c$,是两条关于原点对称的平行直线. |
| $|Ax-a|+|By-b|=C$ | 当 $A=B$ 时,函数的图像所围成的图形是正方形;当 $A \neq B$ 时,函数的图像所围成的图形是菱形. 无论是正方形还是菱形,面积均为 $S=\dfrac{2C^2}{AB}$. |
| $|xy|+ab=a|x|+b|y|$ | 表示 $x=\pm b$,$y=\pm a$ 的四条直线所围成的矩形,面积为 $S=4|ab|$. 当 $a=b$ 时,图像为正方形,面积为 $S=4a^2$. |

**7.** (2018 年管理类联考真题)设 $x$,$y$ 为实数,则 $|x+y| \leqslant 2$.

(1) $x^2+y^2 \leqslant 2$.

(2) $xy \leqslant 1$.

【解析】条件(1):

方法一:几何意义.

$x^2+y^2 \leqslant 2$ 可看作是圆心为 $(0,0)$,半径为 $\sqrt{2}$ 的圆所覆盖的区域.

由于 $x+y=\pm 2$ 是圆 $x^2+y^2=2$ 的两条平行切线,则圆上和圆内的点都在两条直线之间.

故条件(1)充分.

方法二:均值不等式法.

$(x-y)^2=x^2+y^2-2xy \geqslant 0$,故必有 $x^2+y^2 \geqslant 2xy$. $\boxed{x^2+y^2 \geqslant 2xy \text{ 恒成立}}$

所以 $2xy \leqslant x^2+y^2 \leqslant 2$,可得 $2xy \leqslant 2$.

与 $x^2+y^2 \leqslant 2$ 相加,可得 $x^2+y^2+2xy \leqslant 4$,即 $(x+y)^2 \leqslant 4$,可得 $|x+y| \leqslant 2$.

故条件(1)充分.

条件(2):举反例,令 $x=2$,$y=\dfrac{1}{2}$,可知条件(2)不充分.

【答案】(A)

**8.** (2020 年管理类联考真题)设实数 $x$,$y$ 满足 $|x-2|+|y-2| \leqslant 2$,则 $x^2+y^2$ 的取值范围是 (    ).

(A) $[2, 18]$  (B) $[2, 20]$  (C) $[2, 36]$

(D) $[4, 18]$  (E) $[4, 20]$

【解析】$x^2+y^2=(x-0)^2+(y-0)^2$，可以看作是原点到$(x,y)$的距离的平方．

画图像知$|x-2|+|y-2|\leqslant 2$是一个正方形，如图1-7所示．

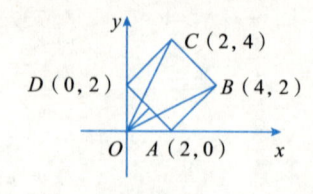

图1-7

由图知，原点到该正方形距离的最小值为原点到直线$AD$的距离，易知为$\sqrt{2}$．

原点到该正方形距离的最大值为原点到点$B$或$C$的距离，易知为$\sqrt{20}$．

故$x^2+y^2$的取值范围是$[2,20]$．

【快速得分法】极值蒙猜法．

令$|x-2|+|y-2|=2=1+1=|1-2|+|1-2|$，则$x^2+y^2$的最小值为2.

令$|x-2|+|y-2|=2=2+0=|4-2|+|2-2|$，则$x^2+y^2$的最大值为20.

【答案】(B)

9. (2007年MBA联考真题)如果方程$|x|=ax+1$有一个负根，那么$a$的取值范围是(    )．

(A)$a<1$ (B)$a=1$ (C)$a>-1$

(D)$a<-1$ (E)以上选项均不正确

【解析】方法一：设$x_0$为此方程的负根，则$x_0<0$，代入原方程，得

$$|x_0|=ax_0+1,$$

即$-x_0=ax_0+1$，所以$x_0=-\dfrac{1}{(a+1)}<0$，解得$a>-1$.

> 已知方程的根（或已知根的情况），可将根（或设根）代入方程

方法二：原题等价于函数$y=|x|$与函数$y=ax+1$的图像在第二象限有一个交点．

如图1-8所示．

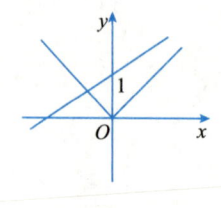

> 复杂方程（超越方程）可以看作两个函数的图像求交点．
> 例如：$2^x=x+1$，可以看作求函数$y=2^x$与$y=x+1$的交点

图1-8

可知，直线的斜率$a>-1$时，在第二象限有交点．

【答案】(C)

10. 方程$|x-1|+|y-1|=1$所表示的图形是(    )．

(A)一个点 (B)四条直线 (C)正方形

(D)四个点 (E)圆

【解析】分类讨论法．

方程$|x-1|+|y-1|=1$所表示的图形为

$$\begin{cases} x+y-3=0, & x\geq 1,\ y\geq 1, \\ x-y-1=0, & x\geq 1,\ y<1, \\ y-x-1=0, & x<1,\ y\geq 1, \\ 1-x-y=0, & x<1,\ y<1. \end{cases}$$

在平面直角坐标系中画出这四条线,如图1-9所示.

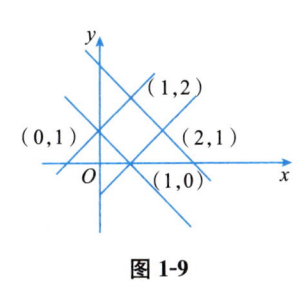

图 1-9

故图像是一个以(1,1)为中心的正方形.

【快速得分法】若有$|Ax-a|+|By-b|=C$,则当$A=B$时,函数的图像所围成的图形是正方形.

【答案】(C)

11. 曲线$|xy|+1=|x|+|y|$所围成的图形的面积为( ).

(A)$\dfrac{1}{4}$  (B)$\dfrac{1}{2}$  (C)1  (D)2  (E)4

【解析】$|xy|+1=|x|+|y| \Leftrightarrow |x|\cdot|y|-|x|-|y|+1=0$
$\Leftrightarrow (|x|-1)\cdot(|y|-1)=0$
$\Leftrightarrow x=\pm 1$ 或 $y=\pm 1$.

可得图像如图1-10所示,所围图形是一个边长为2的正方形,故面积为4.

【快速得分法】$|xy|+ab=a|x|+b|y|$的图像表示$x=\pm b$,$y=\pm a$的四条直线所围成的矩形,面积为$S=4|ab|$. 当$a=b$时,图像为正方形,面积为$S=4a^2$,此时$a=b=1$,故面积为$S=4a^2=4$.

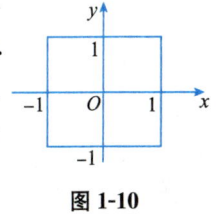

【答案】(E)

图 1-10

## 题型 14 绝对值的化简求值与证明

> 题型概述

| 命题概率 | 母题特点 |
| --- | --- |
| (1) 近10年真题命题数量:5.<br>(2) 命题概率:0.5. | 求一个带绝对值的式子的值或者证明一个带绝对值的不等式成立. |

## 母题变化

### 变化 1　证明绝对值不等式

| 母题模型 | 解题思路 |
| --- | --- |
| 带绝对值的不等式的证明, 如 $\|f(x)\|\leqslant 1$; $\|a\|\leqslant 1$; $\|a+b\|<\|a\|+\|b\|$. | (1) 首选特殊值法, 特殊值一般先选 0, 再选负数.<br>(2) 绝对值的几何意义.<br>(3) 三角不等式法.<br>(4) 平方法或分类讨论法去绝对值符号.<br>(5) 图像法. |

**1.** (2010 年管理类联考真题) $a\|a-b\|\geqslant\|a\|(a-b)$.

(1) 实数 $a>0$.

(2) 实数 $a,b$ 满足 $a>b$.

【解析】条件(1): $a>0$, 则 $\|a\|=a$.

原式化为 $a\|a-b\|\geqslant a(a-b)$, 即 $\|a-b\|\geqslant a-b$, 该不等式恒成立. 故条件(1)充分.

条件(2): $a>b$, 则 $\|a-b\|=a-b$.

原式化为 $a\geqslant\|a\|$, 当 $a<0$ 时, 此式不成立.

故条件(2)不充分.

【答案】(A)

> 绝对值的性质:
> $-\|a\|\leqslant a\leqslant\|a\|$

> 【易错点】此题有大量的考生选择(C). 诚然, 条件(1)和条件(2)联立起来确实能使不等式成立, 但是仅条件(1)就充分了, 不需要联立.

**2.** (2015 年管理类联考真题) 已知 $x_1,x_2,x_3$ 都是实数, $\bar{x}$ 为 $x_1,x_2,x_3$ 的平均数, 则 $\|x_k-\bar{x}\|\leqslant 1$, $k=1,2,3$.

(1) $\|x_k\|\leqslant 1, k=1,2,3$.

(2) $x_1=0$.

【解析】条件(1): 特殊值法, 令 $x_1=-1, x_2=-1, x_3=1$.

所以 $\bar{x}=\dfrac{x_1+x_2+x_3}{3}=-\dfrac{1}{3}$.

故 $\|x_3-\bar{x}\|=\dfrac{4}{3}$, 不满足题干的结论, 因此条件(1)不充分.

> 举反例的技巧:
> (1)负值和0往往是反例.
> (2)极值往往是反例.
> 此题我们用的是极值法举反例

条件(2): 特殊值法, 令 $x_1=0, x_2=3, x_3=-3$, 则 $\bar{x}=\dfrac{x_1+x_2+x_3}{3}=0.$

故 $\|x_3-\bar{x}\|=3$, 不满足题干的结论, 所以条件(2)也不充分.

联立两个条件:

$$\|x_1-\bar{x}\|=\left|x_1-\dfrac{x_1+x_2+x_3}{3}\right|$$

$$=\left|\dfrac{2}{3}x_1-\dfrac{1}{3}x_2-\dfrac{1}{3}x_3\right|$$

$$=\left|\dfrac{1}{3}x_2+\dfrac{1}{3}x_3\right|$$

$$\leqslant \frac{1}{3}|x_2|+\frac{1}{3}|x_3|$$
$$\leqslant \frac{2}{3};$$

> $x_1=0$，故消掉 $x_1$；再用三角不等式．下面几步同理

$$|x_2-\bar{x}|=\left|x_2-\frac{x_1+x_2+x_3}{3}\right|$$
$$=\left|-\frac{1}{3}x_1+\frac{2}{3}x_2-\frac{1}{3}x_3\right|$$
$$=\left|\frac{2}{3}x_2-\frac{1}{3}x_3\right|$$
$$\leqslant \frac{2}{3}|x_2|+\frac{1}{3}|x_3|$$
$$\leqslant 1;$$
$$|x_3-\bar{x}|=\left|x_3-\frac{x_1+x_2+x_3}{3}\right|$$
$$=\left|-\frac{1}{3}x_1-\frac{1}{3}x_2+\frac{2}{3}x_3\right|$$
$$=\left|-\frac{1}{3}x_2+\frac{2}{3}x_3\right|$$
$$\leqslant \frac{1}{3}|x_2|+\frac{2}{3}|x_3|$$
$$\leqslant 1.$$

故两个条件联立起来充分．

**【答案】**(C)

**3.** (2017 年管理类联考真题)已知 $a,b,c$ 为三个实数，则 $\min\{|a-b|,|b-c|,|a-c|\}\leqslant 5$.
(1) $|a|\leqslant 5$，$|b|\leqslant 5$，$|c|\leqslant 5$.
(2) $a+b+c=15$.

**【解析】** 条件(1)：已知 $a,b,c$ 均为 $[-5,5]$ 上的点，假设 $a\leqslant b\leqslant c$．根据数轴可以看出，当 $a=-5$，$c=5$ 时，$a,b,c$ 任意两点间距的最大值为 $|a-c|=10$，此时 $\min\{|a-b|,|b-c|,|a-c|\}=\min\{|a-b|,|b-c|\}$．如图 1-11 所示：

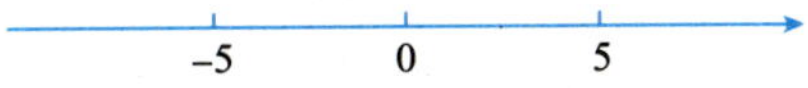

图 1-11

当 $b=0$ 时，$|b-c|=|b-a|=5$；
当 $b>0$ 时，$b$ 到 $c$ 的距离更小，故 $\min\{|a-b|,|b-c|,|a-c|\}=|b-c|<5$；
当 $b<0$ 时，同理，$\min\{|a-b|,|b-c|,|a-c|\}=|a-b|<5$，故条件(1)充分．
条件(2)：令 $a=20$，$b=5$，$c=-10$，显然条件(2)不充分．

**【答案】**(A)

**4.** (2005 年 MBA 联考真题)实数 $a$、$b$ 满足：$|a|(a+b)>a|a+b|$.
(1) $a<0$.
(2) $b>-a$.

【解析】条件(1)：令 $a=-1$, $b=1$，不充分．条件(2)：令 $a=0$，不充分．

联立两个条件：

由条件(2)可知，$a+b>0$，故 $a+b=|a+b|$，所以原不等式可化为 $|a|>a$；

由条件(1)可知，$a<0$，可知 $|a|>a$ 成立．故两个条件联立起来充分．

【答案】(C)

5. (2008年在职MBA联考真题) $|1-x|-\sqrt{x^2-8x+16}=2x-5$．

(1) $x>2$．

(2) $x<3$．

【解析】$|1-x|-\sqrt{x^2-8x+16}=|x-1|-|x-4|=\begin{cases}-3, & x<1, \\ 2x-5, & 1\leqslant x\leqslant 4, \\ 3, & x>4.\end{cases}$

所以，当 $1\leqslant x\leqslant 4$ 时题干中的结论成立．

故条件(1)和条件(2)单独都不充分，联立起来充分．

【答案】(C)

## 变化 2  三角不等式问题（等号成立、等号不成立）

| 母题模型 | 等号成立的条件 | 不等号成立的条件 |
|---|---|---|
| $\|\|a\|-\|b\|\|\leqslant\|a+b\|\leqslant$ $\|a\|+\|b\|$. | 左边等号成立的条件：$ab\leqslant 0$；<br>右边等号成立的条件：$ab\geqslant 0$.<br>口诀：左异右同，可以为零． | 左边不等号成立的条件：$ab>0$；<br>右边不等号成立的条件：$ab<0$. |
| $\|\|a\|-\|b\|\|\leqslant\|a-b\|\leqslant$ $\|a\|+\|b\|$. | 左边等号成立的条件：$ab\geqslant 0$；<br>右边等号成立的条件：$ab\leqslant 0$.<br>口诀：左同右异，可以为零． | 左边不等号成立的条件：$ab<0$；<br>右边不等号成立的条件：$ab>0$. |

列表如下：

| 不等式 | 等号成立的条件 | 不等号成立的条件 | 示例 |
|---|---|---|---|
| 左：$\|\|a\|-\|b\|\|\leqslant\|a+b\|$. | 左异号，可为零：$ab\leqslant 0$. | 左同号，不可为零：$ab>0$. | $\|\|1\|-\|-2\|\|=\|1+(-2)\|$<br>$\|\|1\|-\|1\|\|<\|1+1\|$ |
| 右：$\|a+b\|\leqslant\|a\|+\|b\|$. | 右同号，可为零：$ab\geqslant 0$. | 右异号，不可为零：$ab<0$. | $\|1+2\|=\|1\|+\|2\|$<br>$\|1+(-2)\|<\|1\|+\|-2\|$ |
| 左：$\|\|a\|-\|b\|\|\leqslant\|a-b\|$. | 左同号，可为零：$ab\geqslant 0$. | 左异号，不可为零：$ab<0$. | $\|\|1\|-\|2\|\|=\|1-2\|$<br>$\|\|1\|-\|-1\|\|<\|1-(-1)\|$ |
| 右：$\|a-b\|\leqslant\|a\|+\|b\|$. | 右异号，可为零：$ab\leqslant 0$. | 右同号，不可为零：$ab>0$. | $\|1-(-2)\|=\|1\|+\|-2\|$<br>$\|1-2\|<\|1\|+\|2\|$ |

6. (2013年管理类联考真题) 已知 $a$, $b$ 是实数，则 $|a|\leqslant 1$，$|b|\leqslant 1$．

(1) $|a+b|\leqslant 1$．

(2) $|a-b|\leqslant 1$．

【解析】条件(1)：举反例，令 $a=-2$，$b=1$，则 $|a|>1$，故条件(1)不充分.
条件(2)：举反例，令 $a=2$，$b=1$，则 $|a|>1$，故条件(2)不充分.
联立条件(1)和条件(2)：
方法一：平方法.
由条件(1)，$|a+b|\leqslant1$，平方得 $a^2+2ab+b^2\leqslant1$. 〔平方法去绝对值符号〕
由条件(2)，$|a-b|\leqslant1$，平方得 $a^2-2ab+b^2\leqslant1$.
两式相加，得 〔不等式的性质：若 $a<c$，$b<d$，则 $a+b<c+d$〕
$$2(a^2+b^2)\leqslant2,$$
即 $a^2+b^2\leqslant1$，故 $|a|\leqslant1$，$|b|\leqslant1$.
方法二：三角不等式法.
条件(1)和条件(2)相加，得
$$|a+b|+|a-b|\leqslant2,$$
由三角不等式得 〔用三角不等式：$|a+b|\leqslant|a|+|b|$〕
$$|(a+b)+(a-b)|\leqslant|a+b|+|a-b|\leqslant2\Rightarrow|2a|\leqslant2\Rightarrow|a|\leqslant1,$$
又有 〔用三角不等式：$|a-b|\leqslant|a|+|b|$〕
$$|(a+b)-(a-b)|\leqslant|a+b|+|a-b|\leqslant2\Rightarrow|2b|\leqslant2\Rightarrow|b|\leqslant1.$$
方法三：去绝对值符号.
条件(1)：$|a+b|\leqslant1$，得 $-1\leqslant a+b\leqslant1$①. 〔使用公式：若 $|x|\leqslant a(a\geqslant0)$，则 $-a\leqslant x\leqslant a$〕
条件(2)：$|a-b|\leqslant1$，得 $-1\leqslant a-b\leqslant1$②，等价于 $-1\leqslant b-a\leqslant1$③.
式①和式②相加，得 $-2\leqslant2a\leqslant2\Rightarrow-1\leqslant a\leqslant1\Rightarrow|a|\leqslant1$；
式①和式③相加，得 $-2\leqslant2b\leqslant2\Rightarrow-1\leqslant b\leqslant1\Rightarrow|b|\leqslant1$.
故联立两个条件充分.
【答案】(C)

7. (2001 年 MBA 联考真题)已知 $|a|=5$，$|b|=7$，$ab<0$，则 $|a-b|=($　　$)$.
(A)2　　　　(B)$-2$　　　　(C)12　　　　(D)$-12$　　　　(E)10
【解析】因为 $ab<0$，根据三角不等式，得 $|a-b|=|a|+|b|=5+7=12$.
【答案】(C)

8. (2004 年 MBA 联考真题)$x$，$y$ 是实数，$|x|+|y|=|x-y|$.
(1) $x>0$，$y<0$.
(2) $x<0$，$y>0$. 〔若修改为 $|x|+|y|>|x-y|$，则考查三角不等式不等号成立的条件.与本题相反：$xy>0$〕
【解析】由三角不等式知，$|x-y|\leqslant|x|+|y|$，当 $xy\leqslant0$ 时等号成立，故两个条件都充分.
【答案】(D)

> 变化3　绝对值代数式的化简求值

| 母题模型 | 解题思路 |
| --- | --- |
| 带绝对值的式子化简求值 | (1) 绝对值的几何意义.<br>(2) 平方法去绝对值符号.<br>(3) 分类讨论法去绝对值符号.<br>(4) 换元法去绝对值符号. |

9. (2018年管理类联考真题)设实数$a,b$满足$|a-b|=2$,$|a^3-b^3|=26$,则$a^2+b^2=$(    ).

(A)30　　　(B)22　　　(C)15

(D)13　　　(E)10

【解析】方法一：$|a^3-b^3|=|a-b|\cdot|a^2+ab+b^2|=26$.

由$|a-b|=2$,得$|a^2+ab+b^2|=13$.

因为$a^2+ab+b^2=\left(a+\dfrac{b}{2}\right)^2+\dfrac{3}{4}b^2\geqslant 0$,故

$|a^2+ab+b^2|=a^2+ab+b^2$

$=a^2-2ab+b^2+3ab=(a-b)^2+3ab=13$.

> 立方差公式：
> $a^3-b^3=(a-b)(a^2+ab+b^2)$

> 配方法，凑出已知条件$|a-b|=2$

由$|a-b|=2$,代入得$ab=3$,$a^2+b^2=10$.

方法二：特殊值法.

令$a=3,b=1$,得$a^2+b^2=10$.

【答案】(E)

10. (2021年管理类联考真题)设$a,b$为实数,则能确定$|a|+|b|$的值.

(1)已知$|a+b|$的值.

(2)已知$|a-b|$的值.

【解析】举反例,易知条件(1)和条件(2)单独都不充分.故考虑联立.

方法一：去绝对值法.

设$|a+b|=k$,$|a-b|=m$,去绝对值得

$\begin{cases}a+b=k\\a-b=m\end{cases}$ 或 $\begin{cases}a+b=k\\a-b=-m\end{cases}$ 或 $\begin{cases}a+b=-k\\a-b=m\end{cases}$ 或 $\begin{cases}a+b=-k\\a-b=-m\end{cases}$.

但是不管是哪一组解,最终的结果都是$|a|+|b|=\dfrac{|k+m|}{2}+\dfrac{|k-m|}{2}$,结果为定值,故两个条件联立充分.

方法二：三角不等式法.

由三角不等式得式①：$|a+b|\leqslant|a|+|b|$,式②：$|a-b|\leqslant|a|+|b|$.

当$ab\geqslant 0$时,式①取到等号,即$|a|+|b|=|a+b|$,由条件(1)知为定值.

当$ab<0$时,式②取到等号,即$|a|+|b|=|a-b|$,由条件(2)知为定值.

故两个条件联立起来可确定$|a|+|b|$的值.

【答案】(C)

11. (2002年在职MBA联考真题)已知$t^2-3t-18\leqslant 0$,则$|t+4|+|t-6|=$(    ).

(A)$2t+2$　　　(B)10　　　(C)3

(D)$2t-2$　　　(E)$2-2t$

【解析】解不等式$t^2-3t-18\leqslant 0$,得$-3\leqslant t\leqslant 6$,则$|t+4|+|t-6|=t+4+6-t=10$.

【答案】(B)

**12.**(2003年在职MBA联考真题)可以确定$\frac{|x+y|}{x-y}=2$.

(1) $\frac{x}{y}=3$.                (2) $\frac{x}{y}=\frac{1}{3}$.

【解析】条件(1)：$\frac{x}{y}=3$，即$x=3y$，代入$\frac{|x+y|}{x-y}=2$，得$\frac{|3y+y|}{3y-y}=\frac{|4y|}{2y}$.

故当$y>0$时，$\frac{|x+y|}{x-y}=2$；当$y<0$时，$\frac{|x+y|}{x-y}=-2$. 所以条件(1)不充分.

同理可知，条件(2)也不充分.

两个条件无法联立.

【答案】(E)

**13.**(2003年在职MBA联考真题)已知$\left|\frac{5x-3}{2x+5}\right|=\frac{3-5x}{2x+5}$，则实数$x$的取值范围是( ).

(A) $x<-\frac{5}{2}$ 或 $x\geqslant\frac{3}{5}$

(B) $-\frac{5}{2}\leqslant x\leqslant\frac{3}{5}$

(C) $-\frac{5}{2}<x\leqslant\frac{3}{5}$

(D) $-\frac{3}{5}\leqslant x<\frac{5}{2}$

(E)以上选项均不正确

【解析】易知，当$5x-3>0$时，$2x+5>0$恒成立.

若要满足已知条件，必有$\begin{cases}\frac{5x-3}{2x+5}\leqslant 0,\\ 2x+5>0,\end{cases}$ 解得$-\frac{5}{2}<x\leqslant\frac{3}{5}$.

【答案】(C)

**14.**(2006年在职MBA联考真题)$|b-a|+|c-b|-|c|=a$.

(1)实数$a,b,c$在数轴上的位置为

(2)实数$a,b,c$在数轴上的位置为

【解析】根据几何意义可知

条件(1)：$|b-a|+|c-b|-|c|=a-b+b-c+c=a$，条件(1)充分.

条件(2)：$|b-a|+|c-b|-|c|=b-a+c-b-c=-a$，条件(2)不充分.

【答案】(A)

15. (2008年在职MBA联考真题) $-1 < x \leqslant \dfrac{1}{3}$.

(1) $\left|\dfrac{2x-1}{x^2+1}\right| = \dfrac{1-2x}{1+x^2}$.

(2) $\left|\dfrac{2x-1}{3}\right| = \dfrac{2x-1}{3}$.

【解析】条件(1): 因 $x^2+1>0$ 恒成立, 故 $2x-1 \leqslant 0$, 解得 $x \leqslant \dfrac{1}{2}$, 不充分.

条件(2): $2x-1 \geqslant 0$, 解得 $x \geqslant \dfrac{1}{2}$, 不充分.

联立两个条件, 得 $x = \dfrac{1}{2}$, 显然也不充分.

【答案】(E)

### 变化4  定整问题(整数范围内的绝对值求值问题)

| 母题模型 | 解题思路 |
| --- | --- |
| 几个整数的绝对值的和为较小的自然数(如1, 2等), 称之为定整问题. | 穷举法. 例如: 几个整数的绝对值的和为1, 则必然是其中一个绝对值为1, 其余为0; 几个整数的绝对值的和为2, 则其中一个为2, 其余为0; 或者两个为1, 其余为0. |

16. (2008年在职MBA联考真题) 设 $a$, $b$, $c$ 为整数, 且 $|a-b|^{20}+|c-a|^{41}=1$, 则 $|a-b|+|a-c|+|b-c|=(\quad)$.

(A) 2      (B) 3      (C) 4
(D) $-3$   (E) $-2$

注意: 实际上, 若 $a=b=0$ 时, $c=\pm 1$. 这时就可能求出两个不同的值(此题两种情况结果相等). 因此, 使用特殊值法解定整问题时要防止漏根

【解析】令 $a=b=0$, $c=1$, 代入可得 $|a-b|+|a-c|+|b-c|=2$.

【答案】(A)

## 题型15  平均值与方差

### 题型概述

| 命题概率 | 母题特点 |
| --- | --- |
| (1) 近10年真题命题数量: 7. (2) 命题概率: 0.7. | 直接问平均值或方差, 或者衡量样本的离散程度. |

## 母题变化

### 变化 1 平均值的定义

| 母题模型 | 解题思路 |
| --- | --- |
| 考查平均值的基本公式 | (1) 算术平均值：$n$ 个数 $x_1, x_2, x_3, \cdots, x_n$ 的算术平均值为 $\dfrac{x_1+x_2+x_3+\cdots+x_n}{n}$，记为 $\bar{x} = \dfrac{1}{n}\sum\limits_{i=1}^{n} x_i$.<br>(2) 几何平均值：$n$ 个正数 $x_1, x_2, x_3, \cdots, x_n$ 的几何平均值为 $\sqrt[n]{x_1 \cdot x_2 \cdot x_3 \cdot \cdots \cdot x_n}$，记为 $G = \sqrt[n]{\prod\limits_{i=1}^{n} x_i}$.<br>【易错点】注意只有正数才有几何平均值.<br>(3) 求算术平均值的简便方法：<br>取一个数 $a$（一般取众数或中位数），用一组样本中的每个数减去这个数得到一组差值，求这组差值的平均值 $\overline{\Delta x}$，则平均值等于 $\overline{\Delta x} + a$. |

**1.** (2012 年管理类联考真题) 甲、乙、丙三个地区的公务员参加一次测评，其人数和考分情况如表 1-3 所示.

表 1-3

| 地区＼分数 | 6 | 7 | 8 | 9 |
| --- | --- | --- | --- | --- |
| 甲 | 10 | 10 | 10 | 10 |
| 乙 | 15 | 15 | 10 | 20 |
| 丙 | 10 | 10 | 15 | 15 |

三个地区按平均分由高到低的排名顺序为(　　).
(A) 乙、丙、甲　　　　　　(B) 乙、甲、丙　　　　　　(C) 甲、丙、乙
(D) 丙、甲、乙　　　　　　(E) 丙、乙、甲

【解析】甲地区的平均分：$\dfrac{6\times 10+7\times 10+8\times 10+9\times 10}{40}=7.5$；

乙地区的平均分：$\dfrac{6\times 15+7\times 15+8\times 10+9\times 20}{60}\approx 7.58$；

丙地区的平均分：$\dfrac{6\times 10+7\times 10+8\times 15+9\times 15}{50}=7.7$.

显然三个地区按平均分由高到低的排名顺序为丙、乙、甲.

【答案】(E)

**2.** (2018 年管理类联考真题) 为了解某公司员工的年龄结构，按男、女人数的比例进行了随机抽样，结果如表 1-4 所示.

表 1-4

| 男员工年龄(岁) | 23 | 26 | 28 | 30 | 32 | 34 | 36 | 38 | 41 |
| --- | --- | --- | --- | --- | --- | --- | --- | --- | --- |
| 女员工年龄(岁) | 23 | 25 | 27 | 27 | 29 | 31 |  |  |  |

根据表中数据统计,该公司男员工的平均年龄与全体员工的平均年龄分别是( )(单位:岁).
(A)32,30　　(B)32,29.5　　(C)32,27　　(D)30,27　　(E)29.5,27

【解析】根据观察可以发现,男员工年龄的中位数为32,大于32和小于32的数可分为4组(23和41,26和38,28和36,30和34),每组内的数与32差的绝对值相等,可知男员工的平均年龄为32岁.同理,女员工的平均年龄为27岁.

故全体员工平均年龄$=\dfrac{32\times 9+27\times 6}{15}=30$(岁).

【答案】(A)

> 取一个数 $a$(一般取众数或中位数),用一组样本中的每个数减去这个数得到一组差值,求这组差值的平均值 $\overline{\Delta x}$,则平均值等于 $\overline{\Delta x}+a$

3.(2020年管理类联考真题)若 $a,b,c$ 是实数,则能确定 $a,b,c$ 的最大值.
(1)已知 $a,b,c$ 的平均值.
(2)已知 $a,b,c$ 的最小值.

【解析】条件(1)和条件(2)显然单独都不充分,联立之.
由条件(1),设 $a,b,c$ 的平均值为 $m$,则 $a+b+c=3m$.由条件(2),设 $a,b,c$ 的最小值为 $c$,最大值为 $a$,则 $a=3m-b-c$,由于 $b$ 的值不确定,故 $a$ 的值也不确定,故联立也不充分.

【答案】(E)

## 变化2　方差与标准差的定义

| 母题模型 | 解题思路 |
| --- | --- |
| 考查方差的定义与性质 | (1)方差:$S^2=\dfrac{1}{n}[(x_1-\overline{x})^2+(x_2-\overline{x})^2+\cdots+(x_n-\overline{x})^2]$,也可记为 $D(x)$;<br>方差的简化公式:$S^2=\dfrac{1}{n}[(x_1^2+x_2^2+\cdots+x_n^2)-n\overline{x}^2]$.<br>(2)标准差:$S=\sqrt{S^2}$,也可记为 $\sqrt{D(x)}$.<br>(3)方差的本质:衡量一组样本的离散程度.因此,可以通过观察一组样本的离散程度来判定方差大小.<br>(4)方差的性质:$D(ax+b)=a^2D(x)(a\neq 0,b\neq 0)$,即在一组数据中的每个数字都乘以一个非零的数字 $a$,方差变为原来的 $a^2$ 倍,标准差变为原来的 $a$ 倍;在该组数据中的每个数字都加上一个非零的数字 $b$,方差和标准差不变.<br>(5)小定理:任意五个连续整数的方差为2. |

4.(2014年管理类联考真题)已知 $M=\{a,b,c,d,e\}$ 是一个整数集合.则能确定集合 $M$.
(1)$a,b,c,d,e$ 的平均值为10.
(2)$a,b,c,d,e$ 的方差为2.

【解析】条件(1):$a+b+c+d+e=50$,显然不充分.
条件(2):显然不充分.
联立两个条件.
$$\dfrac{(a-10)^2+(b-10)^2+(c-10)^2+(d-10)^2+(e-10)^2}{5}=2,$$

整理得
$$(a-10)^2+(b-10)^2+(c-10)^2+(d-10)^2+(e-10)^2=10,$$
10必须是5个完全平方数的和,穷举可知,$10=0+1+1+4+4$或$10=0+0+0+1+9$(无法满足集合的互异性,应舍去),故$10=0+1+1+4+4=0+1^2+(-1)^2+2^2+(-2)^2$.

根据集合的互异性,令$a=8,b=9,c=10,d=11,e=12$,且满足$a+b+c+d+e=50$,即可以确定集合$M$,所以联立起来充分.

【快速得分法】

由条件(2)可知,$a,b,c,d,e$为任意5个连续整数. 〔定理:任意连续5个整数的方差为2.〕

结合条件(1)可知,$a,b,c,d,e$为8,9,10,11,12,故能确定集合$M$.

【答案】(C)

5.(2016年管理类联考真题)设有两组数据$S_1$:3,4,5,6,7和$S_2$:4,5,6,7,$a$,则能确定$a$的值.

(1)$S_1$与$S_2$的平均值相等.

(2)$S_1$与$S_2$的方差相等.

【解析】条件(1):根据平均值公式显然可以得出$a=3$.条件(1)充分.

条件(2):

方法一:根据公式$S_1^2=\dfrac{1}{5}\times(3^2+4^2+5^2+6^2+7^2-5\times5^2)=2$.同理有

$$S_2^2=\dfrac{1}{5}\left[a^2+4^2+5^2+6^2+7^2-5\times\left(\dfrac{4+5+6+7+a}{5}\right)^2\right].$$

显然有$S_2^2=2$,故化简得$a^2-11a+24=0$,解得$a=3$或$a=8$.故条件(2)不充分.

方法二:根据定理"任意连续五个整数的方差为2",结合条件(2)可知,这五个整数为4,5,6,7,8或3,4,5,6,7.故$a=3$或$a=8$,条件(2)不充分.

【答案】(A)

6.(2017年管理类联考真题)甲、乙、丙三人每轮各投篮10次,投了三轮,投中数如表1-5所示.

表1-5

| | 第一轮 | 第二轮 | 第三轮 |
| --- | --- | --- | --- |
| 甲 | 2 | 5 | 8 |
| 乙 | 5 | 2 | 5 |
| 丙 | 8 | 4 | 9 |

设$\sigma_1,\sigma_2,\sigma_3$分别为甲、乙、丙投中数的方差,则(　　).

(A)$\sigma_1>\sigma_2>\sigma_3$　　　　　　(B)$\sigma_1>\sigma_3>\sigma_2$　　　　　　(C)$\sigma_2>\sigma_1>\sigma_3$

(D)$\sigma_2>\sigma_3>\sigma_1$　　　　　　(E)$\sigma_3>\sigma_2>\sigma_1$

【解析】根据方差公式可得

$$\overline{X}_1=\frac{2+5+8}{3}=5, \quad \sigma_1=\frac{(2-5)^2+(5-5)^2+(8-5)^2}{3}=6;$$

$$\overline{X}_2=\frac{5+2+5}{3}=4, \quad \sigma_2=\frac{(5-4)^2+(2-4)^2+(5-4)^2}{3}=2;$$

$$\overline{X}_3=\frac{8+4+9}{3}=7, \quad \sigma_3=\frac{(8-7)^2+(4-7)^2+(9-7)^2}{3}=\frac{14}{3}.$$

故有 $\sigma_1 > \sigma_3 > \sigma_2$.

**【答案】**(B)

7. (2020年管理类联考真题)某人在同一观众群体中调查了对五部电影的看法，得到数据如表1-6所示.

表1-6

| 电影 | 第一部 | 第二部 | 第三部 | 第四部 | 第五部 |
| --- | --- | --- | --- | --- | --- |
| 好评率 | 0.25 | 0.5 | 0.3 | 0.8 | 0.4 |
| 差评率 | 0.75 | 0.5 | 0.7 | 0.2 | 0.6 |

则观众意见分歧最大的前两部电影依次是(　　).
(A)第一部和第三部　　　　(B)第二部和第三部　　　　(C)第二部和第五部
(D)第四部和第一部　　　　(E)第四部和第二部

**【解析】** 以第二部看，一半的人都感觉好，另外一半人都感觉差，说明意见分歧大(方差大).

以第四部看，80%的人都觉得好，只有20%的人感觉差，那么说明好评率还是具备一定的一致性，意见分歧小(方差小).

同理，可知第一部、第三部电影意见分歧小，第五部电影意见分歧大. 故意见分歧最大的是第二部、第五部电影.

**【答案】**(C)

> 本题考方差的意义：衡量样本的离散程度

## 题型 16　均值不等式

**题型概述**

| 命题概率 | 母题特点 |
| --- | --- |
| (1) 近10年真题命题数量：6.<br>(2) 命题概率：0.6. | 常有三种问法：<br>(1) 最值是多少.<br>(2) 能否确定最值.<br>(3) 证明一个不等式成立.<br>已知条件常常给出和或积的定值. |

50

## 母题变化

### 变化 1　求最值

| 母题模型 | 解题思路 |
| --- | --- |
| 基本口诀和公式 | (1) 基本口诀：一"正"二"定"三"相等".<br>"正"是使用均值不等式的前提；<br>"定"是使用均值不等式的目标；<br>"相等"是最值取到时的条件.<br>(2) 基本公式：<br>① $\dfrac{a+b}{2} \geqslant \sqrt{ab}$，其中 $a>0$，$b>0$.<br>② $\dfrac{a+b+c}{3} \geqslant \sqrt[3]{abc}$，其中 $a>0$，$b>0$，$c>0$.<br>③ $a^2+b^2 \geqslant 2ab$，恒成立.<br>(3) 常用方法：<br>拆项法，拆项必拆成相等的项，拆项常拆次数较小的项. |
| 知和求积 | (1) 口诀：和有定值积最大.<br>(2) 公式：<br>① $ab \leqslant \left(\dfrac{a+b}{2}\right)^2$，其中 $a>0$，$b>0$.<br>② $abc \leqslant \left(\dfrac{a+b+c}{3}\right)^3$，其中 $a>0$，$b>0$，$c>0$.<br>③ $ab \leqslant \dfrac{a^2+b^2}{2}$，恒成立. |
| 知积求和 | (1) 口诀：积有定值和最小.<br>(2) 公式：<br>① $a+b \geqslant 2\sqrt{ab}$，其中 $a>0$，$b>0$.<br>② $a+b+c \geqslant 3\sqrt[3]{abc}$，其中 $a>0$，$b>0$，$c>0$.<br>③ $a^2+b^2 \geqslant 2ab$，恒成立. |
| 对勾函数 $y=x+\dfrac{1}{x}$ | 如图 1-12 所示.<br><br>$f(x)=x+\dfrac{1}{x}$，$(1,2)$<br>$g(x)=x$ 是渐近线<br>$(-1,-2)$<br><br>**图 1-12** |

1. (2015年管理类联考真题)设点 $A(0,2)$ 和 $B(1,0)$，在线段 $AB$ 上取一点 $M(x,y)(0<x<1)$，则以 $x,y$ 为两边长的矩形面积的最大值为（　　）.

(A) $\dfrac{5}{8}$　　(B) $\dfrac{1}{2}$　　(C) $\dfrac{3}{8}$　　(D) $\dfrac{1}{4}$　　(E) $\dfrac{1}{8}$

【解析】直线 $AB$ 的方程为 $\dfrac{y-0}{2-0}=\dfrac{x-1}{0-1}$，即 $x+\dfrac{y}{2}=1$.

> 直线的两点式方程：$\dfrac{y-y_1}{y_2-y_1}=\dfrac{x-x_1}{x_2-x_1}$

点 $(x,y)$ 在线段 $AB$ 上，故 $0<x<1$，$0<y<2$，以 $x,y$ 为两边长的矩形面积为 $S=xy$. 根据均值不等式，有

> 已知和有定值，求积的最值，必用均值不等式

$$S=xy=2\cdot x\cdot\dfrac{y}{2}\leqslant 2\cdot\left(\dfrac{x+\dfrac{y}{2}}{2}\right)^2=\dfrac{1}{2}.$$

所以，矩形面积 $S$ 的最大值为 $\dfrac{1}{2}$.

> 凑出 $x$ 和 $\dfrac{y}{2}$，再用公式 $ab\leqslant\left(\dfrac{a+b}{2}\right)^2$

【快速得分法】令 $x=\dfrac{y}{2}$，则由 $x+\dfrac{y}{2}=1$，可得 $x=\dfrac{1}{2}$，$y=1$. 故最值为 $S=xy=\dfrac{1}{2}\cdot 1=\dfrac{1}{2}$.

【答案】(B)

> 原理：根据口诀"一正二定三相等"可知，均值不等式的最值一定取在"相等"时，直接取相等，即可得最值

2. (2016年管理类联考真题)设 $x,y$ 是实数，则可以确定 $x^3+y^3$ 的最小值.

(1) $xy=1$.
(2) $x+y=2$.

【解析】条件(1)："极值法"举反例，令 $y=\dfrac{1}{x}$，原式 $=x^3+\dfrac{1}{x^3}$，当 $x$ 趋近于负无穷时，原式显然趋近于负无穷，无最小值，条件(1)不充分.

条件(2)：

$$x^3+y^3=x^3+(2-x)^3=6x^2-12x+8=6(x-1)^2+2\geqslant 0,$$

故当 $x=1$ 时，$x^3+y^3$ 取得最小值，为2. 条件(2)充分.

【快速得分法】

条件(2)：$x+y=2$.

令 $x+y=1+1=2$，则 $x^3+y^3=2$；

令 $x+y=2+0=2$，则 $x^3+y^3=8$；

令 $x+y=3+(-1)=2$，则 $x^3+y^3=27-1=26$.

可见，$x$ 与 $y$ 越接近，$x^3+y^3$ 越小；$x$ 与 $y$ 相差越大，$x^3+y^3$ 越大.

> 数学归纳法

故最小值为2，条件(2)充分.

【答案】(B)

> 总结：最值往往取在极值处，而极值往往取在各元素远离或各元素相等处，故可以令自变量相差很大或相等来分析答案，老吕称其为"岔开相等法"

3. (2018年管理类联考真题)甲、乙、丙三人的年收入成等比数列，则能确定乙的年收入的最大值.

(1) 已知甲、丙两人的年收入之和.
(2) 已知甲、丙两人的年收入之积.

【解析】设甲、乙、丙三人的年收入分别为 $a,b,c$，则 $ac=b^2$，$b=\sqrt{ac}$.

52

条件(1)：已知 $a+c$，根据均值不等式，$b=\sqrt{ac} \leqslant \dfrac{a+c}{2}$，故 $b$ 的最大值为 $\dfrac{a+c}{2}$，充分．

条件(2)：已知 $ac$，$b=\sqrt{ac}$，故 $b$ 为定值，既是最大值也是最小值，充分．

【答案】(D)

> 和有定值积最大

4. (2019 年管理类联考真题) 设函数 $f(x)=2x+\dfrac{a}{x^2}(a>0)$ 在 $(0,+\infty)$ 内的最小值为 $f(x_0)=12$，则 $x_0=($    )．

(A) 5   (B) 4
(C) 3   (D) 2
(E) 1

> 最大值的定义：设函数 $y=f(x)$ 的定义域为 $I$，如果存在实数 $f(x_0)=M(x_0 \in I)$，使得任意 $f(x) \leqslant M$，则称 $M$ 为函数 $y=f(x)$ 的最大值．由此定义可知，若 $y=f(x)$ 恒等于 $M$，则 $M$ 是其最大值．同理，$M$ 也是其最小值

【解析】由题意知，在 $(0,+\infty)$ 内，$f(x)=2x+\dfrac{a}{x^2}=x+x+\dfrac{a}{x^2} \geqslant 3\sqrt[3]{x \cdot x \cdot \dfrac{a}{x^2}}=3\sqrt[3]{a}$．

故当 $x=x=\dfrac{a}{x^2}$ 时，$f(x)$ 取最小值．即有

> 口诀：积有定值和最小 $a+b+c \geqslant 3\sqrt[3]{abc}$，故用拆项法凑出积的定值

$$\begin{cases} x_0=\dfrac{a}{x_0^2}, \\ f(x_0)=3\sqrt[3]{a}=12, \end{cases}$$

解得 $x_0=4$．

【答案】(B)

5. (2004 年 MBA 联考真题) 矩形周长为 2，将它绕其一边旋转一周，所得圆柱体的体积最大时的矩形面积为(    )．

(A) $\dfrac{4\pi}{27}$   (B) $\dfrac{2}{3}$   (C) $\dfrac{2}{9}$   (D) $\dfrac{27}{4}$   (E) 以上选项均不正确

【解析】设矩形边长分别为 $x$ 和 $1-x$，则旋转后，矩形的一边为半径，一边为高．故旋转后圆柱体的体积为

$$V=\pi x^2(1-x)=\dfrac{1}{2}\pi \cdot x \cdot x \cdot (2-2x) \leqslant \dfrac{\pi}{2}\left(\dfrac{2}{3}\right)^3．$$

当 $x=\dfrac{2}{3}$ 时，圆柱体的体积有最大值，此时矩形的面积为 $\dfrac{2}{9}$．

> 通过等价变形凑 $x+x+(2-2x)$ 这一定值，再用均值不等式 $abc \leqslant \left(\dfrac{a+b+c}{3}\right)^3$

【答案】(C)

### 变化 2　证明不等式

| 母题模型 | 解题思路 |
| --- | --- |
| (1) 此类题必为条件充分性判断题．<br>(2) 结论一般是一个不等式．<br>(3) 一般已知各字母为正，如果没有这一条件，就举字母为负的反例． | 第 1 步：取特殊值；<br>第 2 步：根据特殊值直接选答案或通过均值不等式来证明．注意常用拆项法． |

## 6. (2020年管理类联考真题)设 $a,b,c,d$ 是正实数，则 $\sqrt{a}+\sqrt{d}\leqslant\sqrt{2(b+c)}$.

(1) $a+d=b+c$.

(2) $ad=bc$.

【解析】$\sqrt{a}+\sqrt{d}\leqslant\sqrt{2(b+c)}$，两边平方，可得
$$a+d+2\sqrt{ad}\leqslant 2(b+c).$$

条件(1)：$a+d=b+c$，原式可化为 $2\sqrt{ad}\leqslant a+d$，根据均值不等式，可知条件(1)充分.

条件(2)：举反例，当 $a=1$，$d=4$，$b=c=2$ 时，题干的结论不成立，故条件(2)不充分.

【答案】(A)

> 遇到字母问题，优先考虑举反例

## 7. (2020年管理类联考真题)设 $a,b$ 是正实数，则 $\dfrac{1}{a}+\dfrac{1}{b}$ 存在最小值.

(1) 已知 $ab$ 的值.

(2) 已知 $a,b$ 是方程 $x^2-(a+b)x+2=0$ 的不同实根.

【解析】根据均值不等式 $\dfrac{1}{a}+\dfrac{1}{b}=\dfrac{a+b}{ab}\geqslant\dfrac{2\sqrt{ab}}{ab}$.

条件(1)：已知 $ab$ 的值，当 $a=b=\sqrt{ab}$ 时，其式子取到最小值，故条件(1)充分.

条件(2)：均值不等式取到最小值的条件为 $a=b$.

> 易错点：均值不等式等号成立的条件

因为在条件(2)中，$a\neq b$，故最值取不到，因此条件(2)不充分.

【答案】(A)

## 8. (2009年在职MBA联考真题) $\dfrac{1}{a}+\dfrac{1}{b}+\dfrac{1}{c}>\sqrt{a}+\sqrt{b}+\sqrt{c}$.

(1) $abc=1$.

(2) $a,b,c$ 为不全相等的正数.

【解析】条件(1)：令 $a=b=c=1$，显然不充分.

> 条件(1)举反例时，必须要使 $a=b=c$. 否则，若三者不相等，就相当于联立了条件(2)

条件(2)：令 $a=1$，$b=1$，$c=4$，显然不充分.

联立两个条件：

$$\dfrac{1}{a}+\dfrac{1}{b}+\dfrac{1}{c}=\dfrac{abc}{a}+\dfrac{abc}{b}+\dfrac{abc}{c}=bc+ac+ab=\dfrac{bc+ac}{2}+\dfrac{ab+ac}{2}+\dfrac{ab+bc}{2}$$
$$\geqslant\sqrt{abc^2}+\sqrt{a^2bc}+\sqrt{ab^2c}=\sqrt{c}+\sqrt{a}+\sqrt{b}.$$

由于 $a,b,c$ 互不相等，则上式为 $\dfrac{1}{a}+\dfrac{1}{b}+\dfrac{1}{c}>\sqrt{c}+\sqrt{a}+\sqrt{b}$. 所以条件(1)和条件(2)联立起来充分.

【快速得分法】特殊值法.

> 此方法并不是严谨的证明，但考场上通过蒙猜可迅速解题，虽有风险但是值得

令 $a=1$，$b=1$，$c=1$，显然不充分；令 $a=1$，$b=\dfrac{1}{4}$，$c=4$，充分，猜测答案是(C).

【答案】(C)

### 变化3　柯西不等式

| 母题模型 | 解题思路 |
| --- | --- |
| 柯西不等式：$(ac+bd)^2\leqslant(a^2+b^2)(c^2+d^2)$，当 $bc=ad$ 时等号成立. | 代公式即可 |

9. (2011年管理类联考真题)已知实数 $a$，$b$，$c$，$d$ 满足 $a^2+b^2=1$，$c^2+d^2=1$. 则 $|ac+bd|<1$.

(1)直线 $ax+by=1$ 与 $cx+dy=1$ 仅有一个交点.

(2)$a\neq c$，$b\neq d$.

【解析】 $|ac+bd|^2=(ac+bd)^2=a^2c^2+b^2d^2+2acbd$，　①

已知条件中两式相乘，得

$$(a^2+b^2)(c^2+d^2)=a^2c^2+b^2d^2+b^2c^2+a^2d^2.$$ ②

方法一：由式①和式②得

$$\begin{aligned}|ac+bd|^2&=a^2c^2+b^2d^2+2acbd\\&=(a^2+b^2)(c^2+d^2)-b^2c^2-a^2d^2+2abcd\\&=1-(bc-ad)^2\leqslant 1,\end{aligned}$$

> 去绝对值符号最常用两种方法：分类讨论法、平方法，此题的已知条件中出现平方，故用平方法

即 $|ac+bd|\leqslant 1$，故当 $bc\neq ad$ 时 $|ac+bd|<1$.

方法二：由基本不等式，可知 $b^2c^2+a^2d^2\geqslant 2abcd$，当 $bc=ad$ 时等号成立.

由式①和式②得

$$(ac+bd)^2\leqslant (a^2+b^2)(c^2+d^2)=1,$$

即 $|ac+bd|\leqslant 1$，故当 $bc\neq ad$ 时 $|ac+bd|<1$.

方法三：

由柯西不等式，得 $(ac+bd)^2\leqslant (a^2+b^2)(c^2+d^2)=1$，当 $bc=ad$ 时等号成立.

故 $|ac+bd|\leqslant 1$，故当 $bc\neq ad$ 时 $|ac+bd|<1$.

条件(1)：两直线不能平行，故 $bc\neq ad$，所以 $|ac+bd|<1$，条件(1)充分.

条件(2)：举反例，令 $a=b=\dfrac{\sqrt{2}}{2}$，$c=d=-\dfrac{\sqrt{2}}{2}$，则 $bc=ad$，此时 $|ac+bd|=1$，条件(2)不充分.

> 反例往往取在极值时或相等时，故令 $a^2=b^2$，$c^2=d^2$ 来找反例

【答案】(A)

# 第 2 章　整式与分式

## 题型 17　双十字相乘法

### 题型概述

| 命题概率 | 母题特点 |
| --- | --- |
| (1) 近 10 年真题命题数量：0. <br> (2) 2008 年在职 MBA 联考考了 2 道. | (1) 形如 $ax^2+bxy+cy^2+dx+ey+f$. <br> (2) 形如 $(a_1x^2+b_1x+c_1)(a_2x^2+b_2x+c_2)$. |

### 母题变化

**变化 1　求系数**

| 母题模型 | 解题思路 |
| --- | --- |
| 形如 $ax^2+bxy+cy^2+dx+ey+f$ 的因式分解问题 | 分解 $x^2$ 项、$y^2$ 项和常数项，去凑 $xy$ 项、$x$ 项和 $y$ 项的系数. |

1. (2008 年在职 MBA 联考真题) $x^2+mxy+6y^2-10y-4=0$ 的图形是两条直线.

   (1) $m=7$.

   (2) $m=-7$.

   【解析】条件(1)：将 $m=7$ 代入原方程，用双十字相乘法可得(如图 2-1 所示)
   $$x^2+7xy+6y^2-10y-4=(x+6y+2)(x+y-2)=0,$$
   即 $x+6y+2=0$ 或 $x+y-2=0$，原方程的图形是两条直线，故条件(1)充分.

   条件(2)：将 $m=-7$ 代入原方程，用双十字相乘法可得(如图 2-2 所示)

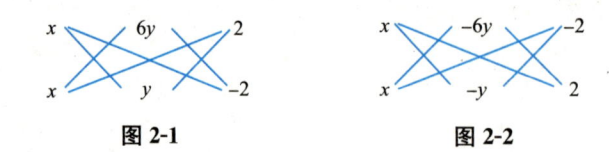

   图 2-1　　　图 2-2

   $$x^2-7xy+6y^2-10y-4=(x-6y-2)(x-y+2)=0,$$
   即 $x-6y-2=0$ 或 $x-y+2=0$，原方程的图形是两条直线，故条件(2)充分.

   【答案】(D)

## 变化2 求展开式

| 母题模型 | 解题思路 |
|---|---|
| 形如$(a_1x^2+b_1x+c_1)(a_2x^2+b_2x+c_2)$的展开式问题. 例如：求$(x^2+x+1)(x^2+2x+1)$的展开式. | 利用双十字相乘法，如图2-3所示： 图2-3 即4次方项为：$x^2 \cdot x^2 = x^4$. 3次方项为：$x^2 \cdot 2x + x^2 \cdot x = 3x^3$（左十字）. 2次方项为：$x \cdot 2x + x^2 \cdot 1 + x^2 \cdot 1 = 4x^2$（中间项之积+大十字）. 1次方项为：$x \cdot 1 + 2x \cdot 1 = 3x$（右十字）. 常数项为：$1 \cdot 1 = 1$. 故$(x^2+x+1)(x^2+2x+1) = x^4+3x^3+4x^2+3x+1$. |

2. (2008年在职MBA联考真题)$ax^2+bx+1$与$3x^2-4x+5$的积不含$x$的一次方项和三次方项.

(1)$a:b=3:4$.

(2)$a=\dfrac{3}{5}$，$b=\dfrac{4}{5}$.

【解析】方法一：用多项式相等的定义.

因为$(ax^2+bx+1)(3x^2-4x+5)=3ax^4+(3b-4a)x^3+(5a+3-4b)x^2+(5b-4)x+5$，由题意可知$\begin{cases}3b-4a=0,\\5b-4=0,\end{cases}$解得$a=\dfrac{3}{5}$，$b=\dfrac{4}{5}$.

所以条件(1)不充分，条件(2)充分.

方法二：将两式的积写成双十字相乘的形式，如图2-4所示.

右十字用十字相乘，得一次项，故$5bx-4x=0$，$b=\dfrac{4}{5}$；

左十字用十字相乘，得三次项，故$3bx^3-4ax^3=0$，$a=\dfrac{3}{5}$.

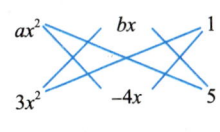

图2-4

所以条件(1)不充分，条件(2)充分.

【答案】(B)

## 题型18  待定系数法与多项式的系数问题

### 题型概述

| 命题概率 | 母题特点 |
|---|---|
| (1) 近10年真题命题数量：1. (2) 命题概率：0.1. | 见以下题型变化 |

## 母题变化

### 变化 1　待定系数法的基本问题

| 母题模型 | 解题思路 |
| --- | --- |
| 题干中出现两个多项式相等，或者一个多项式是几个多项式的积． | (1) 两个多项式相等，则对应项的系数均相等．<br>(2) ①待定系数法是设某一多项式的全部或部分系数为未知数，利用两个多项式相等的定义来确定待求的值．<br>②使用待定系数法时，最高次项和常数项往往能直接写出，但要注意符号问题(分析是否有正负两种情况)． |

1. (2010 年管理类联考真题)多项式 $x^3+ax^2+bx-6$ 的两个因式是 $x-1$ 和 $x-2$，则第三个一次因式为(　　)．

   (A) $x-6$　　　(B) $x-3$　　　(C) $x+1$　　　(D) $x+2$　　　(E) $x+3$

   【解析】设第三个一次因式为 $x+c$，则
   $$x^3+ax^2+bx-6=(x-1)(x-2)(x+c),$$
   ← 待定系数法

   则有 $-6=(-1)(-2) \cdot c$，解得 $c=-3$．　← 各因式常数项的积等于原式的常数项

   故第三个一次因式为 $x-3$．

   【答案】(B)

### 变化 2　完全平方式

| 母题模型 | 解题思路 |
| --- | --- |
| 已知 $f(x)$ 是一个完全平方式，求某项系数． | (1) 待定系数法．<br>(2) 双十字相乘法． |

2. 已知 $x^4-6x^3+ax^2+bx+4$ 是一个二次三项式的完全平方式，$ab<0$，则 $a$ 和 $b$ 的值分别为(　　)．

   (A) $a=6, b=1$　　　　(B) $a=-5, b=4$　　　　(C) $a=-12, b=8$
   (D) $a=13, b=-12$　　(E) $a=-13, b=8$

   【解析】方法一：待定系数法．

   $x^4-6x^3+ax^2+bx+4=(x^2+mx+2)^2$ 或 $(x^2+mx-2)^2$，即
   $$\begin{aligned}
   &x^4-6x^3+ax^2+bx+4\\
   &=(x^2+mx+2)^2\\
   &=x^4+m^2x^2+4+2mx^3+4x^2+4mx\\
   &=x^4+2mx^3+(m^2+4)x^2+4mx+4.
   \end{aligned}$$

   故有 $\begin{cases}-6=2m,\\ a=m^2+4,\\ b=4m,\end{cases}$ 解得 $m=-3, a=13, b=-12$．　← 各项因式系数分别与原式系数对应相等

   同理，当 $x^4-6x^3+ax^2+bx+4=(x^2+mx-2)^2$ 时，解得 $a=5, b=12(ab>0$，舍去)．

方法二：双十字相乘法．
$x^4-6x^3+ax^2+bx+4=(x^2+mx+2)^2$ 或 $(x^2+mx-2)^2$，对第二种情况使用双十字相乘法，如图2-5所示．

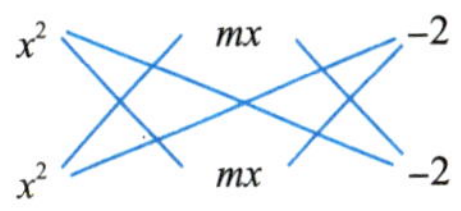

左十字：$2mx^3=-6x^3$，得 $m=-3$；

右十字：$-4mx=bx$，得 $b=12$；

大十字加中间两项的积：$-4x^2+m^2x^2=ax^2$，得 $a=5$．故 $a=5$，$b=12(ab>0$，含去$)$．

同理，对 $x^4-6x^3+ax^2+bx+4=(x^2+mx+2)^2$ 这种情况同样使用双十字相乘法，可得 $a=13$，$b=-12$．

图 2-5

【答案】(D)

### ▶▶变化 3　展开式的系数和问题

| 母题模型 | 解题思路 |
|---|---|
| 已知多项式 $f(x)=a_0+a_1x+\cdots+a_{n-1}x^{n-1}+a_nx^n$．求多项式展开式的系数之和． | 用赋值法：<br>(1) 求常数项，则 $a_0=f(0)$．<br>(2) 求各项系数和，则 $a_0+a_1+\cdots+a_{n-1}+a_n=f(1)$．<br>(3) 求奇次项系数和，则 $a_1+a_3+a_5+\cdots=\dfrac{f(1)-f(-1)}{2}$．<br>(4) 求偶次项系数和，则 $a_0+a_2+a_4+\cdots=\dfrac{f(1)+f(-1)}{2}$． |

3. (2009年管理类联考真题) 若 $(1+x)+(1+x)^2+\cdots+(1+x)^n=a_0+a_1(x-1)+2a_2(x-1)^2+\cdots+na_n(x-1)^n$，则 $a_0+a_1+2a_2+3a_3+\cdots+na_n=(\quad)$．

(A) $\dfrac{3^n-1}{2}$　　　(B) $\dfrac{3^{n+1}-1}{2}$　　　(C) $\dfrac{3^{n+1}-3}{2}$

(D) $\dfrac{3^n-3}{2}$　　　(E) $\dfrac{3^n-3}{4}$

【解析】令 $x=2$，则有  〔求各系数和，用赋值法〕

$$a_0+a_1+2a_2+3a_3+\cdots+na_n=3+3^2+\cdots+3^n=\dfrac{3(1-3^n)}{1-3}=\dfrac{3^{n+1}-3}{2}．$$

【答案】(C)　　〔等比数列求和公式：$S_n=\dfrac{a_1(1-q^n)}{1-q}$〕

4. (2011年在职MBA联考真题) 已知 $x(1-kx)^3=a_1x+a_2x^2+a_3x^3+a_4x^4$ 对所有实数 $x$ 都成立，则 $a_1+a_2+a_3+a_4=-8$．

(1) $a_2=-9$．
(2) $a_3=27$．

【解析】　　　$x(1-kx)^3=x[1-3kx+3(kx)^2-(kx)^3]$
　　　　　　　　　$=x-3kx^2+3k^2x^3-k^3x^4$
　　　　　　　　　$=a_1x+a_2x^2+a_3x^3+a_4x^4$．

〔展开式对应项系数相等，即 $\begin{cases}a_1=1,\\ a_2=-3k,\\ a_3=3k^2,\\ a_4=-k^3\end{cases}$〕

则 $a_1+a_2+a_3+a_4=f(1)=1-3k+3k^2-k^3$．　〔赋值法求各项系数和，令 $x=1$〕

条件(1)：$a_2=-3k=-9$，得 $k=3$，$a_1+a_2+a_3+a_4=f(1)=1-3k+3k^2-k^3=-8$，充分．

条件(2)：$a_3=3k^2=27$，得 $k=\pm 3$，$a_1+a_2+a_3+a_4=f(1)=1-3k+3k^2-k^3=-8$ 或 $64$，不充分．
【答案】(A)

### 变化 4　利用二项式定理求系数

| 母题模型 | 解题思路 |
| --- | --- |
| $(a+b)^n=C_n^0a^n+C_n^1a^{n-1}b+\cdots+C_n^ka^{n-k}b^k+\cdots+C_n^{n-1}ab^{n-1}+C_n^nb^n$，其中第 $k+1$ 项为 $T_{k+1}=C_n^ka^{n-k}b^k$，称为通项． | 套公式即可 |

5. (2013 年管理类联考真题)在 $(x^2+3x+1)^5$ 的展开式中，$x^2$ 的系数为(　　)．
(A)5　　　　(B)10　　　　(C)45　　　　(D)90　　　　(E)95

【解析】用二项式定理的原理求多项式展开式的系数．

原式为 5 个 $x^2+3x+1$ 相乘，出现 $x^2$ 项的情况分为两类：

第一类：从 5 个式子中选出 1 个 $x^2$，余下的 4 个式子选常数项 1，即 $C_5^1x^2$；

第二类：从 5 个式子中选出 2 个 $3x$，余下的 3 个式子选常数项 1，即 $C_5^2(3x)^2$.

则有 $C_5^1x^2+C_5^2(3x)^2=95x^2$，即 $x^2$ 的系数为 95．
【答案】(E)

6. $(x^2+1)(x-2)^7$ 的展开式中 $x^3$ 项的系数是(　　)．
(A)$-1\,008$　　(B)$1\,008$　　(C)504　　(D)$-504$　　(E)280

【解析】$\underbrace{(x^2+1)}_{①}\underbrace{(x-2)^7}_{②}$ 的展开式出现 $x^3$ 项有 2 种情况：

第一种：式②中，7 个式子其中之一取 $x$ 项，与式①中的 $x^2$ 项相乘，式②中剩余的 6 个式子取 $-2$，所以展开式中 $x^3$ 的系数为 $C_7^1(-2)^6$；

第二种：式②的 7 个式子中，3 个式子取 $x$ 项与式①中的 1 相乘，剩余的 4 个式子取 $-2$，所以展开式中 $x^3$ 的系数为 $C_7^3(-2)^4$.

故 $(x^2+1)(x-2)^7$ 的展开式中 $x^3$ 项的系数为 $C_7^1(-2)^6+C_7^3(-2)^4=1\,008$.
【答案】(B)

## 题型 19　代数式的最值问题

### 题型概述

| 命题概率 | 母题特点 |
| --- | --- |
| (1)近 10 年真题命题数量：1.<br>(2)命题概率：0.1. | 题干给出一个代数式，求最大值或最小值． |

> 母题变化

### 变化 1　配方型

| 母题模型 | 解题思路 |
| --- | --- |
| 求最值，且题干中有平方项，要考虑配方法． | 配方法，将代数式化为形如"数±式$^2$"的形式． |

1. (2010年在职MBA联考真题)若实数 $a,b,c$ 满足：$a^2+b^2+c^2=9$，则代数式 $(a-b)^2+(b-c)^2+(c-a)^2$ 的最大值是（　　）．

(A)21　　　(B)27　　　(C)29　　　(D)32　　　(E)39

【解析】将代数式展开并整理，可得

$$(a-b)^2+(b-c)^2+(c-a)^2=2(a^2+b^2+c^2)-2(ab+bc+ac)$$
$$=3(a^2+b^2+c^2)-(a+b+c)^2=27-(a+b+c)^2.$$

当 $a+b+c=0$ 时，所求代数式的最大值为27．

> 凑公式：$a^2+b^2+c^2+2ab+2bc+2ac=(a+b+c)^2$

【答案】(B)

### 变化 2　一元二次函数型

| 母题模型 | 解题思路 |
| --- | --- |
| 待求的代数式可化为一元二次函数的形式． | 一元二次函数求最值的方法：<br>(1) 顶点公式法．<br>(2) 配方法．<br>(3) 双根式法． |

2. (2012年在职MBA联考真题)设实数 $x,y$ 满足 $x+2y=3$，则 $x^2+y^2+2y$ 的最小值为（　　）．

(A)4　　　(B)5　　　(C)6　　　(D)$\sqrt{5}-1$　　　(E)$\sqrt{5}+1$

【解析】方法一：顶点公式法．

由题干 $x+2y=3$，整理得 $x=3-2y$，代入 $x^2+y^2+2y$，得

$$(3-2y)^2+y^2+2y=5y^2-10y+9.$$

根据一元二次函数的顶点坐标公式，得最小值为 $\dfrac{4ac-b^2}{4a}=\dfrac{4\times 5\times 9-100}{4\times 5}=4$．

> 顶点纵坐标公式：$y=\dfrac{4ac-b^2}{4a}$

方法二：利用几何意义求最值．

$x^2+y^2+2y=x^2+(y+1)^2-1$，其中 $x^2+(y+1)^2=[\sqrt{x^2+(y+1)^2}]^2$，即点 $(0,-1)$ 与直线 $x+2y=3$ 上的点之间的距离的平方．

最小值为点到直线的距离，即 $d=\dfrac{|-2-3|}{\sqrt{1^2+2^2}}=\sqrt{5}$．

> 点到直线的距离公式：$d=\dfrac{|Ax_0+By_0+C|}{\sqrt{A^2+B^2}}$

所以 $x^2+y^2+2y=x^2+(y+1)^2-1=d^2-1=4$．

【注意】求代数式的最值还常用均值不等式法(见第1章)和几何意义法(见第5章)．

【答案】(A)

## 题型 20　三角形的形状判断问题

### 题型概述

| 命题概率 | 母题特点 |
| --- | --- |
| (1) 近10年真题命题数量：1.<br>(2) 命题概率：0.1. | 题干要求判断三角形是否是等边、等腰、直角、等腰直角等三角形. |

### 母题变化

| 母题模型 | 解题思路 |
| --- | --- |
| $a^2+b^2+c^2-ab-ac-bc=0$ | $a^2+b^2+c^2-ab-ac-bc$<br>$=\dfrac{1}{2}[2a^2+2b^2+2c^2-2ab-2ac-2bc]$<br>$=\dfrac{1}{2}[(a-b)^2+(b-c)^2+(a-c)^2]$<br>$=0.$<br>故 $a=b=c$，是等边三角形. |
| $a^2+b^2=c^2$ | 直角三角形 |
| $a=b\neq c$ | 等腰三角形 |
| $a^2+b^2=c^2$，且 $a=b$ | 等腰直角三角形 |

**1.**(2011年管理类联考真题) 已知 $\triangle ABC$ 的三条边分别为 $a,b,c$，则 $\triangle ABC$ 是等腰直角三角形.

(1) $(a-b)(c^2-a^2-b^2)=0.$

(2) $c=\sqrt{2}b.$

【解析】条件(1)：由 $(a-b)(c^2-a^2-b^2)=0$ 可得 $a=b$ 或 $c^2=a^2+b^2$，$\triangle ABC$ 为等腰三角形或直角三角形，故条件(1)不充分.

条件(2)：显然不充分.

联立条件(1)和条件(2)，则有如下两种情况：

① $a=b$，$c=\sqrt{2}b$，得 $c^2=a^2+b^2$，则 $\triangle ABC$ 是等腰直角三角形；

② $c^2=a^2+b^2$，$c=\sqrt{2}b$，可得 $a=b$，则 $\triangle ABC$ 是等腰直角三角形.

所以条件(1)和条件(2)联立起来充分.

【答案】(C)

**2.**(2013年管理类联考真题) $\triangle ABC$ 的边长分别为 $a,b,c$，则 $\triangle ABC$ 为直角三角形.

(1) $(c^2-a^2-b^2)(a^2-b^2)=0.$

(2) $\triangle ABC$ 的面积为 $\dfrac{1}{2}ab.$

【解析】条件(1)：$(c^2-a^2-b^2)(a^2-b^2)=0 \Rightarrow c^2=a^2+b^2$ 或 $a=b$.

故三角形为直角三角形或者等腰三角形，条件(1)不充分．

条件(2)：$S_{\triangle ABC}=\dfrac{1}{2}ab \cdot \sin C = \dfrac{1}{2}ab$.

所以 $\sin C=1$，得 $\angle C$ 为 $90°$，即 $\triangle ABC$ 为直角三角形，故条件(2)充分．

三角形的面积公式：
$$S_{\triangle ABC}=\begin{cases}\dfrac{1}{2}bc\sin A,\\ \dfrac{1}{2}ac\sin B,\\ \dfrac{1}{2}ab\sin C\end{cases}$$

【答案】(B)

**3.** (2000年在职MBA联考真题) 已知 $a$，$b$，$c$ 是 $\triangle ABC$ 的三条边长，并且 $a=c=1$，若 $(b-x)^2-4(a-x)(c-x)=0$ 有两个相同实根，则 $\triangle ABC$ 为（　　）．

(A) 等边三角形　　　　(B) 等腰三角形　　　　(C) 直角三角形

(D) 钝角三角形　　　　(E) 等腰直角三角形

【解析】$a=c=1$，故原方程为 $(b-x)^2-4(1-x)^2=0$.

由平方差公式，得 $(3x-b-2)(x+b-2)=0$，两根相等，即 $\dfrac{b+2}{3}=2-b$，解得 $b=1$.

故 $\triangle ABC$ 是等边三角形．

【答案】(A)

**4.** (2009年在职MBA联考真题) $\triangle ABC$ 是等边三角形．

(1) $\triangle ABC$ 的三边满足 $a^2+b^2+c^2=ab+bc+ac$.

(2) $\triangle ABC$ 的三边满足 $a^3-a^2b+ab^2+ac^2-b^3-bc^2=0$.

【解析】条件(1)：
$$a^2+b^2+c^2-ab-ac-bc$$
$$=\dfrac{1}{2}[2a^2+2b^2+2c^2-2ab-2ac-2bc]$$
$$=\dfrac{1}{2}[(a-b)^2+(b-c)^2+(a-c)^2]$$
$$=0,$$

得 $a=b=c$，故 $\triangle ABC$ 是等边三角形，条件(1)充分．

条件(2)：
$$a^3-a^2b+ab^2+ac^2-b^3-bc^2$$
$$=a^3-b^3-(a^2b-ab^2)+ac^2-bc^2$$
$$=(a-b)(a^2+ab+b^2)-ab(a-b)+c^2(a-b)$$
$$=(a-b)(a^2+b^2+c^2)$$
$$=0,$$

得 $a=b$ 或 $a=b=c=0$(舍)，故 $\triangle ABC$ 是等腰三角形，也可能是等边三角形．

所以条件(2)不充分．

【答案】(A)

## 题型 21　整式的除法与余式定理

### 题型概述

| 命题概率 | 母题特点 |
| --- | --- |
| (1) 近10年真题命题数量：1.<br>(2) 命题概率：0.1. | 题干中出现整式的除法(整除或有余式). |

### 母题变化

#### 变化 1　余式定理与因式定理

| 母题模型 | 解题思路 |
| --- | --- |
| 余式定理：<br>$F(x)=f(x)\times g(x)+r(x).$ | (1) 解题原理：被除式＝除式×商式＋余式．因此，只要令除式等于零，则有被除式＝余式．<br>(2) 待定系数法．<br>一般将余式设为恰好比除式的次数小一次的代数式．<br>比如：除式形式为 $mx+n$，可把余式设为 $a$；<br>除式形式为 $mx^2+nx+l$，可把余式设为 $ax+b$. |
| 因式定理：$F(x)=f(x)\times g(x).$ | (1) 因式定理是余式定理的特殊情况，即整除时余式为零．<br>(2) 若有 $x=a$ 时，$f(x)=0$，则有 $x-a$ 是 $f(x)$ 的因式．反之亦成立． |

**1.** (2007年在职MBA联考真题)若多项式 $f(x)=x^3+a^2x^2+x-3a$ 能被 $x-1$ 整除，则实数 $a=$（　　）.

(A) 0　　　　(B) 1　　　　(C) 0 或 1　　　　(D) 2 或 -1　　　　(E) 2 或 1

【解析】令除式 $x-1=0$，得 $x=1$.
所以 $f(1)=1^3+a^2\cdot 1^2+1-3a=a^2-3a+2=0$，解得 $a=2$ 或 $a=1$.
【答案】(E)

**2.** 多项式 $x^2+2x+3$ 除以 $x-1$ 的余式为（　　）.

(A) $x$　　　　(B) $x+1$　　　　(C) 5　　　　(D) 6　　　　(E) 7

【解析】设 $x^2+2x+3=(x-1)g(x)+a$.
当除式 $x-1=0$，即 $x=1$ 时，被除式等于余式．
将 $x=1$ 代入原式，即 $f(1)=1^2+2\times1+3=6=a$.
故余式为 6.

> 余式设为恰好比除式的次数小一次的代数式，本题除式最高次为一次，所以余式设为常数

【答案】(D)

## 变化 2 二次除式问题

| 母题模型 | 解题思路 |
| --- | --- |
| 求 $f(x)$ 除以 $ax^2+bx+c$ 的余式. | (1) 用待定系数法,设余式为 $ax+b$,再代入求值.<br>(2) 余式定理:可令除式 $ax^2+bx+c=0$,解得两个根 $x_1$, $x_2$,则有余式 $R(x_1)=f(x_1)$, $R(x_2)=f(x_2)$. |

**3.** (2012年管理类联考真题) 若 $x^3+x^2+ax+b$ 能被 $x^2-3x+2$ 整除,则( ).

(A) $a=4$, $b=4$  (B) $a=-4$, $b=-4$  (C) $a=10$, $b=-8$

(D) $a=-10$, $b=8$  (E) $a=-2$, $b=0$

【解析】设 $f(x)=x^3+x^2+ax+b$.

令 $x^2-3x+2=0$,解得 $x=1$, $x=2$,由余式定理,得

$$\begin{cases} f(1)=1+1+a+b=0, \\ f(2)=8+4+2a+b=0, \end{cases}$$

解得 $a=-10$, $b=8$.

【答案】(D)

**4.** (2009年在职MBA联考真题) 二次三项式 $x^2+x-6$ 是多项式 $2x^4+x^3-ax^2+bx+a+b-1$ 的一个因式.

(1) $a=16$.

(2) $b=2$.

【解析】条件(1)和条件(2)单独显然不充分,假设联立两个条件可以充分,设另一个除式为 $g(x)$,得

$$f(x)=2x^4+x^3-ax^2+bx+a+b-1$$
$$=2x^4+x^3-16x^2+2x+17$$
$$=(x^2+x-6)g(x).$$

令 $x^2+x-6=0$,得 $x=2$ 或 $-3$,由余式定理,得 $\begin{cases} f(2)=0, \\ f(-3)=0. \end{cases}$

但是,经计算可知 $f(2)=2\cdot 2^4+2^3-16\cdot 2^2+2\cdot 2+17$,显然是奇数,不可能为 0.

故两个条件联立起来也不充分.

【答案】(E)

**5.** (2010年在职MBA联考真题) $ax^3-bx^2+23x-6$ 能被 $(x-2)(x-3)$ 整除.

(1) $a=3$, $b=-16$.

(2) $a=3$, $b=16$.

【解析】令 $(x-2)(x-3)=0$,得 $x=2$ 或 $x=3$. 由余式定理,得

$$\begin{cases} f(2)=a\cdot 2^3-b\cdot 2^2+23\cdot 2-6=0, \\ f(3)=a\cdot 3^3-b\cdot 3^2+23\cdot 3-6=0, \end{cases}$$

解得 $a=3$, $b=16$.

所以条件(1)不充分,条件(2)充分.

【答案】(B)

6. 多项式 $f(x)$ 除以 $x-1$ 的余式为 5，除以 $x-2$ 的余式为 9，则 $f(x)$ 除以 $(x-1)(x-2)$ 的余式为（　　）.

(A) $2x+3$　　　(B) $4x+1$　　　(C) $2x-3$　　　(D) $3x+2$　　　(E) $3x-2$

【解析】用待定系数法，设 $f(x)=(x-1)(x-2)g(x)+ax+b$，则所求余式为 $ax+b$.

当除式 $(x-1)(x-2)=0$ 时，即 $x=1$ 或 $x=2$ 时，由余式定理，得

$$\begin{cases} f(1)=a\times 1+b=5, \\ f(2)=a\times 2+b=9, \end{cases}$$

解得 $a=4$，$b=1$，则所求得的余式为 $4x+1$.

【答案】(B)

### 变化 3　可求解的三次除式问题

| 母题模型 | 解题思路 |
| --- | --- |
| 求 $f(x)$ 除以 $(ax^2+bx+c)\times(mx+n)$ 的余式，其中 $ax^2+bx+c=0$ 有实根． | 分别令 $ax^2+bx+c=0$，$mx+n=0$，解得 $x_1$，$x_2$，$x_3$．再利用余式定理，令被除式等于余式即可． |

7. 设多项式 $f(x)$ 有因式 $x$，$f(x)$ 被 $x^2-1$ 除后的余式为 $3x+4$，若 $f(x)$ 被 $x(x^2-1)$ 除后的余式为 $ax^2+bx+c$，则 $a^2+b^2+c^2=$（　　）.

(A) 1　　　(B) 13　　　(C) 16　　　(D) 25　　　(E) 36

【解析】由余式定理可设 $f(x)=x(x^2-1)g(x)+ax^2+bx+c$.

由 $f(x)$ 有因式 $x$ 可知 $f(0)=c=0$. 由 $f(x)$ 被 $x^2-1$ 除后的余式为 $3x+4$，可令 $x^2-1=0$，即 $x=1$ 或 $x=-1$，故由余式定理，得

$$\begin{cases} f(1)=3x+4, \\ f(-1)=3x+4 \end{cases} \Rightarrow \begin{cases} f(1)=a+b+c=7, \\ f(-1)=a-b+c=1, \end{cases}$$

解得 $a=4$，$b=3$，$c=0$，故 $a^2+b^2+c^2=25$.

【答案】(D)

### 变化 4　不可求解的三次除式问题

| 母题模型 | 解题思路 |
| --- | --- |
| 求 $f(x)$ 除以 $(ax^2+bx+c)(mx+n)$ 的余式，其中 $ax^2+bx+c=0$ 无实根． | 设 $f(x)=(ax^2+bx+c)(mx+n)g(x)+k(ax^2+bx+c)+px+q$，再用余式定理即可． |

8. 已知多项式 $f(x)$ 除以 $x-1$ 所得余数为 2，除以 $x^2-2x+3$ 所得余式为 $4x+6$，则多项式 $f(x)$ 除以 $(x-1)(x^2-2x+3)$ 所得余式是（　　）.

(A) $-2x^2+6x-3$　　　　　　(B) $2x^2+6x-3$　　　　　　(C) $-4x^2+12x-6$

(D) $x+4$　　　　　　　　　　(E) $2x-1$

【解析】设 $f(x)=(x^2-2x+3)(x-1)g(x)+k(x^2-2x+3)+4x+6$，令 $x-1=0$，即 $x=1$，由余式定理，可得 $f(1)=k(1^2-2\times 1+3)+4\times 1+6=2k+10=2$，解得 $k=-4$.

故余式为 $k(x^2-2x+3)+4x+6=-4x^2+12x-6$.

【快速得分法】根据题意"多项式 $f(x)$ 除以 $x-1$ 所得余数为 2"可知，$f(1)=2$，所以将 $x=1$ 带入选项发现，只有(C)选项为 2，故选(C)．

【答案】(C)

## 题型 22 齐次分式求值

### 题型概述

| 命题概率 | 母题特点 |
| --- | --- |
| (1) 近 10 年真题命题数量：1．<br>(2) 命题概率：0.1． | 求一个分式的值，这个分式的分子、分母中的每个项次数均相等． |

### 母题变化

#### 变化 1 齐次分式求值

| 母题模型 | 解题思路 |
| --- | --- |
| 齐次分式是指分子和分母中的每个项的次数都相等的分式． | (1) 齐次分式求值可用赋值法．<br>(2) 若已知各字母的比例关系，则可直接用赋值法．<br>(3) 若不能直接知道各字母的比例关系，则通过整理已知条件，求出各字母之间的关系，再用赋值法． |

1. (2009 年管理类联考真题) $\dfrac{a^2-b^2}{19a^2+96b^2}=\dfrac{1}{134}$．

   (1) $a$，$b$ 均为实数，且 $|a^2-2|+(a^2-b^2-1)^2=0$．

   (2) $a$，$b$ 均为实数，且 $\dfrac{a^2b^2}{a^4-2b^4}=1$．

   【解析】条件(1)：由条件可知 $a^2=2$，$a^2-b^2-1=0$，$b^2=1$，则

   $$\dfrac{a^2-b^2}{19a^2+96b^2}=\dfrac{2-1}{19\times 2+96\times 1}=\dfrac{1}{134},$$

   故条件(1)充分．

   条件(2)：由 $\dfrac{a^2b^2}{a^4-2b^4}=1$ 且 $a^2\neq 0$，$b^2\neq 0$，整理得 $2b^2=a^2$，具体方法如下．

   方法一：

   $$a^2b^2=a^4-2b^4,$$
   $$\Rightarrow a^2b^2+b^4=a^4-b^4,$$
   $$\Rightarrow b^2(a^2+b^2)=(a^2+b^2)(a^2-b^2),$$
   $$\Rightarrow 2b^2=a^2.$$

> 非负性问题：
> 若有 $|a|+b^2+\sqrt{c}=0(c\geqslant 0)$，则 $a=0$，$b=0$，$c=0$

方法二：$a^4-a^2b^2-2b^4=0$，由十字相乘法可得$(a^2+b^2)(a^2-2b^2)=0$.

因$a^2+b^2\neq 0$，故$a^2-2b^2=0$，$a^2=2b^2$.

所以，$\dfrac{a^2-b^2}{19a^2+96b^2}=\dfrac{2b^2-b^2}{19\times 2b^2+96b^2}=\dfrac{b^2}{134b^2}=\dfrac{1}{134}$，条件(2)也充分.

【答案】(D)

2. (2013年管理类联考真题)设$x$，$y$，$z$为非零实数，则$\dfrac{2x+3y-4z}{-x+y-2z}=1$.

(1) $3x-2y=0$.

(2) $2y-z=0$.

【解析】条件(1)：$3x-2y=0$，则$3x=2y$. 令$x=2$，$y=3$，代入题干条件，得

$$\dfrac{2x+3y-4z}{-x+y-2z}=\dfrac{4+9-4z}{-2+3-2z}=\dfrac{13-4z}{1-2z},$$

齐次分式求值，用赋值法

故分式的值与$z$有关，所以条件(1)不充分.

条件(2)：$2y-z=0$，则$2y=z$. 令$y=1$，$z=2$，代入题干条件，得

$$\dfrac{2x+3y-4z}{-x+y-2z}=\dfrac{2x+3-8}{-x+1-4}=\dfrac{2x-5}{-x-3},$$

故分式的值与$x$有关，所以条件(2)不充分.

联立条件(1)和条件(2)：

$$\begin{cases}3x=2y,\\2y=z\end{cases}\Rightarrow\begin{cases}x=\dfrac{2}{3}y,\\z=2y.\end{cases}$$

代入题干条件，得$\dfrac{2x+3y-4z}{-x+y-2z}=\dfrac{2\cdot\dfrac{2}{3}y+3y-4\cdot 2y}{-\dfrac{2}{3}y+y-2\cdot 2y}=1$. 故联立两个条件充分.

【快速得分法】令$x=2$，$y=3$，$z=6$，则

$$\dfrac{2x+3y-4z}{-x+y-2z}=\dfrac{2\times 2+3\times 3-4\times 6}{-2+3-2\times 6}=1.$$

齐次分式求值问题可以用赋值法

故两个条件联立起来充分.

【答案】(C)

3. (2008年在职MBA联考真题)若$a:b=\dfrac{1}{3}:\dfrac{1}{4}$，则$\dfrac{12a+16b}{12a-8b}=(\quad)$.

(A) 2　　　　(B) 3　　　　(C) 4　　　　(D) $-3$　　　　(E) $-2$

【解析】设$a=\dfrac{1}{3}k$，$b=\dfrac{1}{4}k$，则$\dfrac{12a+16b}{12a-8b}=\dfrac{12\times\dfrac{1}{3}k+16\times\dfrac{1}{4}k}{12\times\dfrac{1}{3}k-8\times\dfrac{1}{4}k}=4$.

见比设$k$法

【快速得分法】设$a=\dfrac{1}{3}$，$b=\dfrac{1}{4}$，代入可得$\dfrac{12a+16b}{12a-8b}=4$.

赋值法

【答案】(C)

## 变化 2　类齐次分式求值

| 母题模型 | 解题思路 |
|---|---|
| 求一个分式的值，但这个分式的分子、分母中的项的次数并不完全相同. | 有些题目也可以使用特殊值法. |

4. 已知 $\dfrac{1}{x}-\dfrac{1}{y}=4$，则 $\dfrac{3x-2xy-3y}{x+2xy-y}=(\qquad)$.　　　注意，此式并非齐次分式

　(A)4　　　(B)$5\dfrac{1}{2}$　　　(C)$5\dfrac{1}{3}$　　　(D)$6\dfrac{1}{3}$　　　(E)7

【解析】由 $\dfrac{1}{x}-\dfrac{1}{y}=4$，得 $x-y=-4xy$，则

$$\dfrac{3x-2xy-3y}{x+2xy-y}=\dfrac{3(x-y)-2xy}{(x-y)+2xy}=\dfrac{-14xy}{-2xy}=7.$$

【答案】(E)

## 💡 题型 23　已知 $x+\dfrac{1}{x}=a$ 或者 $x^2+ax+1=0$，求代数式的值

### 题型概述

| 命题概率 | 母题特点 |
|---|---|
| (1) 近10年真题命题数量：2.<br>(2) 命题概率：0.2. | 题干中的已知条件形如 $x^2+ax+1=0$ 或 $x+\dfrac{1}{x}=a$，求一个代数式的值. |

### 母题变化

#### 变化 1　求整式的值

| 母题模型 | 解题思路 |
|---|---|
| 已知 $x^2+ax+1=0$ 或 $x+\dfrac{1}{x}=a$，求一个整式的值. | 先将已知条件整理成 $x^2+ax+1=0$ 的形式，然后求解.<br>解法1：将已知条件整理成 $x^2=-ax-1$ 或者 $x^2+ax=-1$ 的形式，代入所求整式，迭代降次即可；<br>解法2：利用整式的除法，用 $f(x)$ 除以 $x^2+ax+1$，所得余数即为 $f(x)$ 的值. |

1. (2009年管理类联考真题) $2a^2-5a-2+\dfrac{3}{a^2+1}=-1$.

　(1) $a$ 是方程 $x^2-3x+1=0$ 的根.

　(2) $|a|=1$.

【解析】条件(1)：$a$ 是方程 $x^2-3x+1=0$ 的根，代入可得 $a^2-3a+1=0$，移项则有 $a^2+1=3a$，$a+\dfrac{1}{a}=3$，所以有

$$2a^2-5a-2+\dfrac{3}{a^2+1}=2a^2-5a-a+a+2-4+\dfrac{3}{3a}=2(a^2-3a+1)+a-4+\dfrac{1}{a}=-1,$$

故条件(1)充分.

条件(2)：$|a|=1 \Rightarrow a^2=1 \Rightarrow a=\pm 1$，则

$$2a^2-5a-2+\dfrac{3}{a^2+1}=2\pm 5-2+\dfrac{3}{1+1}=\dfrac{3}{2}\pm 5\neq -1,$$

故条件(2)不充分.

【答案】(A)

### 变化 2　求分式的值

| 母题模型 | 解题思路 |
| --- | --- |
| 求形如 $x^3+\dfrac{1}{x^3}$，$x^4+\dfrac{1}{x^4}$ 等分式的值. | 先将已知条件整理成 $x+\dfrac{1}{x}=a$ 的形式，再将已知条件平方升次，或者将未知分式因式分解降次，即可求解. |

2. (2014 年管理类联考真题)设 $x$ 是非零实数，则 $\dfrac{1}{x^3}+x^3=18$.

(1) $\dfrac{1}{x}+x=3$.

(2) $\dfrac{1}{x^2}+x^2=7$.

【解析】分解因式可得

$$\dfrac{1}{x^3}+x^3=\left(\dfrac{1}{x}+x\right)\left(\dfrac{1}{x^2}+x^2-1\right).$$

条件(1)：$\dfrac{1}{x}+x=3$，$\dfrac{1}{x^2}+x^2=\left(\dfrac{1}{x}+x\right)^2-2=7$.

所以，$\dfrac{1}{x^3}+x^3=\left(\dfrac{1}{x}+x\right)\left(\dfrac{1}{x^2}+x^2-1\right)=3\times 6=18$.

条件(1)充分.

条件(2)：$\dfrac{1}{x^2}+x^2=\left(\dfrac{1}{x}+x\right)^2-2=7$，得 $\left(\dfrac{1}{x}+x\right)^2=9$. 〔条件中出现平方，降幂时要考虑符号问题〕

所以 $\dfrac{1}{x}+x=\pm 3$，则

$$\dfrac{1}{x^3}+x^3=\left(\dfrac{1}{x}+x\right)\left(\dfrac{1}{x^2}+x^2-1\right)=\pm 3\times 6=\pm 18,$$

条件(2)不充分.

【答案】(A)

**3.**(2020年管理类联考真题)已知实数 $x$ 满足 $x^2+\dfrac{1}{x^2}-3x-\dfrac{3}{x}+2=0$,则 $x^3+\dfrac{1}{x^3}=$(    ).

(A)12　　　　　　　(B)15　　　　　　　(C)18

(D)24　　　　　　　(E)27

【解析】原式可化为 $\left(x+\dfrac{1}{x}\right)^2-3\left(x+\dfrac{1}{x}\right)=0$,解得 $x+\dfrac{1}{x}=3$ 或 0,其中 $x+\dfrac{1}{x}$ 不可能为 0,舍掉. 故

$$\begin{aligned}x^3+\dfrac{1}{x^3}&=\left(x+\dfrac{1}{x}\right)\cdot\left(x^2+\dfrac{1}{x^2}-1\right)\\&=\left(x+\dfrac{1}{x}\right)\cdot\left(x^2+\dfrac{1}{x^2}+2-3\right)\\&=\left(x+\dfrac{1}{x}\right)\cdot\left[\left(x+\dfrac{1}{x}\right)^2-3\right]\\&=18.\end{aligned}$$

【答案】(C)

**4.**(2010年在职MBA联考真题)若 $x+\dfrac{1}{x}=3$,则 $\dfrac{x^2}{x^4+x^2+1}=$(    ).

(A)$-\dfrac{1}{8}$　　　　　　(B)$\dfrac{1}{6}$　　　　　　(C)$\dfrac{1}{4}$

(D)$-\dfrac{1}{4}$　　　　　　(E)$\dfrac{1}{8}$

【解析】因为 $\left(x+\dfrac{1}{x}\right)^2=x^2+\dfrac{1}{x^2}+2=9$,所以 $x^2+\dfrac{1}{x^2}=7$. 则 ◁ 将已知条件平方升次

$$\dfrac{x^2}{x^4+x^2+1}=\dfrac{1}{x^2+1+\dfrac{1}{x^2}}=\dfrac{1}{8}.$$ ◁ 分子分母同时除以 $x^2$

【答案】(E)

## 💡 题型 24　其他整式、分式的化简求值

**题型概述**

| 母题模型 | 解题思路 |
| --- | --- |
| (1) 近10年真题命题数量:3.<br>(2) 命题概率:0.3. | 求一个代数式的值 |

## 母题变化

### 变化 1　求整式的值

| 母题模型 | 解题思路 |
| --- | --- |
| 已知一些条件，求整式的值 | (1) 将已知条件代入所求式子，或者通过等价变形把要求的式子与已知条件建立联系. <br> (2) 常用特殊值法. |

1. (2013年在职MBA联考真题) 已知 $f(x,y)=x^2-y^2-x+y+1$，则 $f(x,y)=1$.

   (1) $x=y$.

   (2) $x+y=1$.

   【解析】条件(1)：当 $x=y$ 时，代入原式，得 $f(x,y)=x^2-x^2-x+x+1=1$，故条件(1)充分.

   条件(2)：当 $x+y=1$ 时，则 $f(x,y)=x^2-y^2-x+y+1=(x+y)(x-y)-(x-y)+1=1$，故条件(2)充分.

   【答案】(D)

2. (2014年在职MBA联考真题) 代数式 $2a(a-1)-(a-2)^2$ 的值为 $-1$.

   (1) $a=-1$.

   (2) $a=-3$.

   【解析】条件(1)：将 $a=-1$ 代入原式，得 $2a(a-1)-(a-2)^2=-5$，故条件(1)不充分.

   条件(2)：将 $a=-3$ 代入原式，得 $2a(a-1)-(a-2)^2=-1$，故条件(2)充分.

   【答案】(B)

3. 已知 $a^2+bc=14$，$b^2-2bc=-6$，则 $3a^2+4b^2-5bc=(\quad)$.

   (A) 13　　(B) 14　　(C) 18　　(D) 20　　(E) 1

   【解析】原式 $=3(a^2+bc)+4(b^2-2bc)=42-24=18$.

   【答案】(C)

### 变化 2　求分式的值

| 母题模型 | 解题思路 |
| --- | --- |
| 求一个分式的值 | (1) 将已知条件代入所求式子，或者通过等价变形把要求的式子与已知条件建立联系. <br> (2) 见比设 $k$ 法. <br> (3) 等比合比定理法. <br> (4) 特殊值法. |

4. (2009年管理类联考真题) 对于使 $\dfrac{ax+7}{bx+11}$ 有意义的一切 $x$ 的值，这个分式为一个定值.

   (1) $7a-11b=0$.

(2)$11a-7b=0$.

【解析】条件(1)：令$a=11$，$b=7$. ▸赋值法

$a$，$b$ 代入题干，得 $\dfrac{ax+7}{bx+11}=\dfrac{11x+7}{7x+11}$，和 $x$ 的取值有关，不是定值，因此条件(1)不充分．

条件(2)：$11a-7b=0$，得 $a=\dfrac{7b}{11}$，代入题干可得

> 也可使用赋值法：令 $a=7$，$b=11$，则
> $\dfrac{ax+7}{bx+11}=\dfrac{7x+7}{11x+11}=\dfrac{7(x+1)}{11(x+1)}=\dfrac{7}{11}$

$$\dfrac{ax+7}{bx+11}=\dfrac{\dfrac{7b}{11}x+7}{bx+11}=\dfrac{7bx+77}{11bx+121}=\dfrac{7}{11}.$$

所以条件(2)充分．

【答案】(B)

5. (2011年管理类联考真题) 已知 $x^2+y^2=9$，$xy=4$，则 $\dfrac{x+y}{x^3+y^3+x+y}=$（　　）．

(A) $\dfrac{1}{2}$　　　(B) $\dfrac{1}{5}$　　　(C) $\dfrac{1}{6}$　　　(D) $\dfrac{1}{13}$　　　(E) $\dfrac{1}{14}$

【解析】由题意，可得

$$\dfrac{x+y}{x^3+y^3+x+y}=\dfrac{x+y}{(x+y)(x^2+y^2-xy)+(x+y)}=\dfrac{1}{x^2+y^2-xy+1}=\dfrac{1}{6}.$$

【答案】(C)

6. (2015年管理类联考真题) 已知 $p$，$q$ 为非零实数，则能确定 $\dfrac{p}{q(p-1)}$ 的值．

(1) $p+q=1$.

(2) $\dfrac{1}{p}+\dfrac{1}{q}=1$.

【解析】条件(1)：特殊值法．令 $p=q=\dfrac{1}{2}$，则 $\dfrac{p}{q(p-1)}=-2$；

令 $p=\dfrac{1}{3}$，$q=\dfrac{2}{3}$，则 $\dfrac{p}{q(p-1)}=-\dfrac{3}{4}\neq -2$，所以条件(1)不充分．

条件(2)：$\dfrac{1}{p}+\dfrac{1}{q}=\dfrac{p+q}{pq}=1$，所以 $p+q=pq$. 故 $\dfrac{p}{q(p-1)}=\dfrac{p}{pq-q}=\dfrac{p}{p+q-q}=1$.

所以条件(2)充分．

【答案】(B)

# 第 3 章　函数、方程和不等式

## 题型 25　集合的运算

### 题型概述

| 命题概率 | 母题特点 |
|---|---|
| (1) 近 10 年真题命题数量：4. <br> (2) 命题概率：0.4. | (1) 注意区分并集"∪"和交集"∩". <br> (2) 复杂的三饼图问题使用分块法. |

### 母题变化

▶ 变化 1　两饼图问题

| 母题模型 | 解题思路 |
|---|---|
| 公式：$A\cup B=A+B-A\cap B$. 如图 3-1 所示. <br><br> 图 3-1 | 此类题比较简单，画图用公式即可. |

1. (2011 年管理类联考真题) 某年级 60 名学生中，有 30 人参加合唱团，45 人参加运动队，其中参加合唱团而未参加运动队的有 8 人，则参加运动队而未参加合唱团的有（　　）.

   (A) 15 人　　　　　　　　(B) 22 人　　　　　　　　(C) 23 人
   (D) 30 人　　　　　　　　(E) 37 人

   【解析】如图 3-2 所示.
   参加合唱团且参加运动队的为 $30-8=22$(人).
   参加运动队而未参加合唱团的为 $45-22=23$(人).
   【答案】(C)

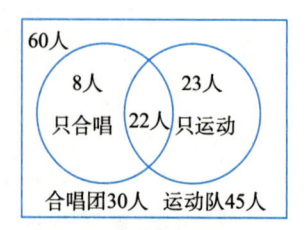

   图 3-2

## 变化2 三饼图问题

| 母题模型 | 解题思路 |
|---|---|
| 标准型公式：$A\cup B\cup C=A+B+C-A\cap B-A\cap C-B\cap C+A\cap B\cap C$.<br>非标准型公式：$A\cup B\cup C=A+B+C-$只满足2种情况的$-2\times$满足三种情况的.<br>如图3-3所示.<br><br>图3-3 | 方法1：套用左边的公式. |
| 分块法：如图3-4所示.<br><br>图3-4<br><br>$A\cup B\cup C=①+②+③+④+⑤+⑥+⑦$.<br>$A\cup B=①+②+④+⑤+⑥+⑦$.<br>$A\cup C=①+③+④+⑤+⑥+⑦$.<br>$B\cup C=②+③+④+⑤+⑥+⑦$.<br>$\quad A\cap B=④+⑦$.<br>$\quad A\cap C=⑤+⑦$.<br>$\quad B\cap C=⑥+⑦$.<br>$\quad A\cap B\cap C=⑦$. | 方法2：分块法.<br>将图3-4中的七个部分分别标为①②③④⑤⑥⑦，再用这七块表示题干中的信息.<br>例如：<br>若$A$、$B$、$C$是三个项目，则：<br>仅参加一项的为①+②+③；<br>仅参加两项的为④+⑤+⑥；<br>参加三项的为⑦；<br>至少参加两项的为④+⑤+⑥+⑦. |

2. (2010年管理类联考真题)某公司的员工中，拥有本科毕业证、计算机等级证、汽车驾驶证的人数分别为130、110、90，又知只有一种证的人数为140，三证齐全的人数为30，则恰有双证的人数为( )．

(A)45　　　　(B)50　　　　(C)52　　　　(D)65　　　　(E)100

【解析】由题意可以把证件分为三类：单证，双证，三证．设有双证的人数为$x$，则根据三集合容斥原理，有

$$140+2x+30\times 3=130+110+90,$$

> 等量关系：三类证件的个数之和等于证件的总个数

解得 $x=50$. 故恰有双证的人数为 50.

【答案】(B)

3.(**2017年管理类联考真题**)老师问班上50名同学周末复习的情况,结果有20人复习过数学、30人复习过语文、6人复习过英语,且同时复习了数学和语文的有10人、语文和英语的有2人、英语和数学的有3人. 若同时复习过这三门课的人数为0,则没复习过这三门课程的学生人数为( ).

(A)7    (B)8    (C)9    (D)10    (E)11

【解析】方法一:设只复习数学的有 $x$ 人,只复习语文的有 $y$ 人,只复习英语的有 $z$ 人,根据题意,可得

$$\begin{cases} x+10+3=20, \\ y+10+2=30, \\ z+2+3=6, \end{cases}$$

解得 $x=7$, $y=18$, $z=1$.

故三科都没有复习的人数为 $50-(7+18+1+10+2+3)=9$.

方法二:学生的总人数看作 $\Omega$,复习数学的看作 $A$,复习语文的看作 $B$,复习英语的看作 $C$,复习数学和语文的看作 $AB$,复习数学和英语的看作 $AC$,复习语文和英语的看作 $BC$,全部都复习的没有,三科全部都没有复习的看作 $D$,根据三集合容斥原理,可列式为

$$\Omega=A\cup B\cup C+D=A+B+C-AB-AC-BC+D,$$

即 $50=20+30+6-10-3-2+D \Rightarrow D=9$.

【答案】(C)

公式:$A\cup B\cup C=A+B+C-A\cap B-A\cap C-B\cap C+A\cap B\cap C$

4.(**2018年管理类联考真题**)有96位顾客至少购买了甲、乙、丙三种商品中的一种,经调查:同时购买了甲、乙两种商品的有8位,同时购买了甲、丙两种商品的有12位,同时购买了乙、丙两种商品的有6位,同时购买了三种商品的有2位,则仅购买一种商品的顾客有( ).

(A)70位    (B)72位    (C)74位
(D)76位    (E)82位

【解析】设仅购买一种商品的顾客有 $x$ 位,则

$$96=x+8+12+6-2\times 2,$$

解得 $x=74$.

【答案】(C)

购买三种商品的顾客被计算了3次,需要减去多余的两次

5.(**2021年管理类联考真题**)某便利店第一天售出50种商品,第二天售出45种商品,第三天售出60种商品,前两天售出的商品有25种相同,后两天售出的商品有30种相同,则这三天售出的商品至少有( )种.

(A)20    (B)75    (C)80    (D)85    (E)100

【解析】设第一天售出的商品为集合 $A$,第二天售出的商品为集合 $B$,第三天售出的商品为集合 $C$,由三集合容斥原理得,这三天售出的商品一共有

$$A\cup B\cup C=A+B+C-A\cap B-B\cap C-A\cap C+A\cap B\cap C$$
$$=50+45+60-25-30-A\cap C+A\cap B\cap C$$
$$=100-A\cap C+A\cap B\cap C$$
$$=100-(A\cap C-A\cap B\cap C).$$

若要使这三天售出商品种类最少，$A\cap C-A\cap B\cap C$ 应尽量多，结合图3-5所示的集合关系，可知

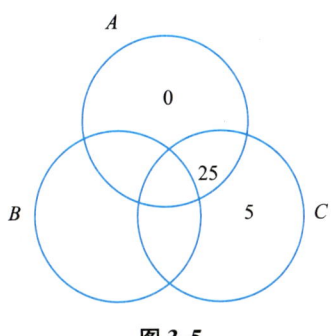

图3-5

$$\max\{A\cap C-A\cap B\cap C\}=\min\{A-AB, C-CB\}=\min\{50-25, 60-30\}=25,$$

此时这三天售出的商品最少，为75种．

【答案】(B)

### 变化3 其他集合问题

| 母题模型 | 解题思路 |
| --- | --- |
| 集合的性质 | 无序性、唯一性、确定性． |
| 子集 $A\subseteq B$ | 集合 $A$ 中的任何一个元素均属于 $B$，且集合 $A$、$B$ 可以相等． |
| 真子集 $A\subset B$ | 集合 $A$ 中的任何一个元素均属于 $B$，且集合 $A$、$B$ 不可以相等． |

6. (2020年管理类联考真题)设 $A=\{x\mid |x-a|<1, x\in \mathbf{R}\}$，$B=\{x\mid |x-b|<2, x\in \mathbf{R}\}$，则 $A\subset B$ 的充分必要条件是( )．

(A) $|a-b|\leqslant 1$　　　　　　　　　　(B) $|a-b|\geqslant 1$

(C) $|a-b|<1$　　　　　　　　　　(D) $|a-b|>1$

(E) $|a-b|=1$

【解析】$A\subset B$ 读作 $A$ 真包含于 $B$，表示集合 $A$ 是集合 $B$ 的真子集，且 $A\neq B$．

$A\subseteq B$ 读作 $A$ 包含于 $B$，表示集合 $A$ 是集合 $B$ 的子集，且存在 $A=B$．

解不等式，得

集合 $A$：$-1<x-a<1$，解得 $a-1<x<a+1$；

集合 $B$：$-2<x-b<2$，解得 $b-2<x<b+2$．

由于 $A\subset B$，故有 $\begin{cases} a-1\geqslant b-2, \\ a+1\leqslant b+2, \end{cases}$ 且等号不能同时取到，解得 $-1\leqslant a-b\leqslant 1$，即 $|a-b|\leqslant 1$．

详细分析，存在如下三种情况(如图 3-6、3-7、3-8 所示)：

Ⅰ

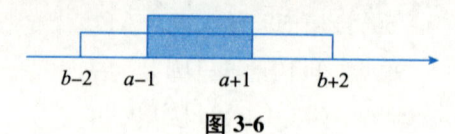

图 3-6

此时 $\begin{cases} b-2<a-1, \\ a+1<b+2, \end{cases}$ 解得 $-1<a-b<1$.

Ⅱ

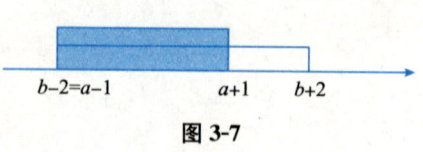

图 3-7

此时 $\begin{cases} b-2=a-1, \\ a+1<b+2, \end{cases}$ 解得 $a-b=-1$ 或 $a-b<1$.

Ⅲ

图 3-8

此时 $\begin{cases} b-2<a-1, \\ a+1=b+2, \end{cases}$ 解得 $a-b=1$ 或 $a-b>-1$.

综上所述，$-1\leqslant a-b\leqslant 1$，即 $|a-b|\leqslant 1$.

【快速得分法】特殊值法.

令 $a=1$，$b=0$，代入，得集合 $A$：$0<x<2$，集合 $B$：$-2<x<2$. $A\subset B$ 成立，此时 $|a-b|=1$，故排除选项(C)、(D)；

令 $a=0$，$b=0$，代入，得集合 $A$：$-1<x<1$，集合 $B$：$-2<x<2$. $A\subset B$ 成立，此时 $|a-b|<1$，故排除选项(B)、(E).

【答案】(A)

## 题型 26　不等式的性质

### 题型概述

| 命题概率 | 母题特点 |
| --- | --- |
| (1) 近 10 年真题命题数量：3. <br> (2) 命题概率：0.3. | (1) 不等式的基本性质. <br> (2) 注意符号问题. |

## 母题变化

### 变化 1　不等式的证明

| 母题模型 | 解题思路 |
| --- | --- |
| 不等式的基本性质：<br>(1) 若 $a>b$，$b>c$，则 $a>c$.<br>(2) 若 $a>b$，则 $a+c>b+c$.<br>(3) 若 $a>b$，$c>0$，则 $ac>bc$；若 $a>b$，$c<0$，则 $ac<bc$.<br>(4) 若 $a>b>0$，$c>d>0$，则 $ac>bd$.<br>(5) 若 $a>b>0$，则 $a^n>b^n (n\in \mathbf{Z}^+)$.<br>(6) 若 $a>b>0$，则 $\sqrt[n]{a}>\sqrt[n]{b} (n\in \mathbf{Z}^+)$. | (1) 首选特殊值法．<br>使用特殊值法时，一般优先考虑 0，再考虑 $-1$，再考虑 1．这是因为考生出错往往是因为忘掉 0 的存在，命题人喜欢在考生易错点上出题．<br>(2) 条件充分性判断问题，优先找反例． |

**1.** (2010 年管理类联考真题) 设 $a$，$b$ 为非负实数，则 $a+b\leqslant \dfrac{5}{4}$.

(1) $ab\leqslant \dfrac{1}{16}$.

(2) $a^2+b^2\leqslant 1$.

【解析】条件(1)：令 $a=2$，$b=0$，显然 $a+b>\dfrac{5}{4}$，不充分．

条件(2)：令 $a=\dfrac{\sqrt{2}}{2}$，$b=\dfrac{\sqrt{2}}{2}$，显然 $a+b=\sqrt{2}>\dfrac{5}{4}$，不充分．

联立条件(1)和条件(2)：

由条件(1)得，$2ab\leqslant \dfrac{1}{8}$；由条件(2)得，$a^2+b^2\leqslant 1$. 两式相加得 $(a+b)^2\leqslant \dfrac{9}{8}$. ◁ $a>b$，$c>d$，则 $a+c>b+d$

因为 $a$，$b$ 为非负实数，可知

$$0\leqslant a+b\leqslant \sqrt{\dfrac{9}{8}}<\dfrac{5}{4},$$

故联立两个条件充分．

【答案】(C)

**2.** (2012 年管理类联考真题) 已知 $a$，$b$ 是实数，则 $a>b$.

(1) $a^2>b^2$.

(2) $a^2>b$. ◁ 举反例时，多考虑负数和 0

【解析】条件(1)：令 $a=-2$，$b=-1$，$(-2)^2>(-1)^2$，但是 $-2<-1$，条件(1)不充分．

条件(2)：令 $a=-2$，$b=-1$，$(-2)^2>-1$，但是 $-2<-1$，条件(2)不充分．

两个条件联立，令 $a=-2$，$b=-1$，则 $(-2)^2>1>-1$，但 $-2<-1$，显然联立起来也不充分．

【答案】(E)

**3.** (2016 年管理类联考真题) 设 $x$，$y$ 是实数，则 $x\leqslant 6$，$y\leqslant 4$.

(1) $x\leqslant y+2$.

(2) $2y\leqslant x+2$.

【解析】显然两个条件单独不成立，故考虑联立．

由条件(1)得，$2x \leqslant 2y+4$；由条件(2)得，$2y \leqslant x+2$.
两式相加，可得 $2x+2y \leqslant x+2y+6$，解得 $x \leqslant 6$.
故 $2y \leqslant x+2 \leqslant 6+2=8$，解得 $y \leqslant 4$. 所以两个条件联立起来充分.
【答案】(C)

4. (2001年MBA联考真题)若 $a>b>0$，$k>0$，则下列不等式中能够成立的是( ).

(A) $-\dfrac{b}{a} < -\dfrac{b+k}{a+k}$　　　　(B) $\dfrac{a}{b} > \dfrac{a-k}{b-k}$　　　　(C) $-\dfrac{b}{a} > -\dfrac{b+k}{a+k}$

(D) $\dfrac{a}{b} < \dfrac{a-k}{b-k}$　　　　(E)以上选项均不正确

【解析】选项排除法.

选项(A)：$\dfrac{b}{a} > \dfrac{b+k}{a+k} \Leftrightarrow ab+bk > ab+ak \Leftrightarrow bk > ak \Leftrightarrow b > a$，不成立；

选项(C)：$\dfrac{b}{a} < \dfrac{b+k}{a+k} \Leftrightarrow ab+bk < ab+ak \Leftrightarrow bk < ak \Leftrightarrow b < a$，成立；

选项(B)和(D)中，因为 $b-k$ 可能大于0，也可能小于0，故不等式左右大小不确定.

【快速得分法】特殊值法，一一验证即可.
【答案】(C)

5. (2007年MBA联考真题) $x > y$.

(1)若 $x$ 和 $y$ 都是正整数，且 $x^2 < y$.

(2)若 $x$ 和 $y$ 都是正整数，且 $\sqrt{x} < y$.

【解析】令 $x=1$，$y=2$，显然条件(1)和条件(2)都不充分，联立起来也不充分. ……特殊值法
【答案】(E)

6. (2007年MBA联考真题) $a < -1 < 1 < -a$.

(1) $a$ 为实数，$a+1 < 0$.

(2) $a$ 为实数，$|a| < 1$.

【解析】条件(1)：$a+1 < 0$，即 $a < -1$，左右两边同乘以 $-1$，得 $-a > 1$，条件(1)充分.

条件(2)：$|a| < 1$，得 $-1 < a < 1$，条件(2)不充分.

【答案】(A)

7. (2008年MBA联考真题) $ab^2 < cb^2$.

(1)实数 $a$，$b$，$c$ 满足 $a+b+c=0$.

(2)实数 $a$，$b$，$c$ 满足 $a < b < c$.

【解析】条件(1)：令 $a=b=c=0$，显然 $ab^2 = cb^2$，不充分. ……举反例

条件(2)：令 $b=0$，显然 $ab^2 = cb^2$，不充分.

两个条件联立，令 $b=0$，显然也不充分.

【答案】(E)

## 变化2　反证法

| 解题思路 |
| --- |
| 反证法：为证明结论 A 成立，可以先假定"A 不成立"，结果从"A 不成立"推出了与已知条件矛盾. 因此，结论 A 成立. |

80

8. (2015年管理类联考真题)已知 $a$，$b$ 为实数，则 $a \geq 2$ 或 $b \geq 2$.

(1) $a+b \geq 4$.

(2) $ab \geq 4$.

【解析】条件(1)：假设 $a<2$ 且 $b<2$. 反证法

则 $a+b<4$，与 $a+b \geq 4$ 矛盾，故有 $a \geq 2$ 或 $b \geq 2$，故条件(1)充分.

条件(2)：取 $a=b=-3$. 举反例时，多考虑负数和0

显然 $ab \geq 4$，但题干的结论显然不成立，故条件(2)不充分.

【答案】(A)

## 题型 27　函数方程的基础题

### 题型概述

| 命题概率 | 母题特点 |
| --- | --- |
| (1) 近 10 年真题命题数量：4.<br>(2) 命题概率：0.4. | 题干中出现方程或不等式求解. |

### 母题变化

#### 变化 1　解方程

| 母题模型 | 解题思路 |
| --- | --- |
| 题干中出现方程求解 | (1) 解高次方程：降幂.<br>(2) 解方程组：代入消元法、加减消元法. |

1. (2009年在职MBA联考真题)设 $a$ 与 $b$ 之和的倒数的 2 007 次方等于 1，$a$ 的相反数与 $b$ 之和的倒数的 2 009 次方也等于 1，则 $a^{2\,007}+b^{2\,009}=(\quad)$.

(A) $-1$　　　(B) $2$　　　(C) $1$　　　(D) $0$　　　(E) $2^{2\,007}$

【解析】简单方程组.

根据题意，可得

$$\begin{cases} \left(\dfrac{1}{a+b}\right)^{2\,007}=1, \\ \left(\dfrac{1}{-a+b}\right)^{2\,009}=1, \end{cases}$$

可知 $\begin{cases} a+b=1, \\ -a+b=1, \end{cases}$ 解得 $a=0$，$b=1$. 故 $a^{2\,007}+b^{2\,009}=1$.

【答案】(C)

2. (2010年在职MBA联考真题)$(\alpha+\beta)^{2009}=1$.

(1) $\begin{cases} x+3y=7, \\ \beta x+\alpha y=1 \end{cases}$ 与 $\begin{cases} 3x-y=1, \\ \alpha x+\beta y=2 \end{cases}$ 有相同的解.

(2) $\alpha$，$\beta$ 是方程 $x^2+x-1=0$ 的两个根.

【解析】$(\alpha+\beta)^{2009}=1$，显然必须有 $\alpha+\beta=1$.

条件(1)：两组方程同解，可拆分得方程组 $\begin{cases} x+3y=7, \\ 3x-y=1, \end{cases}$ 解得 $x=1$，$y=2$.

将 $x=1$，$y=2$ 代入方程组 $\begin{cases} \beta x+\alpha y=1, \\ \alpha x+\beta y=2, \end{cases}$ 得 $\begin{cases} \beta+2\alpha=1, \\ \alpha+2\beta=2. \end{cases}$

两式相加得 $\alpha+\beta=1$，故条件(1)充分.

条件(2)：由韦达定理，得 $\alpha+\beta=-1$，故条件(2)不充分.

【答案】(A)

### 变化2 解不等式

| 母题模型 | 解题思路 |
| --- | --- |
| 题干中出现不等式求解 | 解一元一次不等式 $ax+b>0$，要注意 $a$ 是否为 0 以及 $a$ 的正负. |

3. (2010年在职MBA联考真题)不等式 $3ax-\dfrac{5}{2}\leqslant 2a$ 的解集是 $x\leqslant \dfrac{3}{2}$.

(1) 直线 $\dfrac{x}{a}+\dfrac{y}{b}=1$ 与 $x$ 轴的交点是 $(1,0)$.

(2) 方程 $\dfrac{3x-1}{2}-a=\dfrac{1-a}{3}$ 的根为 $x=1$.

【解析】条件(1)：根据直线的截距式方程可知 $a=1$，代入不等式，可得 $3x-\dfrac{5}{2}\leqslant 2$，解得 $x\leqslant \dfrac{3}{2}$，故条件(1)充分.

条件(2)：将 $x=1$ 代入原方程，可得 $\dfrac{3-1}{2}-a=\dfrac{1-a}{3}$，解得 $a=1$，与条件(1)等价，故条件(2)也充分.

【答案】(D)

### 变化3 一元二次函数的图像

| 母题模型 | 解题思路 |
| --- | --- |
| (1) 一般式：$y=ax^2+bx+c(a\neq 0)$. | 图像的顶点坐标为 $\left(-\dfrac{b}{2a}, \dfrac{4ac-b^2}{4a}\right)$，对称轴是直线 $x=-\dfrac{b}{2a}$. |
| (2) 顶点式：$y=a(x-m)^2+n(a\neq 0)$. | 图像的顶点坐标为 $(m,n)$，对称轴是直线 $x=m$. |
| (3) 两根式：$y=a(x-x_1)(x-x_2)$ $(a\neq 0)$. | 图像的对称轴是直线 $x=\dfrac{x_1+x_2}{2}$. |

4.(2012年管理类联考真题)直线 $y=x+b$ 是抛物线 $y=x^2+a$ 的切线.

(1) $y=x+b$ 与 $y=x^2+a$ 有且仅有一个交点.

(2) $x^2-x\geqslant b-a(x\in \mathbf{R})$.

【解析】条件(1): $y=x+b$ 与 $y=x^2+a$ 有且仅有一个交点,画图像如图 3-9 所示,当直线移动至只与抛物线交于一点时,它是抛物线的切线.

所以条件(1)充分.

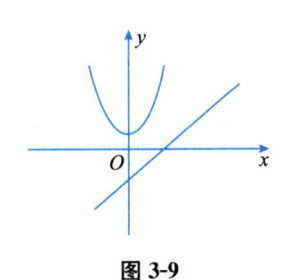

注意:当直线斜率不存在时,即直线平行于抛物线对称轴时也只有一个交点.但本题直线斜率存在,可以不用考虑

图 3-9

条件(2): $x^2-x\geqslant b-a(x\in \mathbf{R})\Rightarrow x^2+a\geqslant x+b$,即抛物线位于直线上方,直线不一定是抛物线的切线,条件(2)不充分.

【答案】(A)

5.(2013年管理类联考真题)已知抛物线 $y=x^2+bx+c$ 的对称轴为 $x=1$,且过点 $(-1,1)$,则( ).

(A) $b=-2,c=-2$

(B) $b=2,c=2$

(C) $b=-2,c=2$

(D) $b=-1,c=-1$

(E) $b=1,c=1$

【解析】对称轴为

$$x=-\frac{b}{2}=1,\qquad ①$$

抛物线过点 $(-1,1)$,则有

$$1=1-b+c,\qquad ②$$

联立式①和式②,可得 $b=-2,c=-2$.

【答案】(A)

6.(2014年管理类联考真题)已知二次函数 $f(x)=ax^2+bx+c$,则能确定 $a,b,c$ 的值.

(1)曲线 $y=f(x)$ 经过点 $(0,0)$ 和点 $(1,1)$.

(2)曲线 $y=f(x)$ 与直线 $y=a+b$ 相切.

【解析】条件(1):两个点代入函数,可得 $\begin{cases}c=0\\a+b+c=1\end{cases}$ 无法确定 $a,b$ 的值,不充分.

条件(2):函数 $f(x)$ 与平行于 $x$ 轴的直线相切,切点一定在顶点坐标处,故二次函数顶点的纵坐标为 $\dfrac{4ac-b^2}{4a}=a+b$,显然不充分.

联立两个条件,可得 $a=-1,b=2,c=0$,即两个条件联立起来充分.

【答案】(C)

7. **(2021年管理类联考真题)** 设二次函数 $f(x)=ax^2+bx+c$,且 $f(2)=f(0)$,则 $\dfrac{f(3)-f(2)}{f(2)-f(1)}=$ ( ).

(A) 2  (B) 3  (C) 4  (D) 5  (E) 6

【解析】方法一:由一元二次函数的对称性可知,当 $f(2)=f(0)$ 时,对称轴为 $\dfrac{b}{-2a}=1$,即 $b=-2a$.

方法二:由题知 $f(2)=f(0)$,故 $2^2a+2b+c=c$,即 $b=-2a$.

故
$$\dfrac{f(3)-f(2)}{f(2)-f(1)}=\dfrac{9a+3b+c-(4a+2b+c)}{4a+2b+c-(a+b+c)}=\dfrac{5a+b}{3a+b}=\dfrac{3a}{a}=3.$$

【答案】(B)

## 题型 28  一元二次函数的最值

### 题型概述

| 命题概率 | 母题特点 |
| --- | --- |
| (1) 近10年真题命题数量:2.<br>(2) 命题概率:0.2. | (1) 对称轴在定义域上,顶点即为最值.<br>(2) 对称轴不在定义域上,最值取在端点处. |

### 母题变化

#### 变化 1  对称轴在定义域上

| 母题模型 | 解题思路 |
| --- | --- |
| $y=ax^2+bx+c(a\neq 0)$ | (1) 先看定义域是否为全体实数.<br>(2) 若定义域为全体实数,则<br>① 当 $x\in \mathbf{R}$ 时,若 $a>0$,函数图像开口向上,$y$ 有最小值,$y_{\min}=\dfrac{4ac-b^2}{4a}$,无最大值;<br>② 当 $x\in \mathbf{R}$ 时,若 $a<0$,函数图像开口向下,$y$ 有最大值,$y_{\max}=\dfrac{4ac-b^2}{4a}$,无最小值;<br>③ 若已知方程 $ax^2+bx+c=0$ 的两根为 $x_1,x_2$,且 $x\in \mathbf{R}$,则 $y=ax^2+bx+c(a\neq 0)$ 的最值为 $f\left(\dfrac{x_1+x_2}{2}\right)$;<br>(3) 若 $x$ 的定义域不是全体实数,则需要画图像,根据图像的最高点和最低点求解最大值和最小值. |

1. (2010年管理类联考真题)已知直线 $ax-by+3=0(a>0,b>0)$ 过圆 $x^2+4x+y^2-2y+1=0$ 的圆心,则 $ab$ 的最大值为(　　).

(A) $\dfrac{9}{16}$　　　(B) $\dfrac{11}{16}$　　　(C) $\dfrac{3}{4}$　　　(D) $\dfrac{9}{8}$　　　(E) $\dfrac{9}{4}$

【解析】方法一:根据圆的一般方程可知圆心坐标为 $(-2,1)$,代入直线方程,得 $-2a-b+3=0$,即 $b=3-2a$, $ab=a(3-2a)=-2a^2+3a$.

根据抛物线的顶点坐标公式可知,顶点坐标为 $\left(\dfrac{3}{4},\dfrac{9}{8}\right)$.

故 $ab$ 的最大值为 $\dfrac{9}{8}$.

> 抛物线顶点坐标公式 $\left(-\dfrac{b}{2a},\dfrac{4ac-b^2}{4a}\right)$.
> 对称轴 $x=-\dfrac{b}{2a}$ 在定义域内时,抛物线顶点 $y=\dfrac{4ac-b^2}{4a}$ 即为最值

方法二:根据圆的一般方程可知圆心坐标为 $(-2,1)$,代入直线方程,得 $-2a-b+3=0$,即 $2a+b=3$,则 $2a+b\geqslant 2\sqrt{2ab}$.

> 已知 $a,b$ 都大于0,用均值不等式

整理,得 $ab\leqslant\dfrac{9}{8}$.

【答案】(D)

2. (2017年管理类联考真题)设 $a,b$ 是两个不相等的实数,则函数 $f(x)=x^2+2ax+b$ 的最小值小于零.

(1) $1,a,b$ 成等差数列.

(2) $1,a,b$ 成等比数列.

【解析】由一元二次函数的顶点坐标公式,可得 $f(x)=x^2+2ax+b$ 的最小值为

$$\dfrac{4b-4a^2}{4}=b-a^2.$$

> 根据抛物线的性质,当定义域为全体实数时(或对称轴在定义域内时),抛物线顶点即为最大(小)值

若 $f(x)$ 的最小值小于0,只需满足 $b<a^2$.

条件(1): $1,a,b$ 成等差数列,故 $2a=1+b$,即 $b=2a-1$. 又有 $a^2+1\geqslant 2a$,得 $a^2\geqslant 2a-1$,因为 $a,b$ 互不相等,所以 $a\neq 1$,故 $a^2>2a-1=b$,条件(1)充分.

条件(2): $1,a,b$ 成等比数列,故 $a^2=b\cdot 1=b$,显然条件(2)不充分.

【答案】(A)

3. (2021年管理类联考真题)函数 $f(x)=x^2-4x-2|x-2|$ 的最小值为(　　).

(A) $-4$　　　(B) $-5$　　　(C) $-6$　　　(D) $-7$　　　(E) $-8$

【解析】方法一:换元法.

$$f(x)=x^2-4x-2|x-2|$$
$$=x^2-4x+4-2|x-2|-4$$
$$=|x-2|^2-2|x-2|-4.$$

> 题干中有公共部分时,用换元法

令 $|x-2|=t\geqslant 0$,则 $f(x)=t^2-2t-4=(t-1)^2-5$.

故当 $t=1$ 时,函数有最小值 $-5$. 此时, $|x-2|=t=1,x=1$ 或 $3$.

方法二:分类讨论法.

① 当 $x-2\geqslant 0$,即 $x\geqslant 2$ 时, $f(x)=x^2-4x-2(x-2)=x^2-6x+4$,根据一元二次函数的顶点坐标公式,当 $x=3$ 时,函数有最小值 $-5$.

②当 $x-2<0$，即 $x<2$ 时，$f(x)=x^2-4x-2|x-2|=x^2-2x-4$，根据一元二次函数的顶点坐标公式，当 $x=1$ 时，函数有最小值 $-5$.

综上所述，函数 $f(x)=x^2-4x-2|x-2|$ 的最小值为 $-5$.

**【答案】**(B)

**4.(2007年MBA联考真题)** 一元二次函数 $x(1-x)$ 的最大值为（　　）.

(A) 0.05　　　　　　(B) 0.10　　　　　　(C) 0.15

(D) 0.20　　　　　　(E) 0.25

**【解析】** 方法一：图像法．

因为 $y=x(1-x)=-x^2+x$，所以可知其图像开口向下，顶点纵坐标即为最大值，根据顶点坐标公式有 $y_{\max}=\dfrac{4ac-b^2}{4a}=\dfrac{-1}{-4}=\dfrac{1}{4}=0.25$.

> 若一元二次函数的定义域不为 **R**，则要结合定义域判断最大(小)值

方法二：配方法．

因为 $y=x(1-x)=-x^2+x=-\left(x-\dfrac{1}{2}\right)^2+\dfrac{1}{4}$，当 $x=\dfrac{1}{2}$ 时，$y_{\max}=\dfrac{1}{4}=0.25$.

方法三：双根式．

可知 $x(1-x)=0$，有两个根 0 和 1，最值必取在两个根的中点 0.5 处，代入得 $y_{\max}=\dfrac{1}{4}=0.25$.

方法四：均值不等式．

若 $x(1-x)$ 取得最大值，则必有 $x>0$，$1-x>0$，由 $\sqrt{ab}\leqslant\dfrac{a+b}{2}\Rightarrow ab\leqslant\left(\dfrac{a+b}{2}\right)^2$，得

$$x(1-x)\leqslant\left(\dfrac{x+1-x}{2}\right)^2=0.25.$$

**【答案】**(E)

#### ▶ 变化2　对称轴不在定义域上

| 母题模型 | 解题思路 |
| --- | --- |
| 一元二次函数 $y=ax^2+bx+c(a\neq 0)$ | 若对称轴不在定义域内，可根据图像判断该定义域内函数的单调性，通过判断最高点和最低点求解最大值和最小值． |

**5.(2008年MBA联考真题)** $\alpha^2+\beta^2$ 的最小值是 $\dfrac{1}{2}$.

(1) $\alpha$ 与 $\beta$ 是方程 $x^2-2ax+(a^2+2a+1)=0$ 的两个实根．

(2) $\alpha\beta=\dfrac{1}{4}$.

**【解析】** 条件(1)：方程有两个根，则 $\Delta=4a^2-4(a^2+2a+1)=4(-2a-1)\geqslant 0\Rightarrow a\leqslant-\dfrac{1}{2}$.

由韦达定理，知

$$\alpha+\beta=2a,\ \alpha\beta=a^2+2a+1,$$

> 韦达定理：$x_1+x_2=-\dfrac{b}{a}$，$x_1x_2=\dfrac{c}{a}$

则 $\alpha^2+\beta^2=(\alpha+\beta)^2-2\alpha\beta=2(a^2-2a-1)$.

由一元二次函数易知，$2(a^2-2a-1)$ 的对称轴为 $a=1$，又因为 $a\leqslant-\dfrac{1}{2}$，在对称轴左侧单调递减，故当 $a=-\dfrac{1}{2}$ 时，取到最小值为 $\dfrac{1}{2}$，条件(1)充分.

条件(2)：$\alpha^2+\beta^2\geqslant2\alpha\beta=\dfrac{1}{2}$，充分.

【答案】(D)

## 题型 29　根的判别式问题

> 题型概述

| 命题概率 | 母题特点 |
| --- | --- |
| (1) 近 10 年真题命题数量：4.<br>(2) 命题概率：0.4. | 题干一般为判断根的个数或者判断抛物线与 $x$ 轴的交点. |

> 母题变化

### 变化 1　完全平方式

| 母题模型 | 解题思路 |
| --- | --- |
| 已知二次三项式 $ax^2+bx+c(a\neq0)$ 是一个完全平方式. | $\Delta=b^2-4ac=0$ |

1. 已知 $x^2-x+a-3$ 是一个完全平方式，则 $a=(\quad)$.

　　(A) $3\dfrac{1}{4}$　　　(B) $2\dfrac{1}{4}$　　　(C) $1\dfrac{1}{4}$　　　(D) $3\dfrac{3}{4}$　　　(E) $2\dfrac{3}{4}$

【解析】$x^2-x+a-3$ 是一个完全平方式，故 $\Delta=(-1)^2-4(a-3)=0$，解得 $a=3\dfrac{1}{4}$.

【答案】(A)

### 变化 2　判断一元二次函数根的情况

| 母题模型 | 解题思路 |
| --- | --- |
| 有两个不相等的实根 | $\begin{cases}a\neq0,\\ \Delta=b^2-4ac>0\end{cases}$ |
| 有两个相等的实根 | $\begin{cases}a\neq0,\\ \Delta=b^2-4ac=0\end{cases}$ |
| 没有实根 | $\begin{cases}a\neq0,\\ \Delta=b^2-4ac<0\end{cases}$ |

2. (2012年管理类联考真题) 一元二次方程 $x^2+bx+1=0$ 有两个不同实根.

(1) $b<-2$.

(2) $b>2$.

【解析】已知 $x^2+bx+1=0$ 有两个不同实根,即
$$\Delta=b^2-4\times1\times1>0,$$
解得 $b>2$ 或 $b<-2$. 所以条件(1)和条件(2)都充分.

> 方程 $ax^2+bx+c=0$ 有实根,有两种情况:
> (1) $a=0$, $b\neq0$.
> (2) $a\neq0$, $\Delta=b^2-4ac\geq0$.
> 题中给出的已知条件中 $a\neq0$,所以直接判断 $\Delta$ 即可

【答案】(D)

3. (2013年管理类联考真题) 已知二次函数 $f(x)=ax^2+bx+c$,则方程 $f(x)=0$ 有两个不同实根.

(1) $a+c=0$.

(2) $a+b+c=0$.

【解析】由 $f(x)=ax^2+bx+c$ 为二次函数可知,$a\neq0$.

条件(1): $a+c=0 \Rightarrow c=-a$,则有
$$\Delta=b^2-4ac=b^2+4a^2>0,$$
则方程 $f(x)=0$ 有两个不等实根,条件(1)充分.

条件(2): $a+b+c=0 \Rightarrow b=-(a+c)$,故
$$\Delta=b^2-4ac=[-(a+c)]^2-4ac=(a-c)^2\geq0,$$
方程 $f(x)=0$ 有两个不等实根或有两个相等实根,条件(2)不充分.

【答案】(A)

4. (2019年管理类联考真题) 关于 $x$ 的方程 $x^2+ax+b-1=0$ 有实根.

(1) $a+b=0$.

(2) $a-b=0$.

【解析】由题意, $\Delta=a^2-4(b-1)=a^2-4b+4$.

条件(1): $a=-b$,则 $\Delta=a^2-4b+4=a^2+4a+4=(a+2)^2\geq0$,有实根,充分.

条件(2): $a=b$,则 $\Delta=a^2-4b+4=a^2-4a+4=(a-2)^2\geq0$,有实根,充分.

【答案】(D)

### 变化3 抛物线与 $x$ 轴（或其他直线）的交点

| 母题模型 | 解题思路 |
| --- | --- |
| 已知函数 $y=ax^2+bx+c$ 与 $x$ 轴交点的个数. | (1) 与 $x$ 轴有2个交点 $\begin{cases} a\neq0, \\ \Delta=b^2-4ac>0. \end{cases}$ |
|  | (2) 与 $x$ 轴有1个交点,则抛物线与 $x$ 轴相切或图像是一条直线 $\begin{cases} a\neq0, \\ \Delta=b^2-4ac=0 \end{cases}$ 或 $\begin{cases} a=0, \\ b\neq0. \end{cases}$ |
|  | (3) 与 $x$ 轴没有交点 $\begin{cases} a\neq0, \\ \Delta=b^2-4ac<0 \end{cases}$ 或 $\begin{cases} a=b=0, \\ c\neq0. \end{cases}$ |

5. (2017年管理类联考真题)直线 $y=ax+b$ 与抛物线 $y=x^2$ 有两个交点.

(1) $a^2>4b$.

(2) $b>0$.

【解析】将 $y=ax+b$ 代入抛物线方程得 $x^2=ax+b$，即 $x^2-ax-b=0$.

又已知直线与抛物线有两个交点，说明 $\Delta=a^2+4b>0$，即 $a^2>-4b$.

条件(1)：显然不充分.

条件(2)：$b>0$，则 $-4b<0$，故 $a^2>-4b$，充分.

【答案】(B)

> 注意：若直线与抛物线只有1个交点，有两种可能：
> (1)直线与抛物线相切.
> (2)直线与抛物线相交，且交点唯一.

6. 一元二次方程 $x^2+2(m+1)x+(3m^2+4mn+4n^2+2)=0$ 与 $x$ 轴有交点，则 $m$，$n$ 的值为（　　）．

(A) $m=-1$，$n=\dfrac{1}{2}$

(B) $m=\dfrac{1}{2}$，$n=-1$

(C) $m=-\dfrac{1}{2}$，$n=1$

(D) $m=1$，$n=-\dfrac{1}{2}$

(E) 以上选项均不正确

【解析】方程有实根，故 $\Delta\geqslant 0$，即

$$4(m+1)^2-4(3m^2+4mn+4n^2+2)\geqslant 0$$
$$\Rightarrow m^2+2m+1-3m^2-4mn-4n^2-2\geqslant 0$$
$$\Rightarrow m^2-2m+1+m^2+4mn+4n^2\leqslant 0$$
$$\Rightarrow (m-1)^2+(m+2n)^2\leqslant 0.$$

由非负性可得，$m-1=0$ 且 $m+2n=0$，解得 $m=1$，$n=-\dfrac{1}{2}$.

【答案】(D)

### 变化4　高次或绝对值方程的根

| 母题模型 | 解题思路 |
| --- | --- |
| 判断形如 $a\|x\|^2+b\|x\|+c=0\ (a\neq 0)$ 的方程的根的个数(相等的 $x$ 根算作1个). | 令 $t=\|x\|$，则原式化为 $at^2+bt+c=0(a\neq 0)$，则有<br>(1) $x$ 有4个不等实根 $\Leftrightarrow t$ 有2个不等正根；<br>(2) $x$ 有3个不等实根 $\Leftrightarrow t$ 有1个根是0，另外1个根是正数；<br>(3) $x$ 有2个不等实根 $\Leftrightarrow t$ 有2个相等正根，或者有1个正根1个负根(负根应舍去)；<br>(4) $x$ 有1个实根 $\Leftrightarrow t$ 的根为0，或者1个根是0另外1个根是负数(负根应舍去)；<br>(5) $x$ 无实根 $\Leftrightarrow t$ 无实根，或者根为负值(负根应舍去).<br>这样，就将根的判别问题，转化成了根的分布问题. |

7. 已知关于 $x$ 的方程 $x^2-6x+(a-2)|x-3|+9-2a=0$ 有两个不等的实根，则系数 $a$ 的取值范围是（　　）.

(A) $a=2$ 或 $a>0$　　　　　　(B) $a<0$

(C) $a>0$ 或 $a=-2$　　　　　(D) $a=-2$

(E) 以上选项均不正确

> 题干中出现公共部分时，使用换元法

【解析】原方程即 $|x-3|^2+(a-2)|x-3|-2a=0$，设 $t=|x-3|$.

要求 $t^2+(a-2)t-2a=0$ 有两个相同正根或有一正、一负两实根（负根应舍去）.

方法一：当 $\Delta=(a-2)^2+8a=(a+2)^2=0$ 时，$a=-2$，对称轴 $t=-\dfrac{a-2}{2}=2>0$，此时 $t$ 有两相等的正根；

当 $a\neq -2$ 时，$\Delta>0$，只要 $x_1x_2=-2a<0$，即 $a>0$，$t$ 有一正、一负两实根.

方法二：$t^2+(a-2)t-2a=(t-2)(t+a)=0$，解得 $t_1=2$，$t_2=-a$.

① 若 $t$ 有两个相等正根，则 $-a=2$，$a=-2$；

② 若 $t$ 有一正根一负根，则 $-a<0$，$a>0$.

综上所述，$a=-2$ 或 $a>0$.

【答案】(C)

## 题型 30　韦达定理问题

### 题型概述

| 命题概率 | 母题特点 |
| --- | --- |
| (1) 近10年真题命题数量：3.<br>(2) 命题概率：0.3. | 题干中一般已知两个方程的根的一些情况. |

### 母题变化

**变化 1　常规韦达定理问题**

| 母题模型 | 解题思路 |
| --- | --- |
| 若 $x_1$，$x_2$ 为一元二次方程 $ax^2+bx+c=0$ 的根. | (1) 使用韦达定理的前提：<br>方程 $ax^2+bx+c=0$ 的二次项系数 $a\neq 0$；<br>根的判别式 $\Delta=b^2-4ac\geqslant 0$.<br>(2) 韦达定理：<br>$x_1+x_2=-\dfrac{b}{a}$，$x_1x_2=\dfrac{c}{a}$，$|x_1-x_2|=\dfrac{\sqrt{b^2-4ac}}{|a|}$. |

1. (2015年管理类联考真题)已知 $x_1$，$x_2$ 是 $x^2+ax-1=0$ 的两个实根，则 $x_1^2+x_2^2=$（　　）.

   (A) $a^2+2$　　(B) $a^2+1$　　(C) $a^2-1$　　(D) $a^2-2$　　(E) $a+2$

   【解析】由韦达定理，得

   $$x_1+x_2=-a, \quad x_1x_2=-1.$$

   韦达定理：$x_1+x_2=-\dfrac{b}{a}$，$x_1x_2=\dfrac{c}{a}$

   所以 $x_1^2+x_2^2=(x_1+x_2)^2-2x_1x_2=a^2+2$.

   【答案】(A)

2. (1997年MBA联考真题)已知二次方程 $x^2-2ax+10x+2a^2-4a-2=0$ 有实根，则其两根之积的最小值是（　　）.

   (A) $-4$　　(B) $-3$　　(C) $-2$　　(D) $-1$　　(E) $-6$

   【解析】根据韦达定理，得 $x_1x_2=2a^2-4a-2$. 根据一元二次函数的图像，当 $a=1$ 时，有最小值 $-4$. 验证当 $a=1$ 时，方程有实根，满足题干要求.

   注意验根

   【答案】(A)

### 变化 2　公共根问题

| 母题模型 | 解题思路 |
| --- | --- |
| (1) $m$ 既是一元二次方程①的根，也是一元二次方程②的根. | 将公共根分别代入两个方程，组成方程组求解. |
| (2) 已知一元二次方程①的根的情况和一元二次方程②的根的情况. | 对两个方程分别使用韦达定理. |

3. (2009年管理类联考真题) $3x^2+bx+c=0(c\neq 0)$ 的两个根为 $\alpha$、$\beta$，如果又以 $\alpha+\beta$，$\alpha\beta$ 为根的一元二次方程是 $3x^2-bx+c=0$，则 $b$ 和 $c$ 分别为（　　）.

   (A) 2，6

   (B) 3，4

   (C) $-2$，$-6$

   (D) $-3$，$-6$

   (E) 以上选项均不正确

   【解析】对两个方程分别使用韦达定理，可知

   $$\begin{cases}\alpha+\beta=-\dfrac{b}{3},\\ \alpha\beta=\dfrac{c}{3}\end{cases} \text{且} \begin{cases}(\alpha+\beta)+\alpha\beta=\dfrac{b}{3},\\ (\alpha+\beta)\alpha\beta=\dfrac{c}{3},\end{cases}$$

   解得 $b=-3$，$c=-6$.

   【答案】(D)

4. 已知 $a$、$b$ 是方程 $x^2-4x+m=0$ 的两个根，$b$、$c$ 是方程 $x^2-8x+5m=0$ 的两个根，则 $m=$（　　）.

   (A) 0　　(B) 3　　(C) 0 或 3　　(D) $-3$　　(E) 0 或 $-3$

【解析】$b$ 是两个方程的根，代入两个方程可得

$$\begin{cases} b^2-4b+m=0, \\ b^2-8b+5m=0, \end{cases}$$

公共根问题，将根分别代入两个方程，可得到方程组

解得 $b=m$，代入方程组，得 $m^2-3m=0$，则 $m=0$ 或 $m=3$，代入两个方程的根的判别式 $\Delta$，可知 $m$ 的两个取值都成立.

【答案】(C)

▶ **变化 3　倒数根问题**

| 母题模型 | 解题思路 |
|---|---|
| $ax^2+bx+c=0$ 与 $cx^2+bx+a=0$ 的根互为倒数（其中 $a\neq 0$，$c\neq 0$）. | 设第一个方程的根为 $x_1$，$x_2$，则第二个方程的根为 $\dfrac{1}{x_1}$，$\dfrac{1}{x_2}$. |

5. 若 $a$，$b$ 分别满足 $19a^2+99a+1=0$，$b^2+99b+19=0$，且 $ab\neq 1$，则 $\dfrac{ab+4a+1}{b}$ 的值为（　　）.

(A) 1　　(B) $-1$　　(C) 5　　(D) $-5$　　(E) $-\dfrac{5}{19}$

【解析】设 $19a^2+99a+1=0$ 的两个根为 $a_1$，$a_2$，必有 $b^2+99b+19=0$ 的两个根为 $\dfrac{1}{a_1}$，$\dfrac{1}{a_2}$.

$a$，$b$ 分别是两个方程的根，且 $ab\neq 1$，则不妨设 $a=a_1$，则必有 $b=\dfrac{1}{a_2}$，故

$$\frac{ab+4a+1}{b}=\frac{a_1\cdot\dfrac{1}{a_2}+4a_1+1}{\dfrac{1}{a_2}}=a_1+a_2+4a_1a_2.$$

由韦达定理：$a_1+a_2=-\dfrac{99}{19}$，$a_1a_2=\dfrac{1}{19}$，代入，可知 $\dfrac{ab+4a+1}{b}=-5$.

【答案】(D)

▶ **变化 4　一元三次方程问题**

| 母题模型 | 解题思路 |
|---|---|
| 已知一元三次方程的一个根 $m$，求另外两个根的情况. | 通过因式分解转化为 $(x-m)(ax^2+bx+c)=0$ 的形式，再对 $ax^2+bx+c=0$ 使用韦达定理. |

6. 方程 $x^3+2x^2-5x-6=0$ 的根为 $x_1=-1$，$x_2$，$x_3$，则 $\dfrac{1}{x_2}+\dfrac{1}{x_3}=$（　　）.

(A) $\dfrac{1}{6}$　　(B) $\dfrac{1}{5}$　　(C) $\dfrac{1}{4}$　　(D) $\dfrac{1}{3}$　　(E) 1

【解析】将原式进行因式分解，如下

$$x^3+2x^2-5x-6$$
$$=x^3+x^2+x^2-5x-6$$
$$=x^2(x+1)+(x+1)(x-6)$$
$$=(x+1)(x^2+x-6)=0.$$

> 若因式分解掌握得不熟练，也可使用竖除法，即
> $$\begin{array}{r} x^2+x-6 \\ x+1{\overline{\smash{\big)}\,x^3+2x^2-5x-6}} \end{array}$$

故 $x_2$，$x_3$ 是方程 $x^2+x-6=0$ 的两个根，根据韦达定理，得

$$\frac{1}{x_2}+\frac{1}{x_3}=\frac{x_2+x_3}{x_2 x_3}=\frac{-1}{-6}=\frac{1}{6}.$$

【答案】(A)

**变化5　根的高次幂问题**

| 母题模型 | 解题思路 |
| --- | --- |
| 已知一元二次方程，求根的高次幂的值 | 第1步：将根代入方程；<br>第2步：使用迭代降次法． |

**7.** 已知 $\alpha$ 与 $\beta$ 是方程 $x^2-x-1=0$ 的两个根，则 $\alpha^4+3\beta$ 的值为（　　）．

(A)1　　　(B)2　　　(C)5　　　(D)$5\sqrt{2}$　　　(E)$6\sqrt{2}$

【解析】$\alpha$ 是方程的根，代入方程得 $\alpha^2-\alpha-1=0$，则 $\alpha^2=\alpha+1$，故

$$\alpha^4=(\alpha^2)^2=(\alpha+1)^2=\alpha^2+2\alpha+1=(\alpha+1)+2\alpha+1=3\alpha+2.$$

> （1）将根代入方程
> （2）迭代降次

又由韦达定理知，$\alpha+\beta=1$，故 $\alpha^4+3\beta=3(\alpha+\beta)+2=5$．

【答案】(C)

**变化6　韦达定理综合题**

| 母题模型 | 解题思路 |
| --- | --- |
| 与一元二次函数的最值、数列等一起出综合题 | 分别使用韦达定理和其他公式即可 |

**8.**（2013年管理类联考真题）已知 $\{a_n\}$ 为等差数列，若 $a_2$ 和 $a_{10}$ 是方程 $x^2-10x-9=0$ 的两个根，则 $a_5+a_7=$（　　）．

(A)$-10$　　　(B)$-9$　　　(C)9　　　(D)10　　　(E)12

【解析】由韦达定理可知 $a_2+a_{10}=10$，又已知 $\{a_n\}$ 是等差数列．

所以 $a_5+a_7=a_2+a_{10}=10$．

> 等差数列中，若 $m+n=p+q$，则 $a_m+a_n=a_p+a_q$

【答案】(D)

**9.**（2016年管理类联考真题）设抛物线 $y=x^2+2ax+b$ 与 $x$ 轴相交于 $A$，$B$ 两点，点 $C$ 坐标为 $(0,2)$，若 $\triangle ABC$ 的面积等于6，则（　　）．

(A)$a^2-b=9$　　　　(B)$a^2+b=9$

(C)$a^2-b=36$　　　(D)$a^2+b=36$

(E)$a^2-4b=9$

【解析】令 $A(x_1,0)$，$B(x_2,0)$，即方程 $x^2+2ax+b=0$ 有两个实根，由韦达定理，得

$$x_1+x_2=-2a,\ x_1x_2=b.$$

根据题意,显然有 $S_{\triangle ABC}=\dfrac{1}{2}OC\cdot AB=\dfrac{1}{2}\cdot 2|x_1-x_2|=6\Rightarrow|x_1-x_2|=6$,即

$$x_1^2-2x_1x_2+x_2^2=(x_1+x_2)^2-4x_1x_2=4a^2-4b=36,$$

则有 $a^2-b=9$.

【答案】(A)

## 题型 31　根的分布问题

### 题型概述

| 命题概率 | 母题特点 |
| --- | --- |
| (1) 近 10 年真题命题数量:2.<br>(2) 命题概率:0.2. | 已知一元二次方程的根的情况(如符号、范围等),要求判断一元二次方程中一些系数的情况. |

### 母题变化

#### 变化 1　正负根问题

| 母题模型 | 解题思路 |
| --- | --- |
| (1) 一元二次方程有两个不等正根. | (1) $\begin{cases}\Delta>0,\\ x_1+x_2>0,\\ x_1x_2>0.\end{cases}$ |
| (2) 一元二次方程有两个不等负根. | (2) $\begin{cases}\Delta>0,\\ x_1+x_2<0,\\ x_1x_2>0.\end{cases}$ |
| (3) 一元二次方程有一正根一负根. | (3) $x_1x_2<0\Leftrightarrow ac<0$(此时必有 $\Delta>0$). |
| (4) 一元二次方程有一正根一负根且正根的绝对值大. | (4) $\begin{cases}x_1x_2<0,\\ x_1+x_2>0,\end{cases}$ 即 $\begin{cases}ac<0,\\ ab<0.\end{cases}$ |
| (5) 一元二次方程有一正根一负根且负根的绝对值大. | (5) $\begin{cases}x_1x_2<0,\\ x_1+x_2<0,\end{cases}$ 即 $\begin{cases}ac<0,\\ ab>0.\end{cases}$ |

1. (2005 年 MBA 联考真题)方程 $x^2+ax+b=0$ 有一正一负两个实根.

(1) $b=-C_4^3$.

(2) $b=-C_7^5$.

【解析】此题只需 $b<0$ 即可满足题干要求，显然两个条件都充分．

【答案】(D)

> 一元二次方程 $ax^2+bx+c=0$ 有一正一负两个实根 $\Rightarrow ac<0$

2. (2005年MBA联考真题)方程 $4x^2+(a-2)x+a-5=0$ 有两个不等的负实根．

(1) $a<6$.

(2) $a>5$.

【解析】有两个不相等的负根，则

$$\begin{cases} \Delta=(a-2)^2-16(a-5)>0, \\ x_1+x_2=\dfrac{2-a}{4}<0, \\ x_1x_2=\dfrac{a-5}{4}>0, \end{cases}$$

解得 $5<a<6$ 或 $a>14$.

所以条件(1)和条件(2)联立起来充分．

【答案】(C)

3. (2007年MBA联考真题)方程 $\sqrt{x-p}=x$ 有两个不相等的正根．

(1) $p\geqslant 0$.

(2) $p<\dfrac{1}{4}$.

【解析】两边平方，得 $x-p=x^2\Rightarrow x^2-x+p=0$，有两个不相等的正根，即 $\begin{cases} \Delta=1-4p>0, \\ x_1x_2=p>0, \end{cases}$ 得

$0<p<\dfrac{1}{4}$，条件(1)和条件(2)单独均不充分，联立也不充分．

【快速得分法】令 $p=0$，则方程化为 $\sqrt{x}=x$，明显有根 $x=0$，与结论矛盾，故条件(1)和条件(2)单独或联立均不能排除 $p=0$，应选(E)．

【答案】(E)

4. 方程 $ax^2+bx+c=0$ 有两个异号实数根，且正根的绝对值大．

(1) $a>0$，$c<0$.

(2) $b<0$.

【解析】条件(1)：$ac<0$，方程有一正根一负根，但无法确定哪个根的绝对值大，故条件(1)不充分．

条件(2)：显然不充分．

联立两个条件得 $x_1+x_2=-\dfrac{b}{a}>0$，故正根的绝对值大，因此两个条件联立充分．

【答案】(C)

## 变化 2　区间根问题

| 母题模型 | 解题思路 |
| --- | --- |
| (1) 若 $a>0$，方程的一根大于1，另外一根小于1，则 $$f(1)<0.(看端点)$$ (2) 若 $a>0$，方程的根 $x_1$ 位于区间 $(1,2)$ 上，$x_2$ 位于区间 $(3,4)$ 上，$x_1<x_2$，则 $$\begin{cases} f(1)>0, \\ f(2)<0, \\ f(3)<0, \\ f(4)>0. \end{cases}(看端点)$$ (3) 若 $a>0$，方程的根 $x_1$ 和 $x_2$ 均位于区间 $(1,2)$ 上，则 $$\begin{cases} f(1)>0, \\ f(2)>0, \\ 1<-\dfrac{b}{2a}<2, \\ \Delta\geqslant 0. \end{cases}(看端点、看顶点)$$ (4) 若 $a>0$，方程的根 $x_2>x_1>1$，则 $$\begin{cases} f(1)>0, \\ -\dfrac{b}{2a}>1, \\ \Delta>0. \end{cases}(看端点、看顶点)$$ | 区间根问题，常使用"两点式"解题法，即看顶点（横坐标相当于看对称轴，纵坐标相当于看 $\Delta$）、看端点（根所分布区间的端点）。为了讨论方便，我们只讨论 $a>0$ 的情况，考试时，如果 $a$ 的符号不定，则需要先讨论开口方向。 |

**5.**（2016 年管理类联考真题）已知 $f(x)=x^2+ax+b$，则 $0\leqslant f(1)\leqslant 1$.

(1) $f(x)$ 在区间 $[0,1]$ 中有两个零点.

(2) $f(x)$ 在区间 $[1,2]$ 中有两个零点.

【解析】方法一：数形结合法.

条件(1)：由 $f(x)$ 在区间 $[0,1]$ 中有两个零点，可知 $x^2+ax+b=0$ 在区间 $[0,1]$ 中有两个实根，如图 3-10 所示，故有〔相同区间根问题〕

$$\begin{cases} f(0)=b\geqslant 0, & ① \\ f(1)=1+a+b\geqslant 0, & ② \\ 0<-\dfrac{a}{2}<1, & ③ \\ \Delta=a^2-4b>0, & ④ \end{cases}$$

〔看端点，看顶点〕

由③知 $-2<a<0$，$0<a^2<4$.

由④知 $b<\dfrac{a^2}{4}$，又因 $a^2>0$，则 $b$ 的最大值只能取到 0，故 $b\leqslant 0$.

故 $f(1)=1+a+b\leqslant 1+0+0=1$.

再由②知 $0\leqslant f(1)\leqslant 1$，条件(1)充分.

同理可知，条件(2)也充分.

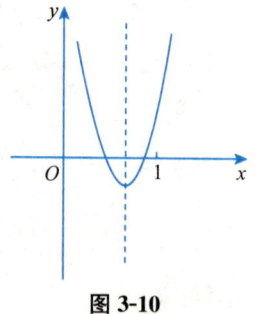

**图 3-10**

方法二：利用双根式方程求解.

设 $f(x)=x^2+ax+b=(x-m)(x-n)$，则
$$f(1)=(1-m)(1-n).$$

条件(1)：$0\leqslant m\leqslant 1$，$0\leqslant n\leqslant 1$，则有
$$0\leqslant 1-m\leqslant 1,\ 0\leqslant 1-n\leqslant 1.$$

故 $0\leqslant(1-m)(1-n)\leqslant 1$，条件(1)充分.

条件(2)：$1\leqslant m\leqslant 2$，$1\leqslant n\leqslant 2$，则有
$$-1\leqslant 1-m\leqslant 0,\ -1\leqslant 1-n\leqslant 0.$$

故 $0\leqslant(1-m)(1-n)\leqslant 1$，条件(2)充分.

【答案】(D)

**6.** (2020年管理类联考真题) 设函数 $f(x)=(ax-1)(x-4)$，则在 $x=4$ 左侧附近有 $f(x)<0$.

(1) $a>\dfrac{1}{4}$.

(2) $a<4$.

【解析】$f(x)$ 在 $x$ 轴上有两个交点，即 $x=\dfrac{1}{a}$ 和 $x=4$.

条件(1)：$a>\dfrac{1}{4}$，即 $\dfrac{1}{a}<4$，如图 3-11 所示，故对任意 $\dfrac{1}{a}<x_0<4$，$f(x_0)<0$，条件(1)充分.

条件(2)：举反例，当 $a=\dfrac{1}{4}>0$ 时，$\dfrac{1}{a}=4$，此时 $f(x)$ 在 $x$ 轴上只有一个交点，即 $x=4$ 左右两侧都有 $f(x)>0$，故条件(2)不充分.

【答案】(A)

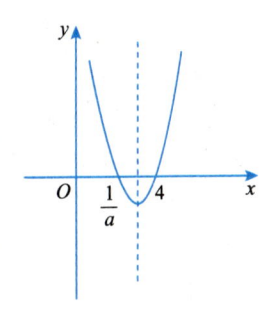

图 3-11

**7.** (1998年MBA联考真题) 要使方程 $3x^2+(m-5)x+m^2-m-2=0$ 的两根 $x_1$，$x_2$ 分别满足 $0<x_1<1$ 和 $1<x_2<2$，实数 $m$ 的取值范围是(    ).

(A) $-2<m<-1$　　　　(B) $-4<m<-1$　　　　(C) $-4<m<-2$

(D) $-3<m<-1$　　　　(E) $-3<m<1$

【解析】令 $f(x)=3x^2+(m-5)x+m^2-m-2$，其图像如图 3-12 所示，图像与 $x$ 轴的交点即为方程的根，根据图 3-12 可得

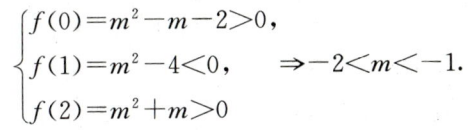

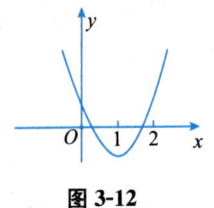

$$\begin{cases} f(0)=m^2-m-2>0, \\ f(1)=m^2-4<0, \\ f(2)=m^2+m>0 \end{cases} \Rightarrow -2<m<-1.$$

图 3-12

【答案】(A)

**8.** (1999年MBA联考真题) 已知方程 $x^2-6x+8=0$ 有两个相异实根，下列方程中仅有一根在已知方程两根之间的方程是(    ).

(A) $x^2+6x+9=0$　　　　(B) $x^2-2\sqrt{2}x+2=0$　　　　(C) $x^2-4x+2=0$

(D) $x^2-5x+7=0$　　　　(E) $x^2-6x+5=0$

【解析】$x^2-6x+8=0$ 两根为 2 和 4，选项的二次项系数均为正数，即抛物线的开口均向上. 要

97

满足只有一根在 2 和 4 之间,必须满足 $f(4) \cdot f(2) < 0$,代入可知只有(C)选项符合.

【答案】(C)

### 9. (2008 年 MBA 联考真题)方程 $2ax^2 - 2x - 3a + 5 = 0$ 的一个根大于 1,另一个根小于 1.

(1) $a > 3$.

(2) $a < 0$.

【解析】当 $a > 0$ 时,图像开口向上,只需 $f(1) < 0$ 即可,即 〔$a$ 的符号不定,要分情况讨论〕

$$2a - 2 - 3a + 5 < 0,$$

解得 $a > 3$;

当 $a < 0$ 时,图像开口向下,只需 $f(1) > 0$ 即可,即

$$2a - 2 - 3a + 5 > 0,$$

解得 $a < 3$,所以 $a < 0$.

故条件(1)和条件(2)单独都充分.

【答案】(D)

## 变化 3　有理根或整数根问题

| 母题模型 | 解题思路 |
| --- | --- |
| 一元二次方程 $ax^2 + bx + c = 0 (a \neq 0)$ 的系数 $a$, $b$, $c$ 均为有理数,方程的根为有理数. | $\Delta$ 需能开方 |
| 一元二次方程 $ax^2 + bx + c = 0 (a \neq 0)$ 的系数 $a$, $b$, $c$ 均为整数,方程的根为整数. | $\begin{cases} \Delta \text{ 为完全平方数} \\ x_1 + x_2 = -\dfrac{b}{a} \in \mathbb{Z} \\ x_1 x_2 = \dfrac{c}{a} \in \mathbb{Z} \end{cases}$ 即 $a$ 是 $b$、$c$ 的公约数. |

### 10. 已知关于 $x$ 的方程 $x^2 - (n+1)x + 2n - 1 = 0$ 的两根为整数,则整数 $n$ 是(　　).

(A) 1 或 3　　(B) 1 或 5　　(C) 3 或 5　　(D) 1 或 2　　(E) 2 或 5

【解析】两根为整数,可知

$$\begin{cases} \Delta = (n+1)^2 - 4(2n-1) \text{ 为完全平方数}, & ① \\ x_1 + x_2 = n + 1 \text{ 为整数}, & ② \\ x_1 \cdot x_2 = 2n - 1 \text{ 为整数}, & ③ \end{cases}$$

当 $n$ 是整数时,式②、式③显然满足,故只需要再满足式①即可. 〔不定方程问题的乘法模型〕

方法一:设 $\Delta = (n+1)^2 - 4(2n-1) = k^2$ ($k$ 为非负整数),整理得 $(n-3)^2 - k^2 = 4$,即

$$(n-3+k)(n-3-k) = 4 = 1 \times 4 = (-1) \times (-4) = 2 \times 2 = (-2) \times (-2),$$

故有以下几种情况: 〔此处通过奇偶性可迅速排除第 1、2 种情况〕

$$\begin{cases} n-3+k = 4, \\ n-3-k = 1 \end{cases} \text{ 或 } \begin{cases} n-3+k = -1, \\ n-3-k = -4 \end{cases} \text{ 或 } \begin{cases} n-3+k = 2, \\ n-3-k = 2 \end{cases} \text{ 或 } \begin{cases} n-3+k = -2, \\ n-3-k = -2, \end{cases}$$

解得 $n$ 的整数解为 $n = 1$ 或 5.

方法二：$\Delta=(n+1)^2-4(2n-1)=n^2-6n+5=(n-1)(n-5)=a^2b^2\geqslant 0$，观察可知，没有任何两个完全平方数之间相差 4，故 $\Delta=(n-1)(n-5)=a^2b^2$ 只可能为 0，即 $n-1=0$ 或者 $n-5=0$，得 $n=1$ 或 5．

【快速得分法】选项代入法，将各选项的值代入式①，易知选(B)．

【答案】(B)

## 题型 32　一元二次不等式的恒成立问题

> 题型概述

| 命题概率 | 母题特点 |
| --- | --- |
| (1) 近 10 年真题命题数量：1.<br>(2) 命题概率：0.1. | 题干中出现"无解"或"恒成立"的不等式． |

> 母题变化

### 变化 1　不等式在全体实数上恒成立或无解

| 母题模型 | 解题思路 |
| --- | --- |
| 一元二次不等式 $ax^2+bx+c>0(a\neq 0)$，恒成立．<br>一元二次不等式 $ax^2+bx+c<0(a\neq 0)$，恒成立． | $\begin{cases}a>0,\\ \Delta=b^2-4ac<0;\end{cases}$<br>$\begin{cases}a<0,\\ \Delta=b^2-4ac<0.\end{cases}$ |
| 一元二次不等式 $ax^2+bx+c>0(a\neq 0)$，无解．<br>一元二次不等式 $ax^2+bx+c<0(a\neq 0)$，无解． | $\begin{cases}a<0,\\ \Delta=b^2-4ac\leqslant 0;\end{cases}$<br>$\begin{cases}a>0,\\ \Delta=b^2-4ac\leqslant 0.\end{cases}$ |

**1.** (2014 年管理类联考真题)不等式 $|x^2+2x+a|\leqslant 1$ 的解集为空集．

(1) $a<0$．
(2) $a>2$．

【解析】$|x^2+2x+a|\leqslant 1$ 的解集为空集，等价于 $|x^2+2x+a|>1$ 恒成立，即 $x^2+2x+a>1$ 或 $x^2+2x+a<-1$ 恒成立．　　　　　　　　　　　　　　　　　将解集为空集的不等式转化为恒成立问题更易求解

由于 $y=x^2+2x+a$ 的图像开口向上，不可能恒小于 $-1$，所以，只能恒大于 1，即 $x^2+2x+(a-1)>0$ 恒成立，需要满足 $\Delta=4-4(a-1)<0$，解得 $a>2$．

故条件(1)不充分，条件(2)充分．

【答案】(B)

2. (2003年MBA联考真题)不等式$(k+3)x^2-2(k+3)x+k-1<0$,对$x$的任意数值都成立.
   (1) $k=0$.
   (2) $k=-3$.
   【解析】条件(1)：把$k=0$代入原不等式,得$3x^2-6x-1<0$,开口向上,条件(1)不充分.
   条件(2)：$k=-3$代入原不等式,得$-4<0$,所以条件(2)充分.
   【答案】(B)

   > 二次项系数有字母的方程、不等式,要首先考虑二次项系数是否为0

### 变化2　不等式在某一区间上恒成立

| 母题模型 | 解题思路 |
| --- | --- |
| 一元二次不等式$ax^2+bx+c>0$或$ax^2+bx+c<0$ $(a\neq 0)$,在$x$属于某一区间时恒成立,求某个参数的取值范围. | 方法1：根据图像使用分类讨论法. 方法2：解出参数法. |

3. (2008年MBA联考真题)若$y^2-2\left(\sqrt{x}+\dfrac{1}{\sqrt{x}}\right)y+3<0$对一切实数$x$恒成立,则$y$的取值范围是(　　).
   (A) $1<y<3$　　　　(B) $2<y<4$　　　　(C) $1<y<4$
   (D) $3<y<5$　　　　(E) $2<y<5$

   【解析】令$t=\sqrt{x}+\dfrac{1}{\sqrt{x}}$,则$y^2-2ty+3<0$.

   > (1) 换元法；
   > (2) 解出参数法

   由均值不等式可知$t\geq 2$,结合$y^2+3<2ty$,可得$y>0$,原式可化为$\dfrac{y^2+3}{2y}<t$,故只需要小于$t$的最小值即可,故有$\dfrac{y^2+3}{2y}<2$.

   > 此处要注意2是否可以取到

   解得$1<y<3$.
   【答案】(A)

### 变化3　已知参数的范围,求自变量的范围

| 母题模型 | 解题思路 |
| --- | --- |
| 一元二次不等式$ax^2+bx+c>0$或$ax^2+bx+c<0$ $(a\neq 0)$,在某个参数属于某区间时恒成立,求$x$的取值范围. | 解出参数法. 【易错点】在使用解出参数法时,要特别注意解集的区间是开区间还是闭区间. |

4. 已知$t\in(2,3)$,则一元二次不等式$x^2-tx+1<0$在$x$取(　　)时成立.
   (A) 1　　(B) $(0,2)$　　(C) $[0,2)$　　(D) $(0,2]$　　(E) 2

   【解析】$x^2-tx+1<0$,等价于
   $$x^2+1<tx, \quad ①$$
   式①左侧恒大于0,右侧$t>0$,故必有$x>0$.在式①左右同除以$x$,得
   $$x+\dfrac{1}{x}<t,$$

   > 此处要注意符号问题

又因为 $t\in(2,3)$，则必有 $x+\dfrac{1}{x}\leqslant 2$.　　　　　　此处要注意2是否可以取到

整理得 $x^2-2x+1\leqslant 0$，故 $x=1$.

【答案】(A)

## 题型 33　穿线法解不等式

### 题型概述

| 命题概率 | 母题特点 |
| --- | --- |
| (1) 近10年真题命题数量：0.<br>(2) 命题概率：0. | (1) 分式方程.<br>(2) 分式不等式.<br>(3) 高次不等式. |

### 母题变化

#### 变化 1　分式方程

| 母题模型 | 解题思路 |
| --- | --- |
| 题干中出现分式方程 | (1) 解分式方程采用以下步骤：<br>①通分：<br>移项，通分，将原分式方程转化为标准形式：$\dfrac{f(x)}{g(x)}=0$.<br>②去分母：<br>去分母，使 $f(x)=0$，解出 $x=x_0$.<br>③验根：<br>将 $x=x_0$ 代入 $g(x)$，若 $g(x_0)=0$，则 $x=x_0$ 为增根，舍去；<br>若 $g(x_0)\neq 0$，则 $x=x_0$ 为有效根.<br>(2) 若 $\dfrac{f(x)}{g(x)}=0$ 有实根，则 $f(x)=0$ 有根，且至少有一个根不是增根.<br>(3) 若 $\dfrac{f(x)}{g(x)}=0$ 无实根，则 $f(x)=0$ 无实根，或者 $f(x)=0$ 有实根但均为增根. |

1. (2007年MBA联考真题)方程 $\dfrac{a}{x^2-1}+\dfrac{1}{x+1}+\dfrac{1}{x-1}=0$ 有实根.

(1) 实数 $a\neq 2$.

(2) 实数 $a\neq -2$.

【解析】原方程通分得 $\dfrac{a+2x}{x^2-1}=0$，即 $\begin{cases}x=-\dfrac{a}{2},\\ x\neq\pm 1,\end{cases}$ 所以 $a\neq\pm 2$.　　分式方程有实根，分母不能为0

条件(1)和条件(2)联立起来充分.

【答案】(C)

## 变化2 穿线法解高次不等式

| 母题模型 | 解题思路 |
| --- | --- |
| 高次不等式 | 第1步：因式分解；<br>第2步：用穿线法求出解集，步骤如下：<br>(1) 移项，使等式一侧为0；<br>(2) 因式分解，并使每个因式的最高次项均为正数；<br>(3) 令每个因式等于零，得到零点，并标注在数轴上；<br>(4) 如果有恒大于0的项，对不等式没有影响，直接删掉；<br>(5) 穿线：从数轴的右上方开始穿线，依次去穿每个点，遇到奇次零点则穿过，遇到偶次零点则穿而不过；<br>(6) 凡是位于数轴上方的曲线所代表的区间，就是令不等式大于0的区间；数轴下方的，则是令不等式小于0的区间；数轴上的点，是令不等式等于0的点，但是要注意这些零点是否能够取到. |

2. (2009年管理类联考真题)$(x^2-2x-8)(2-x)(2x-2x^2-6)>0$.

(1) $x \in (-3, -2)$.

(2) $x \in [2, 3]$.

【解析】原式等价于
$$(x^2-2x-8)(x-2)(2x^2-2x+6)>0,$$
由于 $2x^2-2x+6>0$ 恒成立，可删去，则有 〔(1)每个因式的最高次项系数化为正数〕 〔(2)删除恒大于0的项〕
$$(x+2)(x-2)(x-4)>0,$$
根据穿线法，可得 $-2<x<2$ 或 $x>4$.

所以条件(1)和条件(2)单独不充分，联立起来也不充分.

【答案】(E)

3. (1999年MBA联考真题)不等式 $(x^4-4)-(x^2-2) \geqslant 0$ 的解集是(　　).

(A) $x \geqslant \sqrt{2}$ 或 $x \leqslant -\sqrt{2}$　　　(B) $-\sqrt{2} \leqslant x \leqslant \sqrt{2}$　　　(C) $x < -\sqrt{3}$ 或 $x > \sqrt{3}$

(D) $-\sqrt{2} < x < \sqrt{2}$　　　(E)空集

【解析】原不等式化为 $(x^2-2)(x^2+1) \geqslant 0$，即 $x^2 \geqslant 2$，解得 $x \geqslant \sqrt{2}$ 或 $x \leqslant -\sqrt{2}$.

【答案】(A)

4. (2008年MBA联考真题)$(2x^2+x+3)(-x^2+2x+3)<0$.

(1) $x \in [-3, -2]$.

(2) $x \in (4, 5)$.

【解析】令 $y=2x^2+x+3$，$\Delta=1-4 \times 2 \times 3<0$，故 $y=2x^2+x+3$ 恒大于0. 〔(1)删除恒大于0的项；(2)因式分解，解不等式〕

原不等式等价于 $-x^2+2x+3<0$，解得 $x>3$ 或 $x<-1$.

小集合可以推大集合，故条件(1)和条件(2)单独都成立.

【答案】(D)

▶变化3 穿线法解分式不等式

| 母题模型 | 解题思路 |
|---|---|
| 形如：$\dfrac{f(x)}{g(x)}>a$，$\dfrac{f(x)}{g(x)}\geqslant a$，$\dfrac{f(x)}{g(x)}<a$，$\dfrac{f(x)}{g(x)}\leqslant a$ 的不等式称为分式不等式，其中 $a$ 可以等于 0，也可以不等于 0. | 解分式不等式的步骤：<br>(1) 移项：<br>将 $\dfrac{f(x)}{g(x)}>a$ 化为 $\dfrac{f(x)}{g(x)}-a>0$；<br>(2) 通分：<br>将 $\dfrac{f(x)}{g(x)}-a>0$ 通分为 $\dfrac{f(x)-a\cdot g(x)}{g(x)}>0$；<br>(3) 将分子分母因式分解，化简；<br>(4) 用穿线法求出解集. |

5. (2001 年 MBA 联考真题) 设 $0<x<1$，则不等式 $\dfrac{3x^2-2}{x^2-1}>1$ 的解是（　　）.

(A) $0<x<\dfrac{1}{\sqrt{2}}$ 　　　　　　　　　　(B) $\dfrac{1}{\sqrt{2}}<x<1$

(C) $0<x<\sqrt{\dfrac{2}{3}}$ 　　　　　　　　　　(D) $\sqrt{\dfrac{2}{3}}<x<1$

(E) 以上选项均不正确

【解析】方法一：$\dfrac{3x^2-2}{x^2-1}>1$，因为 $0<x<1$，所以 $x^2-1<0$，不等式可化为 $3x^2-2<x^2-1$，即 $2x^2<1$，解得 $-\dfrac{1}{\sqrt{2}}<x<\dfrac{1}{\sqrt{2}}$. 又因为 $0<x<1$，所以 $0<x<\dfrac{1}{\sqrt{2}}$.

方法二：$\dfrac{3x^2-2}{x^2-1}>1 \Leftrightarrow \dfrac{3x^2-2}{x^2-1}-1>0$，即 $\dfrac{(\sqrt{2}x+1)(\sqrt{2}x-1)}{(x+1)(x-1)}>0$，由穿线法解得解集为 $(-\infty,-1)\cup\left(-\dfrac{1}{\sqrt{2}},\dfrac{1}{\sqrt{2}}\right)\cup(1,+\infty)$，又因为 $0<x<1$，所以解集为 $0<x<\dfrac{1}{\sqrt{2}}$.

【答案】(A)

## 题型 34　指数与对数

### 题型概述

| 命题概率 | 母题特点 |
|---|---|
| (1) 近 10 年真题命题数量：0.<br>(2) 命题概率：0. | 题干中出现指数或对数. |

## 母题变化

### 变化 1 判断单调性

| 母题模型 | 解题思路 |
| --- | --- |
| (1) 判断指数函数的单调性.<br>形如 $y=a^x(a>0$ 且 $a\neq 1)(x\in \mathbf{R})$ 的函数叫作指数函数.<br>其定义域为全体实数,值域为$(0,+\infty)$,图像恒过点$(0,1)$. | (1) 当 $a>1$ 时,是增函数;<br>(2) 当 $0<a<1$ 时,是减函数. |
| (2) 判断对数函数的单调性.<br>形如 $y=\log_a x(a>0$ 且 $a\neq 1)$ 的函数叫作对数函数.<br>其定义域为$(0,+\infty)$,值域为全体实数,图像恒过点$(1,0)$. | (1) 当 $a>1$ 时,是增函数;<br>(2) 当 $0<a<1$ 时,是减函数. |

1. 已知 $a,b$ 是实数,则 $\lg a > \lg b$.
   (1) $a>b$.
   (2) $\log_{\frac{1}{2}} a < \log_{\frac{1}{2}} b$.

   > 对数问题优先考虑定义域:$y=\log_a x(a>0$ 且 $a\neq 1)$ 的定义域为 $x\in(0,+\infty)$

   【解析】条件(1):令 $a=-1,b=-2$,不满足对数的定义域,所以不充分.
   条件(2):函数 $y=\log_{\frac{1}{2}} x$ 是减函数, $\log_{\frac{1}{2}} a < \log_{\frac{1}{2}} b$,所以 $a>b>0$.
   $y=\lg x$ 是增函数,所以 $\lg a > \lg b$,条件(2)充分.
   【答案】(B)

### 变化 2 解指数、对数方程

| 解题思路 | 常用公式 |
| --- | --- |
| (1) 指数方程.<br>　常规解法:化同底、换元、解方程;<br>　特殊方法:等式两边取对数、图像法.<br>(2) 对数方程.<br>　四步解题法:化同底、换元、解方程、验根.<br>(3) 注意定义域. | 常用对数公式:<br>如果 $a>0$ 且 $a\neq 1,M>0,N>0$,那么:<br>(1) $\log_a MN=\log_a M+\log_a N$;<br>(2) $\log_a \dfrac{M}{N}=\log_a M-\log_a N$;<br>(3) $\log_a M^n=n\log_a M$;<br>(4) $\log_{a^k} M^n=\dfrac{n}{k}\log_a M$;<br>(5) 换底公式:<br>$\log_a M=\dfrac{\lg M}{\lg a}=\dfrac{\ln M}{\ln a}$; $\log_a M=\dfrac{1}{\log_M a}$. |

2. 方程 $(\sqrt{2}+1)^x+(\sqrt{2}-1)^x=6$ 的所有实根之积为(　　).
   (A) 2　　(B) 4　　(C) -2　　(D) -4　　(E) ±4

   【解析】令 $t=(\sqrt{2}+1)^x$,代入得 $t+\dfrac{1}{t}=6$, $t^2-6t+1=0$,解得 $t=\dfrac{6\pm 4\sqrt{2}}{2}=3\pm 2\sqrt{2}$. 故
   $t_1=3+2\sqrt{2}=(\sqrt{2}+1)^2 \Rightarrow x=2$, $t_2=3-2\sqrt{2}=(\sqrt{2}+1)^{-2} \Rightarrow x=-2$.
   所以两根之积为 $-4$.
   【答案】(D)

### 变化3　解指数、对数不等式

| 母题模型 | 解题思路 |
| --- | --- |
| 题干中出现含指数或对数的不等式. | (1) 指数不等式.<br>　四步解题法：化同底、判断指数函数的单调性、构造新不等式、解不等式.<br>(2) 对数不等式.<br>　五步解题法：化同底、判断单调性、构造不等式、解不等式、与定义域求交集. |

3. (2009年管理类联考真题) $|\log_a x|>1$.

(1) $x\in[2,4]$, $\dfrac{1}{2}<a<1$.

(2) $x\in[4,6]$, $1<a<2$.

【解析】$|\log_a x|>1$, 等价于 $\log_a x>1$ 或 $\log_a x<-1$.

条件(1): $\dfrac{1}{2}<a<1$, 故 $1<\dfrac{1}{a}<2$, 因为 $x\in[2,4]$, 所以 $x>\dfrac{1}{a}$.

因为 $y=\log_a x$ 是减函数, 所以 $\log_a x<\log_a \dfrac{1}{a}=-1$, 条件(1)充分.

条件(2): $1<a<2$, 且 $x\in[4,6]$, 所以有 $x>a$, $y=\log_a x$ 是增函数. 故 $\log_a x>\log_a a=1$, 条件(2)也充分.

【答案】(D)

## 💡 题型35　其他特殊函数

### 题型概述

| 命题概率 | 母题特点 |
| --- | --- |
| (1) 近10年真题命题数量：2.<br>(2) 命题概率：0.2. | 见各题型变化. |

### 母题变化

### 变化1　最值函数

| 母题模型 | 解题思路 |
| --- | --- |
| (1) 最大值函数.<br>$\max\{x,y,z\}$ 表示 $x,y,z$ 中最大的数.<br>(2) 最小值函数.<br>$\min\{x,y,z\}$ 表示 $x,y,z$ 中最小的数. | 见第1题. |

1. (2018年管理类联考真题)函数 $f(x)=\max\{x^2, -x^2+8\}$ 的最小值为(    ).

(A)8    (B)7    (C)6    (D)5    (E)4

【解析】分别画出 $y=x^2$，$y=-x^2+8$ 的图像，如图3-13所示．

取图像中较大的部分，即为最值函数 $f(x)=\max\{x^2, -x^2+8\}$ 的图像，如图3-14所示．

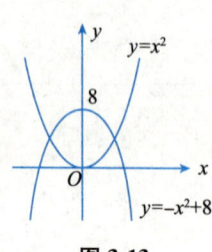

图 3-13

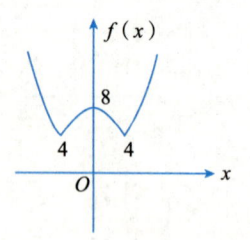

图 3-14

故当 $x^2=-x^2+8$ 时，$f(x)$ 有最小值4．

【快速得分法】当 $x^2=4$ 时，可取到最小值4，而选项中最小值为4，必选(E)．

【答案】(E)

### 变化2　分段函数

| 母题模型 | 解题思路 |
| --- | --- |
| 在自变量的不同取值范围内，有不同的对应法则，需要用不同的解析式来表示的函数叫作分段表示的函数，简称分段函数． | 求分段函数的函数值 $f(x_0)$ 时，应该首先判断 $x_0$ 所属的取值范围，然后再把 $x_0$ 代入到相应的解析式中进行计算． |

2. (2011年在职MBA联考真题)已知 $g(x)=\begin{cases}1, & x>0,\\-1, & x<0,\end{cases}$ $f(x)=|x-1|-g(x)|x+1|+|x-2|+|x+2|$，则 $f(x)$ 是与 $x$ 无关的常数．

(1) $-1<x<0$．

(2) $1<x<2$．

【解析】条件(1)：$-1<x<0$，所以 $g(x)=-1$，则

$$f(x)=|x-1|-g(x)|x+1|+|x-2|+|x+2|$$
$$=-(x-1)+x+1-(x-2)+x+2=6.$$

$f(x)$ 是与 $x$ 无关的常数，所以条件(1)充分．

条件(2)：$1<x<2$，所以 $g(x)=1$，则

$$f(x)=|x-1|-g(x)|x+1|+|x-2|+|x+2|$$
$$=x-1-(x+1)-(x-2)+x+2=2.$$

$f(x)$ 是与 $x$ 无关的常数，所以条件(2)也充分．

【答案】(D)

## 变化 3　复合函数

| 母题模型 | 解题思路 |
|---|---|
| 如果 $y$ 是 $u$ 的函数，$u$ 又是 $x$ 的函数，即 $y=f(u)$，$u=g(x)$，那么 $y$ 关于 $x$ 的函数 $y=f[g(x)]$ 叫作函数 $y=f(u)$（外函数）和 $u=g(x)$（内函数）的复合函数，其中 $u$ 是中间变量，自变量为 $x$ 函数值为 $y$.<br>例如：函数 $y=2^{x^2+1}$ 是由 $y=2^u$ 和 $u=x^2+1$ 复合而成. | $u=g(x)$ 的值域，是 $y=f(u)$ 的定义域. |

3. (2018 年管理类联考真题)设函数 $f(x)=x^2+ax$. 则 $f(x)$ 的最小值与 $f[f(x)]$ 的最小值相等.

(1) $a\geqslant 2$.

(2) $a\leqslant 0$.

【解析】二次函数过原点，开口向上，顶点坐标为 $\left(-\dfrac{a}{2},-\dfrac{a^2}{4}\right)$. ……顶点坐标公式：$\left(-\dfrac{b}{2a},\dfrac{4ac-b^2}{4a}\right)$

从结论入手，对于 $f(x)$，当 $x=-\dfrac{a}{2}$ 时，$y_{\min}=-\dfrac{a^2}{4}$，即 $f(x)$ 函数值域为 $\left[-\dfrac{a^2}{4},+\infty\right)$.

令 $u=f(x)$，则 $f(u)=f[f(x)]$，则 $f(u)$ 的定义域为 $\left[-\dfrac{a^2}{4},+\infty\right)$.

若 $f(x)$ 的最小值和 $f(u)$ 的最小值相等，则要求对称轴 $-\dfrac{a}{2}$ 在 $f(u)$ 的定义域中，即 $-\dfrac{a}{2}\geqslant-\dfrac{a^2}{4}$，解得 $a\leqslant 0$ 或 $a\geqslant 2$.

两个条件单独都是子集，单独都充分.

【答案】(D)

# 第4章 数列

## 题型36 等差数列基本问题

**题型概述**

| 命题概率 | 母题特点 |
|---|---|
| (1) 近10年真题命题数量：4.<br>(2) 命题概率：0.4. | 见以下各母题变化. |

**母题变化**

**变化1 求和**

| 母题模型 | 解题思路 |
|---|---|
| 已知$\{a_n\}$为等差数列，求$S_n$. | (1) 等差数列通项公式：$a_n = a_1 + (n-1)d$.<br>(2) 等差数列前$n$项和：<br>$$S_n = \frac{n(a_1+a_n)}{2} = na_1 + \frac{n(n-1)}{2}d = \frac{d}{2}n^2 + \left(a_1 - \frac{d}{2}\right)n.$$<br>(3) 下标和定理：等差数列中，若$m+n=p+q$，则$a_m+a_n=a_p+a_q$.<br>(4) 轮换对称性：<br>当$m \neq n$时，在等差数列中<br>①若$S_m = n$，$S_n = m$，则$S_{m+n} = -(m+n)$；<br>②若$a_m = n$，$a_n = m$，则$a_{m+n} = 0$；<br>③若$S_m = S_n$，则$S_{m+n} = 0$.<br>(5) 等差数列$\{a_n\}$中，$S_m$，$S_{2m} - S_m$，$S_{3m} - S_{2m}$，仍然成等差数列，新公差为$m^2 d$. |

1. (2011年管理类联考真题) 已知$\{a_n\}$为等差数列，则该数列的公差为零.
   (1) 对任何正整数$n$，都有$a_1 + a_2 + \cdots + a_n \leqslant n$.
   (2) $a_2 \geqslant a_1$.

   【解析】条件(1)：若$a_n$为负，一定有$a_1 + a_2 + \cdots + a_n \leqslant n$，但公差不一定为0，条件(1)不充分.
   条件(2)：当$a_2 > a_1$时，公差不为0，条件(2)不充分.
   联立条件(1)和条件(2)：由条件(1)得
   $$S_n = a_1 + a_2 + \cdots + a_n = na_1 + \frac{n(n-1)}{2}d \leqslant n,$$

所以 $a_1+\dfrac{n-1}{2}d \leqslant 1$.

由条件(2)得,$a_2 \geqslant a_1$,可得 $d \geqslant 0$.

假设 $d>0$,无论 $a_1$ 取值是多少,当 $n \to +\infty$ 时,必有 $a_1+\dfrac{n-1}{2}d>1$,与 $a_1+\dfrac{n-1}{2}d \leqslant 1$ 矛盾,故 $d>0$ 不成立. <!-- 反证法 -->

所以,公差 $d$ 必然为零,故条件(1)和条件(2)联立起来充分.

【答案】(C)

**2.** (2014年管理类联考真题)已知 $\{a_n\}$ 为等差数列,且 $a_2-a_5+a_8=9$,则 $a_1+a_2+\cdots+a_9=$ ( ).

(A)27　　　(B)45　　　(C)54　　　(D)81　　　(E)162

【解析】$a_2-a_5+a_8=a_2+a_8-a_5=2a_5-a_5=a_5=9$.

所以 $a_1+a_2+\cdots+a_9=S_9=\dfrac{9(a_1+a_9)}{2}=9a_5=81$. <!-- 下标和定理:若 $m+n=p+q$,则 $a_m+a_n=a_p+a_q$ -->

【答案】(D)

**3.** (2018年管理类联考真题)设 $\{a_n\}$ 为等差数列,则能确定 $a_1+a_2+\cdots+a_9$ 的值.

(1)已知 $a_1$ 的值.

(2)已知 $a_5$ 的值.

【解析】条件(1):明显不充分. <!-- 中项公式:$2a_{n+1}=a_n+a_{n+2}$ -->

条件(2):由等差数列的中项公式,可知 $a_1+a_2+\cdots+a_9=9a_5$,所以条件(2)充分.

【答案】(B)

**4.** (1998年在职MBA联考真题)若在等差数列中前5项和 $S_5=15$,前15项和 $S_{15}=120$,则前10项和 $S_{10}=$ ( ).

(A)40　　　(B)45　　　(C)50　　　(D)55　　　(E)60

【解析】$S_5$,$S_{10}-S_5$,$S_{15}-S_{10}$ 是等差数列.

由中项公式,得 $2(S_{10}-15)=15+120-S_{10}$,解得 $S_{10}=55$. <!-- 在等差数列中 $S_m$,$S_{2m}-S_m$,$S_{3m}-S_{2m}$ 仍为等差数列,公差为 $m^2 d$ -->

【答案】(D)

**5.** (2001年在职MBA联考真题)等差数列 $\{a_n\}$ 中,$a_5<0$,$a_6>0$,且 $a_6>|a_5|$,$S_n$ 是前 $n$ 项之和,则( ).

(A)$S_1$,$S_2$,$S_3$ 均小于0,而 $S_4$,$S_5$,$\cdots$ 均大于0

(B)$S_1$,$S_2$,$\cdots$,$S_5$ 均小于0,而 $S_6$,$S_7$,$\cdots$ 均大于0

(C)$S_1$,$S_2$,$\cdots$,$S_9$ 均小于0,而 $S_{10}$,$S_{11}$,$\cdots$ 均大于0

(D)$S_1$,$S_2$,$\cdots$,$S_{10}$ 均小于0,而 $S_{11}$,$S_{12}$,$\cdots$ 均大于0

(E)以上选项均不正确

【解析】$S_{10}=\dfrac{10(a_1+a_{10})}{2}=\dfrac{10(a_5+a_6)}{2}>0$;$S_9=\dfrac{9(a_1+a_9)}{2}=\dfrac{9\times 2a_5}{2}<0$.

故 $S_1$,$S_2$,$\cdots$,$S_9$ 均小于0,而 $S_{10}$,$S_{11}$,$\cdots$ 均大于0.

【答案】(C)

6. (2003年在职MBA联考真题)数列$\{a_n\}$的前$k$项和$a_1+a_2+a_3+\cdots+a_k$与随后$k$项和$a_{k+1}+a_{k+2}+a_{k+3}+\cdots+a_{2k}$之比与$k$无关.
(1) $a_n=2n-1(n=1,2,3,\cdots)$.
(2) $a_n=2n(n=1,2,3,\cdots)$.

【解析】条件(1): $\dfrac{a_1+a_2+a_3+\cdots+a_k}{a_{k+1}+a_{k+2}+a_{k+3}+\cdots+a_{2k}}=\dfrac{\dfrac{k}{2}[1+(2k-1)]}{\dfrac{k}{2}[(2k+1)+(4k-1)]}=\dfrac{2k}{6k}=\dfrac{1}{3}$,

可知所求比值与$k$无关,因此条件(1)充分.

> 等差数列前$n$项和公式
> $S_n=\dfrac{n(a_1+a_n)}{2}$

条件(2):

$\dfrac{a_1+a_2+a_3+\cdots+a_k}{a_{k+1}+a_{k+2}+a_{k+3}+\cdots+a_{2k}}=\dfrac{\dfrac{k}{2}(2+2k)}{\dfrac{k}{2}[(2k+2)+4k]}=\dfrac{2+2k}{2+6k}=\dfrac{1+k}{1+3k}$,

可知所求比值与$k$有关,条件(2)不充分.
【答案】(A)

7. (2007年在职MBA联考真题)已知等差数列$\{a_n\}$中,$a_2+a_3+a_{10}+a_{11}=64$,则$S_{12}=(\quad)$.
(A) 64　　　(B) 81　　　(C) 128　　　(D) 192　　　(E) 188
【解析】由下标和定理,知$a_2+a_3+a_{10}+a_{11}=(a_2+a_{11})+(a_3+a_{10})=2(a_2+a_{11})=64$,所以$S_{12}=\dfrac{12(a_1+a_{12})}{2}=6(a_2+a_{11})=192$.
【答案】(D)

### 变化2　求项数

| 母题模型 | 解题思路 |
| --- | --- |
| 已知等差数列$\{a_n\}$中某项的值或$S_n$的值,求项数. | 利用等差数列通项公式$a_n=a_1+(n-1)d$求解. |

8. 等差数列$\{a_n\}$中,已知$a_1=\dfrac{1}{3}$,$a_2+a_5=4$,$a_n=\dfrac{61}{3}$,则$n$为$(\quad)$.
(A) 28　　　(B) 29　　　(C) 30　　　(D) 31　　　(E) 32
【解析】$a_2+a_5=a_1+d+a_1+4d=2\times\dfrac{1}{3}+5d=4$,解得$d=\dfrac{2}{3}$.

$a_n=a_1+(n-1)d=\dfrac{61}{3}$,即$\dfrac{1}{3}+(n-1)\dfrac{2}{3}=\dfrac{61}{3}$,解得$n=31$.　　　　　　　　　> 已知$a_n$的值求项数$n$
【答案】(D)

9. 等差数列前$n$项和为210,其中前4项和为40,后4项的和为80,则$n$的值为$(\quad)$.
(A) 10　　　(B) 12　　　(C) 14　　　(D) 16　　　(E) 18
【解析】$a_1+a_2+a_3+a_4+a_{n-3}+a_{n-2}+a_{n-1}+a_n=4(a_1+a_n)=120$,故$a_1+a_n=30$.
那么有$S_n=\dfrac{n(a_1+a_n)}{2}=\dfrac{30n}{2}=210$,解得$n=14$.　　　　　　　　　> 已知$S_n$的值求项数$n$
【答案】(C)

## 变化 3 求某项

| 母题模型 | 解题思路 |
| --- | --- |
| 已知数列 $\{a_n\}$ 为等差数列，$a_1=x$，$a_m=y$，求 $a_n$. | $d=\dfrac{a_m-a_1}{m-1}$，$a_n=a_1+(n-1)d$ |

**10.** (2010年管理类联考真题) 已知数列 $\{a_n\}$ 为等差数列，公差为 $d$，$a_1+a_2+a_3+a_4=12$，则 $a_4=0$.

(1) $d=-2$.

(2) $a_2+a_4=4$.

【解析】$a_1+a_2+a_3+a_4=12$，即 $a_1+a_4=6$，所以 $2a_1+3d=6$.

> 由下标和定理，知 $a_1+a_4=a_2+a_3$

条件(1)：$d=-2$，代入 $2a_1+3d=6$，得 $2a_1-6=6\Rightarrow a_1=6$，故 $a_4=a_1+3d=6-6=0$，条件(1)充分.

条件(2)：$a_2+a_4=4$，$a_1+a_4=6$，得 $a_2-a_1=-2=d$，所以条件(2)与条件(1)等价，条件(2)也充分.

【答案】(D)

**11.** (2015年管理类联考真题) 设 $\{a_n\}$ 是等差数列，则能确定数列 $\{a_n\}$.

(1) $a_1+a_6=0$.

(2) $a_1 a_6=-1$.

【解析】显然，条件(1)和条件(2)单独都不能确定数列 $\{a_n\}$，联立之.

由 $\begin{cases} a_1+a_6=0, \\ a_1 a_6=-1, \end{cases}$ 解得 $\begin{cases} a_1=1, \\ a_6=-1 \end{cases}$ 或 $\begin{cases} a_1=-1, \\ a_6=1. \end{cases}$

> 条件充分性判断中的"确定"一般是指唯一确定

$a_1$ 和 $a_6$ 的值有两组，故 $a_n$ 的表达式有两种，无法确定数列 $\{a_n\}$.

所以条件(1)和条件(2)单独都不充分，联立起来也不充分.

【答案】(E)

**12.** (2021年管理类联考真题) 三位年轻人的年龄成等差，且最大与最小的两人年龄差的 10 倍是另一人年龄，则三人年龄最大的是( ).

(A) 19  (B) 20  (C) 21  (D) 22  (E) 23

【解析】设 3 人的年龄分别为 $a$，$b$，$c$，其中 $a<b<c$，且为等差数列，公差为 $d$. 根据已知条件，可得

$$\begin{cases} 10(c-a)=b, & \text{①} \\ 2b=a+c, & \text{②} \end{cases}$$

由式①得 $10\times 2d=b\Rightarrow b=20d$，代入式②可得 $a=19d$，$c=21d$.

所以年龄最大的 $c=21d$，是 21 的倍数，观察选项，选(C).

【答案】(C)

**13.** (2004年MBA联考真题) 由方程组 $\begin{cases} x+y=a, \\ y+z=4, \\ z+x=2 \end{cases}$ 解得的 $x$，$y$，$z$ 成等差数列.

(1) $a=1$.

(2) $a=0$.

【解析】方法一：$x$，$y$，$z$ 成等差数列，则

$$(y+z)-(x+z)=y-x=2=d，(x+z)-(x+y)=z-y=2-a=d，$$

故 $a=0$，所以条件(2)充分．

方法二：将 $a=1$ 和 $a=0$ 分别代入方程组，求解方程组．

当 $a=1$ 时，解得 $x=-\dfrac{1}{2}$，$y=\dfrac{3}{2}$，$z=\dfrac{5}{2}$，不成等差数列，故条件(1)不充分．

当 $a=0$ 时，解得 $x=-1$，$y=1$，$z=3$，成等差数列，故条件(2)充分．

【答案】(B)

14. (2006 年 MBA 联考真题) 若 $6$，$a$，$c$ 成等差数列，且 $36$，$a^2$，$-c^2$ 也成等差数列，则 $c$ 为 (    )．

    (A) $-6$　　　　(B) $2$　　　　(C) $3$ 或 $-2$　　　　(D) $-6$ 或 $2$　　　　(E) 以上选项均不正确

    【解析】由中项公式，可知

    $$\begin{cases} 6+c=2a, \\ 36-c^2=2a^2, \end{cases}$$

    解得 $c_1=2$，$c_2=-6$．

    【答案】(D)

15. (2008 年在职 MBA 联考真题) $a_1 a_8 < a_4 a_5$．

    (1) $\{a_n\}$ 为等差数列，且 $a_1>0$．
    (2) $\{a_n\}$ 为等差数列，且公差 $d\neq 0$．

    【解析】条件(1)：设这个数列是一个常数列，则 $a_1 a_8 = a_4 a_5$，条件(1)不充分．

    条件(2)：$a_1 a_8 = a_1(a_1+7d) = a_1^2 + 7a_1 d$；$a_4 a_5 = (a_1+3d)(a_1+4d) = a_1^2 + 7a_1 d + 12d^2$．

    $d\neq 0$，所以 $a_1 a_8 < a_4 a_5$，条件(2)充分．

    【答案】(B)

> 在数列问题中，举一个特殊数列作为特殊值是常用方法

## 题型 37　两等差数列相同的奇数项和之比

### 题型概述

| 命题概率 | 母题特点 |
| --- | --- |
| (1) 近 10 年真题命题数量：0． <br> (2) 命题概率：0． | 已知两个等差数列的奇数项和之比，求中间项之比；或者已知中间项之比，求奇数项和之比． |

### 母题变化

| 母题模型 | 解题思路 |
| --- | --- |
| 等差数列 $\{a_n\}$ 和 $\{b_n\}$ 的前 $2k-1$ 项和分别用 $S_{2k-1}$ 和 $T_{2k-1}$ 表示，则中间项为 $a_k$，$b_k$． | $\dfrac{a_k}{b_k} = \dfrac{S_{2k-1}}{T_{2k-1}}$ |

(2009年管理类联考真题){$a_n$}的前$n$项和$S_n$与{$b_n$}的前$n$项和$T_n$满足$S_{19}:T_{19}=3:2$.

(1){$a_n$}和{$b_n$}是等差数列.

(2)$a_{10}:b_{10}=3:2$.

【解析】两个条件单独显然不充分，联立两个条件.

根据前$n$项和定理，等差数列{$a_n$}的前$n$项和$S_n$与等差数列{$b_n$}的前$n$项和$T_n$满足

$$\frac{S_{2n-1}}{T_{2n-1}}=\frac{(2n-1)(a_1+a_{2n-1})}{2}\cdot\frac{2}{(2n-1)(b_1+b_{2n-1})}=\frac{a_1+a_{2n-1}}{b_1+b_{2n-1}}=\frac{2a_n}{2b_n}=\frac{a_n}{b_n},$$

故$\frac{S_{19}}{T_{19}}=\frac{a_{10}}{b_{10}}=\frac{3}{2}$. 所以，两个条件联立起来充分.

【答案】(C)

## 题型 38  等差数列 $S_n$ 的最值问题

### 题型概述

| 命题概率 | 母题特点 |
| --- | --- |
| (1) 近10年真题命题数量：2.<br>(2) 命题概率：0.2. | 求等差数列前$n$项和$S_n$的最值. |

### 母题变化

| 母题模型 | 解题思路 |
| --- | --- |
| 求等差数列前$n$项和$S_n$有最值的条件. | (1) 若$a_1<0$，$d>0$时，$S_n$有最小值.<br>(2) 若$a_1>0$，$d<0$时，$S_n$有最大值. |
| 求等差数列前$n$项和$S_n$的最值的方法. | (1) 一元二次函数法.<br>等差数列的前$n$项和可以整理成一元二次函数的形式：$S_n=\frac{d}{2}n^2+\left(a_1-\frac{d}{2}\right)n$，对称轴为$n=-\frac{a_1-\frac{d}{2}}{2\times\frac{d}{2}}=\frac{1}{2}-\frac{a_1}{d}$，最值取在最靠近对称轴的整数处.<br>特别地，若$S_m=S_n$，即$S_{m+n}=0$时，对称轴为$\frac{m+n}{2}$.<br>(2) $a_n=0$法.<br>最值一定在"变号"时取得，可令$a_n=0$，则有<br>①若解得$n$为整数，则$S_n=S_{n-1}$均为最值. 例如，若解得$n=6$，则$S_6=S_5$为其最值.<br>②若解得的$n$值为非整数，则取$n$的整数部分$m(m=[n])$时，$S_m$取到最值. 例如，若解得$n=6.9$，则$S_6$为其最值. |

1. (2015年管理类联考真题)已知$\{a_n\}$是公差大于零的等差数列，$S_n$是$\{a_n\}$的前$n$项和，则$S_n \geq S_{10}$，$n=1$，2，….

(1) $a_{10}=0$.

(2) $a_{11}a_{10}<0$.

【解析】条件(1)：$a_{10}=0$，且公差$d>0$，说明该等差数列前9项均为负数，第10项为0. 故$S_9=S_{10}$均为$S_n$的最小值，$S_n \geq S_{10}$成立，条件(1)充分.

条件(2)：$a_{11}a_{10}<0$且$d>0$，故有$a_{11}>0$，$a_{10}<0$，说明该等差数列前10项为负数，第11项为正数. 故$S_{10}$是$S_n$的最小值，$S_n \geq S_{10}$成立，条件(2)充分.

【答案】(D)

> (1) $S_n \geq S_{10}$，说明$S_{10}$是最小值；
> (2) 此题考等差数列$S_n$最值成立的条件

2. (2020年管理类联考真题)若等差数列$\{a_n\}$满足$a_1=8$，且$a_2+a_4=a_1$，则$\{a_n\}$前$n$项和的最大值为（ ）.

(A) 16　　(B) 17　　(C) 18　　(D) 19　　(E) 20

【解析】已知$a_2+a_4=a_1=8$且$a_2+a_4=2a_3$，故$a_3=4$，公差$d=\dfrac{a_3-a_1}{2}=-2$.

此数列显然为8，6，4，2，0，-2，-4，…，故$\{a_n\}$前$n$项和的最大值在$a_n=0$时取到，为$8+6+4+2=20$.

【答案】(E)

3. 一个等差数列中，首项为13，$S_3=S_{11}$，则前$n$项和$S_n$的最大值为（ ）.

(A) 42　　(B) 49　　(C) 50　　(D) 133　　(E) 149

【解析】根据题意，由$S_3=S_{11}$，得$n=7$是抛物线的对称轴.

又因为等差数列的前$n$项和为$S_n=\dfrac{d}{2}n^2+\left(a_1-\dfrac{d}{2}\right)n$.

故对称轴为$-\dfrac{b}{2a}=-\dfrac{a_1-\dfrac{d}{2}}{2\times\dfrac{d}{2}}=\dfrac{1}{2}-\dfrac{a_1}{d}=\dfrac{1}{2}-\dfrac{13}{d}=7$，解得$d=-2$.

> 若$S_m=S_n$，则对称轴为$\dfrac{m+n}{2}$
> 
> 等差数列的$S_n$的对称轴公式：
> $n=\dfrac{1}{2}-\dfrac{a_1}{d}$

故$S_n$的最大值$S_7=\dfrac{d}{2}\times 7^2+\left(a_1-\dfrac{d}{2}\right)\times 7=-49+14\times 7=49$.

【答案】(B)

# 题型39　等比数列基本问题

## 题型概述

| 命题概率 | 母题特点 |
| --- | --- |
| (1) 近10年真题命题数量：1.<br>(2) 命题概率：0.1. | 题干中出现等比数列. |

> 母题变化

| 母题模型 | 解题思路 |
| --- | --- |
| 题干中出现等比数列. | (1) 等比数列通项公式：$a_n = a_1 q^{n-1} (q \neq 0)$. <br> (2) 等比数列前 $n$ 项和：$S_n = \begin{cases} \dfrac{a_1(1-q^n)}{1-q}, & q \neq 1, \\ na_1, & q = 1. \end{cases}$ <br> (3) 中项公式：$a_{n+1}^2 = a_n a_{n+2}$（各项均不为 0）. <br>　　下标和定理：若 $m+n = p+q$，则 $a_m a_n = a_p a_q$（各项均不为 0）. <br> (4) 等比数列 $\{a_n\}$ 中，$S_m$，$S_{2m} - S_m$，$S_{3m} - S_{2m}$，仍然成等比数列，新公比为 $q^m$. |

**1.** (2019 年管理类联考真题) 甲、乙、丙三人各自拥有不超过 10 本图书，甲再购入 2 本图书后，他们拥有的图书数量能构成等比数列，则能确定甲拥有图书的数量．
(1) 已知乙拥有的图书数量．
(2) 已知丙拥有的图书数量．

【解析】不妨设甲、乙、丙分别拥有图书 $a$，$b$，$c$ 本，甲购入 2 本图书后，甲、乙、丙分别拥有图书 $a+2$，$b$，$c$ 本，且三者呈等比数列．
两个条件单独显然不充分，故联立条件(1)和条件(2)．
由于 $a$，$b$，$c$ 是不大于 10 的自然数，穷举可知，这个等比数列有如下可能：
①常数列：已知 $b$，$c$ 的值，显然能确定甲的图书数量，充分．
②非常数列：1，2，4；2，4，8；1，3，9；3，6，12；4，6，9．
其中，当数列为 1，3，9；3，6，12；4，6，9 时，确定任意两个数，另外一个自然能确定．
当 $b$，$c$ 分别为 2，4 时，$a+2$ 有两种可能：1 或 8，但 $a+2=1$ 排除，故只能是 8．
因此，无论哪一种可能，均可以由 $b$，$c$ 的值确定 $a$ 的值，故联立起来充分．
【答案】(C)

**2.** (2001 年 MBA 联考真题) 若 2，$2^x - 1$，$2^x + 3$ 成等比数列，则 $x = ($　　)．
(A) $\log_2 5$　　　(B) $\log_2 6$　　　(C) $\log_2 7$　　　(D) $\log_2 8$　　　(E) $\log_2 3$

【解析】根据中项公式，得 $(2^x - 1)^2 = 2(2^x + 3)$，令 $t = 2^x > 0$，得 $2(t+3) = (t-1)^2$，解得 $t = 5$，故 $x = \log_2 5$．
【答案】(A)

**3.** (2008 年 MBA 联考真题) $S_2 + S_5 = 2S_8$．
(1) 等比数列前 $n$ 项的和为 $S_n$ 且公比 $q = -\dfrac{\sqrt[3]{4}}{2}$．
(2) 等比数列前 $n$ 项的和为 $S_n$ 且公比 $q = \dfrac{1}{\sqrt[3]{2}}$．

【解析】在等比数列中，由等比数列前 $n$ 项和公式得
①当 $q = 1$ 时，有 $S_2 + S_5 = 2a_1 + 5a_1 \neq 2 \times 8a_1 = 2S_8$，显然不成立．
②当 $q \neq 1$ 时，$S_2 + S_5 = 2S_8$，即

$$\frac{a_1(1-q^2)}{1-q}+\frac{a_1(1-q^5)}{1-q}=2\frac{a_1(1-q^8)}{1-q}$$

$$\Rightarrow 1-q^2+1-q^5=2-2q^8$$

$$\Rightarrow 2q^8-q^5-q^2=0$$

$$\Rightarrow 2q^6-q^3-1=0.$$

解得 $q=1$(舍去)或 $q=-\frac{\sqrt[3]{4}}{2}$. 所以条件(1)充分,条件(2)不充分.

【快速得分法】$S_2+S_5=2S_8$,两边减去 $2S_5$,得

$$S_2-S_5=2(S_8-S_5)$$

$$\Rightarrow -(a_3+a_4+a_5)=2(a_6+a_7+a_8)$$

$$\Rightarrow -(a_3+a_4+a_5)=2(a_3+a_4+a_5)\times q^3,$$

即 $q^3=-\frac{1}{2}$,所以 $q=-\frac{\sqrt[3]{4}}{2}$.

【答案】(A)

4. 已知等比数列 $\{a_n\}$ 的公比为正数,且 $a_3 \cdot a_9=2a_5^2$,$a_2=1$,则 $a_1=(\quad)$.

(A) $\frac{1}{2}$      (B) $\frac{\sqrt{2}}{2}$      (C) $\sqrt{2}$      (D) 2      (E) 1

【解析】 $a_3 \cdot a_9=a_6^2=2a_5^2 \Rightarrow a_6=\sqrt{2}a_5 \Rightarrow q=\sqrt{2}$.

$a_2=a_1q=a_1\times\sqrt{2}=1$,故 $a_1=\frac{\sqrt{2}}{2}$.

> 注意,等比数列中常出现符号陷阱. 本题中,如果没有"公比为正数"这一条件,那么公比 $q=\pm\sqrt{2}$

【答案】(B)

## 题型 40   无穷等比数列

### 题型概述

| 命题概率 | 母题特点 |
| --- | --- |
| (1) 近10年真题命题数量:1.<br>(2) 命题概率:0.1. | 题干中出现无穷等比数列. |

### 母题变化

| 母题模型 | 解题思路 |
| --- | --- |
| 已知一个数列是无穷等比数列,且 $0<\|q\|<1$. | (1) $S=\lim\limits_{n\to\infty}\frac{a_1(1-q^n)}{1-q}=\frac{a_1}{1-q}$.<br>(2) 有时候虽然 $n$ 并没有趋近于正无穷,但只要 $n$ 足够大,也可以用这个公式进行估算. |

116

1. (2018年管理类联考真题)如图 4-1 所示，四边形 $A_1B_1C_1D_1$ 是平行四边形，$A_2$，$B_2$，$C_2$，$D_2$ 分别是 $A_1B_1C_1D_1$ 四边的中点，$A_3$，$B_3$，$C_3$，$D_3$ 分别是四边形 $A_2B_2C_2D_2$ 四边的中点，依次下去，得到四边形序列 $A_nB_nC_nD_n(n=1，2，3，\cdots)$．设 $A_nB_nC_nD_n$ 的面积为 $S_n$，且 $S_1=12$，则 $S_1+S_2+S_3+\cdots=($   $)$．

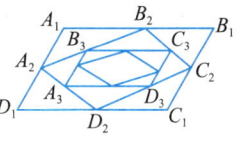

图 4-1

(A)16　　(B)20　　(C)24　　(D)28　　(E)30

【解析】设平行四边形的中心为点 $O$，由题可知
$$\triangle A_1A_2B_2 \cong \triangle OA_2B_2，\triangle B_1B_2C_2 \cong \triangle OB_2C_2，\cdots，$$
即 $S_{平行四边形A_1B_1C_1D_1} = 2S_{平行四边形A_2B_2C_2D_2}$．

归纳可得，后面一个平行四边形的面积是前一个平行四边形面积的一半，即 $\{S_n\}$ 是首项为 12、公比为 $\dfrac{1}{2}$ 的无穷递缩等比数列，则有

$$S_1+S_2+S_3+\cdots = \frac{S_1}{1-q} = \frac{12}{1-\frac{1}{2}} = 24．$$

当 $n\to+\infty$ 且 $|q|<1$ 时，$S=\lim\limits_{n\to\infty}\dfrac{a_1(1-q^n)}{1-q}=\dfrac{a_1}{1-q}$

【答案】(C)

2. (2008年MBA联考真题)$P$ 是以 $a$ 为边长的正方形，$P_1$ 是以 $P$ 的四边中点为顶点的正方形，$P_2$ 是以 $P_1$ 的四边中点为顶点的正方形，$P_i$ 是以 $P_{i-1}$ 的四边中点为顶点的正方形，则 $P_6$ 的面积是(   )．

(A)$\dfrac{a^2}{16}$　　(B)$\dfrac{a^2}{32}$　　(C)$\dfrac{a^2}{40}$　　(D)$\dfrac{a^2}{48}$　　(E)$\dfrac{a^2}{64}$

【解析】$P_1$ 的边长为 $\dfrac{\sqrt{2}}{2}a$，所以 $P_1$ 的面积为 $\left(\dfrac{\sqrt{2}}{2}a\right)^2 = \dfrac{1}{2}a^2$．

由题意可知，从 $P_1$ 开始，各个正方形的面积组成首项为 $\dfrac{1}{2}a^2$、公比为 $\dfrac{1}{2}$ 的等比数列．

$P_6$ 的面积为 $\dfrac{1}{2}a^2 \times \left(\dfrac{1}{2}\right)^5 = \dfrac{1}{64}a^2$．

【答案】(E)

3. (2009年在职MBA联考真题)一个球从100米高处自由落下，每次着地后又跳回前一次高度的一半再落下．当它第10次着地时，共经过的路程是(   )米(精确到1米且不计任何阻力)．

(A)300　　(B)250　　(C)200　　(D)150　　(E)100

【解析】从高处下落时，路程为 100 米；
第一次着地弹起，到第二次着地的路程：$50+50=100$；
第二次着地弹起，到第三次着地的路程：$25+25=50$；
故到第 10 次落地时，一共经过的路程为

从第一次着地到第10次着地的路程是一个首项为100、公比为 $\dfrac{1}{2}$ 的等比数列

$$S = 100 + S_9 = 100 + \dfrac{100\left[1-\left(\dfrac{1}{2}\right)^9\right]}{1-\dfrac{1}{2}} \approx 300 \text{ 米}．$$

【快速得分法】

从高处下落时，路程为 100 米；

第一次着地弹起，到第二次着地的路程：$50+50=100$；

第二次着地弹起，到第三次着地的路程：$25+25=50$；

可知总路程一定大于 250 米，只有(A)选项满足此条件.

【答案】(A)

## 题型 41　数列的判定

### 题型概述

| 命题概率 | 母题特点 |
| --- | --- |
| (1) 近 10 年真题命题数量：2.<br>(2) 命题概率：0.2. | 判断一个数列是等差数列还是等比数列. |

### 母题变化

| 方法 | | 等差数列 | 等比数列 |
| --- | --- | --- | --- |
| 特殊值法 | 令 $n=1,2,3$ | 前 3 项成等差 | 前 3 项成等比 |
| 特征判断法 | $a_n$ 的特征 | 形如一个一元一次函数：$a_n=An+B$（$A$，$B$ 为常数）. | 形如 $a_n=Aq^n$（$A$，$q$ 均是不为 0 的常数，$n\in \mathbf{N}^+$）. |
| | $S_n$ 的特征 | 形如一个没有常数项的一元二次函数：$S_n=An^2+Bn$（$A$，$B$ 为常数）. | $S_n=\dfrac{a_1}{q-1}q^n-\dfrac{a_1}{q-1}=kq^n-k$<br>（$k=\dfrac{a_1}{q-1}$ 是不为零的常数，且 $q\neq 0$，$q\neq 1$）. |
| 递推法 | 定义法 | $a_{n+1}-a_n=d$. | $\dfrac{a_{n+1}}{a_n}=q$（$q$ 是不为 0 的常数）. |
| | 中项公式法 | $2a_{n+1}=a_n+a_{n+2}$. | $a_{n+1}^2=a_n \cdot a_{n+2}$<br>（$a_n \cdot a_{n+1} \cdot a_{n+2} \neq 0$）. |

1.(2009 年管理类联考真题) $a_1^2+a_2^2+a_3^2+\cdots+a_n^2=\dfrac{1}{3}(4^n-1)$.

(1)数列 $\{a_n\}$ 的通项公式为 $a_n=2^n$.

(2)在数列 $\{a_n\}$ 中，对任意正整数 $n$，有 $a_1+a_2+a_3+\cdots+a_n=2^n-1$.

【解析】条件(1)：$a_n=2^n$，$a_n^2=4^n$，故数列 $\{a_n^2\}$ 是首项为 4、公比为 4 的等比数列.

$a_1^2+a_2^2+\cdots+a_n^2=S_n=\dfrac{4(1-4^n)}{1-4}=\dfrac{4}{3}(4^n-1)\neq \dfrac{1}{3}(4^n-1)$，条件(1)不充分.

条件(2)：由该条件得 $a_1=2-1=1$，
$$a_1+a_2+\cdots+a_n=2^n-1,\qquad ①$$
$$a_1+a_2+\cdots+a_{n-1}=2^{n-1}-1,\qquad ②$$
式①-式②，可得 $a_n=(2^n-1)-(2^{n-1}-1)=2^n-2^{n-1}=2^{n-1}(n\geqslant 2)$.
故 $a_n^2=4^{n-1}$，可知数列 $\{a_n^2\}$ 是首项为1、公比为4的等比数列.
所以 $a_1^2+a_2^2+\cdots+a_n^2=S_n=\dfrac{1\cdot(1-4^n)}{1-4}=\dfrac{1}{3}(4^n-1)$，故条件(2)充分.

【快速得分法】特殊值法.
令 $n=1,2,3$，验证即可.
【答案】(B)

**2.**（2019年管理类联考真题）设数列 $\{a_n\}$ 的前 $n$ 项和为 $S_n$，则数列 $\{a_n\}$ 是等差数列.
(1) $S_n=n^2+2n, n=1,2,3,\cdots$.
(2) $S_n=n^2+2n+1, n=1,2,3,\cdots$.

【解析】条件(1)：$a_n=S_n-S_{n-1}=n^2+2n-(n-1)^2-2(n-1)=2n+1$，得 $a_{n+1}-a_n=2$. 又因为 $a_1=S_1=3$，故条件(1)充分. ┈┈┈┈┈ 已知 $S_n$ 求 $a_n$ 的问题，必须要判断 $n=1$ 时，$a_1$ 与 $S_1$ 是否相等
条件(2)：$a_n=S_n-S_{n-1}=n^2+2n+1-(n-1)^2-2(n-1)-1=2n+1$，得 $a_1=3$.
又 $S_1=1^2+2\times 1+1=4\neq 3=a_1$，故 $a_n=\begin{cases}4, & n=1,\\ 2n+1, & n\geqslant 2.\end{cases}$
因此该数列是一个分段数列不是等差数列，所以条件(2)不充分.
【快速得分法】等差数列的 $S_n$ 形如一个没有常数项的一元二次函数. ┈┈┈ 特征判断法
故条件(1)充分，条件(2)不充分.
【答案】(A)

**3.**（2021年管理类联考真题）已知数列 $\{a_n\}$，则数列 $\{a_n\}$ 为等比数列.
(1) $a_n a_{n+1}>0$.
(2) $a_{n+1}^2-2a_n^2-a_n a_{n+1}=0$.

【解析】条件(1)：只能确定 $a_n$ 与 $a_{n+1}$ 同号，条件(1)显然不充分.
条件(2)：$a_{n+1}, a_n$ 可以等于0，不满足等比数列的条件，条件(2)也不充分.
联立两个条件：
由条件(2)可得，$(a_{n+1}-2a_n)(a_{n+1}+a_n)=0$，解得 $a_{n+1}=2a_n$ 或者 $a_n=-a_{n+1}$；
由条件(1)可知，$a_n$ 与 $a_{n+1}$ 同号且不能为0，可舍去第2种情况，故 $a_{n+1}=2a_n$，则 $\{a_n\}$ 是等比数列，两个条件联立起来充分.
【答案】(C)

**4.**（2008年在职 MBA 联考真题）下列通项公式表示的数列为等差数列的是(　　).

(A) $a_n=\dfrac{n}{n-1}$ 　　　　(B) $a_n=n^2-1$ 　　　　(C) $5n+(-1)^n$

(D) $a_n=3n-1$ 　　　　(E) $a_n=\sqrt{n}-\sqrt[3]{n}$

【解析】方法一：等差数列的通项公式形如 $a_n=An+B$，可知(D)为正确答案.

方法二：令 $n=1,2,3$，求出 $a_1, a_2, a_3$，验证各选项即可.

【答案】(D)

## 题型 42　等差数列和等比数列综合题

### 题型概述

| 命题概率 | 母题特点 |
| --- | --- |
| (1) 近 10 年真题命题数量：3.<br>(2) 命题概率：0.3. | 题干已知某些项成等差数列，又知某些项成等比数列. |

### 母题变化

| 母题模型 | 解题思路 |
| --- | --- |
| 题干已知某些项成等差数列，又知某些项成等比数列. | (1) 熟练掌握所有等差数列和等比数列的公式.<br>(2) 既是等差数列又是等比数列的数列，是非零的常数列.<br>(3) 如果已知一个数列的某些项成等差数列，又知某些项成等比数列，要讨论该数列是否为常数列. |

1. (2010年管理类联考真题) 在表 4-1 中每行为等差数列，每列为等比数列，$x+y+z=$ (　　).

表 4-1

| 2 | $\frac{5}{2}$ | 3 |
| --- | --- | --- |
| $x$ | $\frac{5}{4}$ | $\frac{3}{2}$ |
| $a$ | $y$ | $\frac{3}{4}$ |
| $b$ | $c$ | $z$ |

(A) 2　　(B) $\frac{5}{2}$　　(C) 3　　(D) $\frac{7}{2}$　　(E) 4

【解析】由第二行可知 $x+\frac{3}{2}=2\times\frac{5}{4}$，解得 $x=1$；

由第二列可知 $\frac{5}{2}y=\left(\frac{5}{4}\right)^2$，解得 $y=\frac{5}{8}$；

由第三列可知 $\frac{3}{2}z=\left(\frac{3}{4}\right)^2$，解得 $z=\frac{3}{8}$.

所以 $x+y+z=2$.

【答案】(A)

2. (2012年管理类联考真题)已知$\{a_n\}$，$\{b_n\}$分别为等比数列与等差数列，$a_1=b_1=1$，则$b_2 \geq a_2$.

(1) $a_2 > 0$.

(2) $a_{10} = b_{10}$.

【解析】条件(1)：显然不充分.

条件(2)：$a_{10} = b_{10}$，即 $1 + 9d = q^9 \Rightarrow d = \dfrac{q^9 - 1}{9}(q \neq 0)$，则

$$b_2 = 1 + d = 1 + \left(\dfrac{q^9 - 1}{9}\right) = \dfrac{q^9 + 8}{9}.$$

当 $q > 0$ 时，有

$$b_2 = \dfrac{q^9 + 8}{9} = \dfrac{q^9 + 1 + 1 + \cdots + 1}{9} \geq \sqrt[9]{q^9} = q = a_2，即 b_2 \geq a_2. \quad \text{⋯⋯ 均值不等式}$$

当 $q < 0$ 时，可令 $q = -2$，此时 $d = -57$，$b_2 = -56 < a_2 = -2$，所以条件(2)不充分.

联立条件(1)，可得 $q > 0$，则有 $b_2 \geq a_2$，所以条件(1)和条件(2)联立起来充分.

【答案】(C)

3. (2014年管理类联考真题)甲、乙、丙三人的年龄相同.

(1)甲、乙、丙的年龄成等差数列.

(2)甲、乙、丙的年龄成等比数列.

【解析】条件(1)和条件(2)显然不成立.

既是等差数列又是等比数列的数列是非零的常数列，两个条件联立显然充分.

【答案】(C)

4. (2021年管理类联考真题)给定两个直角三角形，则这两个直角三角形相似.

(1)每个直角三角形边长成等比数列.

(2)每个直角三角形边长成等差数列.

【解析】设两个直角三角形分别为 Rt$\triangle ABC$ 和 Rt$\triangle A'B'C'$，三条边分别为 $a$，$b$，$c$ 和 $a'$，$b'$，$c'$.

条件(1)：结合勾股定理可知

$$\begin{cases} a^2 + b^2 = c^2 \\ ac = b^2 \end{cases} \Rightarrow a^2 + ac - c^2 = 0 \Rightarrow \left(\dfrac{a}{c}\right)^2 + \dfrac{a}{c} - 1 = 0,$$

解得 $\sin A = \dfrac{a}{c} = \dfrac{\sqrt{5} - 1}{2}$，且 $\angle A < \dfrac{\pi}{2}$.

同理可得 $\sin A' = \dfrac{a}{c} = \dfrac{\sqrt{5} - 1}{2}$，且 $\angle A' < \dfrac{\pi}{2}$，故 $\angle A = \angle A'$，易知另一个角 $\angle B = \angle B'$.

两个三角形的三个内角对应相等，则两个三角形必然相似，故条件(1)充分.

条件(2)：结合勾股定理可知

$$\begin{cases} a^2 + b^2 = c^2 \\ a + c = 2b \end{cases} \Rightarrow a^2 + \left(\dfrac{a+c}{2}\right)^2 - c^2 = 0,$$

化简得 $5a^2+2ac-3c^2=0$，因此 $(a+c)(5a-3c)=0$，由此可得

$$\sin A=\frac{a}{c}=-1<0(舍掉)，\sin A=\frac{a}{c}=\frac{3}{5}.$$

同理可得 $\sin A'=\frac{a'}{c'}=\frac{3}{5}$，故 $\angle A=\angle A'$，易知另一个角 $\angle B=\angle B'$．

两个三角形三个内角对应相等，则两个三角形必然相似，故条件(2)充分．

【答案】(D)

5.(2000 年 MBA 联考真题)若 $\alpha^2$，1，$\beta^2$ 成等比数列，而 $\frac{1}{\alpha}$，1，$\frac{1}{\beta}$ 成等差数列，则 $\frac{\alpha+\beta}{\alpha^2+\beta^2}=$ （　）．

(A) $-\frac{1}{2}$ 或 1　　　(B) $-\frac{1}{3}$ 或 1　　　(C) $\frac{1}{2}$ 或 1　　　(D) $\frac{1}{3}$ 或 1　　　(E) $-1$ 或 $\frac{1}{3}$

【解析】由 $\alpha^2$，1，$\beta^2$ 成等比数列，得 $\alpha^2\beta^2=1$，$\alpha\beta=\pm 1$；

由 $\frac{1}{\alpha}$，1，$\frac{1}{\beta}$ 成等差数列，得 $\frac{1}{\alpha}+\frac{1}{\beta}=2$，得 $\alpha+\beta=2\alpha\beta=\pm 2$；

代入可得 $\frac{\alpha+\beta}{\alpha^2+\beta^2}=\frac{\alpha+\beta}{(\alpha+\beta)^2-2\alpha\beta}=1$ 或 $-\frac{1}{3}$．

注意符号问题

【答案】(B)

6.(2001 年 MBA 联考真题)在等差数列 $\{a_n\}$ 中，$a_3=2$，$a_{11}=6$；数列 $\{b_n\}$ 是等比数列，若 $b_2=a_3$，$b_3=\frac{1}{a_2}$，则满足 $b_n>\frac{1}{a_{26}}$ 的最大的 $n$ 是（　）．

(A)3　　　(B)4　　　(C)5　　　(D)6　　　(E)7

【解析】公差 $d=\frac{a_{11}-a_3}{11-3}=\frac{1}{2}$，故 $a_2=a_3-d=\frac{3}{2}$，$a_{26}=a_{11}+15d=6+\frac{15}{2}=\frac{27}{2}$．

$b_2=a_3=2$，$b_3=\frac{1}{a_2}=\frac{2}{3}$，故公比 $q=\frac{b_3}{b_2}=\frac{1}{3}$，则 $b_n=b_2q^{n-2}=2\times\left(\frac{1}{3}\right)^{n-2}>\frac{2}{27}\Rightarrow n<5$，最大取 4．

【答案】(B)

7.(2002 年 MBA 联考真题)设有两个数列 $\sqrt{2}-1$，$a\sqrt{3}$，$\sqrt{2}+1$ 和 $\sqrt{2}-1$，$\frac{a\sqrt{6}}{2}$，$\sqrt{2}+1$，则使前者成为等差数列，后者成为等比数列的实数 $a$ 的值有（　）．

(A)0 个　　　(B)1 个　　　(C)2 个　　　(D)3 个　　　(E)4 个

【解析】前者是等差数列，故 $\sqrt{2}-1+\sqrt{2}+1=2a\sqrt{3}\Rightarrow a=\frac{\sqrt{6}}{3}$；

后者是等比数列，故 $(\sqrt{2}-1)(\sqrt{2}+1)=\left(\frac{a\sqrt{6}}{2}\right)^2\Rightarrow a=\pm\frac{\sqrt{6}}{3}$．

需要满足使前者是等差数列，后者是等比数列，故 $a=\frac{\sqrt{6}}{3}$，$a$ 的值有 1 个．

【答案】(B)

8. (2007年MBA联考真题)整数数列 $a, b, c, d$ 中 $a, b, c$ 成等比数列,则 $b, c, d$ 成等差数列.

(1) $b=10, d=6a$.
(2) $b=-10, d=6a$.

【解析】条件(1):令 $a=1, b=10, c=100, d=6$,显然满足条件(1)但不满足结论,条件(1)不充分.

条件(2):令 $a=1, b=-10, c=100, d=6$,显然满足条件(2)但不满足结论,条件(2)不充分. 两个条件无法联立,故选(E).

【答案】(E)

9. (2000年在职MBA联考真题)已知等差数列 $\{a_n\}$ 的公差不为 $0$. 其第三、四、七项构成等比数列,则 $\dfrac{a_2+a_6}{a_3+a_7}=(\quad)$.

(A) $\dfrac{3}{5}$  (B) $\dfrac{2}{3}$  (C) $\dfrac{3}{4}$  (D) $\dfrac{4}{5}$  (E) $\dfrac{2}{5}$

【解析】第三、四、七项成等比数列,得 $a_3 a_7 = a_4^2$,即
$$(a_4-d)(a_4+3d)=a_4^2 \Rightarrow a_4=1.5d,$$
则 $\dfrac{a_2+a_6}{a_3+a_7}=\dfrac{2a_4}{2a_5}=\dfrac{a_4}{a_5}=\dfrac{1.5d}{2.5d}=\dfrac{3}{5}$.

【答案】(A)

## 💡 题型43  数列与函数、方程的综合题

### 题型概述

| 命题概率 | 母题特点 |
| --- | --- |
| (1) 近10年真题命题数量:1.<br>(2) 命题概率:0.1. | 题干中出现数列以及一元二次函数或指数、对数函数. |

### 母题变化

#### 变化1  数列与一元二次函数

| 母题模型 | 解题思路 |
| --- | --- |
| 题干中出现数列以及一元二次函数. | (1) 使用根的判别式.<br>(2) 使用韦达定理. |

1. (2014年管理类联考真题)方程 $x^2+2(a+b)x+c^2=0$ 有实根.

(1) $a$,$b$,$c$ 是一个三角形的三边长.

(2) 实数 $a$,$c$,$b$ 成等差数列.

【解析】方程有实根,故 $\Delta=4(a+b)^2-4c^2\geq 0$,即 $(a+b)^2\geq c^2$.

条件(1):三角形两边之和大于第三边,$a+b>c$,显然 $(a+b)^2>c^2$,条件(1)充分.

条件(2):$2c=a+b$,故 $(a+b)^2=4c^2$,显然 $(a+b)^2=4c^2\geq c^2$,条件(2)充分.

【答案】(D)

2. (1998年MBA联考真题)已知 $a$,$b$,$c$ 既成等差数列又成等比数列,设 $\alpha$,$\beta$ 是方程 $ax^2+bx-c=0$ 的两个根,且 $\alpha>\beta$,则 $\alpha^3\beta-\alpha\beta^3=$ ( ).

(A)$\sqrt{5}$     (B)$\sqrt{2}$     (C)$\sqrt{3}$     (D)$\sqrt{7}$     (E)$\sqrt{11}$

【解析】既成等差数列又成等比数列的数列为非零的常数列,故 $a=b=c\neq 0$.

原方程可化为 $x^2+x-1=0$,根据韦达定理,得 $\alpha+\beta=-1$,$\alpha\beta=-1$,故

$$\alpha^3\beta-\alpha\beta^3=\alpha\beta(\alpha^2-\beta^2)=\alpha\beta(\alpha+\beta)(\alpha-\beta)$$
$$=\alpha-\beta=\sqrt{(\alpha+\beta)^2-4\alpha\beta}=\sqrt{5}.$$

> 韦达定理:$x_1+x_2=-\dfrac{b}{a}$,$x_1\cdot x_2=\dfrac{c}{a}$

【答案】(A)

3. (1999年MBA联考真题)若方程 $(a^2+c^2)x^2-2c(a+b)x+b^2+c^2=0$ 有实根,则( ).

(A)$a$,$b$,$c$ 成等比数列

(B)$a$,$c$,$b$ 成等比数列

(C)$b$,$a$,$c$ 成等比数列

(D)$a$,$b$,$c$ 成等差数列

(E)$b$,$a$,$c$ 成等差数列

【解析】方程有实根,故 $\Delta=[2c(a+b)]^2-4(a^2+c^2)(b^2+c^2)\geq 0$,即 $2abc^2-a^2b^2-c^4\geq 0$,即 $(c^2-ab)^2\leq 0$,得 $c^2=ab$,则 $a$,$c$,$b$ 成等比数列.

【答案】(B)

### 变化2 数列与指数、对数

| 母题模型 | 解题思路 |
| --- | --- |
| 题干中出现数列以及指数、对数函数. | 分别使用指数、对数公式和数列的公式即可,但要注意定义域问题. |

4. (2011年管理类联考真题)实数 $a$,$b$,$c$ 成等差数列.

(1) $e^a$,$e^b$,$e^c$ 成等比数列.

(2) $\ln a$,$\ln b$,$\ln c$ 成等差数列.

【解析】条件(1):$e^a$,$e^b$,$e^c$ 成等比数列,由中项公式知 $e^{2b}=e^a e^c$,所以 $2b=a+c$,故条件(1)充分.

条件(2):$\ln a$,$\ln b$,$\ln c$ 成等差数列,由中项公式知 $2\ln b=\ln a+\ln c$,所以 $b^2=ac$,故条件(2)不充分.

【答案】(A)

**5.(2002年在职MBA联考真题)** 设 $3^a=4$，$3^b=2$，$3^c=16$，则 $a$，$b$，$c$ (　　).

(A)是等比数列，但不是等差数列　　　(B)是等差数列，但不是等比数列

(C)既是等比数列，也是等差数列　　　(D)既不是等比数列，也不是等差数列

(E)以上选项均不正确

【解析】因为 $a=\log_3 4$，$b=\log_3 2$，$c=\log_3 16$，所以

$$2b=\log_3 4 \neq a+c, \quad b^2=(\log_3 2)^2 \neq ac,$$

故 $a$，$b$，$c$ 既不是等比数列，也不是等差数列.

【答案】(D)

## 题型44　已知递推公式求 $a_n$ 问题

### 题型概述

| 命题概率 | 母题特点 |
|---|---|
| (1)近10年真题命题数量：4.<br>(2)命题概率：0.4. | 题干中出现前后项的关系，或者 $S_n$ 与 $a_n$ 的关系. |

### 母题变化

**变化1　类等差**

| 母题模型 | 解题思路 |
|---|---|
| 形如 $a_{n+1}-a_n=f(n)$ | 用叠加法 |

**1.(2003年MBA联考真题)** 若平面内有10条直线，其中任何两条不平行，且任何三条不共点(即不相交于一点)，则这10条直线将平面分成了(　　).

(A)21部分　　(B)32部分　　(C)43部分　　(D)56部分　　(E)77部分

【解析】用数学归纳法，如图4-2所示，从1条直线开始找规律：

图4-2

方法一：穷举可知，1至10条直线划分的部分各为2、4、7、11、16、22、29、37、46、56.

方法二：1条直线时：可以分为2个部分，即 $a_1=2$；

2条直线时：可以分为 $2+2=4$ 个部分，即 $a_2=a_1+2$；

3条直线时：可以分为 $4+3=7$ 个部分，即 $a_3=a_2+3$；

4条直线时：可以分为 7+4=11 个部分，即 $a_4=a_3+4$；

故 $a_{n+1}=a_n+n+1$，得 $a_{10}=a_9+10$，左右两边分别相加，得 类等差，用叠加法

$$a_1+a_2+\cdots+a_{10}=a_1+a_2+\cdots+a_9+2+2+3+4+\cdots+10,$$

即 $a_{10}=2+2+3+4+\cdots+10=56.$

故 10 条直线将平面分成了 56 部分．

【答案】(D)

### 变化 2　类等比

| 母题模型 | 解题思路 |
| --- | --- |
| 形如 $a_{n+1}=a_n \cdot f(n)$ | 用叠乘法 |

2. 已知数列 $\{a_n\}$，$a_1=1\,008$，且满足等式 $n \cdot a_{n-1}=(n+1)a_n(n \geqslant 2)$，则 $a_{2\,015}=(\quad)$．

 (A) 1　　　　　(B) 2　　　　　(C) 3　　　　　(D) 2 014　　　　　(E) 2 015

【解析】由题意，$n \cdot a_{n-1}=(n+1)a_n$ 化简，得 $\dfrac{a_n}{a_{n-1}}=\dfrac{n}{n+1}$．故 类等比，用叠乘法

$$\dfrac{a_2}{a_1} \times \dfrac{a_3}{a_2} \times \cdots \times \dfrac{a_{2\,014}}{a_{2\,013}} \times \dfrac{a_{2\,015}}{a_{2\,014}}=\dfrac{2}{3} \times \dfrac{3}{4} \times \cdots \times \dfrac{2\,014}{2\,015} \times \dfrac{2\,015}{2\,016}=\dfrac{2}{2\,016}=\dfrac{1}{1\,008},$$

即 $\dfrac{a_{2\,015}}{a_1}=\dfrac{1}{1\,008}$，所以 $a_{2\,015}=1$．

【答案】(A)

### 变化 3　类一次函数

| 母题模型 | 解题思路 |
| --- | --- |
| 形如 $a_{n+1}=A \cdot a_n+B$ | 构造等比数列法：若 $a_{n+1}=A \cdot a_n+B$，则 $a_n+\dfrac{B}{A-1}$ 是一个公比为 $A$ 的等比数列． |

3. (2019 年管理类联考真题) 设数列 $\{a_n\}$ 满足 $a_1=0$，$a_{n+1}-2a_n=1$，则 $a_{100}=(\quad)$．

 (A) $2^{99}-1$　　　(B) $2^{99}$　　　(C) $2^{99}+1$　　　(D) $2^{100}-1$　　　(E) $2^{100}+1$

【解析】方法一：归纳法．

令 $n=1$，$a_2-2a_1=1$，则 $a_2=1=2^1-1$；

令 $n=2$，$a_3-2a_2=1$，则 $a_3=3=2^2-1$；

同理 $a_4=7=2^3-1$，可猜想 $a_n=2^{n-1}-1$．　　归纳法

故 $a_{100}=2^{99}-1$．

方法二：设 $t$ 凑等比法．

$a_{n+1}-2a_n=1$，即 $a_{n+1}=2a_n+1$ ①．　　类一次函数，构造等比数列法

令 $a_{n+1}+t=2(a_n+t)$ ②，整理，得 $a_{n+1}=2a_n+t$ ③，且式①、②、③等价．

由式①、式③等价得 $t=1$，代入式②，得 $a_{n+1}+1=2(a_n+1)$，即 $\dfrac{a_{n+1}+1}{a_n+1}=2$.

令 $b_n = a_n + 1$，则 $b_1 = a_1 + 1 = 1$，$\dfrac{b_{n+1}}{b_n} = 2$，故 $\{b_n\}$ 是首项为 1、公比为 2 的等比数列．

$b_n = b_1 \cdot q^{n-1} = 2^{n-1}$，则 $a_n = b_n - 1 = 2^{n-1} - 1$，故 $a_{100} = 2^{99} - 1$．

【答案】（A）

### 变化 4  $S_n$ 与 $a_n$ 的关系

| 母题模型 | 解题思路 |
| --- | --- |
| 形如 $S_n = f(a_n)$，若已知数列 $\{a_n\}$ 的前 $n$ 项和 $S_n$，求数列的通项公式 $a_n$． | $a_n = \begin{cases} S_1, & n=1, \\ S_n - S_{n-1}, & n \geq 2 \end{cases}$ |

**4.**（2009 年管理类联考真题）若数列 $\{a_n\}$ 中，$a_n \neq 0 (n \geq 1)$，$a_1 = \dfrac{1}{2}$，前 $n$ 项和 $S_n$ 满足 $a_n = \dfrac{2S_n^2}{2S_n - 1}(n \geq 2)$，则 $\left\{\dfrac{1}{S_n}\right\}$ 是（　　）．

(A) 首项为 2，公比为 $\dfrac{1}{2}$ 的等比数列

(B) 首项为 2，公比为 2 的等比数列

(C) 既非等差数列也非等比数列

(D) 首项为 2，公差为 $\dfrac{1}{2}$ 的等差数列

(E) 首项为 2，公差为 2 的等差数列

【解析】$a_n = S_n - S_{n-1}$ 法．

当 $n = 1$ 时，$\dfrac{1}{S_1} = \dfrac{1}{a_1} = 2$；

当 $n \geq 2$ 时，则
$$2a_n S_n - a_n = 2S_n^2 \Rightarrow 2(S_n - S_{n-1})S_n - (S_n - S_{n-1}) = 2S_n^2$$
$$\Rightarrow S_n - S_{n-1} = -2S_{n-1}S_n \Rightarrow \dfrac{1}{S_n} - \dfrac{1}{S_{n-1}} = 2,$$

故 $\left\{\dfrac{1}{S_n}\right\}$ 是首项为 2、公差为 2 的等差数列．

【快速得分法】当 $n = 1$ 时，$\dfrac{1}{S_1} = \dfrac{1}{a_1} = 2$；当 $n = 2$ 时，$a_2 = \dfrac{2S_2^2}{2S_2 - 1}$，解得 $\dfrac{1}{S_2} = 4$．同理可得，$\dfrac{1}{S_3} = 6$．

用归纳法知，$\left\{\dfrac{1}{S_n}\right\}$ 是首项为 2、公差为 2 的等差数列．

【答案】（E）

**5.**（2008 年 MBA 联考真题）如果数列 $\{a_n\}$ 的前 $n$ 项的和为 $\dfrac{3}{2}a_n - 3$，那么这个数列的通项公式是（　　）．

(A) $a_n = 2(n^2 + n + 1)$　　　　　　(B) $a_n = 3 \times 2^n$　　　　　　(C) $a_n = 3n + 1$

(D)$a_n=2\times 3^n$  (E)以上选项均不正确

【解析】当 $n=1$ 时，$a_1=S_1=\dfrac{3}{2}a_1-3$，所以 $a_1=6$.

当 $n\geqslant 2$ 时，$a_n=S_n-S_{n-1}=\dfrac{3}{2}a_n-3-\dfrac{3}{2}a_{n-1}+3$，整理，得 $\dfrac{a_n}{a_{n-1}}=3$.

所以数列 $\{a_n\}$ 是首项为 6、公比为 3 的等比数列，通项公式为 $a_n=2\times 3^n$.

【快速得分法】特殊值法.

令 $n=1$，得 $a_1=6$；令 $n=2$，得 $a_2=18$，代入选项验证即可.

【答案】(D)

6. (2003 年在职 MBA 联考真题) 若数列 $\{a_n\}$ 的前 $n$ 项和 $S_n=4n^2+n-2$，则它的通项公式是( ).

(A)$a_n=8n-3$  (B)$a_n=8n+5$

(C)$a_n=\begin{cases}3, & n=1, \\ 8n-3, & n\geqslant 2\end{cases}$  (D)$a_n=\begin{cases}3, & n=1, \\ 8n+5, & n\geqslant 2\end{cases}$

(E)以上选项均不正确

【解析】①当 $n=1$ 时，$a_1=S_1=3$；

②当 $n\geqslant 2$ 时，$a_n=S_n-S_{n-1}=4n^2+n-2-4(n-1)^2-(n-1)+2=8n-3$；

③将 $a_1=3$ 代入 $a_n=8n-3$，不成立. 故需要写成分段数列 $a_n=\begin{cases}3, & n=1, \\ 8n-3, & n\geqslant 2.\end{cases}$

【快速得分法】可以令 $n=1,2,3$，分别求出 $a_1,a_2,a_3$，代入选项验证，可迅速得答案.

【答案】(C)

### 变化 5  周期数列

| 母题模型 | 解题思路 |
| --- | --- |
| 即每隔几项重复出现的数列. 例如：1, 2, 3, 4, 1, 2, 3, 4, 1, 2, 3, 4, 1… | 此类数列的特点是任取一个周期，和为定值. |

7. (2013 年管理类联考真题) 设 $a_1=1$，$a_2=k$，…，$a_{n+1}=|a_n-a_{n-1}|\ (n\geqslant 2)$，则 $a_{100}+a_{101}+a_{102}=2$.

(1)$k=2$.

(2)$k$ 是小于 20 的正整数.

【解析】直接计算法.

条件(1)：

$$a_1=1,$$
$$a_2=2,$$
$$a_3=|a_2-a_1|=1,$$
$$a_4=|a_3-a_2|=1,$$

$$a_5=|a_4-a_3|=0,$$
$$a_6=|a_5-a_4|=1,$$
$$a_7=|a_6-a_5|=1,$$
$$a_8=|a_7-a_6|=0,$$
$$a_9=|a_8-a_7|=1,$$
$$\vdots$$

经计算可得，从 $a_3$ 开始，数列成为 3 个一循环的周期数列，任取一个周期，和为定值，则 $a_{100}+a_{101}+a_{102}=a_4+a_5+a_6=2$，故条件(1)充分．

条件(2)：如条件(1)，令 $k=1$，$k=2$，…，$k=19$，经讨论均充分，故条件(2)也充分．

【答案】(D)

8. (2020 年管理类联考真题) 已知数列 $\{a_n\}$ 满足 $a_1=1$，$a_2=2$，且 $a_{n+2}=a_{n+1}-a_n$ ($n=1$，2，3，…)，则 $a_{100}=(\quad)$．

(A) 1　　　　　(B) $-1$　　　　　(C) 2　　　　　(D) $-2$　　　　　(E) 0

【解析】$a_3=a_2-a_1=1$，$a_4=a_3-a_2=-1$，$a_5=a_4-a_3=-2$，$a_6=a_5-a_4=-1$，$a_7=a_6-a_5=1$，$a_8=a_7-a_6=2$，$a_9=a_8-a_7=1$，$a_{10}=a_9-a_8=-1$，….

由此可知，数列 $\{a_n\}$ 是有规律的，会按 1，2，1，$-1$，$-2$，$-1$ 构成周期数列，周期为 6．因为 $100=6\times16+4$，所以 $a_{100}=a_4=-1$．

【答案】(B)

### 变化 6　直接计算型

| 母题模型 | 解题思路 |
|---|---|
| 已知数列前一项和后一项的关系． | 令 $n=1$，2，3 法，逐项求 $a_1$，$a_2$，$a_3$． |

9. (2016 年管理类联考真题) 已知数列 $a_1$，$a_2$，$a_3$，…，$a_{10}$，则 $a_1-a_2+a_3-a_4+\cdots+a_9-a_{10}\geqslant0$.

(1) $a_n\geqslant a_{n+1}$，$n=1$，2，3，…，9．

(2) $a_n^2\geqslant a_{n+1}^2$，$n=1$，2，3，…，9．

【解析】直接计算法．

条件(1)：可知 $a_1-a_2\geqslant0$，以此类推，可知条件(1)充分．

条件(2)：若数列每项均为负数，可知 $a_1-a_2\leqslant0$，以此类推，故条件(2)不充分．

【答案】(A)

10. (2008 年在职 MBA 联考真题) $a_1=\dfrac{1}{3}$．

(1) 在数列 $\{a_n\}$ 中，$a_3=2$．

(2) 在数列 $\{a_k\}$ 中，$a_2=2a_1$，$a_3=3a_2$．

【解析】两个条件单独显然不成立，故考虑联立两个条件．

由条件(2)，得 $a_1=\dfrac{a_2}{2}=\dfrac{a_3}{6}$；由条件(1)，得 $a_3=2$．

所以 $a_1 = \frac{a_2}{2} = \frac{a_3}{6} = \frac{1}{3}$. 因此联立两个条件充分.

【答案】(C)

11. (2011年在职MBA联考真题) 已知数列 $\{a_n\}$ 满足 $a_{n+1} = \frac{a_n + 2}{a_n + 1}$ ($n = 1, 2, \cdots$), 则 $a_2 = a_3 = a_4$.

(1) $a_1 = \sqrt{2}$.

(2) $a_1 = -\sqrt{2}$.

【解析】条件(1): 将 $a_1 = \sqrt{2}$ 代入 $a_{n+1} = \frac{a_n + 2}{a_n + 1}$, 得 $a_2 = \frac{a_1 + 2}{a_1 + 1} = \sqrt{2}$, 同理可知 $a_2 = a_3 = a_4 = \sqrt{2}$, 故条件(1)充分.

条件(2): 将 $a_1 = -\sqrt{2}$ 代入 $a_{n+1} = \frac{a_n + 2}{a_n + 1}$, 得 $a_2 = \frac{a_1 + 2}{a_1 + 1} = -\sqrt{2}$, 同理可知 $a_2 = a_3 = a_4 = -\sqrt{2}$, 所以条件(2)也充分.

【答案】(D)

## 题型 45  数列应用题

### 题型概述

| 命题概率 | 母题特点 |
| --- | --- |
| (1) 近10年真题命题数量: 2.<br>(2) 命题概率: 0.2. | 在应用题中出现等差或等比. |

### 母题变化

**变化 1  等差数列应用题**

| 母题模型 | 解题思路 |
| --- | --- |
| 应用题中出现等差 | 等差数列的求和公式:<br>$S_n = \frac{n(a_1 + a_n)}{2}$ 或者 $S_n = na_1 + \frac{n(n-1)}{2}d$. |

1. (2011年管理类联考真题) 一所四年制大学每年的毕业生7月份离校, 新生9月份入学. 该校2001年招生2 000名, 之后每年比上一年多招200名, 则该校2007年9月底的在校学生有 (    ).

(A) 14 000 名    (B) 11 600 名    (C) 9 000 名    (D) 6 200 名    (E) 3 200 名

【解析】将各年度学生入校和离校情况整理成表4-2:

表 4-2

| 年度 | 2001年 | 2002年 | 2003年 | 2004年 | 2005年 | 2006年 | 2007年 |
|---|---|---|---|---|---|---|---|
| 入学人数 | 2 000 | 2 200 | 2 400 | 2 600 | 2 800 | 3 000 | 3 200 |
| 毕业人数 |  |  |  |  | 2 000 | 2 200 | 2 400 |

故 2007 年 9 月底在校学生有 $2\,600+2\,800+3\,000+3\,200=11\,600$(名).

【答案】(B)

2. (2017 年管理类联考真题) 甲、乙、丙三种货车的载重量成等差数列. 2 辆甲种车和 1 辆乙种车的载重量为 95 吨, 1 辆甲种车和 3 辆丙种车的载重量为 150 吨, 则用甲、乙、丙各一辆车一次最多运送货物(　　)吨.

(A) 125　　　　(B) 120　　　　(C) 115　　　　(D) 110　　　　(E) 105

【解析】设甲、乙、丙车的载重量分别为 $x$ 吨、$y$ 吨、$z$ 吨, 则有

$$\begin{cases} 2y=x+z, \\ 2x+y=95, \\ x+3z=150, \end{cases}$$

解得 $x=30$, $y=35$, $z=40$. 故一次最多运送货物 $x+y+z=105$(吨).

【答案】(E)

### 变化 2　等比数列应用题

| 母题模型 | 解题思路 |
|---|---|
| 如增长率问题、病毒分裂问题、复利计算问题. | (1) 当 $q\neq 1$ 时, $S_n=\dfrac{a_1(1-q^n)}{1-q}=\dfrac{a_1(q^n-1)}{q-1}$.<br>(2) 当 $q=1$ 时, $S_n=na_1$.<br>(3) 当 $n\to +\infty$, 且 $\lvert q\rvert<1$ 时, 有<br>$S=\lim\limits_{n\to\infty}\dfrac{a_1(1-q^n)}{1-q}=\dfrac{a_1}{1-q}$. |

3. (2012 年管理类联考真题) 某人在保险柜中存放了 $M$ 元现金, 第一天取出它的 $\dfrac{2}{3}$, 以后每天取出前一天所取的 $\dfrac{1}{3}$, 共取了七天, 保险柜中剩余的现金为(　　).

(A) $\dfrac{M}{3^7}$ 元　　　　　　　　(B) $\dfrac{M}{3^6}$ 元　　　　　　　　(C) $\dfrac{2M}{3^6}$ 元

(D) $\left[1-\left(\dfrac{2}{3}\right)^7\right]M$ 元　　　　(E) $\left[1-7\times\left(\dfrac{2}{3}\right)^7\right]M$ 元

【解析】由题意可知

第一天取出 $\dfrac{2}{3}M$;

第二天取出 $\dfrac{2}{3}M\cdot\dfrac{1}{3}=\dfrac{2}{3}\cdot\dfrac{1}{3}M$;

第三天取出 $\frac{2}{3} \cdot \frac{1}{3}M \cdot \frac{1}{3} = \frac{2}{3} \cdot \left(\frac{1}{3}\right)^2 M$；

……

可以看出每天取出的量是以 $\frac{2}{3}M$ 为首项、$\frac{1}{3}$ 为公比的等比数列.

七天取出的量为该数列的前7项之和，即 $S_7 = \dfrac{\frac{2}{3}M\left[1-\left(\frac{1}{3}\right)^7\right]}{1-\frac{1}{3}} = M\left[1-\left(\frac{1}{3}\right)^7\right]$.

因此，保险柜中剩余的现金为 $M - S_7 = \left(\frac{1}{3}\right)^7 M$，即 $\frac{M}{3^7}$ 元.

【答案】(A)

# 第 5 章 　几何

## 题型 46　三角形的心及其他基本问题

**题型概述**

| 命题概率 | 母题特点 |
|---|---|
| (1) 近 10 年真题命题数量：4.<br>(2) 命题概率：0.4. | 题干中出现三角形内心、外心、重心、垂心或三角形各边上的对角线、垂直平分线、高线、中线. |

**母题变化**

**变化 1　内心**

| 心 | 圆心 | 交线 | 特征 | 图形 |
|---|---|---|---|---|
| 内心 | 内切圆的圆心 | 角平分线的交点 | 内心到三边的距离相等<br>$S = \dfrac{1}{2} \cdot (a+b+c) \cdot r$<br>$r = \dfrac{2S}{a+b+c}$ |  |

1. (2018 年管理类联考真题) 如图 5-1 所示，圆 $O$ 是△$ABC$ 的内切圆，若△$ABC$ 的面积与周长的大小之比为 $1:2$，则圆 $O$ 的面积为 (　　).

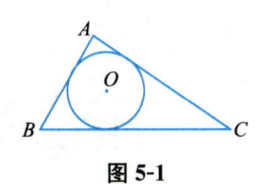

图 5-1

(A) $\pi$　　　(B) $2\pi$　　　(C) $3\pi$　　　(D) $4\pi$　　　(E) $5\pi$

【解析】连接圆心到三角形的三个顶点，将△$ABC$ 分成三个三角形，根据内心的特征，可知内接圆半径为三个三角形的高，设为 $r$. 根据题意，可得

$$S_{\triangle ABC} = \frac{1}{2}(AB+AC+BC)r = \frac{1}{2}\text{周长} = \frac{1}{2}(AB+AC+BC),$$

解得 $r=1$. 故 $S_{圆} = \pi r^2 = \pi$.

【答案】(A)

## 变化 2　外心

| 心 | 圆心 | 交线 | 特征 | 图形 |
|---|---|---|---|---|
| 外心 | 外接圆的圆心 | 三边垂直平分线的交点 | (1) 外心到三个顶点的距离相等. <br> (2) 直角三角形的外心是斜边的中点. <br> $S=\dfrac{abc}{4R}$ <br> $R=\dfrac{abc}{4S}$ | 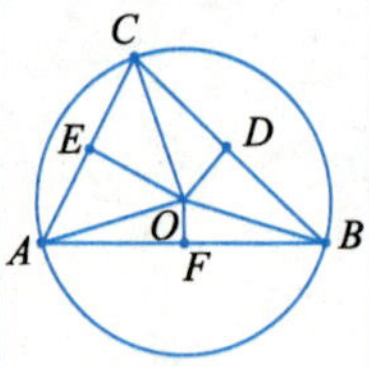 |

2. 如图 5-2 所示，等腰 $\triangle ABC$ 中，$AB=AC=13$，$BD=CD=5$，点 $O$ 为 $\triangle ABC$ 的外心，则 $OD=(\quad)$.

(A) $\dfrac{117}{24}$　　(B) $\dfrac{119}{24}$　　(C) $\dfrac{121}{24}$　　(D) $\dfrac{123}{24}$　　(E) $\dfrac{125}{24}$

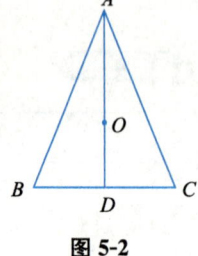

【解析】方法一：$\triangle ABC$ 为等腰三角形，故 $AD\perp BC$，$AD=\sqrt{13^2-5^2}=12$. 连接 $OB$，令 $OD=x$，则 $OB=OA=AD-OD=12-x$. 由勾股定理 $OD^2+BD^2=OB^2$，即 $x^2+5^2=(12-x)^2$.

解得 $x=\dfrac{119}{24}$.

图 5-2

方法二：$\triangle ABC$ 的面积
$$S=\sqrt{p(p-a)(p-b)(p-c)}$$
$$=\sqrt{18\cdot(18-13)\cdot(18-13)\cdot(18-10)}$$
$$=60.$$

故外切圆的半径 $R=\dfrac{abc}{4S}=\dfrac{13\cdot 13\cdot 10}{4\cdot 60}=\dfrac{169}{24}$，即 $OB=\dfrac{169}{24}$. 在等腰 $\triangle ABC$ 中，$AD=12$，$OB=OA$.

所以 $OD=AD-OA=AD-OB=12-\dfrac{169}{24}=\dfrac{119}{24}$.

【答案】(B)

三角形常用面积公式：
$$S=\begin{cases}\dfrac{1}{2}ah,\\ \dfrac{1}{2}ab\sin C,\\ \sqrt{p(p-a)(p-b)(p-c)},\\ rp,\\ \dfrac{abc}{4R},\end{cases}$$

其中，$h$ 是 $a$ 边上的高，$\angle C$ 是 $a$，$b$ 边所夹的角，$p=\dfrac{1}{2}(a+b+c)$，$r$ 为三角形内切圆的半径，$R$ 为三角形外接圆的半径.

## 变化 3　重心、垂心及中心

| 心 | 圆心 | 特征 | 图形 |
|---|---|---|---|
| 重心 | 三条中线的交点 | 重心将三角形分成面积相等的三个三角形. <br> 重心分中线所成的比为 $2:1$. | 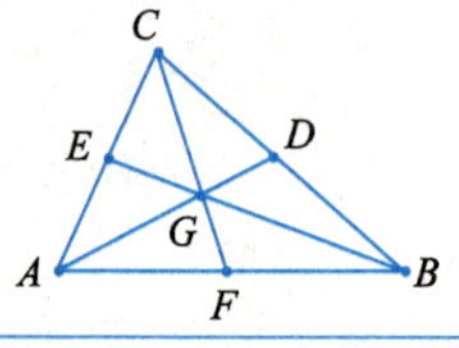 |
| 垂心 | 三条高的交点 | | 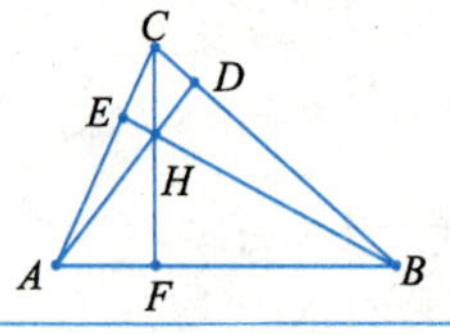 |

续表

| 心 | 圆心 | 特征 | 图形 |
|---|---|---|---|
| 等边三角形的中心 | 具备所有心的性质 | | 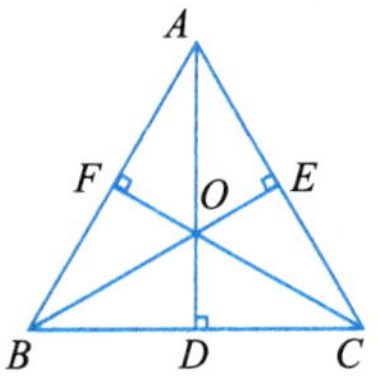 |

3. 如图 5-3 所示，等腰 $\triangle ABC$ 中，$AB=AC$，两腰上的中线相交于 $G$，若 $\angle BGC=90°$，且 $BC=2\sqrt{2}$，则 $BE$ 的长为（ ）．

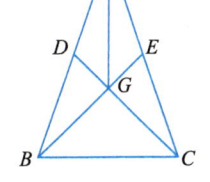

(A) 2　　　　　　　　(B) $2\sqrt{2}$
(C) 3　　　　　　　　(D) 4
(E) 5

【解析】$AB=AC$，且 $G$ 为 $\triangle ABC$ 的重心，故 $BE=CD$，$BG=CG$．

由于 $\angle BGC=90°$，且 $BC=2\sqrt{2}$，故 $BG=\dfrac{BC}{\sqrt{2}}=2$，所以 $BE=\dfrac{3}{2}\cdot BG=\dfrac{3}{2}\cdot 2=3$．

【答案】(C)

> 三角形重心性质：
> 重心分中线所成的比为 2∶1

4. 等边三角形外接圆的面积是内切圆面积的（ ）倍．

(A) 2　　　(B) $\sqrt{3}$　　　(C) $\dfrac{3}{2}$　　　(D) 4　　　(E) $\pi$

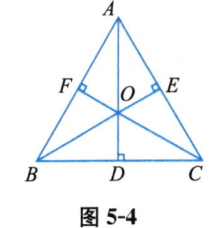

【解析】如图 5-4，等边三角形外心、内心、重心皆在 $O$ 点．故外接圆的半径为 $OA$，内切圆的半径为 $OD$．

由重心的性质，可知 $\dfrac{AO}{OD}=\dfrac{2}{1}$，故面积比为 $\dfrac{\pi\cdot AO^2}{\pi\cdot OD^2}=\dfrac{4}{1}=4$．

【答案】(D)

图 5-3

图 5-4

### 变化 4　其他定理

| 在任意 $\triangle ABC$ 中，角 $A$，$B$，$C$ 所对的边长分别为 $a$，$b$，$c$． ||
|---|---|
| 余弦定理 | $\cos A=\dfrac{b^2+c^2-a^2}{2bc}$<br>$\cos B=\dfrac{a^2+c^2-b^2}{2ac}$<br>$\cos C=\dfrac{a^2+b^2-c^2}{2ab}$ |
| 正弦定理 | 若三角形外接圆的半径为 $R$，直径为 $d$，则有<br>$\dfrac{a}{\sin A}=\dfrac{b}{\sin B}=\dfrac{c}{\sin C}=2R=d$ |
| 勾股定理 | $a^2+b^2=c^2$（$a$，$b$ 为直角边，$c$ 为斜边） |

**5.(2010年管理类联考真题)** 如图5-5所示,在Rt△ABC区域内部有座山,现计划从BC边上某点D开凿一条隧道到点A,要求隧道长度最短,已知AB长为5千米,AC长为12千米,则所开凿的隧道AD的长度约为( )千米.

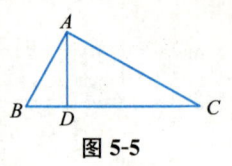

(A)4.12　　　　　　(B)4.22　　　　　　(C)4.42
(D)4.62　　　　　　(E)4.92

【解析】根据勾股定理,可得$BC=\sqrt{5^2+12^2}=13$(千米).要使AD最短,则AD应为BC边上的高,所以

$$AD=\frac{AB \cdot AC}{BC}=\frac{5 \times 12}{13} \approx 4.62(千米).$$

【答案】(D)

**6.(2019年管理类联考真题)** 在△ABC中,AB=4,AC=6,BC=8,D为BC的中点,则AD=( ).

(A)$\sqrt{11}$　　(B)$\sqrt{10}$　　(C)3　　(D)$2\sqrt{2}$　　(E)$\sqrt{7}$

【解析】方法一:如图5-6所示,过A点作直线AE⊥BC.
设DE=x,则由题意知BE=4-x,CE=4+x.
在△ABE中用勾股定理,有$AE^2=AB^2-BE^2=4^2-(4-x)^2$.
在△ACE中用勾股定理,有$AE^2=AC^2-CE^2=6^2-(4+x)^2$.

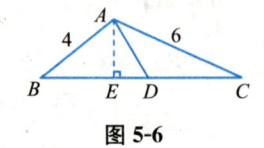

联立上述两个式子,得$x=\frac{5}{4}$.

在△ADE中用勾股定理,有

$$AD^2=AE^2+DE^2=6^2-(4+x)^2+x^2=10.$$

故有$AD=\sqrt{10}$.

方法二:余弦定理.

根据余弦定理,可知$\cos B=\frac{a^2+c^2-b^2}{2ac}$.

对△ABC和△ABD分别使用余弦定理,可得

$$\cos B=\frac{4^2+8^2-6^2}{2 \times 4 \times 8}=\frac{4^2+4^2-AD^2}{2 \times 4 \times 4},$$

解得$AD=\sqrt{10}$.

方法三:中线定理.

在任意三角形ABC中,若D为BC的中点,则有$AB^2+AC^2=2BD^2+2AD^2$.故

$$AD^2=\frac{AB^2+AC^2-2BD^2}{2}=\frac{4^2+6^2-2 \times 4^2}{2}=10 \Rightarrow AD=\sqrt{10}.$$

【答案】(B)

**7.(2020年管理类联考真题)** 如图5-7所示,圆O的内接△ABC是等腰三角形,底边BC=6,顶角为$\frac{\pi}{4}$,则圆O的面积为( ).

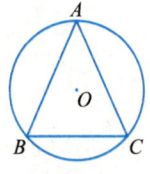

(A)12π　　(B)16π　　(C)18π　　(D)32π　　(E)36π

【解析】连接 $OB$、$OC$，可知 $\angle BOC = 2\angle BAC = \dfrac{\pi}{2}$. ┄┄ 圆周角定理：同弧所对的圆周角是圆心角的一半

由勾股定理或正弦值，可得半径 $R = OB = \dfrac{BC}{\sqrt{2}} = 3\sqrt{2}$，故圆 $O$ 的面积 $= \pi R^2 = 18\pi$.

【答案】(C)

**8.** (2020年管理类联考真题)在 $\triangle ABC$ 中，$\angle B = 60°$，则 $\dfrac{c}{a} > 2$.

(1) $\angle C < 90°$.

(2) $\angle C > 90°$.

【解析】极值法．令 $\angle C = 90°$，此时 $\dfrac{c}{a} = 2$. 因为 $\angle C$ 越大，对应的边 $c$ 越大，则 $\dfrac{c}{a}$ 就越大，所以当 $\angle C > 90°$ 时，$\dfrac{c}{a} > 2$.

故条件(1)不充分，条件(2)充分．

【答案】(B)

**9.** (1997年在职MBA联考真题)在直角三角形中，若斜边与一条直角边的和为8，差为2，则另外一条直角边的长度为（　　）.

(A) 3　　(B) 4　　(C) 5　　(D) 10　　(E) 9

【解析】设斜边为 $c$，两条直角边分别为 $a$，$b$，根据题意得

$$\begin{cases} a + c = 8, \\ c - a = 2, \\ a^2 + b^2 = c^2, \end{cases}$$

解得 $a = 3$，$b = 4$，$c = 5$. 故另一条直角边的长度为4.

【答案】(B)

**10.** (1998年在职MBA联考真题)已知等腰直角三角形 $ABC$ 和等边三角形 $BDC$ (如图5-8所示)，设 $\triangle ABC$ 的周长为 $2\sqrt{2} + 4$，则 $\triangle BDC$ 的面积是（　　）.

(A) $3\sqrt{2}$　　(B) $6\sqrt{2}$　　(C) 12　　(D) $2\sqrt{3}$　　(E) $4\sqrt{3}$

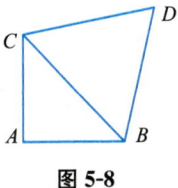

图 5-8

【解析】$\triangle ABC$ 是等腰直角三角形，故 $AB = AC = \dfrac{\sqrt{2}}{2} BC$.

所以周长为 $AB + AB + BC = (1 + \sqrt{2}) BC = 2\sqrt{2} + 4$，解得 $BC = 2\sqrt{2}$.

故等边三角形 $BDC$ 的面积为 $S = \dfrac{\sqrt{3}}{4} BC^2 = 2\sqrt{3}$. ┄┄ 等边三角形面积公式：$S = \dfrac{\sqrt{3}}{4} a^2$ ($a$ 为边长)

【答案】(D)

**11.** (1998年在职MBA联考真题)在四边形 $ABCD$ 中，设 $AB$ 的长为8，$\angle A : \angle B : \angle C : \angle D = 3 : 7 : 4 : 10$，$\angle CDB = 60°$，则 $\triangle ABD$ 的面积是（　　）.

(A) 8　　(B) 32　　(C) 4　　(D) 16　　(E) 18

【解析】如图5-9所示，由于四边形的内角和为360°，$\angle A : \angle B : \angle C : \angle D = 3 : 7 : 4 : 10$，可得$\angle A = 45°$，$\angle ADC = 150°$；又已知$\angle CDB = 60°$，得$\angle ADB = 90°$。

所以△ABD为等腰直角三角形，斜边$AB = 8$，高$h = 4$，故面积为16。

【答案】(D)

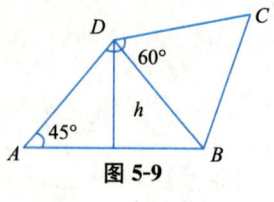

12. (2003年在职MBA联考真题)设$P$是正方形$ABCD$外的一点，$PB = 10$厘米，△$APB$的面积是80平方厘米，△$CPB$的面积是90平方厘米，则正方形$ABCD$的面积为(　　)平方厘米。

(A) 720  (B) 580  (C) 640
(D) 600  (E) 560

【解析】如图5-10所示，作△$APB$在$AB$边上的高$PF = h_1$，作△$CPB$在$BC$边上的高$PE = h_2$，连接$EB$，$FB$，可知$EB = PF = h_1$；在△$EPB$中，由勾股定理，得$PB^2 = h_1^2 + h_2^2 = 100$。

设正方形的边长为$a$厘米，则有

$$S_{\triangle ABP} = \frac{1}{2}h_1 a = 80 \text{平方厘米}, \quad S_{\triangle BCP} = \frac{1}{2}h_2 a = 90 \text{平方厘米},$$

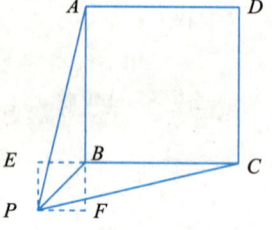

解得正方形面积$S = a^2 = \frac{(h_1 a)^2 + (h_2 a)^2}{h_1^2 + h_2^2} = \frac{160^2 + 180^2}{10^2} = 580$(平方厘米)。

【答案】(B)

13. (2007年在职MBA联考真题)△$ABC$的面积保持不变。
(1) 底边$AB$增加了2厘米，$AB$上的高$h$减少了2厘米。
(2) 底边$AB$扩大了1倍，$AB$上的高$h$减少了50%。

【解析】设底边$AB = a$，高为$h$，则三角形面积为$S = \frac{1}{2}ah$。

条件(1)：改变后的三角形面积为$S' = \frac{1}{2}(a+2)(h-2)$，显然不充分。

条件(2)：改变后的三角形面积为$S' = \frac{1}{2} \times 2a \times \frac{h}{2} = \frac{1}{2}ah$，条件(2)充分。

【答案】(B)

14. (2008年在职MBA联考真题)方程$x^2 - (1+\sqrt{3})x + \sqrt{3} = 0$的两根分别为等腰三角形的腰$a$和底$b(a < b)$，则该三角形的面积是(　　)。

(A) $\frac{\sqrt{11}}{4}$  (B) $\frac{\sqrt{11}}{8}$  (C) $\frac{\sqrt{3}}{4}$
(D) $\frac{\sqrt{3}}{5}$  (E) $\frac{\sqrt{3}}{8}$

【解析】原方程可化为$(x-1)(x-\sqrt{3}) = 0$，故$a = x_1 = 1$，$b = x_2 = \sqrt{3}$。

底边上的高$h = \sqrt{1 - \left(\frac{\sqrt{3}}{2}\right)^2} = \frac{1}{2}$，所以三角形的面积$S = \frac{1}{2} \times \sqrt{3} \times \frac{1}{2} = \frac{\sqrt{3}}{4}$。

【答案】(C)

## 题型 47　平面几何五大模型

### 题型概述

| 命题概率 | 母题特点 |
|---|---|
| (1) 近 10 年真题命题数量：10.<br>(2) 命题概率：1. | 见以下五种模型. |

### 母题变化

#### 变化 1　等面积模型

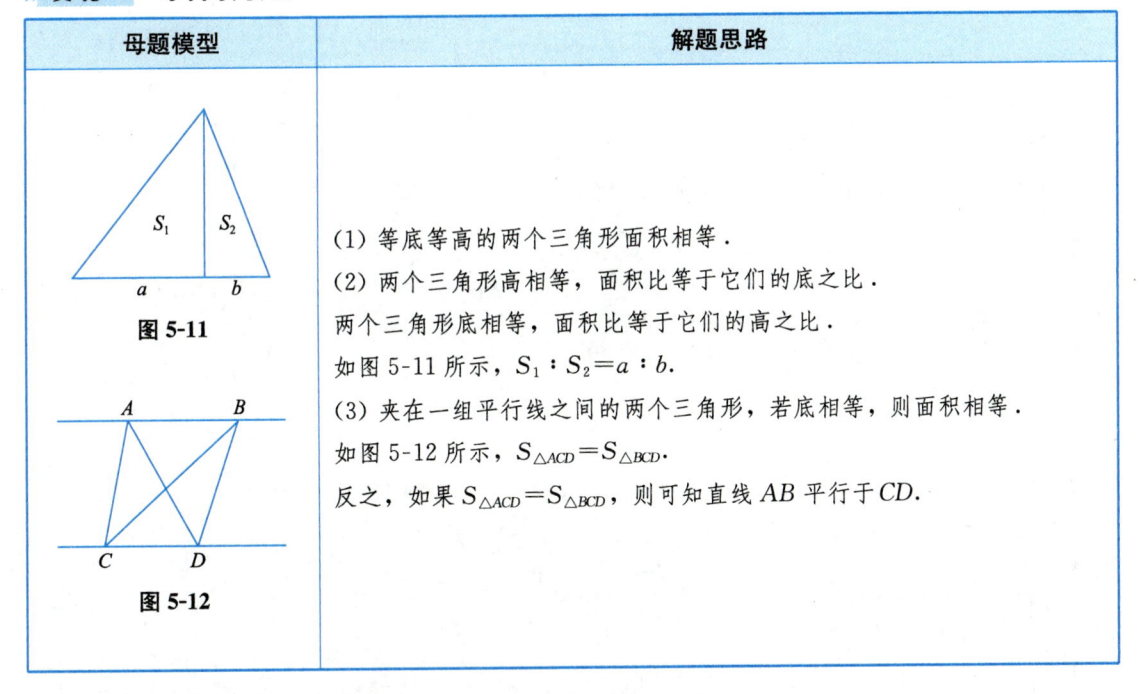

| 母题模型 | 解题思路 |
|---|---|
| 图 5-11<br><br>图 5-12 | (1) 等底等高的两个三角形面积相等.<br>(2) 两个三角形高相等，面积比等于它们的底之比.<br>两个三角形底相等，面积比等于它们的高之比.<br>如图 5-11 所示，$S_1:S_2=a:b$.<br>(3) 夹在一组平行线之间的两个三角形，若底相等，则面积相等.<br>如图 5-12 所示，$S_{\triangle ACD}=S_{\triangle BCD}$.<br>反之，如果 $S_{\triangle ACD}=S_{\triangle BCD}$，则可知直线 $AB$ 平行于 $CD$. |

1. (2014 年管理类联考真题) 如图 5-13 所示，已知 $AE=3AB$，$BF=2BC$. 若 △$ABC$ 的面积是 2，则 △$AEF$ 的面积为(　　).

图 5-13

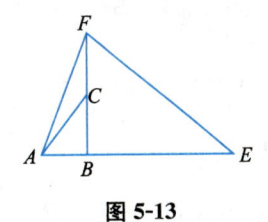

(A) 14　　　(B) 12　　　(C) 10　　　(D) 8　　　(E) 6

【解析】方法一：特殊直线法，假定 $BF$ 垂直于 $AE$，则有

$$\frac{S_{\triangle AEF}}{S_{\triangle ABC}}=\frac{\frac{1}{2}\cdot AE\cdot BF}{\frac{1}{2}\cdot AB\cdot BC}=\frac{AE\cdot BF}{AB\cdot BC}=\frac{3}{1}\times\frac{2}{1}=\frac{6}{1},$$

故 $\triangle AEF$ 的面积是 $\triangle ABC$ 的面积的 6 倍，即 $S_{\triangle AEF}=6S_{\triangle ABC}=12$．

方法二：由 $AE=3AB$，可得 $\triangle AEF$ 的底为 $\triangle ABC$ 的底的 3 倍．

由 $BF=2BC$，可得 $\triangle AEF$ 的高为 $\triangle ABC$ 的高的 2 倍．

故 $\triangle AEF$ 的面积是 $\triangle ABC$ 的面积的 6 倍，即 $S_{\triangle AEF}=6S_{\triangle ABC}=12$．

【答案】(B)

2. (2020 年管理类联考真题) 如图 5-14 所示，在 $\triangle ABC$ 中，$\angle ABC=30°$，将线段 $AB$ 绕点 $B$ 旋转至 $DB$，使 $\angle DBC=60°$，则 $\triangle DBC$ 与 $\triangle ABC$ 的面积之比为(　　)．

(A) 1　　(B) $\sqrt{2}$　　(C) 2

(D) $\frac{\sqrt{3}}{2}$　　(E) $\sqrt{3}$

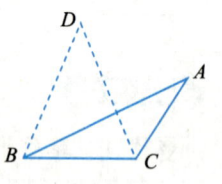

图 5-14

【解析】设 $AB=BD=c$，$BC=a$，则根据三角形面积公式，有

$$\frac{S_{\triangle DBC}}{S_{\triangle ABC}}=\frac{\frac{1}{2}ac\sin\angle DBC}{\frac{1}{2}ac\sin\angle ABC}=\frac{\sin\angle DBC}{\sin\angle ABC}=\frac{\sin 60°}{\sin 30°}=\sqrt{3}.$$

常见三角函数正弦值：
$\sin 30°=\frac{1}{2}$；$\cos 30°=\frac{\sqrt{3}}{2}$；
$\sin 45°=\frac{\sqrt{2}}{2}$；$\cos 45°=\frac{\sqrt{2}}{2}$；
$\sin 60°=\frac{\sqrt{3}}{2}$；$\cos 60°=\frac{1}{2}$；
等底三角形面积之比等于高之比

【答案】(E)

3. (2008 年在职 MBA 联考真题) 如图 5-15 所示，若 $\triangle ABC$ 的面积为 1，$\triangle AEC$，$\triangle DEC$，$\triangle BED$ 的面积相等，则 $\triangle AED$ 的面积 =(　　)．

(A) $\frac{1}{3}$　　(B) $\frac{1}{6}$　　(C) $\frac{1}{5}$

(D) $\frac{1}{4}$　　(E) $\frac{2}{5}$

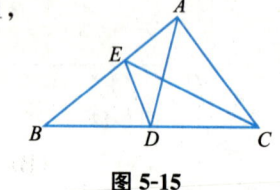

图 5-15

【解析】方法一：利用三角形底与高的关系求面积：等底等高，面积相等；半底等高，面积一半，以此类推．$S_{\triangle AEC}=\frac{1}{3}\Rightarrow AE=\frac{1}{3}AB$，由 $S_{\triangle BED}=S_{\triangle CED}\Rightarrow BD=\frac{1}{2}BC$，再结合三角形相似性可知，$\triangle AED$ 中 $AE$ 边上的高是 $\triangle ABC$ 中 $AB$ 边上高的 $\frac{1}{2}$ 倍．故 $S_{\triangle AED}=\frac{1}{6}$．

方法二：思路为 $S_{\triangle AED}=S_{\triangle ABD}-S_{\triangle EBD}$．

因为 $S_{\triangle BDE}=S_{\triangle CDE}=\frac{1}{3}$，且 $\triangle BDE$ 和 $\triangle CDE$ 同高，所以 $\triangle BDE$ 和 $\triangle CDE$ 底也相等，即 $D$ 是 $BC$ 的中点．在 $\triangle ABC$ 中，$D$ 为 $BC$ 的中点，所以 $S_{\triangle ABD}=\frac{1}{2}S_{\triangle ABC}=\frac{1}{2}$．

140

故 $S_{\triangle AED} = S_{\triangle ABD} - S_{\triangle EBD} = \dfrac{1}{2} - \dfrac{1}{3} = \dfrac{1}{6}$.

**【答案】**（B）

**变化 2　共角模型**

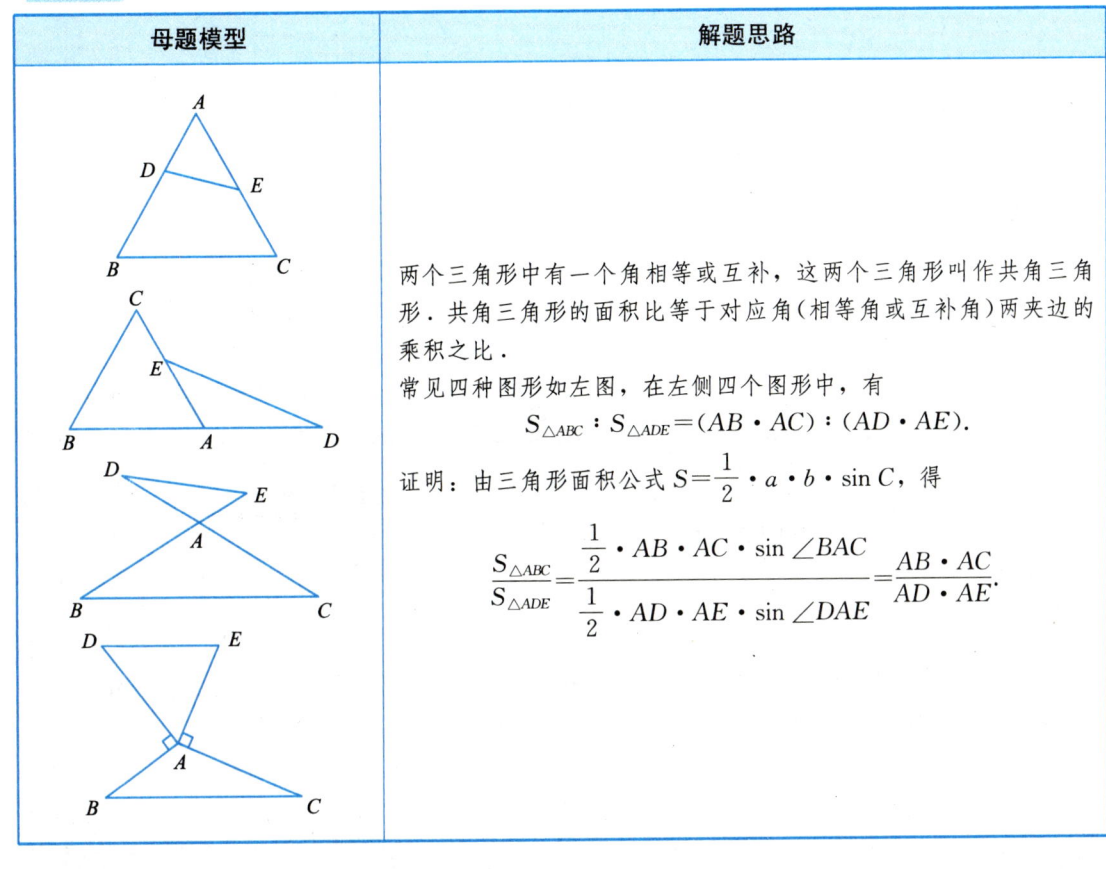

| 母题模型 | 解题思路 |
|---|---|
| （图） | 两个三角形中有一个角相等或互补，这两个三角形叫作共角三角形．共角三角形的面积比等于对应角（相等角或互补角）两夹边的乘积之比．<br>常见四种图形如左图，在左侧四个图形中，有<br>$$S_{\triangle ABC} : S_{\triangle ADE} = (AB \cdot AC) : (AD \cdot AE).$$<br>证明：由三角形面积公式 $S = \dfrac{1}{2} \cdot a \cdot b \cdot \sin C$，得<br>$$\dfrac{S_{\triangle ABC}}{S_{\triangle ADE}} = \dfrac{\dfrac{1}{2} \cdot AB \cdot AC \cdot \sin \angle BAC}{\dfrac{1}{2} \cdot AD \cdot AE \cdot \sin \angle DAE} = \dfrac{AB \cdot AC}{AD \cdot AE}.$$ |

**4.**（2017 年管理类联考真题）已知 $\triangle ABC$ 和 $\triangle A'B'C'$ 满足 $AB : A'B' = AC : A'C' = 2 : 3$，$\angle A + \angle A' = \pi$，则 $\triangle ABC$ 和 $\triangle A'B'C'$ 的面积之比为（　　）．

(A) $\sqrt{2} : \sqrt{3}$　　(B) $\sqrt{3} : \sqrt{5}$　　(C) $2 : 3$　　(D) $2 : 5$　　(E) $4 : 9$

**【解析】** 方法一：由 $\angle A + \angle A' = \pi$ 可知，$\sin A = \sin A'$（$\angle A' = \pi - \angle A$）．故

$$\dfrac{S_{\triangle ABC}}{S_{\triangle A'B'C'}} = \dfrac{\dfrac{1}{2} \cdot AB \cdot AC \cdot \sin A}{\dfrac{1}{2} \cdot A'B' \cdot A'C' \cdot \sin A'} = \dfrac{4}{9}.$$

等角或互补角的正弦值相等

方法二：特殊值法．若 $\angle A = \angle A' = \dfrac{\pi}{2}$，则 $\triangle ABC \sim \triangle A'B'C'$．已知相似比为 $2 : 3$，面积比为相似比的平方，故 $\dfrac{S_{\triangle ABC}}{S_{\triangle A'B'C'}} = \left(\dfrac{2}{3}\right)^2 = \dfrac{4}{9}$.

**【答案】**（E）

### 变化3 相似模型

| 母题模型 | 解题思路 |
|---|---|
| (1) 金字塔模型. | 在左侧两个图形中△ABC与△ADE相似. |
| (2) 沙漏模型. | (1) $\dfrac{AD}{AB}=\dfrac{AE}{AC}=\dfrac{DE}{BC}=\dfrac{AF}{AG}$;<br>(2) $S_{\triangle ADE}:S_{\triangle ABC}=AF^2:AG^2.$ |

5. (2010年管理类联考真题) 如图5-16所示，在△ABC中，已知EF∥BC，则△AEF的面积等于梯形EBCF的面积.

(1) $AG=2GD$.

(2) $BC=\sqrt{2}EF$.

【解析】条件(1)：由 $AG=2GD$，可得 $AG:AD=2:3$.

△AEF 与 △ABC 相似，所以

$$\dfrac{S_{\triangle AEF}}{S_{\triangle ABC}}=\left(\dfrac{AG}{AD}\right)^2=\left(\dfrac{2}{3}\right)^2=\dfrac{4}{9}.$$

故 $\dfrac{S_{\triangle AEF}}{S_{\text{梯形}EBCF}}=\dfrac{S_{\triangle AEF}}{S_{\triangle ABC}-S_{\triangle AEF}}=\dfrac{4}{9-4}=\dfrac{4}{5}.$

所以△AEF与梯形EBCF面积不相等，故条件(1)不充分.

条件(2)：同理，由相似比等于三角形对应边的比，可知

$$\dfrac{S_{\triangle AEF}}{S_{\triangle ABC}}=\left(\dfrac{EF}{BC}\right)^2=\left(\dfrac{1}{\sqrt{2}}\right)^2=\dfrac{1}{2}.$$

故 $\dfrac{S_{\triangle AEF}}{S_{\text{梯形}EBCF}}=\dfrac{S_{\triangle AEF}}{S_{\triangle ABC}-S_{\triangle AEF}}=\dfrac{1}{2-1}=1.$

所以△AEF与梯形EBCF面积相等，故条件(2)充分.

【答案】(B)

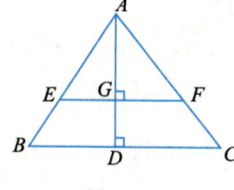

图5-16

*相似三角形面积比等于相似比的平方；相似比等于三角形对应高的比*

6. (2012年管理类联考真题) 如图5-17所示，△ABC是直角三角形，$S_1$，$S_2$，$S_3$ 为正方形，已知 $a$，$b$，$c$ 分别是 $S_1$，$S_2$，$S_3$ 的边长，则（　　）.

(A) $a=b+c$  
(B) $a^2=b^2+c^2$  
(C) $a^2=2b^2+2c^2$  
(D) $a^3=b^3+c^3$  
(E) $a^3=2b^3+2c^3$

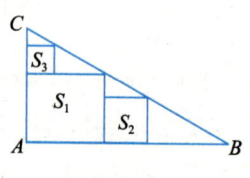

图5-17

【解析】将题中图形的各点标注如图 5-18 所示：

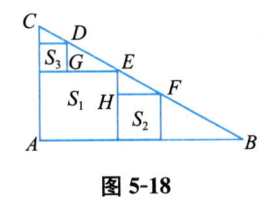

图 5-18

看图易知△DEG 与△EFH 相似，所以

$$\frac{DG}{EH}=\frac{GE}{HF}, 即 \frac{c}{a-b}=\frac{a-c}{b} \Rightarrow a=b+c.$$

> 题干中出现三角形和平行线，优先考虑相似

【答案】(A)

**7.** (2013 年管理类联考真题)如图 5-19 所示，在 Rt△ABC 中，$AC=4$，$BC=3$，$DE/\!/BC$，已知梯形 BCED 的面积为 3，则 DE 的长为(　　).

(A) $\sqrt{3}$　　　(B) $\sqrt{3}+1$　　　(C) $4\sqrt{3}-4$

(D) $\dfrac{3\sqrt{2}}{2}$　　　(E) $\sqrt{2}+1$

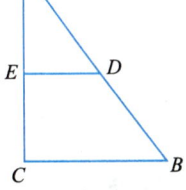

【解析】$S_{\triangle ABC}=\dfrac{1}{2}AC \cdot BC=\dfrac{1}{2}\times 4\times 3=6$，$S_{\triangle ADE}=S_{\triangle ABC}-S_{梯形BCED}=6-3=3.$

由金字塔模型，易知△ADE 与△ABC 相似，故

$$\frac{DE^2}{BC^2}=\frac{S_{\triangle ADE}}{S_{\triangle ABC}}=\frac{1}{2},$$

> 相似三角形面积比等于相似比的平方

图 5-19

解得 $DE=\dfrac{\sqrt{2}}{2}BC=\dfrac{3\sqrt{2}}{2}.$

【答案】(D)

**8.** (2014 年管理类联考真题)如图 5-20 所示，$O$ 是半圆的圆心，$C$ 是半圆上的一点，$OD\perp AC$，则能确定 $OD$ 的长.

(1) 已知 $BC$ 的长.

(2) 已知 $AO$ 的长.

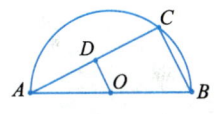

图 5-20

【解析】条件(1)：直径所对的圆周角为 90°，故 $BC\perp AC$，又因为 $OD\perp AC$，所以 $OD/\!/BC$，故

$$\triangle AOD \sim \triangle ABC,$$

> 圆的直径所对应的圆周角是直角，故∠ACB 为直角

$O$ 为 $AB$ 的中点，所以 $OD=\dfrac{1}{2}BC.$ 显然条件(1)充分.

条件(2)：因为 $OD=OA\sin\angle DAO$，但是 $C$ 点为动点，$\angle DAO$ 大小不定，故 $OD$ 长度不定，所以条件(2)不充分.

【答案】(A)

**9.** (2018 年管理类联考真题)如图 5-21 所示，在矩形 ABCD 中，$AE=FC$，则△AED 与四边形 BCFE 能拼接成一个直角三角形.

(1) $EB=2FC$.

(2) $ED=EF$.

【解析】条件(1)：由 $EB=2FC$，可得 $DF=2AE$，则过 $E$ 点作 $DF$ 的垂线交 $DF$ 于 $DF$ 的中点 $G$，易证 $\triangle EDG$ 与 $\triangle EFG$ 全等，则 $ED=EF$.

条件(1)和条件(2)等价，如图 5-22 所示，$\triangle EDG\cong\triangle EFG\cong\triangle HFC\cong\triangle AED$，所以 $\triangle AED$ 与四边形 $BCFE$ 可以拼成一个 $Rt\triangle EBH$. 两个条件都充分.

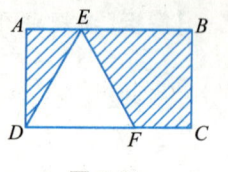

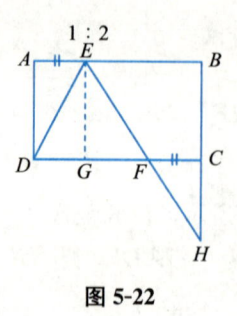

图 5-21

图 5-22

【答案】(D)

### 变化 4　共边模型（燕尾模型）

| 母题模型 | 解题思路 |
|---|---|
| 图 5-23 | 如图 5-23 所示，在 $\triangle ABC$ 中，$AD$，$BE$，$CF$ 相交于同一点 $O$，则有 $S_{\triangle ABO}:S_{\triangle ACO}=BD:DC$.<br>证明：<br>因为 $\triangle ABD$ 与 $\triangle ACD$ 等高，故 $\dfrac{S_{\triangle ABD}}{S_{\triangle ACD}}=\dfrac{BD}{CD}$. 同理，因为 $\triangle OBD$ 与 $\triangle OCD$ 等高，故 $\dfrac{S_{\triangle OBD}}{S_{\triangle OCD}}=\dfrac{BD}{CD}$，所以 $\dfrac{S_{\triangle ABD}}{S_{\triangle ACD}}=\dfrac{S_{\triangle OBD}}{S_{\triangle OCD}}=\dfrac{BD}{CD}$.<br>由等比定理，得<br>$\dfrac{S_{\triangle ABD}}{S_{\triangle ACD}}=\dfrac{S_{\triangle OBD}}{S_{\triangle OCD}}=\dfrac{S_{\triangle ABD}-S_{\triangle OBD}}{S_{\triangle ACD}-S_{\triangle OCD}}=\dfrac{S_{\triangle ABO}}{S_{\triangle ACO}}=\dfrac{BD}{CD}$. |

10. **(2019 年管理类联考真题)** 如图 5-24 所示，已知正方形 $ABCD$ 的面积，$O$ 为 $BC$ 上一点，$P$ 为 $AO$ 的中点，$Q$ 为 $DO$ 上一点，则能确定 $\triangle PQD$ 的面积.

(1) $O$ 为 $BC$ 的三等分点.

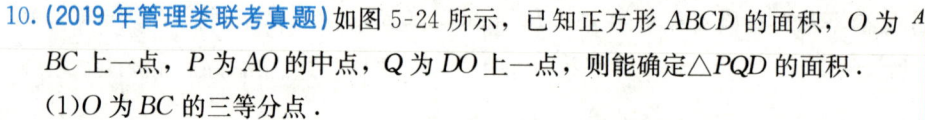

(2) $Q$ 为 $DO$ 的三等分点.

【解析】方法一：

条件(1)：由 $O$ 为 $BC$ 的三等分点，$Q$ 的位置不定，无法确定 $\triangle PQD$ 的面积，故条件(1)不充分.

条件(2)：无论 $O$ 点位置在哪里，$S_{\triangle AOD}=\dfrac{1}{2}S_{\text{正方形}ABCD}$. 又由于 $P$ 为 $AO$ 的中点，$Q$ 为 $DO$ 的三等分点，故 $S_{\triangle POD}=\dfrac{1}{2}S_{\triangle AOD}$，$S_{\triangle PQD}=\dfrac{1}{3}S_{\triangle POD}$，即

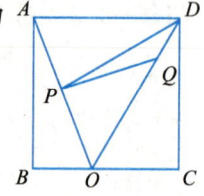

图 5-24

144

$$S_{\triangle PQD}=\frac{1}{6}S_{\triangle AOD}=\frac{1}{12}S_{\text{正方形}ABCD},$$

故条件(2)充分.

方法二：

如图 5-25 所示，由于 $P$ 是 $AO$ 的中点，所以无论 $O$ 点在 $BC$ 上如何移动，$P$ 始终在直线 $l$ 上，因此 $S_{\triangle APD}$ 的面积始终不变，且 $S_{\triangle POD}$ 与 $S_{\triangle APD}$ 相等，故在 △POD 中，确定 $Q$ 的位置即可确定 △PQD 的面积，与点 $O$ 无关．

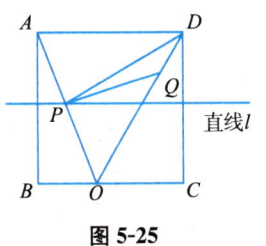

【答案】(B)

图 5-25

### 变化 5　风筝与蝴蝶模型

| 母题模型 | 解题思路 |
| --- | --- |
| (1) 任意四边形中的比例关系("风筝模型") 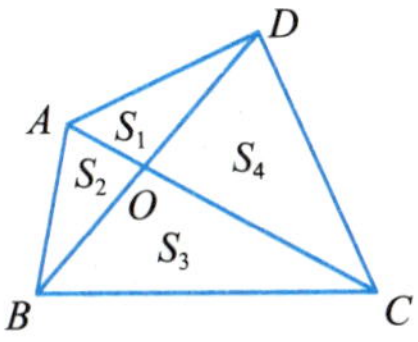<br>图 5-26 | 如图 5-26 所示，任意四边形被对角线分为 $S_1, S_2, S_3, S_4$，则有<br>(1) $S_1:S_2=S_4:S_3$ 或者 $S_1\times S_3=S_2\times S_4$；<br>速记：上×下＝左×右；<br>(2) $AO:OC=(S_1+S_2):(S_4+S_3)$. |
| (2) 梯形中的比例关系("梯形蝴蝶定理") 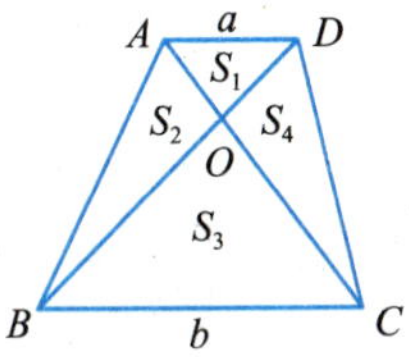<br>图 5-27 | 如图 5-27 所示，任意梯形被对角线分为 $S_1, S_2, S_3, S_4$，则有<br>(1) $S_1:S_3=a^2:b^2$，$S_1:S_2=a:b$，$S_2=S_4$；<br>(2) $S_1:S_3:S_2:S_4=a^2:b^2:ab:ab$.<br>$S$ 的对应份数为 $(a+b)^2$. |

**11.** (2015 年管理类联考真题) 如图 5-28 所示，梯形 $ABCD$ 的上底与下底分别为 5，7，$E$ 为 $AC$ 和 $BD$ 的交点，$MN$ 过点 $E$ 且平行于 $AD$，则 $MN=(\ )$.

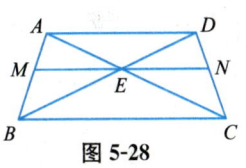

(A) $\dfrac{26}{5}$　　(B) $\dfrac{11}{2}$　　(C) $\dfrac{35}{6}$　　(D) $\dfrac{36}{7}$　　(E) $\dfrac{40}{7}$

图 5-28

【解析】因为 $AD$ 平行于 $BC$，所以 △AED 和 △CEB 相似，即 $\dfrac{ED}{BE}=\dfrac{AD}{BC}=\dfrac{EA}{CE}=\dfrac{5}{7}$.

而 △BEM 和 △BDA 相似，所以 $\dfrac{ME}{AD}=\dfrac{BE}{BD}=\dfrac{BE}{BE+ED}=\dfrac{7}{12}$，因此 $ME=\dfrac{7}{12}\times AD=\dfrac{35}{12}$.

同理，△CEN 和 △CAD 相似，所以 $\dfrac{EN}{AD}=\dfrac{CE}{CA}=\dfrac{CE}{CE+EA}=\dfrac{7}{12}$，可得 $EN=\dfrac{7}{12}\times AD=\dfrac{35}{12}$.

所以 $MN=ME+EN=\dfrac{35}{6}$.

【答案】(C)

12.(2016年管理类联考真题)如图 5-29 所示，在四边形 $ABCD$ 中，$AB \parallel CD$，$AB$ 与 $CD$ 的边长分别为 4 和 8，若△$ABE$ 的面积为 4，则四边形 $ABCD$ 的面积为(　　).

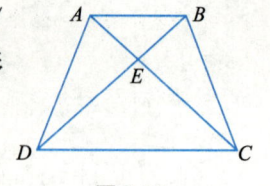

(A) 24  (B) 30
(C) 32  (D) 36
(E) 40

【解析】显然，△$ABE$ 与△$CDE$ 相似，且相似比为对应边之比，即 1∶2，故 $S_{\triangle CDE}=16$. $AE∶EC=1∶2$，故 $S_{\triangle ADE}=S_{\triangle BEC}=2S_{\triangle ABE}=8$.

所以总面积为 16+8+8+4=36.

【答案】(D)

> 相似三角形面积比等于相似比的平方
> 
> 梯形蝴蝶定理

## 题型 48　求面积问题

### 题型概述

| 命题概率 | 母题特点 |
| --- | --- |
| (1) 近 10 年真题命题数量：7.<br>(2) 命题概率：0.7. | 题干中出现求面积，尤其是求阴影部分的面积. |

### 母题变化

**变化 1　割补法求阴影部分面积**

| 母题模型 | 解题思路 |
| --- | --- |
| 求阴影部分面积 | (1) 注意图形之间的等量关系.<br>(2) 常用割补法.<br>(3) 巧用尺量法. |

1.(2014年管理类联考真题)如图 5-30 所示，圆 $A$ 和圆 $B$ 的半径均为 1，则阴影部分的面积为(　　).

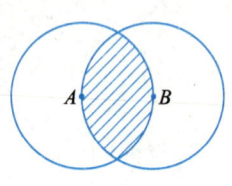

(A) $\dfrac{2}{3}\pi$　　(B) $\dfrac{\sqrt{3}}{2}$　　(C) $\dfrac{\pi}{3}-\dfrac{\sqrt{3}}{4}$

(D) $\dfrac{2\pi}{3}-\dfrac{\sqrt{3}}{4}$　　(E) $\dfrac{2\pi}{3}-\dfrac{\sqrt{3}}{2}$

【解析】由题意，连接两圆交点和圆心以后是等边三角形．设两圆的交点为 $C$、$D$ 两点，连接 $AC$，$AD$，$BC$，$BD$，$AB$，如图 5-31 所示，则 $AC=AB=BC$，故△$ABC$ 和△$ABD$ 为等边三角形，可得

阴影部分面积＝两个等边三角形(△ABC 和△ABD)的面积＋四个小弓形面积

$$= 2 \times S_{\triangle ABC} + 4 \times (S_{扇形ABC} - S_{\triangle ABC})$$
$$= 4 \times S_{扇形ABC} - 2 \times S_{\triangle ABC}$$
$$= 4 \times \frac{1}{6} \times \pi \times 1^2 - 2 \times \frac{1}{2} \times 1 \times \frac{\sqrt{3}}{2}$$
$$= \frac{2\pi}{3} - \frac{\sqrt{3}}{2}.$$

【答案】(E)

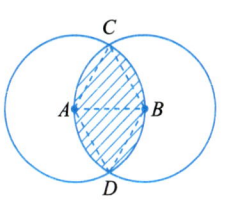

2. (2015 年管理类联考真题)如图 5-32 所示，$BC$ 是半圆的直径，且 $BC=4$，$\angle ABC=30°$，则图中阴影部分的面积为( ).

(A) $\frac{4\pi}{3} - \sqrt{3}$

(B) $\frac{4\pi}{3} - 2\sqrt{3}$

(C) $\frac{2\pi}{3} + \sqrt{3}$

(D) $\frac{2\pi}{3} + 2\sqrt{3}$

(E) $2\pi - 2\sqrt{3}$

【解析】设 $BC$ 的中点为 $O$，连接 $AO$，如图 5-33 所示．
$\angle ABC=30°$，显然有 $\angle AOB=120°$，故阴影部分的面积为
$$S = S_{扇形AOB} - S_{\triangle AOB} = \frac{1}{3} \times \pi \times 2^2 - \frac{1}{2} \times 2 \times 2 \times \sin 120° = \frac{4\pi}{3} - \sqrt{3}.$$

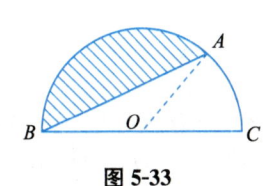

【答案】(A)

3. (2017 年管理类联考真题)某种机器人可搜索到的区域是半径为 1 米的圆，若该机器人沿直线行走 10 米，则其搜索过的区域的面积为( )平方米．

(A) $10 + \frac{\pi}{2}$　　(B) $10+\pi$　　(C) $20 + \frac{\pi}{2}$　　(D) $20+\pi$　　(E) $10\pi$

【解析】该机器人搜索过的区域如图 5-34 所示．
故该区域面积为 $10 \times 2 + \pi r^2 = 20 + \pi$(平方米).

【答案】(D)

4. (2017 年管理类联考真题)如图 5-35 所示，在扇形 $AOB$ 中，$\angle AOB = \frac{\pi}{4}$，$OA=1$，$AC \perp OB$，则阴影部分的面积为( ).

(A) $\frac{\pi}{8} - \frac{1}{4}$

(B) $\frac{\pi}{8} - \frac{1}{8}$

(C) $\frac{\pi}{4} - \frac{1}{2}$

(D) $\frac{\pi}{4} - \frac{1}{4}$

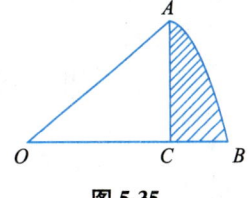

(E) $\frac{\pi}{4} - \frac{1}{8}$

【解析】已知 $\angle AOB = \dfrac{\pi}{4}$，$AC \perp OB$，$OA = 1$，可知 $OC = AC = OA \cdot \sin \dfrac{\pi}{4} = \dfrac{\sqrt{2}}{2}$，故

$$S_{\text{阴影}} = S_{\text{扇形}AOB} - S_{\triangle AOC} = \dfrac{1}{8}\pi \cdot 1^2 - \dfrac{1}{2} \cdot \dfrac{\sqrt{2}}{2} \cdot \dfrac{\sqrt{2}}{2} = \dfrac{1}{8}\pi - \dfrac{1}{4}.$$

【答案】(A)

5. (2021年管理类联考真题) 如图 5-36 所示，已知正六边形边长为 1，分别以正六边形的顶点 $O$，$P$，$Q$ 为圆心，以 1 为半径作圆弧，则阴影部分面积为(    ).

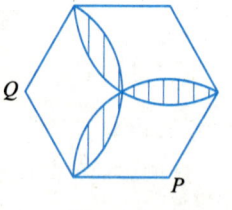

(A) $\pi - \dfrac{3\sqrt{3}}{2}$ \qquad (B) $\pi - \dfrac{3\sqrt{3}}{4}$

(C) $\dfrac{\pi}{2} - \dfrac{3\sqrt{3}}{4}$ \qquad (D) $\dfrac{\pi}{2} - \dfrac{3\sqrt{3}}{8}$

(E) $2\pi - 3\sqrt{3}$

图 5-36

【解析】设正六边形的边长，即圆弧的半径为 $r$，且 $r = 1$. 作辅助线，连接各顶点与正六边形的中心，如图 5-37 所示，可知

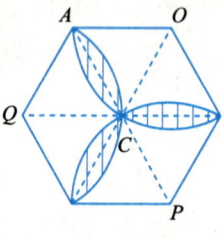

$$S_{\text{阴影}} = 6 \times S_{\text{弓形}} = 6 \times (S_{\text{扇形}OAC} - S_{\text{等边三角形}OAC})$$

$$= 6 \times \left(\dfrac{1}{6}\pi r^2 - \dfrac{\sqrt{3}}{4}r^2\right) = \pi - \dfrac{3\sqrt{3}}{2}.$$

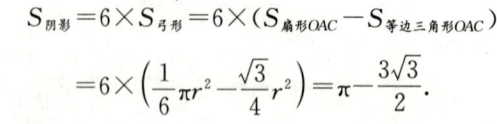

图 5-37

【答案】(A)

6. (1997年在职MBA联考真题) 如图 5-38 所示，$C$ 是以 $AB$ 为直径的半圆上的一点，再分别以 $AC$ 和 $BC$ 为直径作半圆，若 $AB = 5$，$AC = 3$，则图中阴影部分的面积是(    ).

(A) $3\pi$ \qquad (B) $4\pi$ \qquad (C) $6\pi$ \qquad (D) $6$ \qquad (E) $4$

【解析】由勾股定理得 $BC = \sqrt{5^2 - 3^2} = 4$，故 Rt$\triangle ABC$ 的面积为 6.

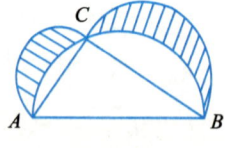

以 $BC$ 为直径的大半圆面积为 $\dfrac{\pi}{2} \times 2^2 = 2\pi$；

以 $AC$ 为直径的小半圆面积为 $\dfrac{\pi}{2} \times \left(\dfrac{3}{2}\right)^2 = \dfrac{9\pi}{8}$；

以 $AB$ 为直径的半圆面积为 $\dfrac{\pi}{2} \times \left(\dfrac{5}{2}\right)^2 = \dfrac{25\pi}{8}$；

故图中阴影部分的面积为 $2\pi + \dfrac{9\pi}{8} + 6 - \dfrac{25\pi}{8} = 6.$ 　　$S_{\text{阴影}} = S_{\text{大半圆}} + S_{\text{小半圆}} + S_{\triangle ABC} - S_{\text{直径为}AB\text{的半圆}}$

图 5-38

【答案】(D)

7. (1999年在职MBA联考真题) 半圆 $ADB$ 以 $C$ 为圆心、半径为 1 且 $CD \perp AB$，分别延长 $BD$ 和 $AD$ 至 $E$ 和 $F$，使得圆弧 $AE$ 和 $BF$ 分别以 $B$ 和 $A$ 为圆心，则图 5-39 中阴影部分的面积为(    ).

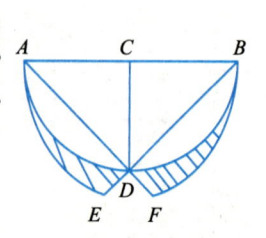

(A) $\dfrac{\pi}{2} - \dfrac{1}{2}$ \qquad (B) $(1 - \sqrt{2})\pi$ \qquad (C) $\dfrac{\pi}{2} - 1$ \qquad (D) $\dfrac{3\pi}{2} - 2$ \qquad (E) $\pi - 1$

图 5-39

【解析】左边阴影部分的面积为

$$S_{阴影}=S_{扇形ABE}-S_{扇形ACD}-S_{\triangle CDB}=\frac{1}{8}\pi\cdot 2^2-\frac{1}{4}\pi\cdot 1^2-\frac{1}{2}\cdot 1\cdot 1=\frac{\pi}{4}-\frac{1}{2},$$

左右阴影部分对称,则图中阴影部分的面积为 $2S_{阴影}=\frac{\pi}{2}-1$.

【答案】(C)

**8.** (2008年在职MBA联考真题)过点 $A(2,0)$ 向圆 $x^2+y^2=1$ 作两条切线 $AM$ 和 $AN$(如图5-40所示),则两切线和弧 $MN$ 所围成的面积(图中阴影部分)为(　　).

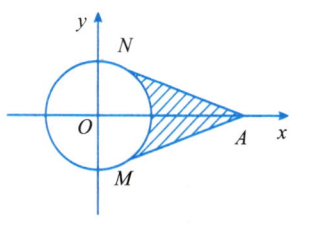

(A) $1-\frac{\pi}{3}$　　(B) $1-\frac{\pi}{6}$　　(C) $\frac{\sqrt{3}}{2}-\frac{\pi}{6}$

(D) $\sqrt{3}-\frac{\pi}{6}$　　(E) $\sqrt{3}-\frac{\pi}{3}$

图 5-40

【解析】连接 $ON$,则 $ON\perp AN$,$ON=1$,$OA=2$,所以 $AN=\sqrt{3}$,$\angle AON=\frac{\pi}{3}$.

所以阴影部分的面积 $S=2\times\left(\frac{1}{2}\times 1\times\sqrt{3}-\frac{\pi}{6}\times 1^2\right)=\sqrt{3}-\frac{\pi}{3}$.

$\sin\angle AON=\frac{AN}{AO}=\frac{\sqrt{3}}{2}=\sin 60°$

【答案】(E)

### 变化2　对折法求阴影部分面积

| 母题模型 | 解题思路 |
| --- | --- |
| 图形中有对折或对称关系 | 对折或对称部分是全等的 |

**9.** (2009年管理类联考真题)Rt△ABC 的斜边 $AB=13$ 厘米,直角边 $AC=5$ 厘米,把 $AC$ 对折到 $AB$ 上去与斜边重合,点 $C$ 与点 $E$ 重合,折痕为 $AD$(如图5-41所示),则图中阴影部分的面积为(　　)平方厘米.

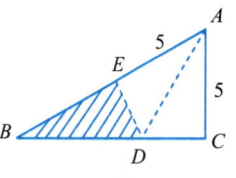

(A) 20　　(B) $\frac{40}{3}$　　(C) $\frac{38}{3}$

(D) 14　　(E) 12

图 5-41

【解析】方法一:△ABC 与△DBE 相似,$S_{\triangle ABC}=\frac{1}{2}\times\sqrt{13^2-5^2}\times 5=30$(平方厘米).

根据面积比等于相似比的平方,得

$$\frac{S_{\triangle ABC}}{S_{\triangle DBE}}=\left(\frac{BC}{BE}\right)^2=\left(\frac{\sqrt{13^2-5^2}}{13-5}\right)^2=\frac{9}{4},$$

所以 $S_{\triangle DBE}=\frac{40}{3}$ 平方厘米.

方法二:因为折痕为 $AD$,所以 $AD$ 是 Rt△ABC 中 $\angle BAC$ 的角平分线,故 $CD=DE$,由 △BDE∽△BCA,可得 $\frac{CD}{DB}=\frac{AC}{AB}$,$\frac{CD}{BC}=\frac{CD}{CD+DB}=\frac{AC}{AC+AB}$,即 $\frac{CD}{12}=\frac{5}{18}$,故 $DE=CD=\frac{10}{3}$ 厘米.

所以阴影部分的面积为 $\frac{1}{2}DE \times BE = \frac{1}{2} \times \frac{10}{3} \times 8 = \frac{40}{3}$（平方厘米）.

【答案】(B)

### 变化3 集合法求阴影部分面积

| 母题模型 | 解题思路 |
| --- | --- |
| 题干中出现两个标准图形（如三角形、矩形、扇形等）叠放. | 思路1：用两饼图或三饼图集合公式. <br> 思路2：分块法. |

**10.** (2010年管理类联考真题) 如图 5-42 所示，长方形 $ABCD$ 的两条边分别为 8 米和 6 米，四边形 $OEFG$ 的面积是 4 平方米，则阴影部分的面积为（　　）平方米.

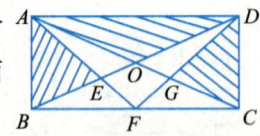

(A) 32　　(B) 28　　(C) 24

(D) 20　　(E) 16

图 5-42

【解析】图中的空白部分由两个三角形叠放而成，故由集合的两饼图公式可知

$$S_{空白} = S_{\triangle DBF} + S_{\triangle AFC} - S_{四边形OEFG}$$

$$= \frac{1}{2} \times BF \times AB + \frac{1}{2} \times CF \times AB - 4$$

$$= \frac{1}{2} \times BC \times AB - 4 = 20.$$

出现标准图形叠放，用集合法

故 $S_{阴影} = S_{矩形ABCD} - S_{空白} = 48 - 20 = 28$（平方米）.

【答案】(B)

**11.** (2011年管理类联考真题) 如图 5-43 所示，四边形 $ABCD$ 是边长为 1 的正方形，弧 $\overparen{AOB}$，$\overparen{BOC}$，$\overparen{COD}$，$\overparen{DOA}$ 均为半圆，则阴影部分的面积为（　　）.

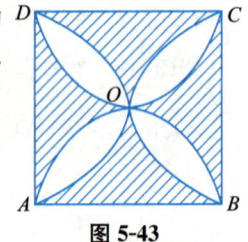

(A) $\frac{1}{2}$　　(B) $\frac{\pi}{2}$　　(C) $1 - \frac{\pi}{4}$

(D) $\frac{\pi}{2} - 1$　　(E) $2 - \frac{\pi}{2}$

图 5-43

【解析】方法一：连接 $OA$、$OB$ 可得一个 $\triangle OAB$，观察图形易知，半圆的半径 $r = \frac{1}{2}$ 且半圆面积减去三角形面积等于一片叶子的面积，即

$$\frac{1}{2}\pi r^2 - \frac{1}{2} \times 1 \times \frac{1}{2} = \frac{1}{8}\pi - \frac{1}{4}.$$

阴影部分面积等于正方形的面积减去 4 片叶子的面积，4 片叶子的面积为 $4\left(\frac{1}{8}\pi - \frac{1}{4}\right)$. 所以

$$S_{阴影部分} = 1 - 4\left(\frac{1}{8}\pi - \frac{1}{4}\right) = 2 - \frac{\pi}{2}.$$

方法二：看图易知，半圆的半径为 $r=\dfrac{1}{2}$，由集合的容斥原理可知，4个半圆的面积－正方形面积＝4片叶子的面积，故4片叶子的面积＝$4\times\dfrac{1}{2}\pi r^{2}-1=\dfrac{1}{2}\pi-1$．所以

$$S_{\text{阴影部分}}=1-\left(\dfrac{1}{2}\pi-1\right)=2-\dfrac{\pi}{2}.$$

【答案】(E)

12. (2012年管理类联考真题) 如图5-44所示，三个边长为1的正方形重叠放置，则覆盖区域(实线所围)的面积为( )．

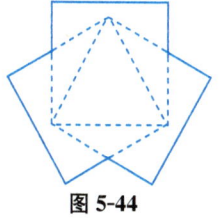

(A) $3-\sqrt{2}$      (B) $3-\dfrac{3\sqrt{2}}{4}$      (C) $3-\sqrt{3}$

(D) $3-\dfrac{\sqrt{3}}{2}$      (E) $3-\dfrac{3\sqrt{3}}{4}$

图 5-44

【解析】方法一：图形中间的虚线部分是一个边长为1的等边三角形和3个全等的等腰三角形．

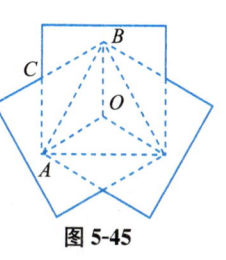

如图5-45所示，$O$为等边三角形的中心，$\triangle ABO\cong\triangle ABC$，故等边三角形面积为等腰三角形面积的3倍．等边三角形面积为 $\dfrac{\sqrt{3}}{4}$，则等腰三角形的面积为 $\dfrac{\sqrt{3}}{12}$．

图 5-45

所以，覆盖区域的面积为 $3\times\left(1-\dfrac{\sqrt{3}}{4}-2\times\dfrac{\sqrt{3}}{12}\right)+\dfrac{\sqrt{3}}{4}+3\times\dfrac{\sqrt{3}}{12}=3-\dfrac{3\sqrt{3}}{4}$．

方法二：用集合的三饼图公式，把三个正方形看作三个集合，可直接套公式：

$$A\cup B\cup C=A+B+C-\text{只覆盖两次的区域}-2\times\text{覆盖三次的区域}$$
$$=3\text{个正方形}-3\text{个等腰三角形}-2\times\text{等边三角形}$$
$$=3\text{个正方形}-3\text{个等边三角形}$$
$$=3-3\times\dfrac{\sqrt{3}}{4}.$$

> 出现标准图形叠放，用集合法

【答案】(E)

13. (2008年在职MBA联考真题) 如图5-46所示，长方形$ABCD$中的$AB=10$厘米，$BC=5$厘米，分别以$AB$和$AD$为半径作半圆，则图中阴影部分的面积为( )平方厘米．

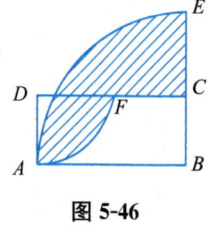

(A) $25-\dfrac{25}{2}\pi$      (B) $25+\dfrac{125}{2}\pi$

(C) $50+\dfrac{25}{4}\pi$      (D) $\dfrac{125}{4}\pi-50$

图 5-46

(E) 以上选项均不正确

【解析】$S_{\text{阴影}}=S_{\text{扇形}ABE}+S_{\text{扇形}ADF}-S_{\text{矩形}ABCD}$

> 出现标准图形叠放，用集合法

$$=\frac{1}{4}\pi\times 10^2+\frac{1}{4}\pi\times 5^2-5\times 10=\frac{125}{4}\pi-50(\text{平方厘米}).$$

【答案】(D)

### 变化 4　其他求面积问题

**14.** (2011年管理类联考真题) 如图 5-47 所示，等腰梯形的上底与腰均为 $x$，下底为 $x+10$，则 $x=13$.

(1) 该梯形的上底与下底之比为 13∶23.

(2) 该梯形的面积为 216.

【解析】条件(1)：$\dfrac{x}{x+10}=\dfrac{13}{23}$，解得 $x=13$，故条件(1)充分.

条件(2)：$\dfrac{x+(x+10)}{2}\cdot\sqrt{x^2-25}=216$，由于此方程不易解，故使用代入法可知 $x=13$ 成立，因此条件(2)充分.

【答案】(D)

**15.** (2016年管理类联考真题) 如图 5-48 所示，正方形 $ABCD$ 由四个相同的长方形和一个小正方形拼成，则能确定小正方形的面积.

(1) 已知正方形 $ABCD$ 的面积.

(2) 已知长方形的长与宽之比.

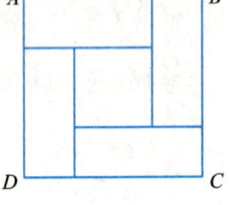

【解析】条件(1)：设长方形长、宽分别为 $a$，$b$．则
$$S_{\text{正方形}ABCD}=(a+b)^2=4ab+(a-b)^2,\ S_{\text{小正方形}}=(a-b)^2,$$
显然不能确定 $a-b$ 的值．故条件(1)不充分．

条件(2)：显然单独不能确定 $a-b$ 的值，即条件(2)不充分．

联立条件(1)和条件(2)，可求得 $a-b$ 的值，则 $(a-b)^2$ 可以确定，故联立起来充分．

【答案】(C)

**16.** (2007年在职 MBA 联考真题) 如图 5-49 所示，正方形 $ABCD$ 四条边与圆 $O$ 相切，而正方形 $EFGH$ 是圆 $O$ 的内接正方形．已知正方形 $ABCD$ 的面积为 1，则正方形 $EFGH$ 面积是 (　　)．

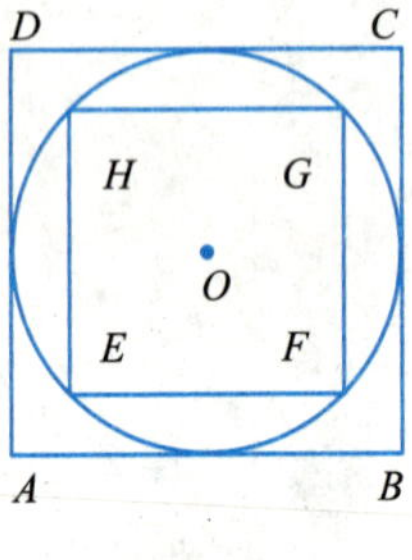

(A) $\dfrac{2}{3}$ 　　(B) $\dfrac{1}{2}$ 　　(C) $\dfrac{\sqrt{2}}{2}$

(D) $\dfrac{\sqrt{2}}{3}$ 　　(E) $\dfrac{1}{4}$

【解析】正方形 $ABCD$ 的面积为 1，可知边长 $AB=1$，将 $EFGH$ 顺时针旋转 $90°$，如图 5-50 所示，可知 $OF=\dfrac{1}{2}$，$EF=\dfrac{\sqrt{2}}{2}$，正方形 $EFGH$ 面积是 $\left(\dfrac{\sqrt{2}}{2}\right)^2=\dfrac{1}{2}$.

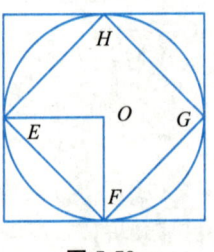

【答案】(B)

## 题型 49　空间几何体问题

### 题型概述

| 命题概率 | 母题特点 |
|---|---|
| (1) 近 10 年真题命题数量：14. <br> (2) 命题概率：1.4. | 见以下各变化. |

### 母题变化

#### 变化 1　表面积与体积

| 母题模型 | 解题思路 |
|---|---|
| (1) 长方体. <br> 若长方体的长、宽、高分别为 $a$，$b$，$c$，则体积 $V=abc$，表面积 $F=2(ab+ac+bc)$，体对角线 $d=\sqrt{a^2+b^2+c^2}$. <br> (2) 圆柱体. <br> 设圆柱体的高为 $h$，底面半径为 $r$，则体积 $V=\pi r^2 h$，侧面积 $S=2\pi rh$，表面积 $F=2\pi r^2+2\pi rh$. <br> (3) 球体. <br> 设球的半径是 $R$，则体积 $V=\dfrac{4}{3}\pi R^3$，表面积 $S=4\pi R^2$. | 套用公式即可 |

**1.** (2012 年管理类联考真题) 如图 5-51 所示，一个储物罐的下半部分是底面直径与高均为 20 米的圆柱形，上半部分(顶部)是半球形，已知底面与顶部的造价是 400 元/平方米，侧面的造价是 300 元/平方米，该储物罐的造价是（　　）($\pi\approx3.14$).

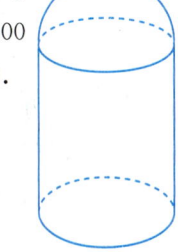

(A) 56.52 万元
(B) 62.8 万元
(C) 75.36 万元
(D) 87.92 万元
(E) 100.48 万元

图 5-51

【解析】设圆柱底面半径为 $r$，直径为 $d$.
圆柱的侧面积为 $\pi dh=\pi\times 20\times 20=400\pi$（平方米）;　　〔圆柱体侧面积：底面周长×高〕
底面积为 $\pi r^2=\pi\times 10^2=100\pi$（平方米）;
顶部半球的面积为 $\dfrac{1}{2}\times 4\pi r^2=2\pi\times 10^2=200\pi$（平方米）.　　〔球体表面积：$S_{球}=4\pi r^2$〕

所以，造价为
$$300\times 400\pi+400\times(100\pi+200\pi)=240\,000\pi\approx 75.36（万元）.$$

【答案】(C)

**2. (2013年管理类联考真题)** 将体积为 $4\pi$ 立方厘米和 $32\pi$ 立方厘米的两个实心金属球熔化后铸成一个实心大球，则大球的表面积为（ ）平方厘米．

(A) $32\pi$     (B) $36\pi$     (C) $38\pi$     (D) $40\pi$     (E) $42\pi$

【解析】设大球的半径为 $R$ 厘米，根据题意，得

$$\frac{4}{3}\pi R^3 = 4\pi + 32\pi,$$

> 球体体积：$V_{球} = \frac{4}{3}\pi r^3$

解得 $R=3$，故大球的表面积为 $4\pi R^2 = 4\times 9\pi = 36\pi$（平方厘米）．

【答案】(B)

**3. (2014年管理类联考真题)** 某工厂在半径为 5 厘米的球形工艺品上镀一层装饰金属，厚度为 0.01 厘米，已知装饰金属的原材料是棱长为 20 厘米的正方体锭子，则加工 10 000 个该工艺品需要的锭子数最少为（ ）个（不考虑加工损耗，$\pi\approx 3.14$）．

(A) 2     (B) 3     (C) 4     (D) 5     (E) 20

【解析】方法一：需要的锭子的数量为

$$\frac{\left(\frac{4}{3}\pi\times 5.01^3 - \frac{4}{3}\pi\times 5^3\right)\times 10\,000}{20^3}\approx 3.93(个).$$

方法二：$\dfrac{4\pi\times 5^2\times 0.01\times 10\,000}{20^3}\approx 3.93(个)$．

> 此方法为估算法．由于漆面很薄，我们近似地认为漆面面积和球体面积相等，再乘以漆面厚度，即可估算漆面体积

故最少需要 4 个锭子．

【答案】(C)

**4. (2015年管理类联考真题)** 有一根圆柱形铁管，管壁厚度为 0.1 米，内径为 1.8 米，长度为 2 米，若将该铁管熔化后浇铸成长方体，则该长方体的体积为（ ）立方米（$\pi\approx 3.14$）．

(A) 0.38     (B) 0.59     (C) 1.19     (D) 5.09     (E) 6.28

【解析】长方体的体积等于铁管的体积，且外圆半径 $R=1$ 米，内圆半径 $r=0.9$ 米．所以 $V=(\pi R^2-\pi r^2)h=\pi(1-0.9^2)\times 2\approx 3.14\times 0.19\times 2=1.193\,2\approx 1.19$（立方米）．

【答案】(C)

> 注意：内径和外径都是指直径

**5. (2015年管理类联考真题)** 底面半径为 $r$，高为 $h$ 的圆柱体表面积记为 $S_1$，半径为 $R$ 的球体表面积记为 $S_2$，则 $S_1\leqslant S_2$．

(1) $R\geqslant \dfrac{r+h}{2}$．

(2) $R\leqslant \dfrac{2h+r}{3}$．

【解析】圆柱体的表面积为 $S_1=2\pi r^2+2\pi rh$；球体表面积为 $S_2=4\pi R^2$．若

$$S_2-S_1=4\pi R^2-(2\pi r^2+2\pi rh)=2\pi(2R^2-r^2-rh)\geqslant 0,$$

则 $R^2\geqslant \dfrac{r^2+rh}{2}$．

条件(1)：两边平方，得

$$R^2\geqslant \left(\frac{r+h}{2}\right)^2=\frac{r^2+2rh+h^2}{4}=\frac{r^2+rh}{2}+\frac{h^2-r^2}{4},$$

故当 $h \geq r$ 时，$R^2 \geq \frac{r^2+rh}{2}$，$S_2 \geq S_1$；当 $h \leq r$ 时，不能确定 $S_1$ 和 $S_2$ 的关系，条件(1)不充分．

条件(2)：显然不充分．

联立两个条件，即 $\frac{r+h}{2} \leq R \leq \frac{2h+r}{3}$，解得 $h \geq r$，再由条件(1)可得 $S_2 \geq S_1$．

故两个条件联立起来充分．

【答案】(C)

**6.** (2016年管理类联考真题) 如图 5-52 所示，在半径为 10 厘米的球体上开一个底面半径是 6 厘米的圆柱形洞，则洞的内壁面积为(　　)平方厘米．

(A) $48\pi$　　　(B) $288\pi$　　　(C) $96\pi$

(D) $576\pi$　　(E) $192\pi$

【解析】球体纵截面如图 5-53 所示．

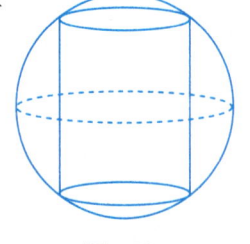

图 5-52

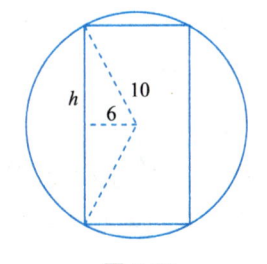

图 5-53

根据勾股定理求出内壁高，再求出内壁面积．

设圆柱的高为 $2h$，则有 $h^2 + 6^2 = 10^2$，则 $h = 8$．

故洞的内壁面积为 $S = 6\pi \times 2 \times 8 \times 2 = 192\pi$（平方厘米）．

【答案】(E)

**7.** (2018年管理类联考真题) 如图 5-54 所示，圆柱体的底面半径为 2，高为 3，垂直于底面的平面截圆柱体所得截面为矩形 $ABCD$．若弦 $AB$ 所对的圆心角是 $\frac{\pi}{3}$，则截掉部分(较小部分)的体积为(　　)．

(A) $\pi - 3$　　　(B) $2\pi - 6$　　　(C) $\pi - \frac{3\sqrt{3}}{2}$

(D) $2\pi - 3\sqrt{3}$　　(E) $\pi - \sqrt{3}$

【解析】横截面如图 5-55 所示．

设底面圆的圆心为 $O$，连接 $OC$，$OD$，根据题意，$\triangle OCD$ 为等边三角形．

则弓形面积为

$$S_{弓形} = S_{扇形OCD} - S_{三角形OCD} = \frac{1}{6}\pi \cdot 2^2 - \frac{1}{2} \cdot 2 \cdot \sqrt{3} = \frac{2}{3}\pi - \sqrt{3}.$$

故截掉部分(较小部分)的体积 = 底面积 × 高 = $S_{弓形} \times 3 = 2\pi - 3\sqrt{3}$．

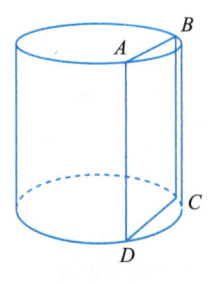

图 5-54

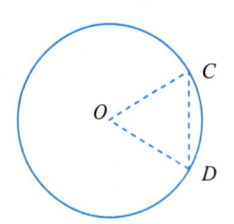

图 5-55

【答案】(D)

**8.(2020年管理类联考真题)** 在长方体中,能确定长方体对角线的长度.

(1)已知共顶点的三个面的面积.

(2)已知共顶点的三个面的对角线长度.

【解析】设长方体的长、宽、高分别为 $a,b,c$.

条件(1):已知共顶点的三个面的面积,即已知 $ab,ac,bc$ 的值,由此可知 $a,b,c$ 的值,故可求体对角线 $\sqrt{a^2+b^2+c^2}$,因此条件(1)充分.

条件(2):已知共顶点的三个面的对角线长度,即已知 $\sqrt{a^2+b^2}$,$\sqrt{b^2+c^2}$,$\sqrt{a^2+c^2}$ 的值,平方后求和可得 $2(a^2+b^2+c^2)$ 的值,即可求出 $\sqrt{a^2+b^2+c^2}$,因此条件(2)也充分.

【答案】(D)

**9.(1997年在职MBA联考真题)** 若圆柱体的高增大到原来的3倍,底半径增大到原来的1.5倍,则其体积增大到原来体积的倍数是( ).

(A)4.5　　　(B)6.75　　　(C)9　　　(D)12.5　　　(E)15

【解析】圆柱体体积 $V=\pi r^2 h$,增大后的体积为 $V'=\pi(1.5r)^2 3h=6.75\pi r^2 h=6.75V$.

【答案】(B)

**10.(1997年在职MBA联考真题)** 一个长方体,长与宽之比是2∶1,宽与高之比是3∶2,若长方体的全部边长之和是220厘米,则长方体的体积为( )立方厘米.

(A)2 880　　　(B)7 200　　　(C)4 600

(D)4 500　　　(E)3 600

【解析】长、宽、高之比为 6∶3∶2. 〔三连比问题〕

全部棱长之和为220厘米,则长+宽+高=$\dfrac{220}{4}$=55(厘米),故

$$长=\dfrac{6}{6+3+2}\times 55=30(厘米),$$

$$宽=\dfrac{3}{6+3+2}\times 55=15(厘米),$$

$$高=\dfrac{2}{6+3+2}\times 55=10(厘米).$$

故体积 $V=30\times 15\times 10=4\ 500$(立方厘米).

【答案】(D)

**11.(1998年在职MBA联考真题)** 圆柱体的底面半径和高的比是1∶2,若体积增加到原来的6倍,底面半径和高的比保持不变,则底半径( ).

(A)增加到原来的 $\sqrt{6}$ 倍　　　(B)增加到原来的 $\sqrt[3]{6}$ 倍　　　(C)增加到原来的 $\sqrt{3}$ 倍

(D)增加到原来的 $\sqrt[3]{3}$ 倍　　　(E)增加到原来的 6 倍

【解析】设圆柱体的底半径为 $r$,高为 $h$,则 $h=2r$. 体积 $V=\pi r^2 h=2\pi r^3$,由于体积 $V$ 与 $r^3$ 成正比,故若体积为原来的6倍,则半径为原来的 $\sqrt[3]{6}$ 倍.

【答案】(B)

**12.**（1998年在职MBA联考真题）若一球体的表面积增加到原来的9倍，则它的体积( ).
　　(A)增加到原来的9倍　　　　(B)增加到原来的27倍　　　　(C)增加到原来的3倍
　　(D)增加到原来的6倍　　　　(E)增加到原来的8倍

【解析】球的表面积为 $S=4\pi r^2$，由于球体的表面积增加到原来的9倍，说明半径为原来的3倍．又由球的体积为 $V=\dfrac{4}{3}\pi r^3$，故体积为原来的27倍．

【答案】(B)

**13.**（1999年在职MBA联考真题）一个圆柱体的高减少到原来的70%，底面半径增加到原来的130%，则它的体积( ).
　　(A)不变　　　　　　　　　　(B)增加到原来的121%　　　　(C)增加到原来的130%
　　(D)增加到原来的118.3%　　　(E)减少到原来的91%

【解析】圆柱的体积 $V=\pi \cdot r^2 \cdot h$，故体积为原来的 $0.7\times 1.3^2=1.183$．

【答案】(D)

▶ **变化2　空间几何体的切与接**

| 母题模型 | 解题思路 |
|---|---|
| (1) 长方体、正方体、圆柱体的外接球<br>　　长方体外接球的直径＝长方体的体对角线长<br>　　正方体外接球的直径＝正方体的体对角线长<br>　　圆柱体外接球的直径＝圆柱体的体对角线长<br>(2) 正方体的内切球<br>　　　　内切球直径＝正方体的棱长<br>(3) 圆柱体的内切球<br>　　　　内切球的直径＝圆柱体的高＝圆柱体底面直径<br>　　　　内切球的横切面＝圆柱体的底面 | 解题关键：找到等量关系． |

**14.**（2011年管理类联考真题）现有一个半径为 $R$ 的球体，拟用刨床将其加工成正方体，则能加工成的最大正方体的体积是( ).

　　(A) $\dfrac{8}{3}R^3$　　　(B) $\dfrac{8\sqrt{3}}{9}R^3$　　　(C) $\dfrac{4}{3}R^3$　　　(D) $\dfrac{1}{3}R^3$　　　(E) $\dfrac{\sqrt{3}}{9}R^3$

【解析】能加工成的最大正方体是球的内接正方体，球体的内接正方体的体对角线与球体的直径相等，故有 $(2R)^2=3a^2$，即 $a=\dfrac{2}{\sqrt{3}}R$，则正方体的体积为 $a^3=\dfrac{8\sqrt{3}}{9}R^3$．

【答案】(B)

**15.**（2019年管理类联考真题）如图5-56所示，正方体位于半径为3的球内，且一面位于球的大圆上，则正方体表面积最大为( ).
　　(A)12　　　(B)18　　　(C)24
　　(D)30　　　(E)36

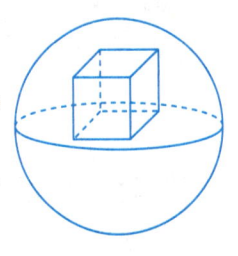

图 5-56

【解析】方法一：如图 5-57 所示，当正方体上面 4 个点和半球体表面相接时，正方体表面积最大．设正方体的边长为 $a$，球体半径为 $R$，可知 $r^2+a^2=R^2 \Rightarrow a^2+\dfrac{a^2}{2}=9$，解得正方体表面积为 $6a^2=36$．

方法二：将此上半球对称得出下半球，补成完整的球体，则有边长为 $a，a，2a$ 的长方体与球相接，则长方体的体对角线等于球体直径，即 $\sqrt{a^2+a^2+(2a)^2}=2R=6$，从而解得正方体的表面积为 $6a^2=36$．

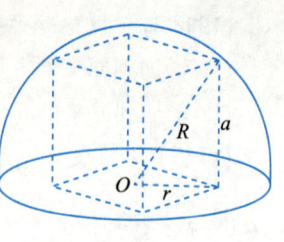

图 5-57

【答案】(E)

16. (2021年管理类联考真题) 若球体的内接正方体的体积为 8 立方米，则该球体的表面积为（　　）平方米．

(A) $4\pi$　　　(B) $6\pi$　　　(C) $8\pi$　　　(D) $12\pi$　　　(E) $24\pi$

【解析】设正方体边长为 $a$ 米，球的半径为 $R$ 米．

已知正方体的体积 $V=a^3=8$，可得 $a=2$．

球的直径是内接正方体的体对角线，故 $2R=\sqrt{3}a=2\sqrt{3}$，解得 $R=\sqrt{3}$．

故该球体的表面积为 $4\pi R^2=12\pi$ 平方米．

【答案】(D)

▶ 变化 3　与水有关的应用题

| 母题模型 | 解题思路 |
| --- | --- |
| 将某球体（圆柱体、长方体）放入装满水的容器． | 找到等量关系即可，比如体积不变． |

17. (2017年管理类联考真题) 如图 5-58 所示，一个铁球沉入水池中，则能确定铁球的体积．

(1) 已知铁球露出水面的高度．

(2) 已知水深及铁球与水面交线的周长．

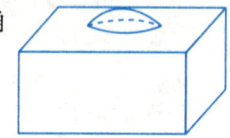

图 5-58

【解析】条件(1)：显然不充分．

条件(2)：画出截面如图 5-59 所示．

由铁球与水面交线的周长，可求得交面的半径 $AB$，令其等于 $a$．$OB=h-r$，$AO=r$，由勾股定理可得 $(h-r)^2+a^2=r^2$，解得铁球半径 $r=\dfrac{h^2+a^2}{2h}$，从而求得体积．条件(2)充分．

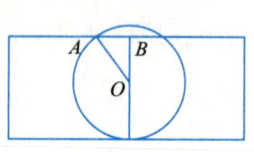

图 5-59

【注意】如果题干没有给示意图，则铁球入水还有第二种可能性，画出纵截面如图 5-60 所示．

由铁球与水面交线的周长，可求得交面的半径 $AB$，令其等于 $a$．此时，$OB=r-h$，$AO=r$，由勾股定理可得 $(r-h)^2+a^2=r^2$，解得铁球半径为 $r=\dfrac{h^2+a^2}{2h}$，从而求得体积．

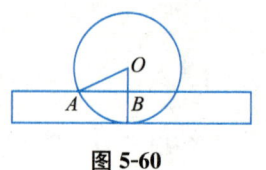

图 5-60

发现两种情况所得铁球半径相同，故仅由条件(2)即可求得铁球的体积．

【答案】(B)

**18.**(1999年在职MBA联考真题)一个两头密封的圆柱形水桶,水平横放时桶内有水部分占水桶一头圆周长的 $\frac{1}{4}$,则水桶直立时水的高度和桶的高度之比是( ).

(A)$\frac{1}{4}$   (B)$\frac{1}{4}-\frac{1}{\pi}$   (C)$\frac{1}{4}-\frac{1}{2\pi}$   (D)$\frac{1}{8}$   (E)$\frac{\pi}{4}$

【解析】设桶高为 $h$,水桶直立时水高为 $l$,水桶横放时的纵截面为图5-61,易知劣弧 $AB$ 所对的圆心角为 $90°$,故图5-61中阴影部分面积为 $S_{阴}=\frac{1}{4}\pi r^2-\frac{1}{2}r^2$. 由于桶内水的体积不变,故 $V_{水}=\pi r^2 \cdot l=S_{阴} \cdot h=\left(\frac{1}{4}\pi r^2-\frac{1}{2}r^2\right)h$,解得 $\frac{l}{h}=\frac{1}{4}-\frac{1}{2\pi}$.

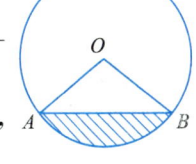

【答案】(C)

### 变化4  其他题型

**19.**(2014年管理类联考真题)如图5-62所示,正方体 $ABCD-A'B'C'D'$ 的棱长为2,$F$ 是棱 $C'D'$ 的中点,则 $AF$ 的长为( ).

(A)3   (B)5   (C)$\sqrt{5}$
(D)$2\sqrt{2}$   (E)$2\sqrt{3}$

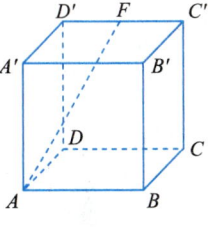

【解析】在 $\triangle AD'F$ 中使用勾股定理求 $AF$,可得
$$AF=\sqrt{D'A^2+D'F^2}=\sqrt{2^2+2^2+1}=3.$$

【答案】(A)

**20.**(2016年管理类联考真题)现有长方形木板340张,正方形木板160张(如图5-63所示),这些木板恰可以装配成若干竖式和横式的无盖箱子(如图5-64所示). 装配成的竖式和横式箱子的个数分别为( ).

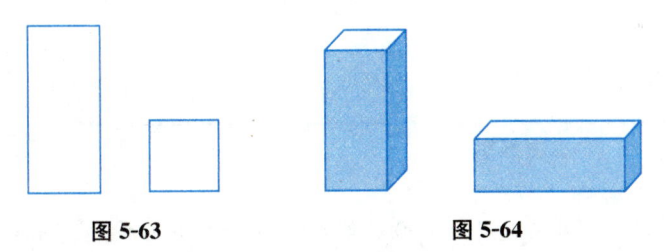

(A)25,80   (B)60,50   (C)20,70
(D)60,40   (E)40,60

【解析】设竖式的箱子为 $x$ 个、横式的为 $y$ 个,则有
$$\begin{cases}4x+3y=340,\\ x+2y=160,\end{cases} 解得 \begin{cases}x=40,\\ y=60.\end{cases}$$
故竖式和横式箱子的个数分别为40个,60个.

【答案】(E)

21. **(2019年管理类联考真题)** 如图 5-65 所示，六边形 $ABCDEF$ 是平面与棱长为 2 的正方体所截得到的，若 $A$，$B$，$D$，$E$ 分别为相应棱的中点，则六边形 $ABCDEF$ 的面积为( ).

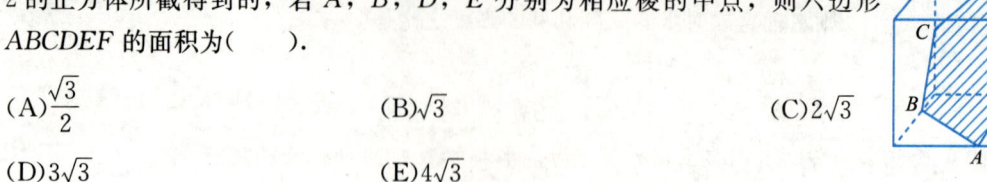

(A) $\dfrac{\sqrt{3}}{2}$     (B) $\sqrt{3}$     (C) $2\sqrt{3}$

(D) $3\sqrt{3}$     (E) $4\sqrt{3}$

图 5-65

【解析】已知点 $A$，$B$，$D$，$E$ 分别为相应棱的中点，若要保证点 $A$，$B$，$C$，$D$，$E$，$F$ 在同一平面内，则 $C$，$F$ 也是相应棱的中点. 故可知此六边形为正六边形，边长是 $\sqrt{2}$. 如图 5-66 所示，该正六边形会形成 6 个边长为 $\sqrt{2}$ 的等边三角形.

图 5-66

等边三角形面积为 $S=\dfrac{\sqrt{3}}{4}a^2=\dfrac{\sqrt{3}}{4}\times(\sqrt{2})^2=\dfrac{\sqrt{3}}{2}$.    等边三角形面积公式：$S=\dfrac{\sqrt{3}}{4}a^2$

故六边形的面积为 $6\times\dfrac{\sqrt{3}}{2}=3\sqrt{3}$.

【答案】(D)

## 题型 50　点、直线与直线的位置关系

### 题型概述

| 命题概率 | 母题特点 |
| --- | --- |
| (1) 近 10 年真题命题数量：0.<br>(2) 命题概率：2008 年以前考过 6 道，2009 年至今未考过，但仍有考试可能，需要掌握. | 题干中出现点与直线、直线与直线. |

### 母题变化

**变化 1　点与直线的位置关系**

| 母题模型 | 解题思路 |
| --- | --- |
| 点到直线的距离 | 公式：$d=\dfrac{\lvert Ax_0+By_0+C\rvert}{\sqrt{A^2+B^2}}$. |

1. 点 $P(m-n, n)$ 到直线 $l$ 的距离为 $\sqrt{m^2+n^2}$.

(1)直线 $l$ 的方程: $\dfrac{x}{n}+\dfrac{y}{m}=-1$.

(2)直线 $l$ 的方程: $\dfrac{x}{m}+\dfrac{y}{n}=1$.

【解析】条件(1): 直线可化为 $mx+ny+mn=0$, 根据点到直线的距离公式有

$$d=\dfrac{|m(m-n)+n^2+mn|}{\sqrt{m^2+n^2}}=\sqrt{m^2+n^2}.$$

所以, 条件(1)充分.

条件(2): 直线可化为 $nx+my-mn=0$, 根据点到直线的距离公式有

$$d=\dfrac{|n(m-n)+mn-mn|}{\sqrt{m^2+n^2}}=\dfrac{|mn-n^2|}{\sqrt{m^2+n^2}}.$$

所以, 条件(2)不充分.

【答案】(A)

### 变化 2　直线与直线平行

| 母题模型 | 解题思路 |
| --- | --- |
| (1) 若两条直线的斜率相等且截距不相等, 则两条直线互相平行. <br> (2) 若两条平行直线的方程分别为 $l_1: Ax+By+C_1=0$, $l_2: Ax+By+C_2=0$, 那么 $l_1$ 与 $l_2$ 之间的距离为 $$d=\dfrac{|C_1-C_2|}{\sqrt{A^2+B^2}}.$$ | 套公式即可, 注意两直线重合的情况. |

2. (1997年在职MBA联考真题)若圆的方程是 $-y^2-4y-x^2+2x-1=0$, 直线方程是 $3x+2y=1$, 则过已知圆的圆心并与已知直线平行的直线方程是(　　).

(A) $2x+3y+1=0$　　　　(B) $2y+3x-7=0$　　　　(C) $3x+2y+1=0$

(D) $3x+2y-8=0$　　　　(E) $2x+3y-6=0$

【解析】圆的方程可写为 $(x-1)^2+(y+2)^2=4$, 故圆心为 $(1,-2)$, 所求直线的斜率与 $3x+2y=1$ 相同, 故可设所求直线为 $3x+2y+C=0$, 将圆心坐标代入, 解得 $C=1$, 则直线方程为 $3x+2y+1=0$.

【答案】(C)

3. (1999年在职MBA联考真题)在直角坐标系中, $O$ 为原点, 点 $A$, $B$ 的坐标分别为 $(-2, 0)$、$(2,-2)$, 以 $OA$ 为一边, $OB$ 为另一边作平行四边形 $OACB$, 则平行四边形的边 $AC$ 所在直线的方程是(　　).

(A) $y=-2x-1$　　　　(B) $y=-2x-2$　　　　(C) $y=-x-2$

(D) $y=\dfrac{1}{2}x-\dfrac{3}{2}$　　　　(E) $y=-\dfrac{1}{2}x-\dfrac{3}{2}$

【解析】由于平行四边形对边互相平行, 故 $AC$ 的斜率等于 $OB$ 的斜率为 $-1$, 又因为 $AC$ 经过点 $A$, 故根据直线的点斜式方程, 可得 $AC$ 所在直线的方程为 $y=-x-2$.

【答案】(C)

$y-y_0=k(x-x_0)$

# 变化3 直线与直线相交、垂直

| 母题模型 | 解题思路 |
| --- | --- |
| (1) 相交.<br>①联立两条直线的方程可以求交点.<br>②若两条直线 $l_1: y=k_1x+b_1$ 与 $l_2: y=k_2x+b_2$, 且两条直线不是互相垂直的, 则两条直线的夹角 $\alpha$ 满足如下关系 $$\tan\alpha=\left|\frac{k_1-k_2}{1+k_1k_2}\right|.$$ | 套公式即可 |
| (2) 垂直.<br>若两条直线互相垂直, 有如下两种情况:<br>①其中一条直线的斜率为0, 另外一条直线的斜率不存在, 即一条直线平行于 $x$ 轴, 另一条直线平行于 $y$ 轴;<br>②两条直线的斜率都存在, 则斜率的乘积等于 $-1$.<br>以上两种情况可以用下述结论记忆:<br>若两条直线 $l_1: A_1x+B_1y+C_1=0$, $l_2: A_2x+B_2y+C_2=0$ 互相垂直, 则 $A_1A_2+B_1B_2=0$. | 套公式即可, 注意斜率不存在的情况. |

**4.** (1998年在职 MBA 联考真题) 设正方形 $ABCD$ 如图 5-67 所示, 其中 $A(2,1)$, $B(3,2)$, 则 $CD$ 所在的直线方程是( ).

(A) $y=x-1$  (B) $y=x+1$  (C) $y=x-2$
(D) $y=2x+2$  (E) $y=-x+2$

**图 5-67**

【解析】方法一:

$ABCD$ 为正方形, 可知 $CD \parallel AB$, $AB$ 所在直线的斜率 $k_{AB}=\dfrac{y_B-y_A}{x_B-x_A}=1$, 所以 $CD$ 所在的直线斜率也为 1. 由此可知, $CA \parallel y$ 轴, $BD \parallel x$ 轴, 故 $D$ 点坐标为 $(1,2)$.

根据直线的点斜式方程, 可得 $CD$ 所在的直线方程为 $y=x+1$.

方法二:

观察图像, 因为 $ABCD$ 是正方形, 根据点 $A(2,1)$、$B(3,2)$ 可知 $C(2,3)$、$D(1,2)$, 再根据两点式方程 $\dfrac{y-y_1}{y_2-y_1}=\dfrac{x-x_1}{x_2-x_1}$ 得出解析式. 故 $CD$ 所在的直线方程为 $y=x+1$.

【答案】(B)

**5.** (1998年在职 MBA 联考真题) 已知直线 $l$ 的方程为 $x+2y-4=0$, 点 $A$ 的坐标为 $(5,7)$, 过点 $A$ 作直线垂直于 $l$, 则垂足的坐标为( ).

(A) $(6,5)$  (B) $(5,6)$  (C) $(2,1)$  (D) $(-2,6)$  (E) $\left(\dfrac{1}{2},3\right)$

【解析】设垂足的坐标为 $(x_0, y_0)$, 根据斜率关系和垂足在直线 $l$ 上, 可得

$$\begin{cases}\dfrac{y_0-7}{x_0-5}=2,\\ x_0+2y_0-4=0\end{cases} \Rightarrow x_0=2, y_0=1,$$

即垂足的坐标为(2，1).
【答案】(C)

6. (1999年在职MBA联考真题)已知直线 $l_1$：$(a+2)x+(1-a)y-3=0$ 和直线 $l_2$：$(a-1)x+(2a+3)y+2=0$ 互相垂直，则 $a$ 等于( ).

(A)$-1$ (B)$1$ (C)$\pm 1$ (D)$-\dfrac{3}{2}$ (E)$0$

【解析】根据两直线垂直，得到 $(a+2)(a-1)+(1-a)(2a+3)=0$，解得 $a=\pm 1$.

> $A_1A_2+B_1B_2=0$

【答案】(C)

7. (2008年在职MBA联考真题)$a=-4$.

(1)点 $A(1,0)$ 关于直线 $x-y+1=0$ 的对称点是 $A'\left(\dfrac{a}{4}, -\dfrac{a}{2}\right)$.

(2)直线 $l_1$：$(2+a)x+5y=1$ 与直线 $l_2$：$ax+(2+a)y=2$ 垂直．

【解析】条件(1)：点 $A(1,0)$ 关于直线 $x-y+1=0$ 的对称点为 $(-1,2)$.
故 $a=-4$，条件(1)充分．
条件(2)：两条直线垂直，则 $(2+a)a+5(2+a)=0$，即
$(2+a)(a+5)=0$，
解得 $a=-2$ 或 $a=-5$，故条件(2)不充分．

> 点 $(x,y)$ 关于直线 $x-y+c=0$ 的对称点的坐标为 $(y-c, x+c)$

【答案】(A)

## 题型51　点、直线与圆的位置关系

### 题型概述

| 命题概率 | 母题特点 |
| --- | --- |
| (1)近10年真题命题数量：9.<br>(2)命题概率：0.9. | 题干中出现点和圆、直线和圆. |

### 母题变化

#### 变化1　点与圆的位置关系

| 母题模型 | 解题思路 |
| --- | --- |
| 点 $P(x_0, y_0)$，圆：$(x-a)^2+(y-b)^2=r^2$.<br>(1)点在圆内：$(x_0-a)^2+(y_0-b)^2<r^2$.<br>(2)点在圆上：$(x_0-a)^2+(y_0-b)^2=r^2$.<br>(3)点在圆外：$(x_0-a)^2+(y_0-b)^2>r^2$. | 将点的坐标代入圆的方程，与半径的平方比大小即可． |

1. 若点 $(a, 2a)$ 在圆 $(x-1)^2+(y-1)^2=1$ 的内部，则实数 $a$ 的取值范围是( ).

(A) $\frac{1}{5}<a<1$        (B) $a>1$ 或 $a<\frac{1}{5}$        (C) $\frac{1}{5}\leqslant a\leqslant 1$

(D) $a\geqslant 1$ 或 $a\leqslant\frac{1}{5}$        (E) 以上选项均不正确

【解析】点在圆的内部，故 $(a-1)^2+(2a-1)^2<1$，整理得 $5a^2-6a+1<0$，解得 $\frac{1}{5}<a<1$.

【答案】(A)

### 变化2   直线与圆的相离

| 母题模型 | 解题思路 |
| --- | --- |
| 设圆心 $(x_0, y_0)$ 到直线 $Ax+By+C=0$ 的距离为 $d$，圆的半径为 $r$，直线与圆相离（不相交），则 $d>r$. | 点到直线的距离公式： $$d=\frac{|Ax_0+By_0+C|}{\sqrt{A^2+B^2}},$$ 根据 $d$ 与 $r$ 的大小判断直线与圆的关系. |

**2.** (2018年管理类联考真题) 设 $a, b$ 为实数，则圆 $x^2+y^2=2y$ 与直线 $x+ay=b$ 不相交.

(1) $|a-b|>\sqrt{1+a^2}$.

(2) $|a+b|>\sqrt{1+a^2}$.

【解析】由 $x^2+y^2=2y$，可知 $x^2+(y-1)^2=1$.

已知圆 $x^2+(y-1)^2=1$ 与直线 $x+ay=b$ 不相交，则圆心 $(0,1)$ 到直线的距离大于半径，即

$$\frac{|0+a-b|}{\sqrt{1+a^2}}>1 \Leftrightarrow |a-b|>\sqrt{1+a^2}.$$

故条件(1)充分，条件(2)不充分.

【答案】(A)

### 变化3   直线与圆的相切

| 母题模型 | 解题思路 |
| --- | --- |
| (1) 设圆心 $(x_0, y_0)$ 到直线 $Ax+By+C=0$ 的距离为 $d$，圆的半径为 $r$，直线与圆相切，则 $d=r$. <br> (2) 求圆的切线方程时，常设切线的方程为 $Ax+By+C=0$ 或 $y=k(x-a)+b$，再利用点到直线的距离等于半径，即可确定切线方程. | 点到直线的距离公式： $$d=\frac{|Ax_0+By_0+C|}{\sqrt{A^2+B^2}},$$ 根据 $d$ 与 $r$ 的大小判断直线与圆的关系. |

**3.** (2009年管理类联考真题) 若圆 $C: (x+1)^2+(y-1)^2=1$ 与 $x$ 轴交于点 $A$，与 $y$ 轴交于点 $B$，则与此圆相切于劣弧 $AB$ 的中点 $M$（注：小于半圆的弧称为劣弧）的切线方程是( ).

(A) $y=x+2-\sqrt{2}$        (B) $y=x+1-\frac{1}{\sqrt{2}}$        (C) $y=x-1+\frac{1}{\sqrt{2}}$

(D) $y=x-2+\sqrt{2}$        (E) $y=x+1-\sqrt{2}$

【解析】垂径定理：垂直于弦的直径平分弦且平分这条弦所对应的两条弧.

根据题意作图 5-68，并作垂直于弦 $AB$ 的直径，可知该直径必过点 $M$，此时过点 $M$ 的切线平行

于弦 $AB$. 故切线的斜率为 $k=k_{AB}=1$, 设切线的方程为 $y=x+b$, 由于直线与劣弧相切, 故 $b<1$.

圆心 $(-1,1)$ 到切线的距离等于 1, 即

$$\frac{|-1-1+b|}{\sqrt{1^2+1^2}}=1, \quad |b-2|=\sqrt{2},$$

解得 $b=2+\sqrt{2}$(舍去)或 $b=2-\sqrt{2}$.

故切线方程为 $y=x+2-\sqrt{2}$.

【答案】(A)

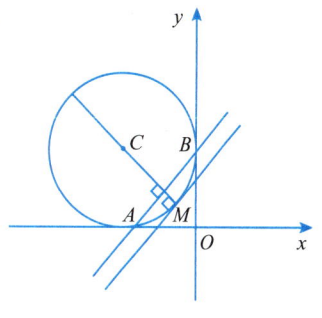

图 5-68

4. (2011 年管理类联考真题)设 $P$ 是圆 $x^2+y^2=2$ 上的一点, 该圆在点 $P$ 的切线平行于直线 $x+y+2=0$, 则点 $P$ 的坐标为(    ).

(A)$(-1,1)$    (B)$(1,-1)$    (C)$(0,\sqrt{2})$    (D)$(\sqrt{2},0)$    (E)$(1,1)$

【解析】设过点 $P$ 的切线为 $x+y+C=0(C\neq 2)$, 已知圆心到切线的距离等于半径, 则

$$\frac{|C|}{\sqrt{1+1}}=\sqrt{2},$$

解得 $C=2$(舍)或 $C=-2$.

显然, 过 $P$ 点的切线应为 $x+y-2=0$, 联立圆和直线的方程, 得

$$\begin{cases} x+y-2=0, \\ x^2+y^2=2, \end{cases}$$

解得 $x=1$, $y=1$.

【快速得分法】数形结合法.

画图像可知 $x+y+2=0$ 与圆相切, 切点在第三象限, 故另外一个切点必在第一象限, 观察选项, 只有(E)项在第一象限.

【答案】(E)

5. (2014 年管理类联考真题)已知直线 $l$ 是圆 $x^2+y^2=5$ 在点 $(1,2)$ 处的切线, 则 $l$ 在 $y$ 轴上的截距为(    ).

(A)$\dfrac{2}{5}$    (B)$\dfrac{2}{3}$    (C)$\dfrac{3}{2}$    (D)$\dfrac{5}{2}$    (E)5

【解析】方法一: 设 $l$ 的方程为 $y=k(x-1)+2$, 即

$$kx-y-k+2=0.$$

对应的纵截距为 $-k+2$.

由相切可知, 圆心到直线 $l$ 的距离等于半径, 得

$$\frac{|-k+2|}{\sqrt{k^2+(-1)^2}}=\sqrt{5},$$

解得 $k=-\dfrac{1}{2}$, 故纵截距为 $-k+2=\dfrac{5}{2}$.

方法二: 本题中的切线方程为

$$(x-0)(1-0)+(y-0)(2-0)=5,$$

点斜式方程:
$y-y_0=k(x-x_0)$,
即 $y=k(x-x_0)+y_0$

过圆上一点的切线公式:
过圆 $(x-a)^2+(y-b)^2=r^2$ 上一点 $(x_0,y_0)$ 的切线方程为
$(x-a)(x_0-a)+(y-b)(y_0-b)=r^2$

得 $x+2y=5$，即 $y=-\frac{1}{2}x+\frac{5}{2}$，故纵截距为 $\frac{5}{2}$.

【快速得分法】画图像易知纵截距一定大于圆半径 $\sqrt{5}$，只有(D)、(E)两项符合，观察图像可知 (E)项不可能，选(D).

【答案】(D)

**6.(2015年管理类联考真题)** 若直线 $y=ax$ 与圆 $(x-a)^2+y^2=1$ 相切，则 $a^2=$ (    ).

(A) $\frac{1+\sqrt{3}}{2}$  (B) $1+\frac{\sqrt{3}}{2}$  (C) $\frac{\sqrt{5}}{2}$

(D) $1+\frac{\sqrt{5}}{3}$  (E) $\frac{1+\sqrt{5}}{2}$

【解析】圆的圆心为 $(a,0)$，半径为 $r=1$.

因为直线与圆相切，所以圆心到直线的距离等于半径，即

$$\frac{|a^2|}{\sqrt{a^2+1}}=1 \Rightarrow (a^2)^2-a^2-1=0,$$

解得 $a^2=\frac{1+\sqrt{5}}{2}$ 或 $a^2=\frac{1-\sqrt{5}}{2}$(舍去).

利用点到直线的距离公式求解未知数.
点到直线的距离公式 $d=\frac{|Ax_0+By_0+C|}{\sqrt{A^2+B^2}}$

【答案】(E)

**7.(2017年管理类联考真题)** 圆 $x^2+y^2-ax-by+c=0$ 与 $x$ 轴相切，则能确定 $c$ 的值.

(1)已知 $a$ 的值.

(2)已知 $b$ 的值.

【解析】将圆的方程化为标准式方程 $\left(x-\frac{a}{2}\right)^2+\left(y-\frac{b}{2}\right)^2=\frac{a^2+b^2-4c}{4}$，故圆心为 $\left(\frac{a}{2},\frac{b}{2}\right)$，

半径为 $\frac{\sqrt{a^2+b^2-4c}}{2}$. 圆与 $x$ 轴相切，说明圆心到 $x$ 轴的距离等于半径，即

$$r=\frac{\sqrt{a^2+b^2-4c}}{2}=\left|\frac{b}{2}\right|,$$

两边平方化简，得 $c=\frac{a^2}{4}$.

故条件(1)充分，条件(2)不充分.

【答案】(A)

**8.(2018年管理类联考真题)** 已知圆 $C: x^2+(y-a)^2=b$，若圆 $C$ 在点 $(1,2)$ 处的切线与 $y$ 轴的 交点为 $(0,3)$，则 $ab=$ (    ).

(A) $-2$    (B) $-1$    (C) $0$    (D) $1$    (E) $2$

【解析】方法一：切线斜率为过点 $(1,2)$ 与点 $(0,3)$ 的直线的斜率，即斜率为 $-1$；已知切线斜率存 在，则圆心和切点构成的直线的斜率为 $2-a$ 且不为 $0$，也可得切线的斜率为 $\frac{1}{a-2}$.

故 $\frac{1}{a-2}=-1 \Rightarrow a=1$，将点 $(1,2)$ 代入圆方程可得 $b=2$.

故 $ab=2$.

圆心和切点构成的直线与切线垂直，
两直线互相垂直，斜率相乘为 $-1$

方法二：切点$(1,2)$在圆上，即$1+(2-a)^2=b$.

由切线过点$(1,2)$和$(0,3)$，可知切线方程为$x+y-3=0$，圆心$(0,a)$到切线的距离等于半径，即$\dfrac{|a-3|}{\sqrt{2}}=\sqrt{b}$. ┤利用点到直线的距离公式，圆与直线相切，$d=r$

联立两个方程，解得$a=1$，$b=2$. 故$ab=2$.

【快速得分法】由题意可得$1+(2-a)^2=b$，由选项可猜测$a=1$，$b=2$.

【答案】(E)

9. (2021年管理类联考真题)设$x$，$y$为实数，则能确定$x \leqslant y$.

    (1) $x^2 \leqslant y-1$.

    (2) $x^2+(y-2)^2 \leqslant 2$.

【解析】$y \geqslant x$，表示所有点在直线$y=x$的上方或直线上．

条件(1)：

方法一：$x^2 \leqslant y-1$，可化为$y \geqslant x^2+1$，即表示所有点在抛物线$y=x^2+1$的上方或抛物线上．如图5-69所示，抛物线$y=x^2+1$始终在直线$y=x$的上方，因此在抛物线上方或抛物线上的点均在$y=x$的上方，即能确定$x \leqslant y$，条件(1)充分．

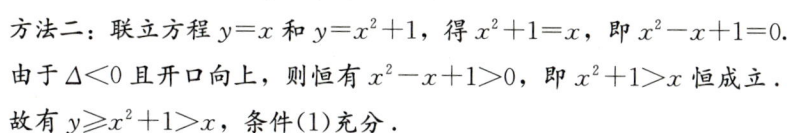

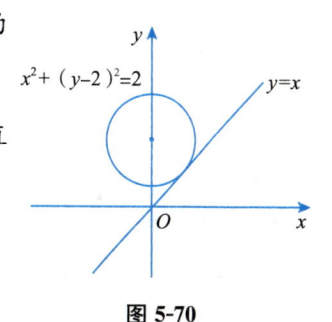

方法二：联立方程$y=x$和$y=x^2+1$，得$x^2+1=x$，即$x^2-x+1=0$. 由于$\Delta<0$且开口向上，则恒有$x^2-x+1>0$，即$x^2+1>x$恒成立．故有$y \geqslant x^2+1>x$，条件(1)充分．

图5-69

条件(2)：方程$x^2+(y-2)^2 \leqslant 2$表示圆心为$(0,2)$、半径$r=\sqrt{2}$的圆上及圆内的点．

圆心到直线$y=x$的距离为$d=\dfrac{|0-2|}{\sqrt{1^2+(-1)^2}}=\sqrt{2}=r$，故该圆与直线$y=x$相切，如图5-70所示．

由上可知，圆上及圆内所有点均满足$y \geqslant x$，条件(2)也充分．

【答案】(D)

图5-70

10. (2021年管理类联考真题)设$a$为实数，圆$C$：$x^2+y^2=ax+ay$，则能确定圆$C$的方程．

    (1) 直线$x+y=1$与圆$C$相切．

    (2) 直线$x-y=1$与圆$C$相切．

【解析】将圆化为标准式方程：$\left(x-\dfrac{a}{2}\right)^2+\left(y-\dfrac{a}{2}\right)^2=\dfrac{a^2}{2}$，圆心为$\left(\dfrac{a}{2},\dfrac{a}{2}\right)$，半径为$r=\dfrac{|a|}{\sqrt{2}}$.

条件(1)：已知直线$x+y=1$与圆$C$相切，则圆心到直线的距离为

$$d=\dfrac{\left|\dfrac{a}{2}+\dfrac{a}{2}-1\right|}{\sqrt{2}}=\dfrac{|a|}{\sqrt{2}} \Rightarrow |a-1|=|a|,$$

解得 $a=\dfrac{1}{2}$，可以确定圆 $C$ 的方程，条件(1)充分．

条件(2)：同理，$d=\dfrac{\left|\dfrac{a}{2}-\dfrac{a}{2}-1\right|}{\sqrt{2}}=\dfrac{1}{\sqrt{2}}=\dfrac{|a|}{\sqrt{2}}$，解得 $a=\pm 1$，无法确定圆 $C$ 的方程，条件(2)不充分．

【答案】(A)

### 变化 4　直线与圆的相交

| 母题模型 | 解题思路 |
| --- | --- |
| 设圆心 $(x_0, y_0)$ 到直线 $Ax+By+C=0$ 的距离为 $d$，圆的半径为 $r$，直线与圆相交，则 $d<r$．直线与圆相交时，直线被圆截得的弦长为 $l=2\sqrt{r^2-d^2}$． | 点到直线的距离公式： $$d=\dfrac{|Ax_0+By_0+C|}{\sqrt{A^2+B^2}},$$ 根据 $d$ 与 $r$ 的大小判断直线与圆的关系． |

**11.** (2009 年管理类联考真题) 圆 $(x-1)^2+(y-2)^2=4$ 和直线 $(1+2\lambda)x+(1-\lambda)y-3-3\lambda=0$ 相交于两点．

(1) $\lambda=\dfrac{2\sqrt{3}}{5}$．

(2) $\lambda=\dfrac{5\sqrt{3}}{2}$．

【解析】方法一：圆心 $(1,2)$ 到直线 $(1+2\lambda)x+(1-\lambda)y-3-3\lambda=0$ 的距离小于 $2$，即

$$\dfrac{|(1+2\lambda)+2(1-\lambda)-3-3\lambda|}{\sqrt{(1+2\lambda)^2+(1-\lambda)^2}}<2,$$

整理得 $(3\lambda)^2<4\times(5\lambda^2+2\lambda+2)\Rightarrow 11\lambda^2+8\lambda+8>0$，由于 $\Delta=64-4\times11\times 8<0$，故此不等式恒成立，所以，$\lambda$ 可以取任意实数．条件(1)和条件(2)单独都充分．

方法二：$(1+2\lambda)x+(1-\lambda)y-3-3\lambda=0$，可以整理为

$$(2x-y-3)\lambda+x+y-3=0,$$

该式子是过直线 $2x-y-3=0$ 和直线 $-x-y+3=0$ 的交点的直线系．

联立两条直线的方程，可知交点坐标为 $(2,1)$，点 $(2,1)$ 在圆 $(x-1)^2+(y-2)^2=4$ 内，因此，不论 $\lambda$ 取何值，都有圆 $(x-1)^2+(y-2)^2=4$ 和直线 $(1+2\lambda)x+(1-\lambda)y-3-3\lambda=0$ 相交于两点．所以条件(1)和条件(2)单独都充分．

【答案】(D)

> 过定点的直线系，若定点在圆内，则直线系内任何一条直线都与圆相交

**12.** (2011 年管理类联考真题) 直线 $ax+by+3=0$ 被圆 $(x-2)^2+(y-1)^2=4$ 截得的线段长度为 $2\sqrt{3}$．

(1) $a=0$，$b=-1$．

(2) $a=-1$，$b=0$．

【解析】条件(1)：将 $a=0$，$b=-1$ 代入直线方程，得 $-y+3=0$，即 $y=3$．圆心 $(2,1)$ 到直

线的距离为2,恰为圆的半径,故直线与圆相切,所以条件(1)不充分.

条件(2):将 $a=-1$,$b=0$ 代入直线方程,得 $-x+3=0$,即 $x=3$. 圆心 $(2,1)$ 到直线的距离为 1,则直线被圆截得的弦长为 $2\sqrt{r^2-d^2}=2\sqrt{3}$,所以条件(2)充分.

【答案】(B)

> 直线与圆的交点弦长公式: $l=2\sqrt{r^2-d^2}$

**13.** (2015年管理类联考真题)圆盘 $x^2+y^2 \leqslant 2(x+y)$ 被直线 $L$ 分成面积相等的两部分.

(1) $L$:$x+y=2$.

(2) $L$:$2x-y=1$.

【解析】圆盘方程:$x^2+y^2 \leqslant 2(x+y) \Rightarrow (x-1)^2+(y-1)^2 \leqslant 2$,直线将圆分成相等的两部分,说明直线 $L$ 必须过圆的圆心 $(1,1)$.

条件(1):显然圆心在直线 $x+y=2$ 上,故条件(1)充分.

条件(2):显然圆心在直线 $2x-y=1$ 上,故条件(2)充分.

【答案】(D)

**14.** (2019年管理类联考真题)直线 $y=kx$ 与圆 $x^2+y^2-4x+3=0$ 有两个交点.

(1) $-\frac{\sqrt{3}}{3}<k<0$.

(2) $0<k<\frac{\sqrt{2}}{2}$.

【解析】方法一:若直线 $y=kx$ 与圆 $x^2+y^2-4x+3=0$ 有两个交点,则联立直线和圆的方程,得 $(1+k^2)x^2-4x+3=0$,若方程有两个不同的解,则有

$$\Delta=(-4)^2-4 \cdot 3(1+k^2)>0 \Rightarrow -\frac{\sqrt{3}}{3}<k<\frac{\sqrt{3}}{3}.$$

方法二:圆的方程等价于 $(x-2)^2+y^2=1$,故圆心为 $(2,0)$,半径为 1. 圆心到直线的距离 $d=\frac{|2k|}{\sqrt{k^2+1}}$. 直线与圆相交,则圆心到直线的距离小于半径,故 $\frac{|2k|}{\sqrt{k^2+1}}<1$,解得 $-\frac{\sqrt{3}}{3}<k<\frac{\sqrt{3}}{3}$.

故条件(1)充分,条件(2)不充分.

【答案】(A)

**15.** (2007年在职 MBA 联考真题)圆 $x^2+(y-1)^2=4$ 与 $x$ 轴的两个交点是( ).

(A) $(-\sqrt{5},0)$,$(\sqrt{5},0)$

(B) $(-2,0)$,$(2,0)$

(C) $(0,-\sqrt{5})$,$(0,\sqrt{5})$

(D) $(-\sqrt{3},0)$,$(\sqrt{3},0)$

(E) $(-\sqrt{2},-\sqrt{3})$,$(\sqrt{2},\sqrt{3})$

【解析】令 $y=0$,得 $x^2=3$,解得 $x=\pm\sqrt{3}$. 故圆与 $x$ 轴的两个交点是 $(-\sqrt{3},0)$,$(\sqrt{3},0)$.

【答案】(D)

### 变化 5　与直线的距离为定值的圆上的点的个数判断

| 母题模型 | 解题思路 |
|---|---|
| 设圆 $x^2+y^2=4$，直线 $Ax+By+C=0$，圆心到直线的距离为 $d$，判断圆上到直线距离为 1 的点有多少个． | 这种题的关键在于找临界点，临界点为有 1 个点时和有 3 个点时．<br>(1) 当 $d=r+1=3$ 时，恰有 1 个点；<br>(2) 当 $d=r-1=1$ 时，恰有 3 个点．<br>故：$d>3$ 时，有 0 个点；<br>$1<d<3$ 时，有 2 个点；<br>$d<1$ 时，有 4 个点． |

16. 圆 $(x-3)^2+(y-3)^2=9$ 上到直线 $x+4y-11=0$ 的距离等于 1 的点的个数有（　　）个．

　　(A) 1　　　　　　　　(B) 2　　　　　　　　(C) 3
　　(D) 4　　　　　　　　(E) 5

【解析】圆的半径 $r=3$，圆心到直线的距离 $d=\dfrac{|3+4\times3-11|}{\sqrt{1+4^2}}=\dfrac{4}{\sqrt{17}}<r-1=2$．

故圆上到直线的距离等于 1 的点有 4 个，在直线两边各有 2 个．

【答案】(D)

### 变化 6　平移问题

| 母题模型 | 解题思路 |
|---|---|
| (1) 曲线 $y=f(x)$，向上平移 $a$ 个单位 $(a>0)$，方程变为 $y=f(x)+a$．<br>(2) 曲线 $y=f(x)$，向下平移 $a$ 个单位 $(a>0)$，方程变为 $y=f(x)-a$．<br>(3) 曲线 $y=f(x)$，向左平移 $a$ 个单位 $(a>0)$，方程变为 $y=f(x+a)$．<br>(4) 曲线 $y=f(x)$，向右平移 $a$ 个单位 $(a>0)$，方程变为 $y=f(x-a)$． | 口诀：上加下减，左加右减． |

17. 直线 $x-2y+m=0$ 向左平移一个单位后，与圆 $C$：$x^2+y^2+2x-4y=0$ 相切，则 $m$ 的值为（　　）．

　　(A) $-9$ 或 $1$　　　　　　(B) $-9$ 或 $-1$　　　　　　(C) $9$ 或 $-1$
　　(D) $\dfrac{1}{9}$ 或 $-1$　　　　　　(E) $9$ 或 $1$

【解析】依题意得，向左平移一个单位后，直线的方程为 $x+1-2y+m=0$．将圆 $C$ 化为标准方程，得 $(x+1)^2+(y-2)^2=5$．圆心 $(-1,2)$ 到直线的距离为 $\dfrac{|m-4|}{\sqrt{5}}=\sqrt{5}$，解得 $m=9$ 或 $-1$．

【答案】(C)

## 题型 52　圆与圆的位置关系

### 题型概述

| 命题概率 | 母题特点 |
| --- | --- |
| (1) 近 10 年真题命题数量：0.<br>(2) 命题概率：除 2008 年在职 MBA 以外，其他年份没考过，但未来有一定考的可能性． | 题干中出现圆与圆 |

### 母题变化

**变化 1　圆与圆的位置关系**

| 母题模型 | 解题思路 |
| --- | --- |
| 外离 | $d > r_1 + r_2$ |
| 外切 | $d = r_1 + r_2$ |
| 相交 | $|r_1 - r_2| < d < r_1 + r_2$ |
| 内切 | $d = |r_1 - r_2|$ |
| 内含 | $d < |r_1 - r_2|$ |

1. (2008 年在职 MBA 联考真题) 圆 $C_1$：$\left(x-\dfrac{3}{2}\right)^2 + (y-2)^2 = r^2$ 与圆 $C_2$：$x^2 - 6x + y^2 - 8y = 0$ 有交点．

(1) $0 < r < \dfrac{5}{2}$．

(2) $r > \dfrac{15}{2}$．

【解析】两圆有交点，即两圆的位置关系为相切或相交，故应有 $|r_1 - r_2| \leqslant d \leqslant r_1 + r_2$，

圆 $C_2$ 可化为 $(x-3)^2 + (y-4)^2 = 5^2$，圆心为 $(3, 4)$，半径为 5；

圆 $C_1$ 的圆心为 $\left(\dfrac{3}{2}, 2\right)$，半径为 $r$，故有

$$|r - 5| \leqslant \sqrt{\left(3 - \dfrac{3}{2}\right)^2 + (4-2)^2} \leqslant r + 5,$$

解得 $\dfrac{5}{2} \leqslant r \leqslant \dfrac{15}{2}$．

所以条件(1)和条件(2)均不充分，联立起来也不充分．

【答案】(E)

### 变化 2　圆系方程与两圆的公共弦

| 母题模型 | 解题思路 |
|---|---|
| 若有两个圆，方程分别为<br>$$A_1x^2+B_1y^2+D_1x+E_1y+F_1=0,$$<br>$$A_2x^2+B_2y^2+D_2x+E_2y+F_2=0,$$<br>两圆相交，则过这两个圆的曲线系方程为<br>$(A_1x^2+B_1y^2+D_1x+E_1y+F_1)+\lambda(A_2x^2+B_2y^2+D_2x+E_2y+F_2)=0$，<br>当 $\lambda=-1$ 时，以上方程为过这两个交点的直线，即两圆的公共弦． | 若求两个圆的公共弦所在的直线，两圆方程相减即得答案． |

2. 设 $A$，$B$ 是两个圆 $(x-2)^2+(y+2)^2=3$ 和 $(x-1)^2+(y-1)^2=2$ 的交点，则过 $A$，$B$ 的直线方程为（　　）.

(A) $2x+4y-5=0$　　　　(B) $2x-6y-5=0$　　　　(C) $2x-6y+5=0$
(D) $2x+6y-5=0$　　　　(E) $4x-2y-5=0$

【解析】圆的方程可整理为
$$x^2+y^2-4x+4y+5=0，x^2+y^2-2x-2y=0,$$
故过两个圆的交点的直线为
$$x^2+y^2-4x+4y+5+(-1)\cdot(x^2+y^2-2x-2y)=0,$$
解得 $2x-6y-5=0$.

【答案】(B)

> 求两圆相交后公共弦所在直线方程，将两圆方程化为一般式，再相减即可

## 题型 53　图像的判断

### 题型概述

| 命题概率 | 母题特点 |
|---|---|
| (1) 近 10 年真题命题数量：2.<br>(2) 命题概率：0.2. | 注意定义域 |

### 母题变化

#### 变化 1　直线的判断

| 母题模型 | 解题思路 |
|---|---|
| (1) 直线 $Ax+By+C=0$ 过某些象限，求直线方程系数的符号；<br>(2) 已知直线方程系数的符号，判断直线的图像过哪些象限． | 第 1 步：将直线方程化为斜截式 $y=-\dfrac{A}{B}x-\dfrac{C}{B}$；<br>第 2 步：判断斜率和纵截距的符号，即可画出图像． |

1. (2012年管理类联考真题)直线 $y=ax+b$ 过第二象限.

   (1) $a=-1$，$b=1$.
   (2) $a=1$，$b=-1$.

   【解析】条件(1)：$y=-x+1$，直线过第一、二、四象限，故条件(1)充分.
   
   条件(2)：$y=x-1$，直线过第一、三、四象限，故条件(2)不充分.
   
   【答案】(A)

2. (1997年在职MBA联考真题) $ab<0$ 时，直线 $y=ax+b$ 必然(　　).

   (A) 经过一、二、四象限
   (B) 经过一、三、四象限
   (C) 在 $y$ 轴上的截距为正数
   (D) 在 $x$ 轴上的截距为正数
   (E) 在 $x$ 轴上的截距为负数

   【解析】因为 $ab<0$，所以 $a<0$，$b>0$ 或 $a>0$，$b<0$.
   
   若 $a<0$，$b>0$，则直线图像如图5-71所示.
   
   此时，图像过一、二、四象限，在 $x$ 轴上的截距为正，在 $y$ 轴上的截距为正；
   
   若 $a>0$，$b<0$，则直线图像如图5-72所示.
   
   此时，图像过一、三、四象限，在 $x$ 轴上的截距为正，在 $y$ 轴上的截距为负.

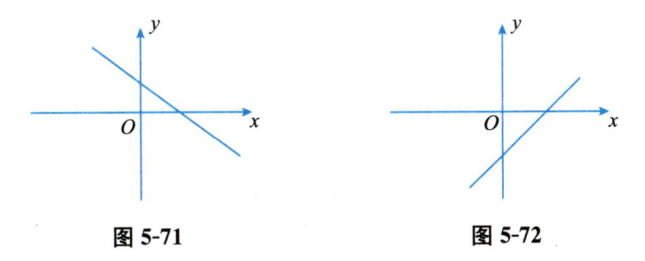

   图 5-71　　　　图 5-72

   故当 $ab<0$ 时，直线 $y=ax+b$ 在 $x$ 轴上的截距为正数.
   
   【答案】(D)

### 变化2　两条直线的判断

| 母题模型 | 解题思路 |
| --- | --- |
| 方程 $Ax^2+Bxy+Cy^2+Dx+Ey+F=0$ 的图像是两条直线，则可利用双十字相乘法化为 $(A_1x+B_1y+C_1)(A_2x+B_2y+C_2)=0$ 的形式. | 双十字相乘法 |

3. 方程 $x^2+axy+16y^2+bx+4y-72=0$ 表示两条平行直线.

   (1) $a=-8$.
   (2) $b=-1$.

   【解析】两个条件单独显然不充分，联立两个条件，用双十字相乘法，可知
   $$x^2-8xy+16y^2-x+4y-72=(x-4y+8)(x-4y-9)=0,$$
   表示的是两条平行直线，故联立起来充分.
   
   【答案】(C)

### 变化3　圆的判断

| 母题模型 | 解题思路 |
|---|---|
| 圆的一般方程：$x^2+y^2+Dx+Ey+F=0$ 表示圆的前提为 $D^2+E^2-4F>0$. | 将圆的一般式方程化为标准式：$(x-a)^2+(y-b)^2=r^2$. |

**4.** (1998年在职MBA联考真题) 设 $AB$ 为圆 $C$ 的直径，点 $A$、$B$ 的坐标分别是 $(-3,5)$、$(5,1)$，则圆 $C$ 的方程是( ).

(A) $(x-2)^2+(y-6)^2=80$  　　　　　(B) $(x-1)^2+(y-3)^2=20$
(C) $(x+2)^2+(y-4)^2=80$  　　　　　(D) $(x-2)^2+(y-4)^2=80$
(E) $(x-2)^2+(y-4)^2=20$

【解析】$AB$ 的中点为圆心坐标为 $\left(\dfrac{-3+5}{2},\dfrac{5+1}{2}\right)$，即 $(1,3)$. ┄┄ $AB$ 为圆 $C$ 的直径，故圆心在线段 $AB$ 上，且是 $AB$ 中点

$AB=\sqrt{(5+3)^2+(1-5)^2}=\sqrt{80}$，因为 $AB$ 为圆的直径，故半径为 $r=\dfrac{\sqrt{80}}{2}=\sqrt{20}$，可得圆的方程为 $(x-1)^2+(y-3)^2=20$.

【快速得分法】圆的直径式方程：若圆直径两端点为 $A(a,b)$，$B(c,d)$，则圆方程为
$$(x-a)(x-c)+(y-b)(y-d)=0.$$
代入题干中的两点，得 $(x+3)(x-5)+(y-5)(y-1)=0$，整理，得 $(x-1)^2+(y-3)^2=20$.
【答案】(B)

**5.** (1999年在职MBA联考真题) 一个圆通过坐标原点，又通过抛物线 $y=\dfrac{x^2}{4}-2x+4$ 与坐标轴的交点，该圆的半径为( ).

(A) $\sqrt{2}$ 　　　　　(B) $2\sqrt{2}$ 　　　　　(C) $3\sqrt{2}$
(D) $\dfrac{\sqrt{2}}{2}$ 　　　　　(E) $4\sqrt{2}$

【解析】由于圆通过坐标原点，可设圆的方程为 $x^2+y^2+ax+by=0$. 抛物线 $y=\dfrac{x^2}{4}-2x+4$ 与 $x$ 坐标轴的交点坐标为 $(4,0)$，与 $y$ 轴的交点坐标为 $(0,4)$，代入圆的方程中，得 $a=b=-4$，故圆的方程为 $x^2+y^2-4x-4y=0$，半径为 $2\sqrt{2}$.
【答案】(B)

**6.** (2008年在职MBA联考真题) 动点 $(x,y)$ 的轨迹是圆．
(1) $|x-1|+|y|=4$.
(2) $3(x^2+y^2)+6x-9y+1=0$.

【解析】条件(1)：$|ax-b|+|cy-d|=e$ 表示 $\begin{cases}a=c,\text{为正方形,}\\ a\neq c,\text{为菱形.}\end{cases}$

显然可知该图像是一个正方形，所以条件(1)不充分．
条件(2)：

方法一：将原式化为圆的标准方程，即$(x+1)^2+\left(y-\dfrac{3}{2}\right)^2=\dfrac{35}{12}$，故条件(2)充分．

方法二：将条件(2)展开可得$3x^2+3y^2+6x-9y+1=0$，化简为圆的一般式方程，即$x^2+y^2+2x-3y+\dfrac{1}{3}=0$，且$D^2+E^2-4F=\dfrac{35}{3}>0$，故方程表示一个圆，所以条件(2)充分．

【答案】(B)

#### 变化 4　半圆的判断

| 母题模型 | 解题思路 |
| --- | --- |
| 若圆的方程为$(x-a)^2+(y-b)^2=r^2$，则<br>(1) 右半圆的方程为$(x-a)^2+(y-b)^2=r^2(x\geqslant a)$，<br>或者$x=\sqrt{r^2-(y-b)^2}+a$；<br>(2) 左半圆的方程为$(x-a)^2+(y-b)^2=r^2(x\leqslant a)$，<br>或者$x=-\sqrt{r^2-(y-b)^2}+a$；<br>(3) 上半圆的方程为$(x-a)^2+(y-b)^2=r^2(y\geqslant b)$，<br>或者$y=\sqrt{r^2-(x-a)^2}+b$；<br>(4) 下半圆的方程为$(x-a)^2+(y-b)^2=r^2(y\leqslant b)$，<br>或者$y=-\sqrt{r^2-(x-a)^2}+b$. | 用左侧模型即可 |

7. 若圆的方程是$x^2+y^2=1$，则它的右半圆(在第一象限和第四象限内的部分)的方程式为(　　).

(A) $y-\sqrt{1-x^2}=0$　　　(B) $x-\sqrt{1-y^2}=0$　　　(C) $y+\sqrt{1-x^2}=0$

(D) $x+\sqrt{1-y^2}=0$　　　(E) $x^2+y^2=\dfrac{1}{2}$

【解析】$x^2+y^2=1$的右半圆，即为$x^2+y^2=1(x\geqslant 0)$，整理得$x^2=1-y^2(x\geqslant 0)$，故$x=\sqrt{1-y^2}$，即$x-\sqrt{1-y^2}=0$．

【答案】(B)

#### 变化 5　其他题型

8. (2016年管理类联考真题)已知$M$是一个平面有限点集，则平面上存在到$M$中各点距离相等的点．

(1) $M$中只有三个点．

(2) $M$中的任意三点都不共线．

【解析】条件(1)：$M$中只有三个点，若三点共线，则条件(1)不充分．

条件(2)：举反例，假设$M$中有5个点，构成一个凹五边形，此时，平面中不存在到五个点的距离都相等的点，故条件(2)不充分．

联立条件(1)和条件(2)，$M$中的三个点恰好构成一个三角形，则三角形的外接圆圆心就是所要求的点，故联立起来充分．

【答案】(C)

## 题型 54　过定点与曲线系

### 题型概述

| 命题概率 | 母题特点 |
| --- | --- |
| (1) 近10年真题命题数量：1. <br> (2) 命题概率：0.1. | (1) 题干出现"定点"字样． <br> (2) 题干中出现 $x,y$ 和另外一个字母，如 $\lambda$. |

### 母题变化

**变化 1　过定点的直线系**

| 母题模型 | 解题思路 |
| --- | --- |
| 若有两条直线 $A_1x+B_1y+C_1=0$ 和 $A_2x+B_2y+C_2=0$ 相交，则过这两条直线交点的直线系方程为 $$(A_1x+B_1y+C_1)\lambda+(A_2x+B_2y+C_2)=0.$$ 反之，$(A_1x+B_1y+C_1)\lambda+(A_2x+B_2y+C_2)=0$ 的图像必过直线 $A_1x+B_1y+C_1=0$ 和 $A_2x+B_2y+C_2=0$ 的交点． | 方法一：先整理成 $a\lambda+b=0$ 的形式，再令 $a=0$，$b=0$； <br> 方法二：直接把 $\lambda$ 取特殊值，如 0, 1，代入组成方程，即可求解． |

1. 设圆 $C$ 的方程为 $(x-1)^2+(y-2)^2=4$，直线 $L$ 的方程为 $2mx+x-my-1=0(m\in\mathbf{R})$，圆 $C$ 被直线 $L$ 截得的弦长等于(　　)．

 (A) 2　　　(B) $2\sqrt{2}$　　　(C) 3　　　(D) $3\sqrt{2}$　　　(E) 4

 【解析】由题干可知，直线 $L$ 可化为 $(2x-y)m+(x-1)=0$，则直线 $L$ 恒过定点 $(1,2)$.
 圆 $C$ 的圆心恰为 $(1,2)$，故直线过圆心，圆 $C$ 被直线 $L$ 截得的弦长等于直径，即为 4．
 【答案】(E)

**变化 2　其他过定点问题**

| 母题模型 | 解题思路 |
| --- | --- |
| 模型 1：$f_1(x,y)\lambda+f_2(x,y)=0$； <br> 模型 2：$a\cdot f_1(x,y)+b\cdot f_2(x,y)=0$. | 方法 1：合并同类项． <br> 方法 2：特值法． |

2. (2014年管理类联考真题) 已知曲线 $l：y=a+bx-6x^2+x^3$，则 $(a+b-5)(a-b-5)=0$.

 (1) 曲线 $l$ 过点 $(1,0)$.
 (2) 曲线 $l$ 过点 $(-1,0)$.

 【解析】条件(1)：将点 $(1,0)$ 代入曲线方程，得
 $$y=a+b\times1-6\times1^2+1^3=a+b-5=0.$$
 故条件(1)充分．

条件(2)：将点$(-1, 0)$代入曲线方程，得
$$y=a+b\times(-1)-6\times(-1)^2+(-1)^3=a-b-7=0.$$
故条件(2)不充分．
【答案】(A)

3. (2008年在职MBA联考真题)曲线$ax^2+by^2=1$通过4个定点．

   (1) $a+b=1$.
   (2) $a+b=2$.

   【解析】条件(1)：将$a+b=1$代入$ax^2+by^2=1$，得
   $$ax^2+by^2=a+b,\ 即\ a(x^2-1)+b(y^2-1)=0,$$
   
   > 转化为模型2：$a\cdot f_1(x, y)+b\cdot f_2(x, y)=0$
   
   故当$x^2=1$，$y^2=1$时，不论$a$，$b$取何值，上式都成立．
   所以，图像必过$(1, 1)$，$(1, -1)$，$(-1, 1)$，$(-1, -1)$四个定点．故条件(1)充分．
   条件(2)：同理可知，图像必过$\left(\frac{\sqrt{2}}{2}, \frac{\sqrt{2}}{2}\right)$，$\left(\frac{\sqrt{2}}{2}, -\frac{\sqrt{2}}{2}\right)$，$\left(-\frac{\sqrt{2}}{2}, \frac{\sqrt{2}}{2}\right)$，$\left(-\frac{\sqrt{2}}{2}, -\frac{\sqrt{2}}{2}\right)$四个定点，故条件(2)也充分．
   【答案】(D)

## 题型55　面积问题

### 题型概述

| 命题概率 | 母题特点 |
| --- | --- |
| (1) 近10年真题命题数量：2.<br>(2) 命题概率：0.2. | 解析几何中出现求面积． |

### 母题变化

#### 变化1　三角形面积

| 母题模型 | 解题思路 |
| --- | --- |
| 题干给出直线方程，求直线所围成的三角形面积． | (1) 根据方程画出图像．<br>(2) 根据图像，利用割补法求面积． |

1. (2008年MBA联考真题)两直线$y=x+1$，$y=ax+7$与$x$轴所围成图形的面积是$\frac{27}{4}$．

   (1) $a=-3$.
   (2) $a=-2$.

   【解析】条件(1)：当$a=-3$时，第二条直线为$y=-3x+7$，两直线的交点为$\left(\frac{3}{2}, \frac{5}{2}\right)$.

画图像如图 5-73 所示.

所以两直线与 $x$ 轴所围成图形的面积为 $S=\dfrac{1}{2}\times\left(1+\dfrac{7}{3}\right)\times\dfrac{5}{2}=\dfrac{25}{6}$,条件(1)不充分.

条件(2):当 $a=-2$ 时,第二条直线为 $y=-2x+7$,两直线的交点为 $(2,3)$,如图 5-73.

所以两直线与 $x$ 轴所围成图形的面积为 $S=\dfrac{1}{2}\times\left(1+\dfrac{7}{2}\right)\times 3=\dfrac{27}{4}$,条件(2)充分.

【答案】(B)

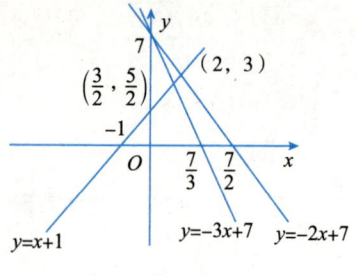

图 5-73

2. (2008 年在职 MBA 联考真题) 直线 $y=x$,$y=ax+b$ 与 $x=0$ 所围成的三角形的面积等于 1.
(1) $a=-1$,$b=2$.
(2) $a=-1$,$b=-2$.

【解析】条件(1):两直线 $y=x$,$y=-x+2$ 与 $x=0$ 所围成的图形如图 5-74 所示.

所以,三角形面积 $S=\dfrac{1}{2}\times 2\times 1=1$,条件(1)充分.

条件(2):画图易知,$y=-x-2$ 和 $y=-x+2$ 是关于原点对称的,所围成的三角形的面积相等,由条件(1)充分得,条件(2)也充分.

【答案】(D)

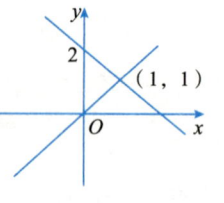

图 5-74

> **变化 2** 其他图形面积

| 母题模型 | 解题思路 |
| --- | --- |
| 题干给出一些方程,求这些方程的图像所围成的面积. | (1) 根据方程画出图像.<br>(2) 根据图像,利用割补法求面积. |

3. (2012 年管理类联考真题) 在直角坐标系中,若平面区域 $D$ 中所有点的坐标 $(x,y)$ 均满足:$0\leqslant x\leqslant 6$,$0\leqslant y\leqslant 6$,$|y-x|\leqslant 3$,$x^2+y^2\geqslant 9$,则 $D$ 的面积是( ).

(A) $\dfrac{9}{4}(1+4\pi)$  (B) $9\left(4-\dfrac{\pi}{4}\right)$  (C) $9\left(3-\dfrac{\pi}{4}\right)$

(D) $\dfrac{9}{4}(2+\pi)$  (E) $\dfrac{9}{4}(1+\pi)$

【解析】在直角坐标系中,$0\leqslant x\leqslant 6$,$0\leqslant y\leqslant 6$ 所围成的图形是以 $x$ 轴、$y$ 轴、直线 $x=6$、直线 $y=6$ 为边长的正方形的内部;

$x^2+y^2\geqslant 9$ 所围成的图形是以原点为圆心,半径为 3 的圆的外部;

$|y-x|\leqslant 3$ 等价于 $-3\leqslant y-x\leqslant 3$,所围成的图形是直线 $y-x=3$ 和直线 $y-x=-3$ 之间的部分. 四个不等式组合在一起所围成的图形如图 5-75 所示,区域 $D$ 为图中的阴影部分. 故面积为

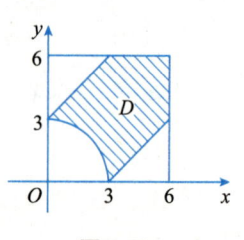

图 5-75

$$36-2\times\frac{1}{2}\times 3\times 3-\frac{1}{4}\pi\times 3^2=27-\frac{9}{4}\pi=9\left(3-\frac{\pi}{4}\right).$$

**【答案】**(C)

**4.** (2013年管理类联考真题)已知平面区域 $D_1=\{(x, y)\mid x^2+y^2\leqslant 9\}$，$D_2=\{(x, y)\mid (x-x_0)^2+(y-y_0)^2\leqslant 9\}$，则 $D_1$，$D_2$ 覆盖区域的边界长度为 $8\pi$.

(1) $x_0^2+y_0^2=9$.

(2) $x_0+y_0=3$.

**【解析】** 注意：此题为求周长，不是求面积．

条件(1)：由 $x_0^2+y_0^2=9$ 可知，$D_2$ 的圆心 $O'$ 在圆 $D_1$ 上，故无论 $D_2$ 的位置如何变化，都不更改两圆的覆盖区域. 如图 5-76 所示．

由图易知，$OA=OO'=AO'=3$，则圆心角 $\angle AOB=\dfrac{2\pi}{3}$，故 $D_1$、$D_2$ 覆盖区域的边界长度为

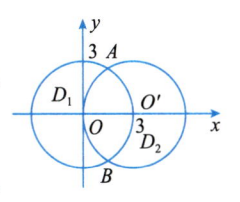

图 5-76

$$2\times\frac{2}{3}\times 2\pi r=2\times\frac{2}{3}\times 2\pi\times 3=8\pi.$$

所以条件(1)充分．

条件(2)：如图 5-77 所示，$D_2$ 的圆心在直线 $x_0+y_0=3$ 上变动，故两圆所覆盖的区域是变化的．

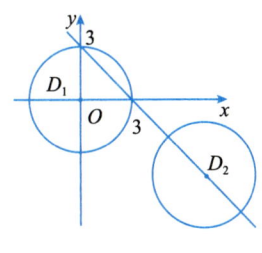

图 5-77

所以条件(2)不充分．

**【答案】**(A)

**5.** (2007年在职 MBA 联考真题)如图 5-78 所示，正方形 $ABCD$ 的面积为 1.

(1) $AB$ 所在的直线方程为 $y=x-\dfrac{1}{\sqrt{2}}$.

(2) $AD$ 所在的直线方程为 $y=1-x$.

**【解析】** 方法一：

条件(1)：令 $y=0$，得 $x=\dfrac{1}{\sqrt{2}}$，故点 $A$ 的坐标为 $\left(\dfrac{1}{\sqrt{2}}, 0\right)$.

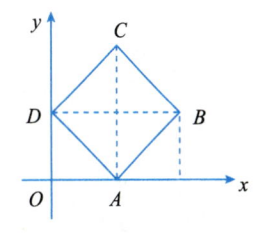

图 5-78

所以，$AO=\dfrac{1}{\sqrt{2}}$，$AD=1$，正方形 $ABCD$ 的面积为 1，故条件(1)充分．

条件(2)：令 $y=0$，得 $x=1$，故点 $A$ 的坐标为 $(1, 0)$.

所以，$AO=1$，$AD=\sqrt{2}$，正方形 $ABCD$ 的面积为 2，故条件(2)不充分．

方法二：条件(1)中 $AO$ 长度为 $\frac{1}{\sqrt{2}}$，故 $BD$ 的长度为 $\sqrt{2}$，根据菱形面积公式(正方形为特殊的菱形)，正方形 $ABCD$ 的面积为对角线乘积的一半，故 $S=\frac{1}{2}\cdot\sqrt{2}\cdot\sqrt{2}=1$，故条件(1)充分．

条件(2)同理可得不充分．

【答案】(A)

## 题型 56　对称问题

### 题型概述

| 命题概率 | 母题特点 |
| --- | --- |
| (1) 近10年真题命题数量：2.<br>(2) 命题概率：0.2. | 见以下各变化． |

### 母题变化

#### 变化 1　点关于直线对称

| 母题模型 | 解题思路 |
| --- | --- |
| 两点关于直线对称：<br>已知点：$P_1(x_1, y_1)$；<br>已知对称轴：$Ax+By+C=0$；<br>求对称点：$P_2(x_2, y_2)$. | 方法1：<br>$\begin{cases} A\left(\dfrac{x_1+x_2}{2}\right)+B\left(\dfrac{y_1+y_2}{2}\right)+C=0, \\ \dfrac{y_1-y_2}{x_1-x_2}=\dfrac{B}{A}, \end{cases}$<br>其中 $A\neq 0$，$x_1\neq x_2$．<br>方法2：<br>$\begin{cases} x_2=x_1-2A\dfrac{Ax_1+By_1+C}{A^2+B^2}, \\ y_2=y_1-2B\dfrac{Ax_1+By_1+C}{A^2+B^2}. \end{cases}$ |

1. (2013年管理类联考真题) 点 $(0, 4)$ 关于直线 $2x+y+1=0$ 的对称点为(　　)．

(A) $(2, 0)$　　(B) $(-3, 0)$　　(C) $(-6, 1)$　　(D) $(4, 2)$　　(E) $(-4, 2)$

【解析】设对称点为 $(x_0, y_0)$，若两点关于已知直线对称，则两点的中点位于已知直线上，对称点的连线垂直于已知直线．

中点位于直线上，即

$$2\times\frac{x_0+0}{2}+\frac{y_0+4}{2}+1=0, \qquad ①$$

已知直线的斜率与对称点的连线所成直线的斜率乘积为 $-1$，即

$$\frac{y_0-4}{x_0-0}\times(-2)=-1,\quad ②$$

联立式①和式②,解得 $\begin{cases}x_0=-4,\\ y_0=2.\end{cases}$ 故对称点为 $(-4,2)$.

【答案】(E)

**2.** (2000年在职MBA联考真题)在平面直角坐标系中,以直线 $y=2x+4$ 为对称轴且与原点对称的点的坐标是(   ).

(A) $\left(-\frac{16}{5},\frac{8}{5}\right)$   (B) $\left(-\frac{8}{5},\frac{4}{5}\right)$   (C) $\left(\frac{16}{5},\frac{8}{5}\right)$

(D) $\left(\frac{8}{5},\frac{4}{5}\right)$   (E)以上选项均不正确

【解析】点关于直线对称问题,设对称点的坐标为 $(x_0,y_0)$,则有

$$\begin{cases}2\times\dfrac{y_0}{x_0}=-1,\\ \dfrac{y_0}{2}=2\times\dfrac{x_0}{2}+4,\end{cases}$$

(1)斜率相乘为 $-1$;
(2)中点 $\left(\dfrac{x_0}{2},\dfrac{y_0}{2}\right)$ 位于直线上

解得 $x_0=-\dfrac{16}{5},y_0=\dfrac{8}{5}$. 故对称点为 $\left(-\dfrac{16}{5},\dfrac{8}{5}\right)$.

【答案】(A)

**3.** (2007年在职MBA联考真题)点 $P_0(2,3)$ 关于直线 $x+y=0$ 的对称点是(   ).

(A) $(4,3)$   (B) $(-2,-3)$   (C) $(-3,-2)$
(D) $(-2,3)$   (E) $(-4,-3)$

【解析】设对称点为 $(x_0,y_0)$,则有

$$\begin{cases}\dfrac{x_0+2}{2}+\dfrac{y_0+3}{2}=0,\\ \dfrac{y_0-3}{x_0-2}\times(-1)=-1,\end{cases}\quad \text{解得}\begin{cases}x_0=-3,\\ y_0=-2.\end{cases}$$

【快速得分法】点 $(x,y)$ 关于直线 $x+y=0$ 的对称点的坐标为 $(-y,-x)$,可知 $P_0(2,3)$ 关于直线 $x+y=0$ 的对称点为 $(-3,-2)$.

【答案】(C)

### 变化2　直线关于直线对称

| 母题模型 | 解题思路 |
| --- | --- |
| (1) 平行直线关于直线对称:<br>已知直线: $Ax+By+C_1=0$;<br>已知对称轴: $Ax+By+C=0$;<br>求对称直线: $Ax+By+C_2=0$. | 条件: $2C=C_1+C_2$.<br>解得对称直线的方程为 $Ax+By+(2C-C_1)=0$. |

续表

| 母题模型 | 解题思路 |
| --- | --- |
| (2) 相交直线关于直线对称：<br>已知对称轴：直线 $l_0$；<br>已知直线 $l_1$；<br>求对称直线 $l_2$. | 第一步：求直线 $l_1$ 和 $l_0$ 的交点 $P$；<br>第二步：在直线 $l_1$ 上任取一点 $Q$，求 $Q$ 关于直线 $l_0$ 的对称点 $Q'$；<br>第三步：利用直线的两点式方程，求出 $PQ'$ 的方程，即为所求直线方程. |
| (3) 直线关于直线对称：<br>已知直线：$ax+by+c=0$；<br>已知对称轴：$Ax+By+C=0$；<br>求对称直线：$A'x+B'y+C'=0$. | 对称直线的方程：<br>$$\dfrac{ax+by+c}{Ax+By+C}=\dfrac{2Aa+2Bb}{A^2+B^2}.$$ |

4. 直线 $l_1$：$x-y-2=0$ 关于直线 $l_2$：$3x-y+3=0$ 对称的直线 $l_3$ 的方程为( ).

(A) $7x-y+22=0$          (B) $x+7y+22=0$

(C) $x-7y-22=0$          (D) $7x+y+22=0$

(E) $7x-y-22=0$

【解析】方法一：$l_1$ 与 $l_2$ 的交点为 $\left(-\dfrac{5}{2},-\dfrac{9}{2}\right)$. 任取 $l_1$ 上的一点 $(2,0)$，其关于 $l_2$ 的对称点为 $\left(-\dfrac{17}{5},\dfrac{9}{5}\right)$. 据直线的两点式方程可得 $l_3$ 的方程为 $7x+y+22=0$.

方法二：由对称直线的方程 $\dfrac{ax+by+c}{Ax+By+C}=\dfrac{2Aa+2Bb}{A^2+B^2}$，可得直线 $l_3$ 为

$$\dfrac{x-y-2}{3x-y+3}=\dfrac{6+2}{9+1}\Rightarrow 7x+y+22=0.$$

【答案】(D)

### 变化 3   圆关于直线对称

| 母题模型 | 解题思路 |
| --- | --- |
| 已知圆：$(x-a)^2+(y-b)^2=r^2$；<br>已知对称轴：$Ax+By+C=0$；<br>求对称圆. | 第一步：求圆心 $(a,b)$ 关于直线的对称点 $(a',b')$；<br>第二步：对称圆的方程为<br>$(x-a')^2+(y-b')^2=r^2$. |

5. (2019 年管理类联考真题) 设圆 $C$ 与圆 $(x-5)^2+y^2=2$ 关于直线 $y=2x$ 对称，则圆 $C$ 的方程为( ).

(A) $(x-3)^2+(y-4)^2=2$          (B) $(x+4)^2+(y-3)^2=2$

(C) $(x-3)^2+(y+4)^2=2$          (D) $(x+3)^2+(y+4)^2=2$

(E) $(x+3)^2+(y-4)^2=2$

【解析】圆$(x-5)^2+y^2=2$的圆心为$(5,0)$,设圆心关于直线$y=2x$的对称点为$(x,y)$,则

$$\begin{cases} \dfrac{y}{2}=2\cdot\dfrac{x+5}{2}, \\ \dfrac{y}{x-5}=-\dfrac{1}{2}, \end{cases}$$

> 圆关于直线对称:
> (1)找圆心关于直线的对称点;
> (2)半径不变.
> 故可将圆关于直线对称问题转化为点关于直线对称,进行求解

解得$\begin{cases} x=-3, \\ y=4. \end{cases}$所以圆$C$的方程为$(x+3)^2+(y-4)^2=2$.

【答案】(E)

▶**变化4 关于特殊直线的对称**

| 母题模型 | | 解题思路 |
| --- | --- | --- |
| 已知曲线的方程 | 已知对称轴 | 对称曲线的方程 |
| 曲线$f(x,y)=0$ | 直线$x+y+c=0$ | 曲线$f(-y-c,-x-c)=0$<br>(即把原式中的$x$替换为$-y-c$,把原式中的$y$替换为$-x-c$). |
| 曲线$f(x,y)=0$ | 直线$x-y+c=0$ | 曲线$f(y-c,x+c)=0$<br>(即把原式中的$x$替换为$y-c$,把原式中的$y$替换为$x+c$). |
| 曲线$f(x,y)=0$ | $x$轴(直线$y=0$) | 曲线$f(x,-y)=0$<br>(即把原式中的$y$替换为$-y$). |
| 曲线$f(x,y)=0$ | $y$轴(直线$x=0$) | 曲线$f(-x,y)=0$<br>(即把原式中的$x$替换为$-x$). |
| 曲线$f(x,y)=0$ | 直线$x=a$ | 曲线$f(2a-x,y)=0$<br>(即把原式中的$x$替换为$2a-x$). |
| 曲线$f(x,y)=0$ | 直线$y=b$ | 曲线$f(x,2b-y)=0$<br>(即把原式中的$y$替换为$2b-y$). |

6. 以直线$y+x=0$为对称轴且与直线$y-3x=2$对称的直线方程为( ).

(A)$y=\dfrac{x}{3}+\dfrac{2}{3}$ (B)$y=\dfrac{x}{-3}+\dfrac{2}{3}$

(C)$y=-3x-2$ (D)$y=-3x+2$

(E)以上选项均不正确

【解析】曲线$f(x)$关于$x+y+c=0$的对称曲线为$f(-y-c,-x-c)$,所以$y-3x=2$关于$y+x=0$的对称直线为$-x+3y=2$,即$y=\dfrac{x}{3}+\dfrac{2}{3}$.

【答案】(A)

### 变化 5　中心对称

| 母题模型 | 解题思路 |
| --- | --- |
| 点关于点对称 | 使用中点坐标公式即可求解. |
| 直线关于点对称 | 说明这两条直线平行,利用点到两平行线的距离相等即可求解. |
| 圆关于点对称 | 使用中点坐标公式求解对称圆的圆心即可. |

7. 已知直线 $l_1:2x+3y-1=0$,则与它关于点 $(1,1)$ 对称的直线 $l_2$ 的方程为(　　).

(A) $2x-3y-1=0$　　　　(B) $3x+2y-1=0$　　　　(C) $2x-3y-9=0$

(D) $2x+3y+9=0$　　　　(E) $2x+3y-9=0$

【解析】设 $l_2$ 的方程为 $2x+3y+C=0(C\neq -1)$. ……　直线关于点对称,斜率不变

由点 $(1,1)$ 到两直线的距离相等,可得

$$\frac{|2\times 1+3\times 1-1|}{\sqrt{2^2+3^2}}=\frac{|2\times 1+3\times 1+C|}{\sqrt{2^2+3^2}},$$

解得 $C=-1$(舍)或 $C=-9$,故直线 $l_2$ 的方程为 $2x+3y-9=0$.

【答案】(E)

## 题型 57　最值问题

### 题型概述

| 命题概率 | 母题特点 |
| --- | --- |
| (1) 近10年真题命题数量:7.<br>(2) 命题概率:0.7. | 见以下各变化. |

### 母题变化

### 变化 1　求 $\dfrac{y-b}{x-a}$ 的最值

| 母题模型 | 解题思路 |
| --- | --- |
| 求 $\dfrac{y-b}{x-a}$ 的最值 | 设 $k=\dfrac{y-b}{x-a}$,转化为求定点 $(a,b)$ 和动点 $(x,y)$ 所在直线的斜率的范围. |

1. 设点 $A$,$B$ 分别是圆周 $(x-3)^2+(y-\sqrt{3})^2=3$ 上使得 $\dfrac{y}{x}$ 取到最大值和最小值的点,$O$ 是坐标原点,则 $\angle AOB$ 的大小为(　　).

(A) $\dfrac{\pi}{2}$　　　(B) $\dfrac{\pi}{3}$　　　(C) $\dfrac{\pi}{4}$　　　(D) $\dfrac{\pi}{6}$　　　(E) $\dfrac{5\pi}{12}$

【解析】已知圆心坐标为$(3,\sqrt{3})$,半径为$\sqrt{3}$.

令$k=\dfrac{y}{x}=\dfrac{y-0}{x-0}$,可知$\dfrac{y}{x}$为过原点且与圆有交点的直线的斜率.

作图5-79,可知当直线与圆相切时取到最值.

已知$BC$与$OB$垂直,故$\tan\angle BOC=\dfrac{BC}{OB}=\dfrac{\sqrt{3}}{3}$.

所以$\angle BOC=\dfrac{\pi}{6}$,$\angle AOB=\dfrac{\pi}{3}$.

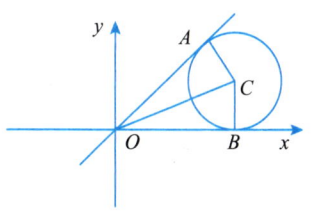

图5-79

【答案】(B)

### 变化2　求 $ax+by$ 的最值

| 母题模型 | 解题思路 |
| --- | --- |
| 求 $ax+by$ 的最值 | 设 $ax+by=c$, 即 $y=-\dfrac{a}{b}x+\dfrac{c}{b}$, 转化为求动直线截距的最值. |

2. (2016年管理类联考真题) 如图5-80所示,点 $A$, $B$, $O$ 的坐标分别为 $(4,0)$, $(0,3)$, $(0,0)$, 若 $(x,y)$ 是 $\triangle AOB$ 中的点,则 $2x+3y$ 的最大值为(　　).

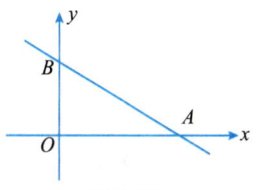

(A) 6　　　(B) 7　　　(C) 8

(D) 9　　　(E) 12

图5-80

【解析】令 $t=2x+3y$,则 $y=-\dfrac{2}{3}x+\dfrac{1}{3}t$. 此题可以转化为求动直线在 $y$ 轴截距的最值.

当 $y$ 轴截距最大时, $t$ 最大. 由图5-80易知,直线过点 $B$ 时,截距最大,此时 $t=9$.

【答案】(D)

### 变化3　求 $(x-a)^2+(y-b)^2$ 的最值

| 母题模型 | 解题思路 |
| --- | --- |
| 求 $(x-a)^2+(y-b)^2$ 的最值 | 设 $d^2=(x-a)^2+(y-b)^2$, 即 $d=\sqrt{(x-a)^2+(y-b)^2}$, 转化为求定点 $(a,b)$ 到动点 $(x,y)$ 的距离的范围. |

3. (2014年管理类联考真题) 已知 $x$, $y$ 为实数,则 $x^2+y^2 \geqslant 1$.

(1) $4y-3x \geqslant 5$.

(2) $(x-1)^2+(y-1)^2 \geqslant 5$.

【解析】 $x^2+y^2=(x-0)^2+(y-0)^2=d^2 \geqslant 1$, 故只需要证明原点到条件(1)和条件(2)所代表的区域中任意一点的距离 $d$ 满足 $d_{\min} \geqslant 1$.

条件(1): 等价于 $-3x+4y-5 \geqslant 0$, 是直线 $-3x+4y-5=0$ 上方的部分, 距离 $d$ 的最小值为原点到直线的距离,即

$$d_{\min}=\frac{|-3\times0+4\times0-5|}{\sqrt{(-3)^2+4^2}}=1.$$

故条件(1)充分.

条件(2)：不等式方程为圆$(x-1)^2+(y-1)^2=5$所表示的圆上及其圆外区域.

原点在圆内，故原点到圆上任意一点距离的最小值等于半径减去原点到圆心的距离，即

$$d_{\min}=\sqrt{5}-\sqrt{(1-0)^2+(1-0)^2}=\sqrt{5}-\sqrt{2}\approx0.82<1.$$

故条件(2)不充分.

【答案】(A)

4. (2019年管理类联考真题)设三角区域$D$由直线$x+8y-56=0$，$x-6y+42=0$与$kx-y+8-6k=0(k<0)$围成，则对任意的$(x,y)\in D$，有$\lg(x^2+y^2)\leq2$.

(1)$k\in(-\infty,-1]$.

(2)$k\in\left[-1,-\frac{1}{8}\right)$.

【解析】直线$kx-y+8-6k=0$可整理为$k(x-6)-(y-8)=0$，是恒过点$A(6,8)$的直线系，而直线$x-6y+42=0$也过点$A(6,8)$.

$\lg(x^2+y^2)\leq2$，即$x^2+y^2\leq100$，以原点为圆心，以10为半径作圆，易知，圆也过$A$点. 画图像如图5-81所示，阴影部分为区域$D$.

由$x^2+y^2\leq100$，可知$\sqrt{(x-0)^2+(y-0)^2}\leq10$，即圆心到三角形区域内任意一点的距离要小于等于10.

故当直线$AC(kx-y+8-6k=0)$经过直线$BC(x+8y-56=0)$与圆的交点$E$时，取到极值.

联立$\begin{cases}x+8y-56=0,\\ x^2+y^2=100,\end{cases}$ 解得$x=8,y=6$. 此时，直线$AC$的斜率为$k=\frac{8-6}{6-8}=-1$，故斜率的范围为$k\in(-\infty,-1]$.

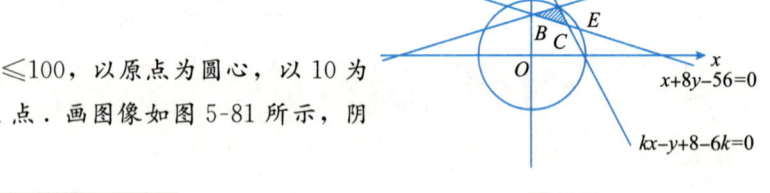

图 5-81

故条件(1)充分，条件(2)不充分.

【答案】(A)

5. (2020年管理类联考真题)设实数$x,y$满足$|x-2|+|y-2|\leq2$，则$x^2+y^2$的取值范围是( ).

(A)[2, 18]　　(B)[2, 20]　　(C)[2, 36]　　(D)[4, 18]　　(E)[4, 20]

【解析】$x^2+y^2=(x-0)^2+(y-0)^2$，可以看作是原点到$(x,y)$的距离的平方.

画图像知$|x-2|+|y-2|\leq2$是一个正方形，如图5-82所示.

原点到该正方形距离的最小值为原点到直线$AD$的距离，易知为$\sqrt{2}$.

原点到该正方形距离的最大值为原点到点$B$或点$C$的距离，易知为$\sqrt{20}$.

故$x^2+y^2$的取值范围是[2, 20].

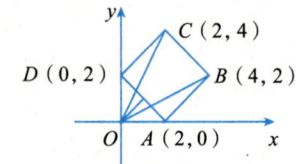

【快速得分法】极值蒙猜法.

令$|x-2|+|y-2|=2=1+1=|1-2|+|1-2|$，则$x^2+y^2$的最小值为2.

图 5-82

令 $|x-2|+|y-2|=2=2+0=|4-2|+|2-2|$，则 $x^2+y^2$ 的最大值为 20.
【答案】(B)

#### 变化 4　利用对称求最值

| 母题模型 | 解题思路 |
| --- | --- |
| 已知直线 $l$ 上有一点 $M$，直线同侧有两点 $A$，$B$，求 $M$ 在什么位置时，$AM+BM$ 的值最小. | 根据两点之间线段最短，做其中一点关于直线 $l$ 的对称点，连接该对称点和另一点，与直线 $l$ 的交点即为所求点 $M$. |

6. 已知 $A$ 是直线 $l: x-y=0$ 上的点，已知两点 $M(2,1)$，$N(5,2)$，则 $AM+AN$ 的最小值为(　　).
   (A) $\sqrt{12}$　　　(B) 5　　　(C) $\sqrt{10}$　　　(D) 4　　　(E) 3

【解析】画图易知，$MN$ 在直线 $l$ 的同侧，根据两点之间线段最短，作其中一点 $M$ 关于直线 $l$ 的对称点 $M'$，连接 $M'N$，则 $M'N$ 的长度即为 $AM+AN$ 的最小值. $M'$ 的坐标为 $(1,2)$，故 $(AM+AN)_{\min}=M'N=\sqrt{(1-5)^2+(2-2)^2}=4$.
【答案】(D)

#### 变化 5　求到圆上点的距离的最值

| 母题模型 | 解题思路 |
| --- | --- |
| 已知圆 $A:(x_1-a_1)^2+(y_1-b_1)^2=r_1^2$；圆 $B:(x_2-a_2)^2+(y_2-b_2)^2=r_2^2$；求两圆上点的距离的最大(小)值. | 求出圆心距，再根据两圆之间的位置关系，选择减半径或加半径即可. |
| 求圆上的点到直线距离的最大值或最小值. | 求出圆心到直线的距离，再根据圆与直线的位置关系求解. 一般，距离加半径或距离减半径是其最值. |

7. (2016 年管理类联考真题)圆 $x^2+y^2-6x+4y=0$ 上到原点距离最远的点是(　　).
   (A) $(-3,2)$　　(B) $(3,-2)$　　(C) $(6,4)$　　(D) $(-6,4)$　　(E) $(6,-4)$

【解析】将方程化为标准型为 $(x-3)^2+(y+2)^2=13$，可见圆心 $C$ 的坐标为 $(3,-2)$，且原点 $O$ 在圆上. 连接原点 $O$ 和圆心 $C$ 并延长，交圆于点 $A(x,y)$，如图 5-83 所示.

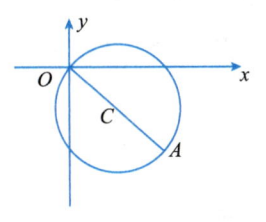

图 5-83

易知圆上到原点距离最远的点即为点 $A$，$C$ 为直径 $AO$ 的中点，由中点坐标公式可得 $\dfrac{x+0}{2}=3$，$\dfrac{y+0}{2}=-2$，解得 $x=6$，$y=-4$. 故点 $A(6,-4)$ 距离原点最远.
【答案】(E)

**8.**（2020年管理类联考真题）圆 $x^2+y^2=2x+2y$ 上的点到 $ax+by+\sqrt{2}=0$ 距离的最小值大于 1.
(1) $a^2+b^2=1$.　　　　　　　(2) $a>0$，$b>0$.

【解析】原方程可以化为 $(x-1)^2+(y-1)^2=2$，圆心到直线的距离为 $d=\dfrac{|a+b+\sqrt{2}|}{\sqrt{a^2+b^2}}$，圆上的点到直线距离的最小值为圆心到直线的距离减去半径，最小值大于1，即 $d-\sqrt{2}>1$. 举反例，易知条件(1)和条件(2)单独都不充分，联立之．

$d-\sqrt{2}=|a+b+\sqrt{2}|-\sqrt{2}=a+b+\sqrt{2}-\sqrt{2}=a+b$.

而 $(a+b)^2=a^2+b^2+2ab=1+2ab>1$，所以 $(a+b)^2>1$，可得 $a+b>1$.

故 $d-\sqrt{2}=a+b>1$，所以联立两个条件充分．

【答案】(C)

**9.** 点 $P$ 在圆 $O_1$ 上，点 $Q$ 在圆 $O_2$ 上，则 $|PQ|$ 的最小值是 $3\sqrt{5}-3-\sqrt{6}$.
(1) $O_1$：$x^2+y^2-8x-4y+11=0$.
(2) $O_2$：$x^2+y^2+4x+2y-1=0$.

【解析】条件(1)和条件(2)单独显然不充分，联立可得

$O_1$：$(x-4)^2+(y-2)^2=9$，$O_2$：$(x+2)^2+(y+1)^2=6$，

圆心距 $\sqrt{6^2+3^2}=3\sqrt{5}>3+\sqrt{6}$. 〔圆心距大于两圆半径和，所以两圆相离〕

所以两圆相离，$|PQ|$ 最小值为 $3\sqrt{5}-3-\sqrt{6}$. 故联立两个条件充分．

【答案】(C)

### 变化6　其他题型

**10.**（2021年管理类联考真题）已知四边形 $ABCD$ 是圆 $x^2+y^2=25$ 的内接四边形，若点 $A$，$C$ 是直线 $x=3$ 与圆 $x^2+y^2=25$ 的交点，则四边形 $ABCD$ 的面积的最大值为（　　）.
(A) 20　　　　(B) 24　　　　(C) 40　　　　(D) 48　　　　(E) 80

【解析】已知点 $A$，$C$ 是直线 $x=3$ 与圆 $x^2+y^2=25$ 的交点，则点 $A$ 的坐标为 $(3,4)$，点 $C$ 的坐标为 $(3,-4)$，$AC=8$，即这个四边形的其中一条对角线为 8.

为使圆的内接四边形面积最大，则令另外一条对角线 $BD$ 最长，$BD$ 的最大长度为直径的长度 10，且当 $BD\perp AC$ 时，四边形面积最大，如图 5-84 所示，面积为

$$S=\dfrac{1}{2}\cdot BD\cdot AC=\dfrac{1}{2}\times 10\times 8=40.$$

图 5-84

【易错点】有同学认为可将线段 $BD$ 都放在线段 $AC$ 左侧，形成一个矩形，从而算出面积的最大值为 48. 这是错误的解法，因为在四边形 $ABCD$ 中，点 $A$，$B$，$C$，$D$ 只能按顺时针或逆时针排列，即线段 $AC$ 必为对角线.

【答案】(C)

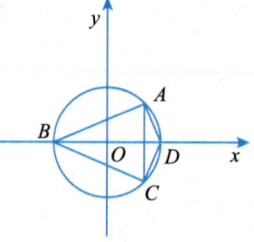

# 第 6 章 数据分析

## 题型 58 排列组合的基本问题

### 题型概述

| 命题概率 | 母题特点 |
| --- | --- |
| (1) 近 10 年真题命题数量：8.<br>(2) 命题概率：0.8. | 无典型特征，根据具体题目具体分析. |

### 母题变化

| 母题模型 | 解题思路 |
| --- | --- |
| 无典型特征，根据具体题目具体分析. | (1) 排列数公式<br>$$A_n^m = P_n^m = n(n-1)(n-2)\cdots(n-m+1) = \frac{n!}{(n-m)!}.$$<br>(2) 组合数公式<br>① 规定 $C_n^0 = C_n^n = 1.$<br>② $C_n^m = \frac{A_n^m}{m!} = \frac{n(n-1)(n-2)\cdots(n-m+1)}{m(m-1)(m-2)\cdots 2 \cdot 1}$，则 $A_n^m = C_n^m \cdot m!$.<br>③ $C_n^m = C_n^{n-m}.$ |

1. (2009 年管理类联考真题) 湖中有四个小岛，它们的位置恰好近似构成正方形的四个顶点，若要修建三座桥将这四个小岛连接起来，则不同的建桥方案有(　　)种.
   (A) 12　　　(B) 16　　　(C) 18　　　(D) 20　　　(E) 24

   【解析】如图 6-1 所示，在四个小岛中的任意两个中间架桥，有 6 种方式，即正方形的四条边和对角线，故架 3 座桥总的不同方法有 $C_6^3$ 种.
   当三座桥分别构成 △ABC，△ABD，△ACD，△BCD 这样的闭合图形时，不能将四个小岛连接起来.
   所以，符合题意的建桥方案有 $C_6^3 - 4 = 16$ (种).
   【答案】(B)

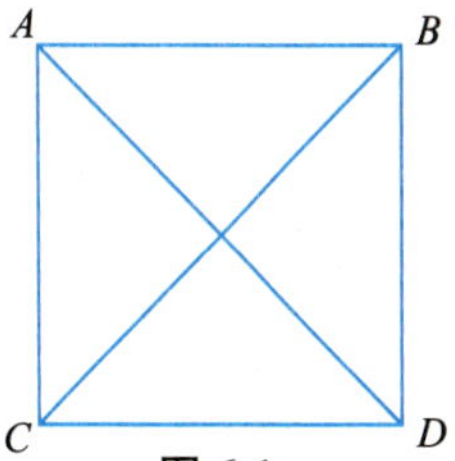

   图 6-1

2. (2012 年管理类联考真题) 某商店经营 15 种商品，每次在橱窗内陈列 5 种，若每两次陈列的商品不完全相同，则最多可陈列(　　).

(A)3 000次　　(B)3 003次　　(C)4 000次　　(D)4 003次　　(E)4 300次

【解析】题意是从15种商品中，选5种陈列，且不考虑顺序，求有多少种组合，属于组合数问题，故最多可陈列

$$C_{15}^5 = \frac{15 \times 14 \times 13 \times 12 \times 11}{5 \times 4 \times 3 \times 2 \times 1} = 3\ 003(次).$$

【答案】(B)

3.(2013年管理类联考真题)确定两人从 $A$ 地出发经过 $B$, $C$, 沿逆时针方向行走一圈回到 $A$ 地的方案如图 6-2 所示. 若从 $A$ 地出发时每人均可选大路或山道，经过 $B$, $C$ 时，至多有 1 人可以更改道路，则不同的方案有(　　).

(A)16 种　　(B)24 种　　(C)36 种

(D)48 种　　(E)64 种

【解析】从 $A$ 地出发再回到 $A$ 地可分三步：

第一步：从 $A$ 到 $B$，甲、乙两人各有 2 种方案，故共有 $2 \times 2 = 4$(种)方案；

第二步：从 $B$ 到 $C$，有 3 种方案：甲变线乙不变线，乙变线甲不变线，二人都不变线；

第三步：从 $C$ 到 $A$，同第二步，有 3 种方案.

故由分步乘法原理得，共有 $4 \times 3 \times 3 = 36$(种)方案.

【答案】(C)

图 6-2

4.(2013年管理类联考真题)三个科室的人数分别为 6、3 和 2，因工作需要，每晚需要排 3 人值班，则在两个月中可使每晚的值班人员不完全相同.

(1)值班人员不能来自同一科室.

(2)值班人员来自三个不同科室.

【解析】欲使两个月中每晚的值班人员不完全相同，应该至少有 60 种不同的组合.

条件(1)：用总的安排情况减掉值班人员来自同一科室的情况，得 $C_{11}^3 - C_6^3 - C_3^3 = 144 > 60$，故可使两个月中每晚的值班人员不完全相同，所以条件(1)充分.

条件(2)：从三个科室中各选 1 人，则有 $C_6^1 C_3^1 C_2^1 = 36 < 60$，不能使两个月中每晚的值班人员不完全相同，故条件(2)不充分.

【答案】(A)

5.(2015年管理类联考真题)平面上有 5 条平行直线与另一组 $n$ 条平行直线垂直，若两组平行直线共构成 280 个矩形，则 $n=$(　　).

(A)5　　(B)6　　(C)7　　(D)8　　(E)9

【解析】从两组平行直线中各任选两条即可构成一个矩形.

故有 $C_5^2 \times C_n^2 = 280$，即 $10 \cdot \frac{n(n-1)}{2} = 280 \Rightarrow n(n-1) = 56$，解得 $n = 8$.

【答案】(D)

**6.**(2016年管理类联考真题)某学生要在4门不同课程中选修2门课程,这4门课程中的2门各开设一个班,另外2门各开设两个班,该学生不同的选课方式共有(    ).

(A)6种    (B)8种    (C)10种    (D)13种    (E)15种

【解析】由题意可知,4门课程一共6个班,从6个班中选两个班上课,即 $C_6^2$,然而两个班可能是同一门课程,所以减去选的同一门课程的情况,由题知有2门课程开设两个班,所以减去两个 $C_2^2$. 故一共有 $N=C_6^2-C_2^2-C_2^2=13$(种)选课方式.

【答案】(D)

**7.**(2016年管理类联考真题)某委员会由三个不同的专业队伍组成,三个专业队伍的人数分别为2、3、4,从中选派2位不同专业的委员外出调研,则不同的选派方式有(    ).

(A)36种    (B)26种    (C)12种    (D)8种    (E)6种

【解析】正难则反. 用总的选派方式数减去来自相同专业的方式数,即
$$N=C_9^2-C_2^2-C_3^2-C_4^2=36-1-3-6=26(种).$$

【答案】(B)

**8.**(2018年管理类联考真题)羽毛球队有4名男运动员和3名女运动员,从中选出两对参加混双比赛,则不同的选派方式有(    ).

(A)9种    (B)18种    (C)24种    (D)36种    (E)72种

【解析】第1步:先从男运动员中选2人,即 $C_4^2$;

第2步:女运动员中选2人,即 $C_3^2$;

第3步:选出的2名男运动员中的一名从选出的两名女运动员中选一名作为搭档,剩下两名自然成为搭档,即 $C_2^1$;

所以不同选派方式有 $C_4^2 C_3^2 C_2^1 = 36$(种).

【答案】(D)

**9.**(2021年管理类联考真题)甲、乙两组同学中,甲组有3男3女,乙组有4男2女,从甲、乙两组中各选出2名同学,则这4人中恰有1名女生的选法有(    )种.

(A)26    (B)54    (C)70    (D)78    (E)105

【解析】这名女生的选法可分为两类:

①这名女生来自甲组,即从甲组中选1男、1女,从乙组中选2男,有 $C_3^1 C_3^1 C_4^2 = 54$(种).

②这名女生来自乙组,即从甲组中选2男,从乙组中选1男、1女,有 $C_3^2 C_4^1 C_2^1 = 24$(种).

由分类加法原理可知,这4人中恰有1名女生的选法有 $54+24=78$(种).

【答案】(D)

**10.**(2002年在职MBA联考真题)某办公室有男职工5人,女职工4人,欲从中抽调3人支援其他工作,但至少有两位是男士,则抽调方案有(    ).

(A)50种    (B)40种    (C)30种    (D)20种    (E)10种

【解析】选2男1女,即 $C_5^2 C_4^1$;选3男,即 $C_5^3$.

故抽调方案共有 $C_5^2 C_4^1 + C_5^3 = 50$(种).

**【答案】**(A)

## 题型 59 排队问题

### 题型概述

| 命题概率 | 母题特点 |
| --- | --- |
| (1) 近10年真题命题数量：1.<br>(2) 命题概率：0.1. | 几个元素排队或排列 |

### 母题变化

| 母题模型 | 解题思路 |
| --- | --- |
| 题干中出现几个元素排队或排列，元素之间的位置有顺序之分. | (1) 特殊元素优先法；<br>(2) 特殊位置优先法；<br>(3) 剔除法；<br>(4) 相邻问题捆绑法；<br>(5) 不相邻问题插空法；<br>(6) 定序问题消序法. |

1. (2011年管理类联考真题)现有3名男生和2名女生参加面试，则面试的排序方法有24种．
   (1)第一位面试的是女生．
   (2)第二位面试的是指定的某位男生．

   **【解析】** 条件(1)：从2名女生中选一名排第一位面试，余下的4人任意排，故不同的排法有 $C_2^1 A_4^4 = 48$(种)，故条件(1)不充分．

   条件(2)：除第二位面试的指定男生外，其他4个人任意排，故不同的排法有 $A_4^4 = 24$(种)，故条件(2)充分．

   **【答案】**(B)

2. (2012年管理类联考真题)在两队进行的羽毛球对抗赛中，每队派出3男、2女共5名运动员进行5局单打比赛．如果女子比赛安排在第二和第四局进行，则每队队员的不同出场顺序有( )．
   (A)12种  (B)10种  (C)8种
   (D)6种  (E)4种

   **【解析】** 分两步讨论：第一步，2个女队员安排在第二局和第四局，即 $A_2^2$；3个男队员安排在另外三局，全排列，即 $A_3^3$．

   根据分步乘法原理，不同的出场顺序为 $A_2^2 A_3^3 = 12$(种).

   > 题目问每队队员的不同出场顺序，只需要考虑一队即可

   **【答案】**(A)

3. (1999年MBA联考真题)加工某产品需要经过5个工种,其中某一工种不能最后加工,则可安排( )种工序.
　　(A)96　　　　　　　　(B)102　　　　　　　　(C)112
　　(D)92　　　　　　　　(E)86

【解析】本题相当于五个人排队,甲不在队尾,故有 $C_4^1 \times A_4^4 = 96$(种).
【答案】(A)

## 题型60　看电影问题

### 题型概述

| 命题概率 | 母题特点 |
| --- | --- |
| (1) 近10年真题命题数量:0.<br>(2) 命题概率:0. | 出现了空座的排队问题 |

### 母题变化

| 母题模型 | 解题思路 |
| --- | --- |
| 相邻问题:现有一排座位有 $n$ 把椅子,$m$ 个不同元素去坐,要求元素都相邻. | 用"既绑元素又绑椅子法",也可以"穷举法"数一下,共有 $C_{n-m+1}^1 A_m^m$ 种不同坐法. |
| 不相邻问题:现有一排座位有 $n$ 把椅子,$m$ 个不同元素去坐,要求元素都不相邻. | 用"搬着椅子去插空法",共有 $A_{n-m+1}^m$ 种不同坐法. |

1. (2011年管理类联考真题)3个3口之家一起观看演出,他们购买了同一排的9张连座票,则每一家的人都坐在一起的不同坐法有( )种.
　　(A)$(3!)^2$　　　　　　(B)$(3!)^3$　　　　　　(C)$3(3!)^3$
　　(D)$(3!)^4$　　　　　　(E)$9!$

【解析】将3个3口之家分别捆绑看作3个大元素,则这3个大元素的排列方法有 $A_3^3$ 种;
3个3口之家分别进行内部的全排列,由乘法原理可知,有 $A_3^3 A_3^3 A_3^3$ 种.
故不同的坐法有 $A_3^3 A_3^3 A_3^3 A_3^3 = (3!)^4$(种).
【答案】(D)

2. (2008年MBA联考真题)有两排座位,前排6个座,后排7个座.若安排2人就座.规定前排中间2个座位不能坐,且此2人始终不能相邻而坐,则不同的坐法种数为( )种.
　　(A)92　　　　　　　　(B)93　　　　　　　　(C)94
　　(D)95　　　　　　　　(E)96

【解析】将题干的位置画表格如表6-1所示.

表 6-1

前排：

| | | ╳ | ╳ | | | |
|---|---|---|---|---|---|---|

后排：

| 1 | 2 | 3 | 4 | 5 | 6 | 7 |
|---|---|---|---|---|---|---|

用剔除法：

可坐的 11 个座位任意坐，总的坐法有 $A_{11}^2$；

同在前排相邻，可在前 2 个位置或后 2 个位置选择，2 人再排序，为 $C_2^1 A_2^2$；

同在后排相邻，有 6 种组合(12，23，34，45，56，67)，选一种组合，然后两人排列，为 $C_6^1 A_2^2$．

故不同的坐法种数为 $A_{11}^2 - C_2^1 A_2^2 - C_6^1 A_2^2 = 94$(种).

【答案】(C)

## 题型 61  不同元素的分配问题

### 题型概述

| 命题概率 | 母题特点 |
|---|---|
| (1) 近 10 年真题命题数量：4.<br>(2) 命题概率：0.4. | 题干中出现不同元素进行分组或者分配. |

### 母题变化

**变化 1  不同元素的分组**

| 母题模型 | 解题思路 |
|---|---|
| 几个不同的元素，分入几个小组. | (1) 若各小组的元素数不一样，或小组的名称、性质不一样，不需要消序．<br>(2) 若出现 $m$ 个小组没有任何区别(小组元素数相同、组与组之间的性质相同)，采用消序法，除以 $A_m^m$． |

1. (2017 年管理类联考真题)将 6 人分成 3 组，每组 2 人，则不同的分组方式共有(　　)种．

    (A)12　　　(B)15　　　(C)30　　　(D)45　　　(E)90

    【解析】将 6 人平均分为 3 个无区别的小组，不同的分组方式共有

    $$\frac{C_6^2 C_4^2 C_2^2}{A_3^3} = 15(种).$$

    组与组之间性质完全相同，要消序

    【答案】(B)

2. (2019年管理类联考真题)某中学的5个学科各推荐2名教师作为支教候选人,若从中选派来自不同学科的2人参加支教工作,则不同的选派方式有(    )种.
   (A)20    (B)24    (C)30    (D)40    (E)45

   【解析】方法一:由题意知,从已推荐的10名教师中选派来自不同学科的2人参加支教工作,分为两步:

   首先,选派不同学科的方式有 $C_5^2=10$(种);

   再从相应学科中确定教师的选派方式有 $C_2^1 C_2^1=4$(种).

   故由分步乘法原理得,不同的选派方式有 $C_5^2 C_2^1 C_2^1=10\times 4=40$(种).

   方法二:5个学科共推荐10人,从10人中先选出1人参加支教,为 $C_{10}^1$;此时,与选出的这一人学科不同的还剩8人,再从这8人中选出1人,为 $C_8^1$.因为选出的这2人存在顺序问题,需消序,故不同的选派方式有 $\dfrac{C_{10}^1 C_8^1}{A_2^2}=40$(种).

   【答案】(D)

### 变化2　不同元素的分配

| 母题模型 | 解题思路 |
| --- | --- |
| 将不同的元素分成几组,这几组再进行分配. | 第1步:选人;<br>第2步:分组;<br>第3步:分配(如安排工作等). |

3. (2010年管理类联考真题)某大学派出5名志愿者到西部4所中学支教,若每所中学至少有一名志愿者,则不同的分配方案共有(    ).
   (A)240种    (B)144种    (C)120种    (D)60种    (E)24种

   【解析】其中一所学校分配2人,其余3所学校各分配一人,可分两步.

   第1步,分组:从5名志愿者中任选2人作为一组,另外三人各成一组,即 $C_5^2$;

   第2步,分配:将4组志愿者任意分配给4所学校,即 $A_4^4$.

   故由分步乘法原理得,不同的分配方案有 $C_5^2 A_4^4=240$(种).

   【答案】(A)

4. (2018年管理类联考真题)将6张不同的卡片2张一组分别装入甲、乙、丙3个袋中,若指定的两张卡片要在同一组,则不同的装法有(    ).
   (A)12种    (B)18种    (C)24种    (D)30种    (E)36种

   【解析】第1步,分组:由于指定的两张卡片要在一组,剩下4张进行分组,小组卡片数相同且性质无区别,需要消序,即 $\dfrac{C_4^2 C_2^2}{A_2^2}$;

   第2步,分配:3组卡片装入3个袋中,即 $A_3^3$.

   由分步乘法原理,得不同的装法有 $\dfrac{C_4^2 C_2^2}{A_2^2}\cdot A_3^3=18$(种).

   【答案】(B)

**5.(2020年管理类联考真题)** 某科室有4名男职员,2名女职员,若将这6名职员分为3组,每组2人且女职员不同组,则有( )种不同的分组方式.

(A)4　　　(B)6　　　(C)9　　　(D)12　　　(E)15

【解析】方法一:

三组人分别为1男1女,1男1女和2男.故先选1男1女,为 $C_2^1 C_4^1$;再选1男1女,为 $C_1^1 C_3^1$.但这两组有重合,故需要消序,即 $\dfrac{C_2^1 C_4^1 \times C_1^1 C_3^1}{A_2^2} = 12$;余下的2位男职员1组,即 $C_2^2$,总计有 $12 \times C_2^2 = 12$(种)分组方式.

方法二:

不妨设两个女职员分别为女1、女2.女1去挑一个男职员,即 $C_4^1$;女2从余下的三个男职员中挑一个,即 $C_3^1$;余下的两个男职员自然在同一组,即 $C_2^2$.故总计有 $C_4^1 C_3^1 C_2^2 = 12$(种)不同的分组方式.

【答案】(D)

**6.(2001年MBA联考真题)** 将4封信投入3个不同的邮筒,若4封信全部投完,且每个邮筒至少投入1封信,则共有投法( ).

(A)12种　　(B)21种　　(C)36种　　(D)42种　　(E)48种

【解析】第1步,分组:先挑2封信组成一组,即 $C_4^2$;

第2步,分配(投信):3组信投到3个邮筒里面,即 $A_3^3$.

故有 $C_4^2 A_3^3 = 36$(种).

【答案】(C)

**7.(2000年在职MBA联考真题)** 三位教师分配到6个班级任教,若其中一人教1个班,一人教2个班,一人教3个班,则有分配方法有( ).

(A)720种　　(B)360种　　(C)120种　　(D)60种　　(E)30种

【解析】第1步,分组:将6个班分成数量为1、2、3的三组,即 $C_6^1 \cdot C_5^2 \cdot C_3^3$;

第2步,分配:将三组班级分配给三位教师,即 $A_3^3$.

故不同的分配方法有 $C_6^1 \cdot C_5^2 \cdot C_3^3 \cdot A_3^3 = 360$(种).

【答案】(B)

**8.(2001年在职MBA联考真题)** 一个班里有5名男工和4名女工,若要安排3名男工和2名女工分别担任不同的工作,则不同的安排方法有( ).

(A)300种　　　　　(B)720种　　　　　(C)1 440种

(D)7 200种　　　　(E)8 400种

【解析】第1步,选人:选3名男工和2名女工,即 $C_5^3 C_4^2$;

第2步,分配:安排不同的工作,即 $A_5^5$.

故不同的安排方法有 $C_5^3 C_4^2 A_5^5 = 7\,200$(种).

【答案】(D)

## 题型 62 不能对号入座问题

### 题型概述

| 命题概率 | 母题特点 |
|---|---|
| (1) 近10年真题命题数量：2.<br>(2) 命题概率：0.2. | 几个有编号的元素，不能放入编号相同的位置. |

### 母题变化

**变化 1　不对号入座**

| 母题模型 | 解题思路 |
|---|---|
| 出题方式为：编号为 1，2，3，…，$n$ 的小球，放入编号为 1，2，3，…，$n$ 的盒子，每个盒子放一个，要求小球与盒子不同号. | 此类问题不需要自己去做，直接记住下述结论即可：<br>当 $n=2$ 时，有 1 种方法；<br>当 $n=3$ 时，有 2 种方法；<br>当 $n=4$ 时，有 9 种方法；<br>当 $n=5$ 时，有 44 种方法. |

**1.** (2014 年管理类联考真题)某单位决定对 4 个部门的经理进行轮岗，要求每位经理必须轮换到 4 个部门中的其他部门任职，则不同的方案有(　　).

(A) 3 种　　　(B) 6 种　　　(C) 8 种　　　(D) 9 种　　　(E) 10 种

【解析】设 4 位部门经理分别为 1、2、3、4. 他们分别在一、二、三、四这 4 个部门中任职.

让经理 1 先选位置，可以在二、三、四中挑一个，即 $C_3^1$.

假设他挑了部门二，则让经理 2 再选位置，他可以选择一、三或四，即 $C_3^1$.

无论经理 2 选了第几个部门，余下的 2 个人都只有 1 种选择.

故不同的方案有 $C_3^1 \times C_3^1 \times 1 = 9$(种)选择.

【快速得分法】此题为不对号入座问题，可直接记忆结论，4 个球不对号，有 9 种方法.

【答案】(D)

**2.** (2018 年管理类联考真题)某单位为检查 3 个部门的工作，由这 3 个部门的主任和外聘的 3 名人员组成检查组，分 2 人一组检查工作，每组有 1 名外聘成员，规定本部门主任不能检查本部门，则不同的安排方式有(　　).

(A) 6 种　　　(B) 8 种　　　(C) 12 种　　　(D) 18 种　　　(E) 36 种

【解析】已知本部门主任不能检查本部门，即为 3 个对象的不能对号入座问题，有 2 种可能；再将三个外聘人员进行分配，为 $A_3^3$，则不同的安排方式有 $2 \times A_3^3 = 12$(种).

【答案】(C)

### 变化 2　部分对号入座

| 母题模型 | 解题思路 |
|---|---|
| 部分元素对号入座，其余元素不对号入座． | 分两步：<br>第1步：选出对号入座者；<br>第2步：套用不对号入座的种类数．<br>两步的数值相乘即为答案． |

3. 设有编号为 1，2，3，4，5 的 5 个小球和编号为 1，2，3，4，5 的 5 个盒子，现将这 5 个小球放入这 5 个盒子内，每个盒子内放入一个球，且恰好有 2 个球的编号与盒子的编号相同，则这样的投放方法的总数为(　　)．

(A)20 种　　　(B)30 种　　　(C)60 种　　　(D)120 种　　　(E)130 种

【解析】分两步完成：
第 1 步，选出 2 个小球放入与它们具有相同编号的盒子内，有 $C_5^2$ 种方法；
第 2 步，将其余 3 个小球放入与它们的编号都不相同的盒子内，有 2 种方法．
由分步乘法原理得，不同的投放方法共有 $C_5^2 \times 2 = 20$（种）．
【答案】(A)

## 💡 题型 63　常见古典概型问题

### 题型概述

| 命题概率 | 母题特点 |
|---|---|
| (1) 近 10 年真题命题数量：5．<br>(2) 命题概率：0.5． | 管理类联考中，除非题干中出现独立事件和伯努利概型，否则其余所有概率题均为古典概型的运算． |

### 母题变化

### 变化 1　基本古典概型问题

| 母题模型 | 解题思路 |
|---|---|
| 题干中无独立事件的概率问题． | 古典概型公式为 $P(A) = \dfrac{m}{n}$．<br>方法 1：分别穷举 $m$，$n$ 的值，即可求解．<br>方法 2：用排列组合的方法求出 $m$，$n$ 的值，即可求解．<br>方法 3：正面做较难的题目，可以从反面做，即 $P(A) = 1 - P(\overline{A})$． |

1. (2009年管理类联考真题)在36人中，血型情况如下：A型12人，B型10人，AB型8人，O型6人，若从中随机选出两人，则两人血型相同的概率是( ).

(A) $\dfrac{77}{315}$　　　　　　(B) $\dfrac{44}{315}$　　　　　　(C) $\dfrac{33}{315}$

(D) $\dfrac{9}{122}$　　　　　　(E) 以上选项均不正确

【解析】两人血型相同的概率为

$$P=\dfrac{C_{12}^2+C_{10}^2+C_8^2+C_6^2}{C_{36}^2}=\dfrac{12\times11+10\times9+8\times7+6\times5}{36\times35}=\dfrac{77}{315}.$$

【答案】(A)

2. (2010年管理类联考真题)某商店举行店庆活动，顾客消费达到一定数量后，可以在4种赠品中随机选取2种不同的赠品，任意两位顾客所选赠品中，恰有1件品种相同的概率是( ).

(A) $\dfrac{1}{6}$　　(B) $\dfrac{1}{4}$　　(C) $\dfrac{1}{3}$　　(D) $\dfrac{1}{2}$　　(E) $\dfrac{2}{3}$

【解析】分成两步：

第1步：甲顾客选赠品，即 $C_4^2$；

第2步：乙顾客从甲顾客选择的赠品中选一个，再从甲顾客没选的赠品中选一个，即 $C_2^1 C_2^1$.

由分步乘法原理得，满足题意的不同的选法一共有 $C_4^2 C_2^1 C_2^1$ 种.

甲、乙两个顾客任意选赠品的总选法有 $C_4^2 C_4^2$ 种.

所以，所求概率为 $\dfrac{C_4^2 C_2^1 C_2^1}{C_4^2 C_4^2}=\dfrac{2}{3}.$

【答案】(E)

3. (2011年管理类联考真题)现从5名管理专业、4名经济专业和1名财会专业的学生中，随机派出一个3人小组，则该小组中3个专业各有1名学生的概率为( ).

(A) $\dfrac{1}{2}$　　(B) $\dfrac{1}{3}$　　(C) $\dfrac{1}{4}$　　(D) $\dfrac{1}{5}$　　(E) $\dfrac{1}{6}$

【解析】根据题意可知，总事件为从10名学生中选3人，共有 $C_{10}^3$ 种方法.

若要求3个专业各有1名学生，则有 $C_5^1 C_4^1 C_1^1$ 种方法.

故该小组中3个专业各有1名学生的概率为 $P=\dfrac{C_5^1 C_4^1 C_1^1}{C_{10}^3}=\dfrac{1}{6}.$

【答案】(E)

4. (2012年管理类联考真题)在一次商品促销活动中，主持人出示一个9位数，让顾客猜测商品的价格，商品的价格是该9位数中从左到右相邻的3个数字组成的3位数，若主持人出示的是513535319，则顾客一次猜中价格的概率是( ).

(A) $\dfrac{1}{7}$　　(B) $\dfrac{1}{6}$　　(C) $\dfrac{1}{5}$　　(D) $\dfrac{2}{7}$　　(E) $\dfrac{1}{3}$

【解析】从左到右相邻的3位数字组合为513，135，353，535，353，531，319共7种，但是353出现了2次，所以不同的价格只有6种，顾客一次猜中价格的概率为 $\dfrac{1}{6}.$

【答案】(B)

5. (2017年管理类联考真题)甲从1、2、3中抽取一个数,记为$a$;乙从1、2、3、4中抽取一个数,记为$b$,规定当$a>b$或者$a+1<b$时甲获胜,则甲获胜的概率为( ).

(A) $\frac{1}{6}$　　(B) $\frac{1}{4}$　　(C) $\frac{1}{3}$　　(D) $\frac{5}{12}$　　(E) $\frac{1}{2}$

【解析】$a>b$的情况有(2,1),(3,1),(3,2);

$a+1<b$的情况有(1,3),(1,4),(2,4).

故满足题意的情况共有6种.

从甲、乙中各任取1个数,所有可能的情况为$C_3^1 C_4^1=12$(种),所求概率为$\frac{6}{12}=\frac{1}{2}$.

【答案】(E)

6. (2019年管理类联考真题)在分别标记了数字1,2,3,4,5,6的6张卡片中,甲随机抽取1张后,乙从余下的卡片中再随机抽取2张,乙的卡片数字之和大于甲的卡片数字的概率为( ).

(A) $\frac{11}{60}$　　(B) $\frac{13}{60}$　　(C) $\frac{43}{60}$　　(D) $\frac{47}{60}$　　(E) $\frac{49}{60}$

【解析】方法一:采用穷举法.

当甲抽取卡片1时,乙有$C_5^2=10$(种)选法;

当甲抽取卡片2时,乙有$C_5^2=10$(种)选法;

当甲抽取卡片3时,乙有9种选法;

当甲抽取卡片4时,乙有8种选法;

当甲抽取卡片5时,乙有6种选法;

当甲抽取卡片6时,乙有4种选法.

以上满足题干要求的选法有47种.

总的事件数为$C_6^1 C_5^2=60$(种),故所求概率$P=\frac{47}{60}$.

方法二:求对立事件.

事件总数为$C_6^1 C_5^2=60$(种).

如果甲抽取卡片6,则乙的卡片数字之和小于等于甲的情况有(5,1),(4,2),(4,1),(3,2),(3,1),(1,2),共6种;

如果甲抽取卡片5,则乙的卡片数字之和小于等于甲的情况有(4,1),(3,2),(3,1),(1,2),共4种;

如果甲抽取卡片4,则乙的卡片数字之和小于等于甲的情况有(3,1),(1,2),共2种;

如果甲抽取卡片3,则乙的卡片数字之和小于等于甲的情况有(1,2),共1种.

故所求概率$P=1-\frac{6+4+2+1}{60}=\frac{47}{60}$.

【答案】(D)

7. (2020年管理类联考真题)从1至10这10个整数中任取三个数,恰有一个质数的概率是( ).

(A) $\frac{2}{3}$　　(B) $\frac{1}{2}$　　(C) $\frac{5}{12}$　　(D) $\frac{2}{5}$　　(E) $\frac{1}{120}$

【解析】从1至10的质数有2，3，5，7．故任取三个数，恰有一个质数的概率为 $\dfrac{C_4^1 C_6^2}{C_{10}^3} = \dfrac{1}{2}$．

【答案】(B)

**8.**(1997年在职MBA联考真题)一种编码由6位数字组成，其中每位数字可以是0，1，2，…，9中的任意一个，则编码的前两位数字都不超过5的概率是(  )．

(A)0.36    (B)0.37    (C)0.38    (D)0.46    (E)0.39

【解析】编码由6位数字构成，其中每位数字可以是0，1，2，…，9中的任意一个，故样本总情况数为 $10^6$，编码前两位不超过5的情况数为 $6^2 \times 10^4$，故概率 $P = \dfrac{6^2 \times 10^4}{10^6} = 0.36$．

【答案】(A)

**9.**(2001年在职MBA联考真题)从集合{0，1，3，5，7}中先任取一个数记为 $a$，放回集合后再任取一个数记为 $b$，若 $ax+by=0$ 能表示一条直线，则该直线的斜率等于 $-1$ 的概率是(  )．

(A)$\dfrac{4}{25}$    (B)$\dfrac{1}{6}$    (C)$\dfrac{1}{4}$

(D)$\dfrac{4}{15}$    (E)以上选项均不正确

【解析】若 $ax+by=0$ 能表示一条直线，则 $a$，$b$ 不同时为0，总的基本事件个数为 $5^2 - 1 = 24$（个）．

$ax+by=0$ 的斜率等于 $-1$，即 $k = -\dfrac{a}{b} = -1$，只有4种情况：

$$a=b=1, a=b=3, a=b=5, a=b=7.$$

故概率 $P = \dfrac{4}{24} = \dfrac{1}{6}$．

【答案】(B)

▶**变化 2**　**不同元素的分组与分配问题**

| 母题模型 | 解题思路 |
| --- | --- |
| 概率问题中出现不同元素分组与分配． | 注意1：分组是否需要消序．<br>注意2：先分组，再分配． |

**10.**(2011年管理类联考真题)将2个红球与1个白球随机地放入甲、乙、丙三个盒子中，则乙盒中至少有一个红球的概率为(  )．

(A)$\dfrac{1}{9}$    (B)$\dfrac{8}{27}$    (C)$\dfrac{4}{9}$    (D)$\dfrac{5}{9}$    (E)$\dfrac{17}{27}$

【解析】方法一：乙盒中至少有一个红球的情况可分为两类．

第一类，乙盒子中有1个红球：先从2个红球中选1个放入乙盒子，另外1个红球在甲、丙两个盒子中任选一个，白球在3个盒子中任意选择，即 $C_2^1 \cdot C_2^1 \cdot C_3^1$；

第二类，乙盒子中有2个红球：先将2个红球放入乙盒子，白球可以在3个盒子中任意选择，即 $C_3^1$．

所以,乙盒中至少有一个红球的概率为 $\dfrac{C_2^1 \cdot C_2^1 \cdot C_3^1 + C_3^1}{3^3} = \dfrac{5}{9}$.

方法二:剔除法.

乙盒中没有红球,则红球在甲、丙两个盒子中任意选择,白球在 3 个盒子中任意选择,即 $2^2 \cdot C_3^1$.

所以,乙盒中至少有 1 个红球的概率为 $1 - \dfrac{2^2 \cdot C_3^1}{3^3} = \dfrac{5}{9}$.

> 题干中间"至少有",一般情况下用对立事件求解法,即"1——个都没有"

【答案】(D)

**11.** (2014 年管理类联考真题)在某项活动中,将 3 男 3 女 6 名志愿者随机地分成甲、乙、丙三组,每组 2 人,则每组志愿者都是异性的概率为( ).

(A) $\dfrac{1}{90}$    (B) $\dfrac{1}{15}$    (C) $\dfrac{1}{10}$    (D) $\dfrac{1}{5}$    (E) $\dfrac{2}{5}$

【解析】6 名志愿者中挑选 2 人分到甲组,即 $C_6^2$;

剩余 4 名志愿者中挑选 2 人分到乙组,即 $C_4^2$;

最后两名志愿者直接归为丙组,即 $C_2^2$.

故事件总数为 $C_6^2 C_4^2 C_2^2$. > 分步乘法原理

方法一:每组志愿者都是异性,则将 3 名男志愿者分到甲、乙、丙三组,即 $A_3^3$;再将 3 名女志愿者分到甲、乙、丙三组,即 $A_3^3$.

故每组志愿者都是异性的概率为 $\dfrac{A_3^3 A_3^3}{C_6^2 C_4^2 C_2^2} = \dfrac{2}{5}$.

方法二:甲组选一男一女,即 $C_3^1 C_3^1$,然后乙组选一男一女,即 $C_2^1 C_2^1$,最后丙组选一男一女,即 $C_1^1 C_1^1$.

故每组志愿者都是异性的概率为 $P = \dfrac{C_3^1 C_3^1 C_2^1 C_2^1 C_1^1 C_1^1}{C_6^2 C_4^2 C_2^2} = \dfrac{2}{5}$.

【答案】(E)

**12.** (1998 年 MBA 联考真题)有 3 个人,每个人都以相同的概率被分配到 4 间房的某一间中,某指定房间中恰有 2 个人的概率是( ).

(A) $\dfrac{1}{64}$    (B) $\dfrac{3}{64}$    (C) $\dfrac{9}{64}$    (D) $\dfrac{5}{32}$    (E) $\dfrac{3}{16}$

【解析】1 人随机分到 4 间房间中的一间有 4 种方法,故 3 人随机分到 4 间房有 $4^3$ 种方法.

某指定房间中恰有 2 人,则选其中 2 人进指定房间,剩余 1 人随意分配到其他 3 个房间内,为 $C_3^2 C_3^1$,故概率 $P = \dfrac{C_3^2 C_3^1}{4^3} = \dfrac{9}{64}$.

【答案】(C)

**13.** (2001 年 MBA 联考真题)在共有 10 个座位的小会议室内随机地坐上 6 名与会者,则指定的 4 个座位被坐满的概率是( ).

(A) $\dfrac{1}{14}$    (B) $\dfrac{1}{13}$    (C) $\dfrac{1}{12}$    (D) $\dfrac{1}{11}$    (E) $\dfrac{1}{10}$

【解析】满足题意的情况:先从 6 个人中选 4 个人坐指定的 4 个位置,剩下的 2 人随机坐剩下的 6 个位置，即 $A_6^4 \cdot A_6^2$；总情况数为 $A_{10}^6$.

故所求的概率 $P = \dfrac{A_6^4 \cdot A_6^2}{A_{10}^6} = \dfrac{1}{14}$.

【答案】(A)

**14.** (1998 年在职 MBA 联考真题)将 3 个人分别分配到 4 间房的某一间中，若每人被分配到这 4 间房的每一间房中的概率都相同，则第一、二、三号房中各有 1 人的概率是( ).

(A) $\dfrac{3}{4}$　　　　　　　　(B) $\dfrac{3}{8}$　　　　　　　　(C) $\dfrac{3}{16}$

(D) $\dfrac{3}{32}$　　　　　　　 (E) $\dfrac{3}{64}$

【解析】将 3 人分别分配到 4 间房的某一间中，总情况数为 $4^3$；

第一、二、三号房中各有 1 人的情况数为 $A_3^3 = 6$(种).

故概率 $P = \dfrac{6}{4^3} = \dfrac{3}{32}$.

【答案】(D)

**15.** (1999 年在职 MBA 联考真题)将 3 人以相同的概率分别分配到 4 间房的某一间中，恰有 3 间房中各有 1 人的概率为( ).

(A) 0.75　　(B) 0.375　　(C) 0.187 5　　(D) 0.125　　(E) 0.105

【解析】从 4 个房间中选 3 个房间，每个房间进入 1 人，故有 $C_4^3 A_3^3 = A_4^3$(种)；

3 人进入 4 个房间任意排，即 $4^3$.

故所求概率为 $\dfrac{A_4^3}{4^3} = 0.375$.

【答案】(B)

**16.** 12 支篮球队中有 3 支种子队，将这 12 支球队任意分成 3 个组，每组 4 队，则 3 支种子队恰好被分在同一组的概率为( ).

(A) $\dfrac{1}{55}$　　　　　　　　(B) $\dfrac{3}{55}$　　　　　　　　(C) $\dfrac{1}{4}$

(D) $\dfrac{1}{3}$　　　　　　　　(E) $\dfrac{1}{2}$

【解析】3 个种子队分在一组，即从剩余 9 队中选 1 队与 3 个种子队分成一组，剩余的 8 队平均分成两组，需消序，为 $\dfrac{C_3^3 C_9^1 C_8^4 C_4^4}{A_2^2}$；

任意成 3 组，为 $\dfrac{C_{12}^4 C_8^4 C_4^4}{A_3^3}$；

故所求概率为 $\dfrac{\dfrac{C_3^3 C_9^1 C_8^4 C_4^4}{A_2^2}}{\dfrac{C_{12}^4 C_8^4 C_4^4}{A_3^3}} = \dfrac{3}{55}$.

【答案】(B)

# 题型64 掷色子问题

### 题型概述

| 命题概率 | 母题特点 |
|---|---|
| (1) 近10年真题命题数量：0.<br>(2) 命题概率：0. | 题中出现色子 |

### 母题变化

**变化1  掷色子问题与点、圆的位置关系**

| 母题模型 | 解题思路 |
|---|---|
| 将一枚色子掷2次，点数看作坐标$(m, n)$，问落入圆$(x-a)^2+(y-b)^2=r^2$内的概率. | 将坐标代入圆的方程，满足$(m-a)^2+(n-b)^2<r^2$. |

1.(2009年管理类联考真题) 点$(s, t)$落入圆$(x-a)^2+(y-a)^2=a^2$内的概率是$\dfrac{1}{4}$.

(1) $s, t$是连续掷一枚色子两次所得到的点数，$a=3$.
(2) $s, t$是连续掷一枚色子两次所得到的点数，$a=2$.

【解析】用穷举法，$s, t$可取1, 2, 3, 4, 5, 6.

条件(1)：要使点$(s, t)$落入$(x-3)^2+(y-3)^2=3^2$内，则

当$s=1$时，$t=1, 2, 3, 4, 5$；当$s=2$时，$t=1, 2, 3, 4, 5$；

当$s=3$时，$t=1, 2, 3, 4, 5$；当$s=4$时，$t=1, 2, 3, 4, 5$；

当$s=5$时，$t=1, 2, 3, 4, 5$；当$s=6$时，$t$无解.

由上可知，点$(s, t)$落入$(x-a)^2+(y-a)^2=a^2$内的概率是$\dfrac{25}{36}$，故条件(1)不充分.

条件(2)：要使点$(s, t)$落入$(x-2)^2+(y-2)^2=2^2$内，则

当$s=1$时，$t=1, 2, 3$；当$s=2$时，$t=1, 2, 3$；

当$s=3$时，$t=1, 2, 3$；当$s=4, 5, 6$时，$t$无解.

由上可知，点$(s, t)$落入$(x-a)^2+(y-a)^2=a^2$内的概率是$\dfrac{9}{36}=\dfrac{1}{4}$，故条件(2)充分.

【答案】(B)

**变化2  掷色子问题与数列**

| 母题模型 | 解题思路 |
|---|---|
| 将一色子连续抛掷三次，点数能形成数列. | (1) 掷色子问题为古典概型，可使用基本公式：$P=\dfrac{m}{n}$.<br>(2) 掷色子问题一般使用穷举法. |

2. 将一枚色子连续抛掷三次，它落地时向上的点数依次成等差数列的概率为(　　).

(A) $\dfrac{1}{9}$　　　　(B) $\dfrac{1}{12}$　　　　(C) $\dfrac{1}{15}$　　　　(D) $\dfrac{1}{18}$　　　　(E) $\dfrac{1}{14}$

【解析】一枚色子连续抛掷三次得到的数列共有 $6^3$ 个，其中成等差数列的有三类：

(1) 公差为 0 的有 6 个；

(2) 公差为 1 或 $-1$ 的有 8 个；

(3) 公差为 2 或 $-2$ 的有 4 个.

所以成等差数列的情况共有 18 个，其概率为 $\dfrac{18}{6^3}=\dfrac{1}{12}$.

【答案】(B)

## 题型 65　数字之和问题

### 题型概述

| 命题概率 | 母题特点 |
| --- | --- |
| (1) 近 10 年真题命题数量：1.<br>(2) 命题概率：0.1. | 见母题变化 |

### 母题变化

| 母题模型 | 解题思路 |
| --- | --- |
| 题干出现一些卡片、数字，求数字的和或积满足某些条件的概率. | 多数题可用穷举法 |

(2018 年管理类联考真题) 从标号为 1 到 10 的 10 张卡片中随机抽取 2 张，它们的标号之和能被 5 整除的概率为(　　).

(A) $\dfrac{1}{5}$　　　　　　　　(B) $\dfrac{1}{9}$　　　　　　　　(C) $\dfrac{2}{9}$

(D) $\dfrac{2}{15}$　　　　　　　(E) $\dfrac{7}{45}$

【解析】从标号 1 到 10 的卡片中取出 2 张，标号之和能被 5 整除，和可能为 5、10、15.
穷举可知，和为 5 的共有 1+4、2+3 这两种可能，和为 10 的共有 1+9、2+8、3+7、4+6 这四种可能，和为 15 的共有 8+7、9+6、10+5 这三种可能．

故随机抽取的 2 张卡片的标号之和能被 5 整除的概率为 $P=\dfrac{2+4+3}{C_{10}^2}=\dfrac{1}{5}$.

【答案】(A)

## 题型 66　袋中取球模型

### 题型概述

| 命题概率 | 母题特点 |
|---|---|
| (1) 近 10 年真题命题数量：6.<br>(2) 命题概率：0.6. | 题干中出现袋中小球或一些产品（合格品、不合格品）等. |

### 母题变化

**变化 1　一次取球模型**

| 母题模型 | 解题思路 |
|---|---|
| 设口袋中有 $a$ 个白球，$b$ 个黑球，一次取出若干个球，求恰好取了 $m$ 个白球($m \leqslant a$)，$n$ 个黑球($n \leqslant b$)的概率. | $P = \dfrac{C_a^m \cdot C_b^n}{C_{a+b}^{m+n}}$<br>一次取球模型的概率与不放回取球相同. |

1. (2013 年管理类联考真题)已知 10 件产品中有 4 件一等品，从中任取 2 件，则至少有 1 件一等品的概率为(　　).

   (A) $\dfrac{1}{3}$　　(B) $\dfrac{2}{3}$　　(C) $\dfrac{2}{15}$　　(D) $\dfrac{8}{15}$　　(E) $\dfrac{13}{15}$

   【解析】正难则反.

   任取的 2 件没有一等品的概率为 $\dfrac{C_6^2}{C_{10}^2} = \dfrac{1}{3}$，故至少有一件一等品的概率为 $1 - \dfrac{1}{3} = \dfrac{2}{3}$.

   【答案】(B)

2. (2014 年管理类联考真题)已知袋中装有红、黑、白三种颜色的球若干个，则红球最多.

   (1)随机取出的一球是白球的概率为 $\dfrac{2}{5}$.

   (2)随机取出的两球中至少有一个黑球的概率小于 $\dfrac{1}{5}$.

   【解析】条件(1)：无法确定黑、红两色球的概率，不充分.

   条件(2)：无法确定白、红两色球的概率，不充分.

   联立两个条件：

   由条件(1)得，随机取出的一球是白球的概率为 $\dfrac{2}{5}$，可知白球占总球数的 $\dfrac{2}{5}$.

   由条件(2)得，随机取出的两球中至少有一个黑球的概率大于随机取出一球是黑球的概率，所以，随机取出一球是黑球的概率小于 $\dfrac{1}{5}$，即黑球占总球数的比例小于 $\dfrac{1}{5}$.

所以红球占总球数的比例大于$\frac{2}{5}$,红球最多,故两个条件联立起来充分.

【答案】(C)

3. (2021年管理类联考真题)某商场利用抽奖方式促销,100个奖券中设有3个一等奖、7个二等奖,则一等奖先于二等奖抽完的概率为( ).
   (A)0.3　　　(B)0.5　　　(C)0.6　　　(D)0.7　　　(E)0.73

【解析】方法一:无奖的奖券不影响"一、二等奖哪个先抽完"这一结果,故无须考虑.考虑10张有奖的奖券,其中前9张奖券的先后顺序不影响"一、二等奖哪个先抽完"这一结果,故仅需考虑最后一张有奖的奖券,这张是一等奖的概率为0.3,是二等奖的概率为0.7,则一等奖先于二等奖抽完的概率,即最后一张是二等奖的概率为0.7.

方法二:考虑一、二等奖的顺序,共有$A_{10}^{10}=10!$(种)可能.

一等奖先抽完,则最后一个为二等奖,情况为$C_7^1$,前9个奖任意排$A_9^9$,故共有$C_7^1 A_9^9 = 7×9!$(种)可能.

故所求概率为$\frac{7×9!}{10!}=0.7$.

【快速得分法】一等奖只有3个,二等奖有7个,故更有可能先抽完一等奖.

全概率事件只有两种可能:先抽完一等奖或先抽完二等奖,故两种可能性的概率之和应为1.易知,先抽完一等奖的概率为0.7,先抽完二等奖的概率为0.3,故一等奖先于二等奖抽完的概率为0.7.

【答案】(D)

4. (2021年管理类联考真题)从装有1个红球、2个白球、3个黑球的袋中随机取出3个球,则这3个球颜色至多有两种的概率为( ).
   (A)0.3　　　(B)0.4　　　(C)0.5　　　(D)0.6　　　(E)0.7

【解析】正难则反.

3个球颜色至多有两种的对立事件为3个球的颜色各不相同,满足条件的取法为从红色、白色、黑色三种颜色的球中各取一个,有$C_1^1 C_2^1 C_3^1$种情况;

总共取球的方式有$C_6^3$种.故这3个球颜色至多有两种的概率为

$$1-\frac{C_1^1 C_2^1 C_3^1}{C_6^3}=1-\frac{6}{20}=0.7.$$

【答案】(E)

5. (1997年MBA联考真题)10件产品中有3件次品,从中随机抽出2件,至少抽到一件次品的概率是( ).
   (A)$\frac{1}{3}$　　　(B)$\frac{2}{5}$　　　(C)$\frac{7}{15}$　　　(D)$\frac{8}{15}$　　　(E)$\frac{3}{5}$

【解析】10件中随机抽出2件,全是正品的概率为$\frac{C_7^2}{C_{10}^2}$.故至少抽到一件次品的概率为$1-\frac{C_7^2}{C_{10}^2}=\frac{8}{15}$.

【答案】(D)

**6. (1999年在职MBA联考真题)** 盒中有4只球，其中红球、黑球、白球各一只，另有一只红、黑、白三色球，现从中任取2球，其中恰有一球上有红色的概率为( ).

(A) $\frac{1}{6}$　　(B) $\frac{1}{3}$　　(C) $\frac{1}{2}$　　(D) $\frac{2}{3}$　　(E) $\frac{5}{6}$

【解析】从两个带红色的球中取一只，从两个不带红色的球中取一只，故概率为 $\frac{C_2^1 C_2^1}{C_4^2} = \frac{2}{3}$.

【答案】(D)

**7. (2001年在职MBA联考真题)** 一只口袋中有5只同样大小的球，编号分别为1, 2, 3, 4, 5，现从中随机抽取3只球，则取到的球中最大号码是4的概率为( ).

(A) 0.3　　(B) 0.4　　(C) 0.5　　(D) 0.6　　(E) 0.7

【解析】若最大号码是4，则取的三个球里必须有4，再从1, 2, 3中选两个球．

故 $P = \frac{C_3^2}{C_5^3} = 0.3$.

【答案】(A)

**8. (2006年在职MBA联考真题)** 一批产品的合格率为95%，而合格品中一等品占60%，其余为二等品．现从中任取一件检验，这件产品是二等品的概率为( ).

(A) 0.57　　(B) 0.38　　(C) 0.35　　(D) 0.26　　(E) 以上选项均不正确

【解析】设一共有100件产品，则合格品为95件，二等品为 $95 \times 40\% = 38$(件)，故二等品的概率为0.38.

【答案】(B)

**9. (2007年在职MBA联考真题)** 从含有2件次品，$n-2$ ($n>2$)件正品的 $n$ 件产品中随机抽查2件，其中恰有1件次品的概率为0.6.

(1) $n=5$.

(2) $n=6$.

【解析】条件(1)：$n=5$，$P = \frac{C_2^1 C_3^1}{C_5^2} = 0.6$，故条件(1)充分．

条件(2)：$n=6$，$P = \frac{C_2^1 C_4^1}{C_6^2} = \frac{8}{15}$，故条件(2)不充分．

【答案】(A)

## 变化2　不放回取球模型（抽签模型）

| 母题模型 | 解题思路 |
|---|---|
| 设口袋中有 $a$ 个白球，$b$ 个黑球，逐一取出若干个球，看后不再放回袋中，求恰好取了 $m$ 个白球($m \leq a$)，$n$ 个黑球($n \leq b$)的概率． | $P = \frac{C_a^m \cdot C_b^n}{C_{a+b}^{m+n}}$. |
| 【拓展】抽签模型<br>设口袋中有 $a$ 个白球，$b$ 个黑球，逐一取出若干个球，看后不再放回袋中，求第 $k$ 次取到白球的概率． | $P = \frac{a}{a+b}$，与 $k$ 无关 |

10. (2010年管理类联考真题)某装置的启动密码是由0到9中的3个不同数字组成,连续3次输入错误密码,就会导致该装置永久关闭,一个仅记得密码是由3个不同数字组成的人能够启动此装置的概率为( ).

(A) $\dfrac{1}{120}$     (B) $\dfrac{1}{168}$     (C) $\dfrac{1}{240}$     (D) $\dfrac{1}{720}$     (E) $\dfrac{3}{1\,000}$

【解析】能够启动此装置的情况可分为三类:

第一类:尝试一次即成功,则 $\dfrac{1}{A_{10}^3}=\dfrac{1}{720}$;

第二类:第一次尝试不成功,第二次尝试成功,则 $\dfrac{719}{720}\times\dfrac{1}{719}=\dfrac{1}{720}$;

第三类:第一、二次尝试不成功,第三次尝试成功,则 $\dfrac{719}{720}\times\dfrac{718}{719}\times\dfrac{1}{718}=\dfrac{1}{720}$.

由分类加法原理得,能启动装置的概率为 $3\times\dfrac{1}{720}=\dfrac{1}{240}$.

【快速得分法】本题相当于有720个签,只有1个签对应正确密码,第 $k$ 次抽到正确密码签的概率为 $\dfrac{1}{720}$ (与 $k$ 无关). 由加法原理得,前3次抽中正确密码签的概率为 $\dfrac{3}{720}=\dfrac{1}{240}$.

【答案】(C)

> 抽签原理的应用(不放回的取球)

### 变化3 有放回取球模型

| 母题模型 | 解题思路 |
| --- | --- |
| 设口袋中有 $a$ 个白球,$b$ 个黑球,逐一取出若干个球,看后放回袋中,求恰好取了 $k$ 个白球($k\leqslant a$)、$n-k$ 个黑球($n-k\leqslant b$)的概率. | $P=C_n^k\left(\dfrac{a}{a+b}\right)^k\left(\dfrac{b}{a+b}\right)^{n-k}$<br>上述模型可理解为伯努利概型:口袋中有 $a$ 个白球,$b$ 个黑球,从中任取一个球,将这个实验做 $n$ 次,出现了 $k$ 次白球,$n-k$ 次黑球. |

11. (2015年管理类联考真题)信封中装有10张奖券,只有1张有奖. 从信封中同时抽取2张,中奖概率为 $P$;从信封中每次抽取1张奖券后放回,如此重复抽取 $n$ 次,中奖概率为 $Q$,则 $P<Q$.

(1) $n=2$.

(2) $n=3$.

【解析】同时抽2张,中奖的概率 $P=\dfrac{C_1^1 C_9^1}{C_{10}^2}=\dfrac{1}{5}$.

若放回再重复抽取,则每次成功的概率均为 $p=\dfrac{1}{10}$.

方法一:

条件(1):$Q=p+(1-p)\times p=\dfrac{1}{10}+\dfrac{9}{10}\times\dfrac{1}{10}=\dfrac{19}{100}$.

$Q<P$,故条件(1)不充分.

> $Q$ 有两种情况
> (1) 第一次中奖第二次不中,概率为 $p$;
> (2) 第一次不中第二次中奖,概率为 $(1-p)p$.

条件(2): $Q = p+(1-p)\times p+(1-p)^2\times p = \frac{1}{10}+\frac{9}{10}\times\frac{1}{10}+\left(\frac{9}{10}\right)^2\times\frac{1}{10}=\frac{271}{1\,000}$.

$Q>P$, 故条件(2)充分.

> Q 有三种情况, 与条件(1)同理

方法二: 正难则反.

条件(1): $Q=1-0.9^2=0.19<P$, 故条件(1)不充分.

条件(2): $Q=1-0.9^3=0.271>P$, 故条件(2)充分.

【答案】(B)

12. (2020年管理类联考真题)甲、乙两种品牌的手机20部, 任取2部, 恰有1部甲品牌的概率为 $P$, 则 $P>\frac{1}{2}$.

(1)甲品牌手机不少于8部.

(2)乙品牌手机多于7部.

【解析】方法一:

条件(1): 显然不充分. 举反例, 若甲手机有20部, 任取2部, 恰有1部甲手机的概率为0.

条件(2): 显然不充分. 举反例, 若乙手机有20部, 任取2部, 恰有1部甲手机的概率为0.

联立两个条件, 则甲手机的取值范围为[8,12], 此时任取2部, 恰有1部甲手机的概率均大于$\frac{1}{2}$.

用极值法验证, 当甲手机为8部或12部时, 恰有1部甲手机的概率均为

$$P=\frac{C_8^1 C_{12}^1}{C_{20}^2}=\frac{8\times 12}{\frac{20\times 19}{2\times 1}}=\frac{48}{95}>\frac{1}{2},$$

故两个条件联立起来充分.

方法二:

设甲手机数量为 $n$, 乙手机数量为 $20-n$. 根据题干要求, 恰有1部甲手机的概率为

$$P=\frac{C_n^1 C_{20-n}^1}{C_{20}^2}=\frac{-n^2+20n}{190}>\frac{1}{2}.$$

解不等式, 得 $10-\sqrt{5}<n<10+\sqrt{5}$, 取近似值, 则 $7.8<n<12.2$, 由于 $n$ 只能取整数, 故 $n\in[8,12]$.

两个条件联立, 可推出甲手机的取值范围为[8,12], 因此联立两个条件充分.

【答案】(C)

13. 一批产品中的一级品率为0.2, 现进行有放回的抽样, 共抽取10个样品, 则10个样品中恰有3个一级品的概率为( ).

(A) $(0.2)^3(0.8)^7$  (B) $(0.2)^7(0.8)^3$

(C) $C_{10}^3(0.2)^3(0.8)^7$  (D) $C_{10}^3(0.2)^7(0.8)^3$

(E)以上选项均不正确

【解析】有放回取球模型: $C_{10}^3(0.2)^3(0.8)^7$.

> 有放回取球模型的本质是伯努利模型

【答案】(C)

## 题型 67　独立事件

### 题型概述

| 命题概率 | 母题特点 |
|---|---|
| (1)近 10 年真题命题数量：7. <br> (2)命题概率：0.7. | 一般题干中会出现"事件相互独立"的字样. |

### 母题变化

| 母题模型 | 解题思路 |
|---|---|
| 事件 $A$、$B$ 互相独立，求同时发生的概率． | $P(AB)=P(A)\cdot P(B)$ |

1.(2012 年管理类联考真题)某产品由两道独立工序加工完成，则该产品是合格品的概率大于 0.8.

(1)每道工序的合格率为 0.81.

(2)每道工序的合格率为 0.9.

【解析】条件(1)：该产品是合格品的概率为 $0.81×0.81<0.8$，故条件(1)不充分．

条件(2)：该产品是合格品的概率为 $0.9×0.9=0.81>0.8$，故条件(2)充分．

【答案】(B)

2.(2013 年管理类联考真题)档案馆在一个库房中安装了 $n$ 个烟火感应报警器，每个报警器遇到烟火成功报警的概率为 $p$. 该库房遇烟火发出警报的概率达到 0.999.

(1)$n=3$，$p=0.9$.

(2)$n=2$，$p=0.97$.

【解析】条件(1)：均未报警的概率为 $(1-0.9)^3=0.001$，故报警概率为 $1-0.001=0.999$，条件(1)充分．

条件(2)：均未报警的概率为 $(1-0.97)^2=0.0009$，故报警概率为 $1-0.0009=0.9991>0.999$，条件(2)充分．

【答案】(D)

3.(2016 年管理类联考真题)在分别标记了数字 1，2，3，4，5，6 的 6 张卡片中随机取 3 张，其上数字之和等于 10 的概率是(　　).

(A)0.05　　　(B)0.1　　　(C)0.15　　　(D)0.2　　　(E)0.25

【解析】$10=1+3+6=1+4+5=2+3+5$，故 3 张卡片上数字之和等于 10 的取法仅有三种可能．

故概率 $P=\dfrac{3}{C_6^3}=\dfrac{3}{20}=0.15$.

【答案】(C)

4.(2017年管理类联考真题)某试卷由15道选择题组成，每道题有4个选项，只有一项是符合试题要求的．甲有6道题能确定正确选项，有5道题能排除2个错误选项，有4道题能排除1个错误选项．若从每题排除后剩余的选项中选1个作为答案，则甲得满分的概率为( )．

(A) $\dfrac{1}{2^4} \times \dfrac{1}{3^5}$  (B) $\dfrac{1}{2^5} \times \dfrac{1}{3^4}$  (C) $\dfrac{1}{2^5} + \dfrac{1}{3^4}$

(D) $\dfrac{1}{2^4} \times \left(\dfrac{3}{4}\right)^5$  (E) $\dfrac{1}{2^4} + \left(\dfrac{3}{4}\right)^5$

【解析】5道能排除2个错误选项，则每道题做对的概率为 $\dfrac{1}{2}$，故这5道题全对的概率为 $\dfrac{1}{2^5}$；

4道能排除1个错误选项，则每道题做对的概率为 $\dfrac{1}{3}$，故这4道题全对的概率为 $\dfrac{1}{3^4}$．

故得满分的概率为 $\dfrac{1}{2^5} \times \dfrac{1}{3^4}$．

【答案】(B)

5.(2019年管理类联考真题)有甲、乙两袋奖券，获奖率分别是 $p$ 和 $q$，某人从两袋中各随机抽取1张奖券，则此人获奖的概率不小于 $\dfrac{3}{4}$．

(1)已知 $p+q=1$．

(2)已知 $pq=\dfrac{1}{4}$．

【解析】此人不获奖的概率 $=(1-p)(1-q)$．

故获奖概率 $=1-(1-p)(1-q)=1-(1-p-q+pq)=p+q-pq$．

条件(1)：$\dfrac{p+q}{2} \geqslant \sqrt{pq}$．  均值不等式

所以 $pq \leqslant \left(\dfrac{p+q}{2}\right)^2 = \dfrac{1}{4}$，故 $p+q-pq \geqslant \dfrac{3}{4}$，条件(1)充分．

条件(2)：$p+q \geqslant 2\sqrt{pq}=1$，故 $p+q-pq \geqslant \dfrac{3}{4}$，所以条件(2)充分．

【答案】(D)

6.(2020年管理类联考真题)如图6-3所示，$A$，$B$，$C$，$D$ 两两相连，从一个节点沿线段到另一个节点当作1步，若机器人从节点 $A$ 出发，随机走了3步，则机器人未到达节点 $C$ 的概率为( )．

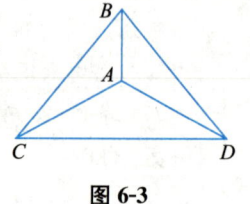

(A) $\dfrac{4}{9}$  (B) $\dfrac{11}{27}$  (C) $\dfrac{10}{27}$

(D) $\dfrac{19}{27}$  (E) $\dfrac{8}{27}$

图6-3

【解析】无论机器人在哪个节点，它不到达节点 $C$ 的概率均为 $\dfrac{2}{3}$．故随机走3步，未到达节点 $C$ 的概率为 $\dfrac{2}{3} \times \dfrac{2}{3} \times \dfrac{2}{3} = \dfrac{8}{27}$．

【答案】(E)

**7.**(2021年管理类联考真题)如图6-4所示,由 $P$ 到 $Q$ 的电路中有三个元件,分别标为 $T_1$,$T_2$,$T_3$,电流能通过 $T_1$,$T_2$,$T_3$ 的概率分别为 0.9,0.9,0.99,假设电流能否通过三个元件相互独立,则电流能在 $P$,$Q$ 之间通过的概率是(    ).

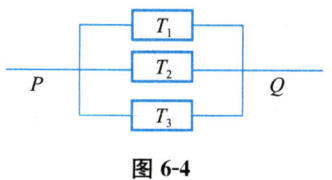

(A)0.801 9　　　(B)0.998 9　　　(C)0.999

(D)0.999 9　　　(E)0.999 99

【解析】正难则反.已知三个元件是并联的,若电流在 $P$,$Q$ 中不能通过,则电流不能通过任何一个元件,其概率为 $p=(1-0.9)(1-0.9)(1-0.99)=0.000\ 1$.

因此,电流可以在 $P$,$Q$ 之间通过的概率为 $1-0.000\ 1=0.999\ 9$.

【答案】(D)

**8.**(1999年MBA联考真题)设 $A_1$,$A_2$,$A_3$ 为三个独立事件,且 $P(A_k)=p(k=1,2,3$;其中 $0<p<1)$,则这三个事件不全发生的概率是(    ).

(A)$(1-p)^3$　　　(B)$3(1-p)$　　　(C)$(1-p)^3+3p(1-p)$

(D)$3p(1-p)^2+3p^2(1-p)$　　　(E)$3p(1-p)^2$

【解析】"不全发生"的反面为"全发生",故不全发生的概率为 $1-p^3$.

选项(C)中,$(1-p)^3+3p(1-p)=(1-p)(1+p+p^2)=1-p^3$.故本题选(C).

【答案】(C)

**9.**(1999年MBA联考真题)图6-5中的字母代表元件种类,字母相同但下标不同的为同一类元件,已知 $A$,$B$,$C$,$D$ 各类元件的正常工作概率依次为 $p$,$q$,$r$,$s$,且各元件的工作是相互独立的,则此系统正常工作的概率为(    ).

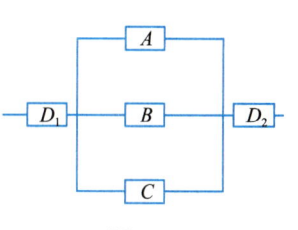

(A)$s^2pqr$　　　(B)$s^2(p+q+r)$

(C)$s^2(1-pqr)$　　　(D)$1-(1-pqr)(1-s)^2$

(E)$s^2[1-(1-p)(1-q)(1-r)]$

【解析】根据串联和并联的工作原理可知,系统若要正常工作,则两个 $D$ 元件一定要正常工作,$A$,$B$,$C$ 中至少有一个正常工作,故概率

$$P=s^2[1-(1-p)(1-q)(1-r)].$$

至少一个正常=1-全都不正常

【答案】(E)

**10.**(1999年MBA联考真题)甲盒内有红球4只,黑球2只,白球2只;乙盒内有红球5只,黑球3只;丙盒内有黑球2只,白球2只.从这三个盒子的任意一个中任取出一只球,它是红球的概率是(    ).

(A)0.562 5　　　(B)0.5　　　(C)0.45　　　(D)0.375　　　(E)0.225

【解析】分两步,第一步从三个盒子中选一个盒子,第二步从选定的盒子中取出一只红球.

选到甲盒的概率是 $\dfrac{1}{3}$,在甲盒中选到红球的概率是 $\dfrac{4}{8}$,根据分步乘法原理,取到甲盒并在甲盒里取到红球的概率是 $\dfrac{1}{3}\times\dfrac{4}{8}$,其他两个盒子同理.

所以从三个盒子的任意一个中取到红球的概率为 $\frac{1}{3}\times\frac{4}{8}+\frac{1}{3}\times\frac{5}{8}+\frac{1}{3}\times\frac{0}{4}=0.375$.

【答案】(D)

**11.** (2000年MBA联考真题) 某人忘记三位号码锁(每位均有0~9十个数码)的最后一个数码,因此在正确拨出前两个数码后,只能随机地试拨最后一个数码,每拨一次算作一次试开,则他在第4次试拨时才将锁打开的概率是( ).

(A) $\frac{1}{4}$    (B) $\frac{1}{6}$    (C) $\frac{2}{5}$    (D) $\frac{1}{10}$    (E) $\frac{1}{12}$

【解析】方法一:前3次没打开,第4次打开,故概率为 $\frac{9}{10}\times\frac{8}{9}\times\frac{7}{8}\times\frac{1}{7}=\frac{1}{10}$.

方法二:可将本题看作,有10个签,只有1个签对应正确密码,第 $k$ 次抽到正确密码签的概率为 $\frac{1}{10}$(与 $k$ 无关),故不论是第几次试拨,成功开锁的概率都为 $\frac{1}{10}$.

【答案】(D)

**12.** (2000年MBA联考真题) 假设实验室器皿中产生A类和B类细菌的机会相等,且每个细菌的产生是相互独立的,若某次发现产生了 $n$ 个细菌,则其中至少有一个A类细菌的概率是( ).

(A) $1-\left(\frac{1}{2}\right)^n$    (B) $1-C_n^1\left(\frac{1}{2}\right)^n$    (C) $\left(\frac{1}{2}\right)^n$

(D) $1-\left(\frac{1}{2}\right)^{n-1}$    (E) $1-\left(\frac{1}{2}\right)^{n+1}$

【解析】由于产生A类细菌和B类细菌的机会相等,故产生A、B两类细菌的概率均为 $\frac{1}{2}$.

没有A类细菌的概率为 $\left(\frac{1}{2}\right)^n$.

故至少有一个A类细菌的概率为 $1-\left(\frac{1}{2}\right)^n$.

【答案】(A)

**13.** (2001年MBA联考真题) 甲文具盒内有2支蓝色笔和3支黑色笔,乙文具盒内也有2支蓝色笔和3支黑色笔,现从甲文具盒中任取2支笔放入乙文具盒,然后再从乙文具盒中任取2支笔. 从乙文具盒中取出的2支笔都是黑色笔的概率( ).

(A) $\frac{23}{70}$    (B) $\frac{27}{70}$    (C) $\frac{29}{70}$    (D) $\frac{3}{7}$    (E) $\frac{31}{70}$

【解析】分为以下三种情况:

从甲文具盒取出2只黑笔放入乙文具盒,再从乙文具盒取2只黑笔的概率为 $\frac{C_3^2}{C_5^2}\cdot\frac{C_5^2}{C_7^2}=\frac{1}{7}$;

从甲文具盒取出1只黑笔、1只蓝笔放入乙文具盒,再从乙文具盒取2只黑笔的概率为 $\frac{C_2^1 C_3^1}{C_5^2}\cdot\frac{C_4^2}{C_7^2}=\frac{6}{35}$;

214

从甲文具盒取出2只蓝笔放入乙文具盒,再从乙文具盒取出2只黑笔的概率为$\dfrac{C_2^2}{C_5^2} \cdot \dfrac{C_3^2}{C_7^2} = \dfrac{1}{70}$.

故从乙文具盒中取2只黑笔的概率为$\dfrac{1}{7} + \dfrac{6}{35} + \dfrac{1}{70} = \dfrac{23}{70}$.

【答案】(A)

14. (2002年MBA联考真题)在盛有10只螺母的盒子中,有0只,1只,2只,……,10只铜螺母是等可能的,今向盒中放入一个铜螺母,然后随机从盒中取出一个螺母,则这个螺母为铜螺母的概率是( ).

(A) $\dfrac{6}{11}$　　　(B) $\dfrac{5}{10}$　　　(C) $\dfrac{5}{11}$　　　(D) $\dfrac{4}{11}$　　　(E) $\dfrac{3}{11}$

【解析】由于有0只,1只,2只,……,10只铜螺母是等可能的,每种可能性为$\dfrac{1}{11}$.按照盒子中原有铜螺母的个数,可分为11种情况.故所求概率为

$$P = \underbrace{\dfrac{1}{11} \times \dfrac{1}{11}}_{\text{原来0只}} + \underbrace{\dfrac{1}{11} \times \dfrac{2}{11}}_{\text{原来1只}} + \cdots + \underbrace{\dfrac{1}{11} \times \dfrac{11}{11}}_{\text{原来10只}} = \dfrac{1}{11}\left(\dfrac{1+2+\cdots+11}{11}\right) = \dfrac{6}{11}.$$

【答案】(A)

15. (2003年在职MBA联考真题)甲、乙、丙依次轮流投掷一枚均匀硬币,若先投出正面者为胜,则甲、乙、丙获胜的概率分别是( ).

(A) $\dfrac{1}{3}, \dfrac{1}{3}, \dfrac{1}{3}$　　　(B) $\dfrac{4}{8}, \dfrac{2}{8}, \dfrac{1}{8}$　　　(C) $\dfrac{4}{8}, \dfrac{3}{8}, \dfrac{1}{8}$

(D) $\dfrac{4}{7}, \dfrac{2}{7}, \dfrac{1}{7}$　　　(E)以上选项均不正确

【解析】甲获胜:首次正面出现在第1,4,7,…次,概率为

$$\dfrac{1}{2} + \left(\dfrac{1}{2}\right)^3 \cdot \dfrac{1}{2} + \left(\dfrac{1}{2}\right)^6 \cdot \dfrac{1}{2} + \cdots = \dfrac{1}{2}\left[1 + \left(\dfrac{1}{2}\right)^3 + \left(\dfrac{1}{2}\right)^6 + \cdots\right] = \dfrac{1}{2} \cdot \dfrac{1}{1-\dfrac{1}{8}} = \dfrac{4}{7};$$

乙获胜:首次正面出现在第2,5,8,…次,概率为

$$\left(\dfrac{1}{2}\right)\dfrac{1}{2} + \left(\dfrac{1}{2}\right)^4 \dfrac{1}{2} + \left(\dfrac{1}{2}\right)^7 \dfrac{1}{2} + \cdots = \dfrac{1}{2}\left[\dfrac{1}{2} + \left(\dfrac{1}{2}\right)^4 + \left(\dfrac{1}{2}\right)^7 + \cdots\right] = \dfrac{1}{2} \cdot \dfrac{\dfrac{1}{2}}{1-\dfrac{1}{8}} = \dfrac{2}{7};$$

丙获胜概率为 $1 - \dfrac{4}{7} - \dfrac{2}{7} = \dfrac{1}{7}$.

【答案】(D)

16. (2007年在职MBA联考真题)若王先生驾车从家到单位必须经过三个有红绿灯的十字路口,则他没有遇到红灯的概率为0.125.

(1)他在每一个路口遇到红灯的概率都是0.5.

(2)他在每一个路口遇到红灯的事件相互独立.

【解析】显然需要联立两个条件,独立事件同时发生,所求的概率为

$$P=(1-0.5)^3=0.125.$$

故条件(1)和条件(2)联立起来充分.

【答案】(C)

## 题型 68　伯努利概型

### 题型概述

| 命题概率 | 母题特点 |
| --- | --- |
| (1) 近10年真题命题数量：2.<br>(2) 命题概率：0.2. | 题干中出现独立重复试验. |

### 母题变化

| 母题模型 | 解题思路 |
| --- | --- |
| 独立重复试验 | (1) 伯努利概型公式：$P_n(k)=C_n^k P^k(1-P)^{n-k}(k=1, 2, \cdots, n)$.<br>(2) 独立地做一系列的伯努利试验，直到第$k$次试验时，事件$A$才首次发生的概率为$P_k=(1-P)^{k-1}P(k=1, 2, \cdots, n)$. |

1.(2012年管理类联考真题)在某次考试中，3道题中答对2道题即为及格．假设某人答对各题的概率相同，则此人及格的概率是$\dfrac{20}{27}$.

(1)答对各题的概率为$\dfrac{2}{3}$.

(2)3道题全部答错的概率为$\dfrac{1}{27}$.

【解析】条件(1)：可分为两种情况.

第一种：全部答对题的概率为$\left(\dfrac{2}{3}\right)^3$；第二种：答对两道的概率为$C_3^2\left(\dfrac{2}{3}\right)^2\left(\dfrac{1}{3}\right)$.

故及格的概率为$C_3^2\left(\dfrac{2}{3}\right)^2\left(\dfrac{1}{3}\right)+\left(\dfrac{2}{3}\right)^3=\dfrac{20}{27}$，所以条件(1)充分.

条件(2)：设答对各题的概率均为$P$，则3道题全部答错的概率为$(1-P)^3=\dfrac{1}{27}$.

所以$P=\dfrac{2}{3}$，与条件(1)等价，故条件(2)也充分.

【答案】(D)

2.(2017年管理类联考真题)某人参加资格考试，有A类和B类选择，A类的合格标准是抽3道题至少会做2道，B类的合格标准是抽2道题需都会做，则此人参加A类考试合格的机会大.

(1)此人A类题中有60%会做.

(2)此人B类题中有80%会做.

【解析】两个条件单独显然不充分,联立之.

A类考试若要合格,需3道会2道或者3道都会,合格的概率为
$$P = C_3^2 \times 0.6^2 \times 0.4 + 0.6^3 = 0.648;$$
B类考试若要合格,2道必须都会,合格的概率为 $P = 0.8^2 = 0.64$.
则此人参加A类考试合格的机会大.故两个条件联立起来充分.

【答案】(C)

3. (2007年MBA联考真题)一个人的血型为O、A、B、AB型的概率分别为0.46、0.40、0.11、0.03. 现任选5人,则至多一人血型为O型的概率为(    ).

(A) 0.045    (B) 0.196    (C) 0.201    (D) 0.241    (E) 0.461

【解析】一个人是O型血的概率为0.46,不是O型血的概率为0.54.
故5个人中至多有一人是O型血的概率为
$$P = 0.54^5 + C_5^1 \cdot 0.46 \cdot 0.54^4 = 0.241.$$

$P$ = 都不是O型血的概率 + 只有一个是O型血的概率

【答案】(D)

4. (1998年在职MBA联考真题)掷一枚不均匀的硬币,正面朝上的概率为 $\dfrac{2}{3}$,若将此硬币掷4次,则正面朝上3次的概率是(    ).

(A) $\dfrac{8}{81}$    (B) $\dfrac{8}{27}$    (C) $\dfrac{32}{81}$    (D) $\dfrac{1}{2}$    (E) $\dfrac{26}{27}$

【解析】根据伯努利概型公式 $P = C_n^k p^k (1-p)^{n-k} = C_4^3 \left(\dfrac{2}{3}\right)^3 \dfrac{1}{3} = \dfrac{32}{81}$.

【答案】(C)

5. (2000年在职MBA联考真题)某人将5个环一一投向一木柱,直到有一个套中为止.若每次套中的概率为0.1,则至少剩下一个环未投的概率是(    ).

(A) $1 - 0.9^4$    (B) $1 - 0.9^3$    (C) $1 - 0.9^5$

(D) $1 - 0.1 \times 0.9^4$    (E) $1 - 0.1 \times 0.9^3$

【解析】方法一:分为以下四种情况.

第1个中,后4个未投:0.1;

第1个没中,第2个中,后3个未投:0.9×0.1;

第1,2个没中,第3个中,后2个未投:$0.9^2 \times 0.1$;

前3个没中,第4个中,最后1个未投:$0.9^3 \times 0.1$.

故至少剩下一个环未投的概率为
$$P = 0.1 + 0.9 \times 0.1 + 0.9^2 \times 0.1 + 0.9^3 \times 0.1 = \dfrac{0.1(1 - 0.9^4)}{1 - 0.9} = 1 - 0.9^4.$$

方法二:正难则反.

若第5个环才套中木桩,则概率为 $P_1 = 0.9^4 \times 0.1$;

若5个环都没有套中木桩,则概率为 $P_2 = 0.9^5$.

故至少剩下一个环为投中的概率为

$$P = 1 - P_1 - P_2 = 1 - 0.9^5 - 0.9^4 \times 0.1 = 1 - 0.9^4.$$

【答案】(A)

6.(2008年在职MBA联考真题)张三以卧姿射击10次,命中靶子7次的概率是$\frac{15}{128}$.

(1)张三以卧姿打靶的命中率是0.2.

(2)张三以卧姿打靶的命中率是0.5.

【解析】条件(1):$P = C_{10}^7 \times 0.2^7 \times 0.8^3 \neq \frac{15}{128}$,不充分.

条件(2):$P = C_{10}^7 \times 0.5^7 \times 0.5^3 = \frac{15}{128}$,充分.

【答案】(B)

## 题型69　闯关与比赛问题

### 题型概述

| 命题概率 | 母题特点 |
| --- | --- |
| (1)近10年真题命题数量:2.<br>(2)命题概率:0.2. | 题干中出现比赛、闯关等信息. |

### 母题变化

#### 变化1　比赛问题

| 母题模型 | 解题思路 |
| --- | --- |
| 比赛问题,比如5局3胜,不代表一定打满5局,也可能会3局或4局内就已经分出胜负. | 列举出所有可能出现的比赛结果. |

1.(2018年管理类联考真题)甲、乙两人进行围棋比赛,约定先胜2盘者赢得比赛,已知每盘棋甲获胜的概率是0.6,乙获胜的概率是0.4,若乙在第一盘获胜,则甲赢得比赛的概率为(　　).
(A)0.144　　(B)0.288　　(C)0.36　　(D)0.4　　(E)0.6

【解析】先胜2盘者赢得比赛,若要甲赢得比赛,第二、第三盘甲都必须获胜,每盘比赛的结果相互独立,且甲获胜的概率为0.6,则有$P = 0.6 \times 0.6 = 0.36$.

【答案】(C)

2.(1998年MBA联考真题)甲、乙两选手进行乒乓球单打比赛,甲选手发球成功后,乙选手回球失误的概率为0.3,若乙选手回球成功,甲选手回球失误的概率为0.4,若甲选手回球成功,乙选手再次回球失误的概率0.5,试计算这几个回合中,乙选手输掉一分的概率是(　　).
(A)0.36　　(B)0.43　　(C)0.49　　(D)0.51　　(E)0.57

【解析】乙选手输掉1分的情况：乙第一回合失误或乙第二回合失误．故概率为
$$P=0.3+0.7\times 0.6\times 0.5=0.51.$$
【答案】(D)

3.(**2008年MBA联考真题**)某乒乓球男子单打决赛在甲乙两选手间进行比赛用7局4胜制．已知每局比赛甲选手战胜乙选手的概率为0.7，则甲选手以4:1战胜乙的概率为( )．

(A)$0.84\times 0.7^3$ (B)$0.7\times 0.7^3$ (C)$0.3\times 0.7^3$

(D)$0.9\times 0.7^3$ (E)以上选项均不正确

【解析】根据题意可知，一共打了五局，其中前4局中，甲胜3局，乙胜1局，第5局甲获胜．故甲选手以4:1战胜乙的概率为$P=C_4^3\times 0.7^3\times 0.3\times 0.7=0.84\times 0.7^3$.

【答案】(A)

▶**变化2** 闯关问题

| 母题模型 | 解题思路 |
|---|---|
| 闯关问题一般符合独立事件的概率公式：$P(AB)=P(A)P(B)$. | 闯关问题一般前几关满足题干要求后，后面的关就不用闯了，因此未必是每关都试一下成功不成功．所以要根据题意进行合理分类． |

4.(**2010年管理类联考真题**)在一次竞猜活动中，设有5关，如果连续通过2关就算闯关成功，小王通过每关的概率都是$\frac{1}{2}$，他闯关成功的概率为( )．

(A)$\frac{1}{8}$ (B)$\frac{1}{4}$ (C)$\frac{3}{8}$ (D)$\frac{4}{8}$ (E)$\frac{19}{32}$

【解析】所有成功的可能如表6-2所示(过关用√表示，没过关用×表示，连续过2关后，后面的关卡便不再闯)：

表6-2

| 第1关 | 第2关 | 第3关 | 第4关 | 第5关 |
|---|---|---|---|---|
| √ | √ | | | |
| × | √ | √ | | |
| × | × | √ | √ | |
| √ | × | √ | √ | |
| √ | × | × | √ | √ |
| × | √ | × | √ | √ |
| × | × | × | √ | √ |

每关是否通过的结果相互独立，且成功的概率为$\frac{1}{2}$，故闯关成功的概率为

$$P=\left(\frac{1}{2}\right)^2+\left(\frac{1}{2}\right)^3+2\times\left(\frac{1}{2}\right)^4+3\times\left(\frac{1}{2}\right)^5=\frac{19}{32}.$$

【答案】(E)

5. (2014年管理类联考真题)掷一枚均匀的硬币若干次,当正面向上次数大于反面向上次数时停止,则在4次之内停止的概率为(    ).

(A) $\dfrac{1}{8}$　　　　(B) $\dfrac{3}{8}$　　　　(C) $\dfrac{5}{8}$　　　　(D) $\dfrac{3}{16}$　　　　(E) $\dfrac{5}{16}$

【解析】根据题意,停止的可能有以下2种(如表6-3所示):

表6-3

| 第1次 | 第2次 | 第3次 | 第4次 |
|---|---|---|---|
| 正 | 不用掷了 | 不用掷了 | 不用掷了 |
| 反 | 正 | 正 | 不用掷了 |

每次掷硬币的结果相互独立,故在4次之内停止的概率为 $P = \dfrac{1}{2} + \left(\dfrac{1}{2}\right)^3 = \dfrac{5}{8}$.

【答案】(C)

# 第7章 应用题

## 题型70 简单算术问题

### 题型概述

| 命题概率 | 母题特点 |
| --- | --- |
| (1) 近10年真题命题数量：8.<br>(2) 命题概率：0.8. | 见下列各母题变化 |

### 母题变化

**变化1　植树问题（线形）**

| 母题模型 | 解题思路 |
| --- | --- |
| 两端种树 | 植树数量 = $\dfrac{总长}{间距}+1$ |
| 一端种树 | 植树数量 = $\dfrac{总长}{间距}$ |
| 两端都不种树 | 植树数量 = $\dfrac{总长}{间距}-1$ |

1. 同学们早操，有21个同学排成一排，每相邻两个同学之间的距离相等，第一个人到最后一个人的距离是40米，相邻两个人之间相隔(　　)米.

   (A)1　　　(B)2　　　(C)1.5　　　(D)3　　　(E)4

   【解析】由植树数量 = $\dfrac{总长}{间距}+1$，得间距 = $\dfrac{总长}{植树数量-1} = \dfrac{40}{21-1} = 2$.

   【答案】(B)

   > 把同学看成树，本题相当于在总长度40米的路上种了21棵树

**变化2　植树问题（环形植树）**

| 母题模型 | 解题思路 |
| --- | --- |
| 环形植树 | 植树数量 = $\dfrac{总长}{间距}$ |

2. (2019年管理类联考真题)将一批树苗种在一个正方形花园边上,四角都种.如果每隔3米种一棵,那么剩余10棵树苗;如果每隔2米种一棵,那么恰好种满正方形的3条边,则这批树苗有(　　)棵.

(A)54　　　　　　　(B)60　　　　　　　(C)70

(D)82　　　　　　　(E)94

【解析】设正方形的边长为$x$.

若每隔3米种一棵树,则可以种满整个花园的边上,为环形植树问题.

故植树数量$=\dfrac{总长}{间距}=\dfrac{4x}{3}$;

若每隔2米种一棵树,则种不满整个花园的边上,为线形植树问题.

故植树数量$=\dfrac{总长}{间距}+1=\dfrac{3x}{2}+1$.

设树苗共有$y$棵,则有

$$\begin{cases}\dfrac{4x}{3}=y-10,\\ \dfrac{3x}{2}+1=y,\end{cases}$$

解得$x=54$,$y=82$.故这批树苗有82棵.

【答案】(D)

### 变化3　植树问题(公共坑)

| 母题模型 | 解题思路 |
| --- | --- |
| 原计划按照某方案植树,后修改计划. | 在修改植树方案问题中,要注意原方案下挖的坑,在新方案下有多少可以被利用. |

3. 某小区绿化部门计划植树改善小区环境,原方案每隔15米种一棵树,在挖好树坑以后突然接到上级通知,要改为每隔10米种一棵树,则需要多挖80个坑.

(1)在周长为1 200米的圆形公园外侧种一圈树.

(2)在长为1 200米的马路的一侧种一排树,两端都要种上.

【解析】条件(1):原来挖的坑现在仍然可以被使用的数量为

$$1\,200\div 30=40(个).$$

（圆形中,挖坑的数量=间隔的数量,15和10的最小公倍数为30）

现在需要树坑$1\,200\div 10=120(个)$.所以,需要多挖$120-40=80(个)$坑,条件(1)充分.

条件(2):原来挖的坑现在仍然可以被使用的数量为

$$1\,200\div 30+1=41(个).$$

（直线形中,两端都种树,挖坑的数量=间隔的数量+1,15和10的最小公倍数为30）

现在需要树坑$1\,200\div 10+1=121(个)$.

所以,需要多挖$121-41=80(个)$坑,条件(2)充分.

【答案】(D)

222

### 变化 4　牛吃草问题

| 母题模型 | 解题思路 |
| --- | --- |
| 有一块草地，草以固定的速度生长，草地上有一群牛，以固定的速度吃草． | 基本等量关系：设每头牛每天吃1个单位的草量，则原有草量＋每天新长草量×天数＝牛数×天数． |

4. 牧场上有一片青草，每天都生长得一样快．这片青草供给10头牛吃，可以吃22天，或者供给16头牛吃，可以吃10天，期间一直有草生长．如果供给25头牛吃，可以吃（　　）天．
   (A)4　　　(B)5　　　(C)5.5　　　(D)6　　　(E)6.5

   【解析】设每头牛每天吃1个单位的草量，每天新长草量为 $x$ 个单位，原有草量为 $y$ 个单位，则

   $$\begin{cases} y+22x=10\times 22, \\ y+10x=16\times 10, \end{cases}$$

   〔原有草量＋新长草量＝牛数×天数〕

   解得 $\begin{cases} x=5, \\ y=110. \end{cases}$

   设25头牛可以吃 $n$ 天，则有 $y+x\cdot n=25n$，解得 $n=5.5$.
   故供给25头牛吃，可以吃5.5天．
   【答案】(C)

### 变化 5　给水排水问题

| 母题模型 | 解题思路 |
| --- | --- |
| 一个水池，有进水口进水、出水口出水． | 基本等量关系：原有水量＋进水量＝排水量＋剩余水量． |

5. (2000年MBA联考真题)一艘轮船发生漏水事故．当漏进水600桶时，两部抽水机开始排水，甲机每分钟能排水20桶，乙机每分钟能排水16桶，经50分钟刚好将水全部排完．每分钟漏进的水有（　　）．
   (A)12桶　　　(B)18桶　　　(C)24桶　　　(D)30桶　　　(E)36桶

   【解析】设每分钟漏进水 $x$ 桶，则有
   $$600+50x=50\times(20+16),$$
   〔总进水量＝总排水量〕

   解得 $x=24$. 故每分钟漏进的水有24桶．
   【答案】(C)

6. 有一个灌溉用的中转水池，一直开着进水管往里灌水，一段时间后，用2台抽水机排水，则用40分钟能排完；如果用4台同样的抽水机排水，则用16分钟排完．问如果计划用10分钟将水排完，需要（　　）台抽水机．
   (A)5　　　(B)6　　　(C)7　　　(D)8　　　(E)9

   【解析】设每台抽水机的抽水速度为每分钟1个单位，进水速度为每分钟 $x$ 个单位，开始抽水时已有水量为 $y$ 个单位，则

$$\begin{cases} y+40x=2\times 40, \\ y+16x=4\times 16, \end{cases} \qquad \text{原有水量＋进水量＝排水量}$$

解得 $\begin{cases} x=\dfrac{2}{3}, \\ y=\dfrac{160}{3}. \end{cases}$

若计划用 10 分钟将水排完，需要 $n$ 台抽水机，则有 $y+10x=10n$，解得 $n=6$.

【答案】(B)

#### 变化 6　鸡兔同笼问题

| 母题模型 | 解题思路 |
| --- | --- |
| 鸡兔同笼问题 | (1) 算术方法：(总脚数－总头数×鸡的脚数)÷(兔的脚数－鸡的脚数)＝兔的只数．<br>(2) 解方程方法：设鸡和兔子的数量分别为 $x, y$，列方程求解． |

7. 在 1500 年前，《孙子算经》中记载了这样一个问题："今有雉兔同笼，上有三十五头，下有九十四足，问雉兔各几何？"意思是说：有若干只鸡兔同在一个笼子里，从上面数，有 35 个头，从下面数，有 94 只脚．问笼中有(　　)．

(A) 9 只兔，26 只鸡　　　　(B) 10 只兔，25 只鸡　　　　(C) 11 只兔，24 只鸡

(D) 12 只兔，23 只鸡　　　　(E) 13 只兔，22 只鸡

【解析】方法一：抬腿法．

假设来了一个教官，给这些鸡和兔子军训．教官吹一声哨子，每只鸡和兔子各抬起一只脚，抬起了 35 只脚；再吹一声哨子，每只鸡和兔子再抬起一只脚，又抬起了 35 只脚，则地上还有 $94-35-35=24$（只）脚．这时，鸡两只脚都抬起来，一屁股坐在了地上，而每只兔子还有 2 只脚在地上，故兔子有 $24\div 2=12$（只），鸡有 $35-12=23$（只）．

方法二：方程组法．

设鸡有 $x$ 只，兔有 $y$ 只，则总头数有 $x+y=35$，总脚数有 $2x+4y=94$.

解得 $x=23, y=12$. 故笼中有 12 只兔，23 只鸡．

【答案】(D)

#### 变化 7　其他算术问题

8. (2010 年管理类联考真题) 某班有 50 名学生，其中女生 26 名，已知在某次选拔测试中有 27 名学生未通过，则有 9 名男生通过．

(1) 在通过的学生中，女生比男生多 5 人．

(2) 在男生中，未通过的人数比通过的人数多 6 人．

【解析】设有 $x$ 名男生通过，有 $y$ 名女生通过，27 名学生未通过，则有 23 名学生通过测试，即

$$x+y=23. \qquad ①$$

条件(1)：根据题意有

$$y-x=5. \qquad ②$$

联立式①、式②，解得 $x=9$，$y=14$，故条件(1)充分.

条件(2)：女生 26 名，男生 $50-26=24$（名），则男生中未通过 $24-x$ 名，故有 $(24-x)-x=6$，解得 $x=9$，故条件(2)也充分.

【答案】(D)

9. **(2012 年管理类联考真题)** 某单位春季植树 100 棵，前 2 天安排乙组植树，其余任务由甲、乙两组用 3 天完成，已知甲组每天比乙组多植树 4 棵，则甲组每天植树( ).

(A)11 棵  (B)12 棵  (C)13 棵  (D)15 棵  (E)17 棵

【解析】设甲组每天植树 $x$ 棵，则乙组每天植树 $x-4$ 棵，由题意得 甲植树 3 天、乙植树 5 天，即可完成植树工作，故有

$$3x+5(x-4)=100,$$

解得 $x=15$. 故甲每天植树 15 棵．

> 甲的工作量 + 乙的工作量 = 100

【答案】(D)

10. **(2012 年管理类联考真题)** 在一次捐赠活动中，某市将捐赠的物品打包成件，其中帐篷和食品共 320 件，帐篷比食品多 80 件，则帐篷的件数是( ).

(A)180  (B)200  (C)220  (D)240  (E)260

【解析】设有帐篷 $x$ 件，则有食品 $x-80$ 件，帐篷和食品共 320 件，故有

$$x-80+x=320,$$

解得 $x=200$. 故帐篷的件数是 200.

【答案】(B)

11. **(2014 年管理类联考真题)** 某公司投资一个项目，已知上半年完成了预算的 $\frac{1}{3}$，下半年完成了剩余部分的 $\frac{2}{3}$，此时还有 8 千万元投资未完成，则该项目的预算为( ).

(A)3 亿元  (B)3.6 亿元  (C)3.9 亿元  (D)4.5 亿元  (E)5.1 亿元

【解析】设项目的预算为 $x$ 亿元，下半年完成量占总预算的比例为

$$\left(1-\frac{1}{3}\right)\times\frac{2}{3}=\frac{4}{9},$$

> 注意：下半年完成的是"剩余部分"的 $\frac{2}{3}$

根据题意，得

$$x\left(1-\frac{1}{3}-\frac{4}{9}\right)=0.8,$$

解得 $x=3.6$. 故该项目的预算为 3.6 亿元．

【答案】(B)

12. **(2015 年管理类联考真题)** 某公司共有甲、乙两个部门，如果从甲部门调 10 人到乙部门，那么乙部门人数是甲部门的 2 倍，如果把乙部门员工的 $\frac{1}{5}$ 调到甲部门，那么两个部门的人数相等，则该公司的总人数为( ).

(A)150  (B)180  (C)200  (D)240  (E)250

【解析】设甲部门的人数为 $x$，乙部门的人数为 $y$，根据题意，得

$$\begin{cases} 2(x-10)=y+10, \\ x+\dfrac{1}{5}y=\dfrac{4}{5}y, \end{cases}$$

解得 $x=90$，$y=150$. 故该公司的总人数为 240.

【答案】(D)

13. (**2016 年管理类联考真题**)有一批同规格的正方形瓷砖，用它们铺满整个正方形区域时剩余 180 块，将此正方形区域的边长增加一块瓷砖的长度时，还需要增加 21 块瓷砖才能铺满，该批瓷砖共有(　　).

(A) 9 981 块　　　　　　(B) 10 000 块　　　　　　(C) 10 180 块
(D) 10 201 块　　　　　　(E) 10 222 块

【解析】方法一：设原本每边需要 $x$ 块砖，一共有 $y$ 块砖，根据题意，可得

$$\begin{cases} y=x^2+180, \\ y+21=(x+1)^2, \end{cases}$$

两个式子相减，可得 $x=100$，故 $y=100^2+180=10\,180$.

方法二：由题意知，新增加部分使用了 $180+21=201$(块)瓷砖，如图 7-1 所示.
原正方形区域每边需要瓷砖 $(201-1)\div 2=100$(块)，故该批瓷砖共有

$$100\times 100+180=10\,180\text{(块)}.$$

图 7-1

【答案】(C)

14. (**2017 年管理类联考真题**)张老师到一所中学进行招生咨询，上午接受了 45 名同学的咨询，其中的 9 名同学下午又咨询了张老师，占张老师下午咨询学生的 10%．一天中向张老师咨询的学生人数为(　　)名．

(A) 81　　　(B) 90　　　(C) 115　　　(D) 126　　　(E) 135

【解析】9 名同学下午又咨询了张老师，占张老师下午咨询学生的 10%，可知下午一共有 90 人进行了咨询．

因为 9 名同学上午和下午都咨询了，由两集合容斥原理可知，一天咨询的总人数为 $90+45-9=126$(名).

【答案】(D)

15. (**2018 年管理类联考真题**)甲购买了若干件 A 玩具、乙购买了若干件 B 玩具送给幼儿园，甲比乙少花了 100 元．则能确定甲购买的玩具件数．

(1) 甲与乙共购买了 50 件玩具．
(2) A 玩具的价格是 B 玩具的 2 倍．

【解析】设甲、乙购买的玩具数量分别为 $x$ 件、$y$ 件，A、B 玩具的价格分别为 $a$ 元、$b$ 元．

条件(1)： $\begin{cases} x+y=50, \\ by-ax=100, \end{cases}$ 无法确定 $x$ 的值，故条件(1)不充分．

条件(2)： $\begin{cases} a=2b, \\ by-ax=100, \end{cases}$ 无法确定 $x$ 的值，故条件(2)不充分．

联立两个条件，即 $\begin{cases} x+y=50, \\ a=2b, \\ by-ax=100, \end{cases}$ 3个方程，4个未知数，不能确定 $x$ 的值，故联立也不充分.

【答案】（E）

## 题型 71 平均值问题

### 题型概述

| 命题概率 | 母题特点 |
| --- | --- |
| (1) 近10年真题命题数量：6.<br>(2) 命题概率：0.6. | 题干中出现平均值 |

### 母题变化

**变化 1 十字交叉法**

| 母题模型 | 解题思路 |
| --- | --- |
| 涉及两类对象的平均值问题 | 十字交叉法 |

1. (2014年管理类联考真题) 某部门在一次联欢活动中共设了26个奖，奖品均价为280元，其中一等奖单价为400元，其他奖品均价为270元，则一等奖的个数为(    ).
   (A) 6　　　(B) 5　　　(C) 4　　　(D) 3　　　(E) 2

   【解析】设一等奖的个数为 $x$ 个，则其他奖品个数为 $26-x$ 个，根据题意，得
   $$280 \times 26 = 400x + 270(26-x),$$
   解得 $x=2$. 故一等奖的个数为2个.

   【快速得分法】十字交叉法.

   奖品总数量×奖品均价＝一等奖单价×一等奖数量＋其他奖品均价×其他奖品数量

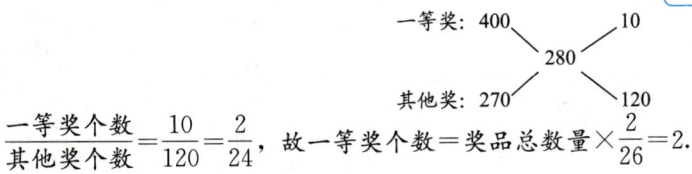

   一等奖：400　　10
   　　　　　　280
   其他奖：270　　120

   $\dfrac{\text{一等奖个数}}{\text{其他奖个数}} = \dfrac{10}{120} = \dfrac{2}{24}$，故一等奖个数＝奖品总数量 $\times \dfrac{2}{26} = 2$.

   【答案】（E）

2. (2001年MBA联考真题) 某班同学在一次测验中，平均成绩为75分，其中男同学人数比女同学多80%，而女同学平均成绩比男同学高20%，则女同学的平均成绩为(    ).
   (A) 83分　　(B) 84分　　(C) 85分　　(D) 86分　　(E) 87分

   【解析】设女同学平均成绩为 $x$ 分，则男同学的平均成绩为 $\dfrac{x}{1.2}$ 分，利用十字交叉法，可得

男: $\dfrac{x}{1.2}$    $x-75$    1.8

75

女: $\dfrac{x}{1.2}$    $75-\dfrac{x}{1.2}$    1

则有 $\dfrac{x-75}{75-\dfrac{x}{1.2}} = \dfrac{1.8}{1}$，解得 $x=84$．故女同学的平均成绩为 84 分．

**【答案】**(B)

**3.**(2002 年 MBA 联考真题) 公司有职工 50 人，理论知识考核平均成绩为 81 分，按成绩将公司职工分为优秀与非优秀两类，优秀职工的平均成绩为 90 分，非优秀职工的平均成绩是 75 分，则非优秀职工的人数为(　　)．

(A)30 人　　　(B)25 人　　　(C)20 人　　　(D)15 人　　　(E)无法确定

**【解析】** 设非优秀职工为 $x$ 人，根据题意得

$$75x+(50-x)\cdot 90=81\times 50,$$

解得 $x=30$，即非优秀职工有 30 人．

**【快速得分法】** 十字交叉法．

$\dfrac{优秀}{非优秀}=\dfrac{6}{9}=\dfrac{2}{3}$，故非优秀职工占总人数的 $\dfrac{3}{5}$，为 30 人．

优秀：90    6
　　　平均分81
非优秀：75    9

**【答案】**(A)

**4.**(2003 年 MBA 联考真题) 车间共有 40 人，某次技术操作考核的平均成绩为 80 分，其中男工平均成绩为 83 分，女工平均成绩为 78 分．该车间有女工(　　)．

(A)16 人　　　(B)18 人　　　(C)20 人

(D)24 人　　　(E)25 人

**【解析】** 设该车间有女工 $x$ 人，则有男工 $40-x$ 人．

已知女工的平均成绩为 78 分，女工所得总分数为 $80\times 40-83\times(40-x)$，故有

$$\dfrac{80\times 40-83\times(40-x)}{x}=78,$$

即 $-3\times 40+83x=78x$，解得 $x=24$．故该车间有女工 24 人．

**【快速得分法】** 利用十字交叉法．

$\dfrac{男工人数}{女工人数}=\dfrac{2}{3}$，故女工人数＝总人数 $\times \dfrac{3}{5}=40\times \dfrac{3}{5}=24$(人)．

男：83    2
　　80
女：78    3

**【答案】**(D)

**5.**(2002 年在职 MBA 联考真题) 甲乙两组射手打靶，乙组平均成绩为 171.6 环，比甲组平均成绩高出 30%，而甲组人数比乙组人数多 20%，则甲、乙两组射手的总平均成绩是(　　)环．

(A)140　　　　　　　　(B)145.5　　　　　　　　(C)150

(D)158.5　　　　　　　(E)160

**【解析】** 设乙组有 $x$ 人，则甲组有 $1.2x$ 人．则甲组平均成绩为 $171.6\div(1+30\%)=132$(环)，

228

总平均成绩为 $\dfrac{171.6x+132\times1.2x}{x+1.2x}=150$(环).

【快速得分法】十字交叉法.

设总平均成绩为 $y$ 环.

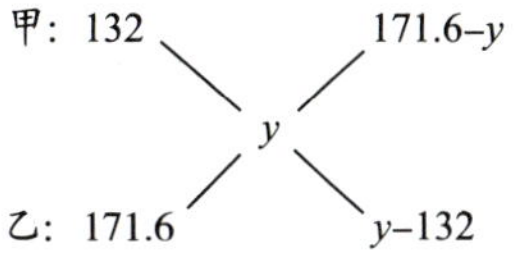

又因为甲组人数比乙组人数多 20%,所以 $\dfrac{171.6-y}{y-132}=\dfrac{1.2}{1}$,解得 $y=150$.

甲：132　　171.6−y
　　　　y
乙：171.6　　y−132

【答案】(C)

**6.** (2008 年在职 MBA 联考真题)某班有学生 36 人,期末各科平均成绩为 85 分以上的为优秀生,若该班优秀生的平均成绩为 90 分,非优秀生的平均成绩为 72 分,全班平均成绩为 80 分,则该班优秀生的人数是(　　).

(A)12　　(B)14　　(C)16　　(D)18　　(E)20

【解析】设优秀生的人数为 $x$ 人,则非优秀生为 $36-x$ 人,根据题意得
$$90x+72(36-x)=36\times80,$$
解得 $x=16$. 故该班优秀生的人数是 16.

【快速得分法】十字交叉法.

$\dfrac{\text{优秀生}}{\text{非优秀生}}=\dfrac{8}{10}$,故优秀生人数为 16 人.

优秀生：90　　80−72=8
　　　　80
非优秀生：72　　90−80=10

【答案】(C)

### 变化 2　十字交叉法解溶液配比问题

| 母题模型 | 解题思路 |
| --- | --- |
| 两种不同浓度的溶液配制成另外一种浓度的溶液. | 方法一：溶质守恒律找等量关系,即原来的两种溶液中的溶质之和,等于新溶液中的溶质. 方法二：十字交叉法. |

**7.** (2008 年 MBA 联考真题)若用浓度为 30% 和 20% 的甲、乙两种食盐溶液配成浓度为 24% 的食盐溶液 500 克,则甲、乙两种溶液各取(　　).

(A)180 克,320 克　　(B)185 克,315 克　　(C)190 克,310 克

(D)195 克,305 克　　(E)200 克,300 克

【解析】设甲取 $x$ 克,乙取 $y$ 克,则
$$\begin{cases}30\%x+20\%y=500\times24\%,\\ x+y=500,\end{cases}$$

(1)溶质守恒律;
(2)溶质=溶液×浓度

解方程组,得 $\begin{cases}x=200,\\ y=300.\end{cases}$ 故甲溶液取 200 克,乙溶液取 300 克.

【快速得分法】十字交叉法.

甲：30　　4
　　　24
乙：20　　6

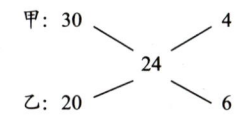

$\dfrac{甲}{乙} = \dfrac{4\%}{6\%} = \dfrac{2}{3}$,故甲溶液取 200 克,乙溶液取 300 克.

【答案】(E)

### 变化 3 　加权平均值

| 母题模型 | 解题思路 |
| --- | --- |
| 加权平均值,即将各数值乘以相应的权数,然后加总求和得到总体值,再除以总的单位数. | 利用定义即可求解. |

**8.** (2016 年管理类联考真题)已知某公司男员工的平均年龄和女员工的平均年龄,则能确定该公司员工的平均年龄.
(1)已知该公司的员工人数.
(2)已知该公司男、女员工的人数之比.

【解析】根据加权平均值的定义,可知

平均年龄＝男员工平均年龄×男员工的比例＋女员工平均年龄×女员工的比例.

故条件(1)不充分,条件(2)充分.

【答案】(B)

**9.** (2020 年管理类联考真题)一项考试的总成绩由甲、乙、丙三部分组成:

总成绩＝甲成绩×30%＋乙成绩×20%＋丙成绩×50%.

考试通过的标准是每部分≥50 分,且总成绩≥60 分.已知某人甲成绩 70 分,乙成绩 75 分,且通过这项考试,则此人丙成绩分数至少是(　　)分.
(A)48　　　(B)50　　　(C)55　　　(D)60　　　(E)62

【解析】总成绩＝70×30%＋75×20%＋丙成绩×50%≥60,解得丙成绩≥48.
但由于考试通过的标准是每部分≥50 分,故丙成绩至少为 50 分.

【答案】(B)

### 变化 4 　调和平均值

| 母题模型 | 解题思路 |
| --- | --- |
| 调和平均数又称倒数平均数,可以求解路程相等的两段路的平均速度等问题. | $a, b, c$ 的调和平均值为 $\dfrac{3}{\dfrac{1}{a}+\dfrac{1}{b}+\dfrac{1}{c}}$. |

**10.** (2006 年在职 MBA 联考真题)某人以 6 千米/小时的平均速度上山,上山后立即以 12 千米/小时的平均速度原路返回,那么此人在往返过程中平均每小时走(　　)千米.
(A)9　　　(B)8　　　(C)7　　　(D)6　　　(E)以上选项均不正确

【解析】设此人往返的平均速度为 $x$,上山和下山路程均为 1. 由题意可知上山所用时间 $t_1 = \dfrac{1}{6}$,
下山所用时间 $t_2 = \dfrac{1}{12}$,所以 $x = \dfrac{2}{\dfrac{1}{6}+\dfrac{1}{12}} = 8$,即往返过程中平均每小时走 8 千米.

【答案】(B)

### 变化 5　至多至少问题

**11.** (2012 年管理类联考真题)已知三种水果的平均价格为 10 元/千克,则每种水果的价格均不超过 18 元/千克.

(1)三种水果中价格最低的为 6 元/千克.

(2)购买重量分别是 1 千克、1 千克和 2 千克的三种水果共用了 46 元.

【解析】设三种水果的价格分别为 $x$ 元、$y$ 元、$z$ 元,则有 $x+y+z=30$.

条件(1):设 $x=6$,则 $y+z=24$,显然 $y,z$ 的价格均不超过 18 元/千克,否则与 $x=6$ 为最低价格相矛盾,条件(1)充分.

条件(2):$x+y+2z=46$,联立 $x+y+z=30 \Rightarrow z=16$,$x+y=14$.

所以每种水果的价格均不超过 18 元/千克,条件(2)充分.

【答案】(D)

**12.** 五位选手在一次物理竞赛中共得 412 分,每人得分互不相等且均为整数,其中得分最高的选手得 90 分,那么得分最少的选手至多得(　　)分.

(A)77　　　(B)78　　　(C)79　　　(D)80　　　(E)81

【解析】根据题意,其余的四位选手一共得了 412-90=322(分).故其余四位选手的平均成绩为 $\dfrac{322}{4}=80.5$(分).

又已知每位选手的得分均为整数,故这四位选手的得分为 79,80,81,82.

所以,得分最少的选手至多得分为 79 分.

【答案】(C)

> 在总分固定的情况下,想使得分最少的人得分尽量多,则其余 3 个人的得分应该尽量低,即这四位选手的得分应该尽量接近

### 变化 6　其他题型

**13.** (2011 年管理类联考真题)在一次英语考试中,某班的及格率为 80%.

(1)男生及格率为 70%,女生及格率为 90%.

(2)男生的平均分与女生的平均分相等.

【解析】两个条件单独显然不充分.

由条件(1)可知,若男生和女生的人数相等,则全班的及格率为 80%,但由条件(2)不能推出男生和女生的人数相等,所以,条件(1)和条件(2)联立起来也不充分.

【答案】(E)

**14.** (2019 年管理类联考真题)某校理学院五个系每年的录取人数如表 7-1 所示.

表 7-1

| 系别 | 数学系 | 物理系 | 化学系 | 生物系 | 地学系 |
| --- | --- | --- | --- | --- | --- |
| 录取人数 | 60 | 120 | 90 | 60 | 30 |

今年与去年相比,物理系的录取平均分没变,则理学院的录取平均分升高了.

(1)数学系的录取平均分升高了 3 分,生物系的录取平均分降低了 2 分.

(2)化学系的录取平均分升高了1分,地学系的录取平均分降低了4分.

【解析】两个条件单独显然不充分,联立之.

数学系总分升高 $60 \times 3 = 180(分)$;

生物系总分降低 $60 \times 2 = 120(分)$;

化学系总分升高 $90 \times 1 = 90(分)$;

地学系总分降低 $30 \times 4 = 120(分)$.

故总分升高 $180 - 120 + 90 - 120 = 30(分)$,所以平均分升高了,两个条件联立起来充分.

【答案】(C)

15. (2021年管理类联考真题)某班增加两名同学,则该班同学的平均身高增加了.

(1)增加的两名同学的平均身高与原来男同学的平均身高相同.

(2)原来男同学的平均身高大于女同学的平均身高.

【解析】条件(1):不知道男、女平均身高的大小关系,无法判断,不充分.

条件(2):不知道新增加的两名同学的身高与男、女同学平均身高的关系,也无法判断,不充分.

联立两个条件,新增加的两名同学的身高与男同学的平均身高相同,而男同学平均身高大于女同学,显然这两个同学会拉高全班的平均身高,两个条件联立充分.

【答案】(C)

## 题型 72  比例问题

### 题型概述

| 命题概率 | 母题特点 |
| --- | --- |
| (1)近10年真题命题数量:4.<br>(2)命题概率:0.4. | 题干中出现比例. |

### 母题变化

#### 变化 1  三个数的比

| 母题模型 | 解题思路 |
| --- | --- |
| 若甲:乙=$a:b$,乙:丙=$c:d$,则甲:乙:丙=$ac:bc:bd$. | 取中间数的最小公倍数. |

1. (2016年管理类联考真题)某家庭在一年支出中,子女教育支出与生活资料支出的比为 $3:8$,文化娱乐支出与子女教育支出的比为 $1:2$.已知文化娱乐支出占家庭总支出的 $10.5\%$,则生活资料支出占家庭总支出的(    ).

(A)$40\%$　　　(B)$42\%$　　　(C)$48\%$　　　(D)$56\%$　　　(E)$64\%$

232

【解析】两两之比问题，取中间量的最小公倍数，如表 7-2 所示．

表 7-2

|  | 文化娱乐支出 | 子女教育支出 | 生活资料支出 |
| --- | --- | --- | --- |
| 比例 1 |  | 3 : | 8 |
| 比例 2 | 1 : | 2 |  |
| 取中间数的最小公倍数 | 3 | 6 | 16 |

设子女教育支出所占比重为 $6x$，则生活资料支出所占比重为 $16x$，文化娱乐支出所占比重为 $3x$．

则有 $3x=10.5\%$，故生活资料支出占家庭总支出的比例为 $16x=56\%$．

【答案】(D)

### 变化 2　固定比例

2. 某人在市场上买猪肉，小贩称得肉重为 4 斤．但此人不放心，拿出一个自备的 100 克重的砝码，将肉和砝码放在一起让小贩用原称复称，结果重量为 4.25 斤．由此可知顾客应要求小贩补猪肉(　　)两．

(A) 3　　　(B) 6　　　(C) 4　　　(D) 7　　　(E) 8

【解析】设猪肉的实际重量为 $x$ 斤，根据题意有

$$\frac{x}{4}=\frac{x+0.2}{4.25},$$

注意单位换算 100 克＝0.2 斤

解得 $x=3.2$．

所以，应补猪肉的重量为 $4-3.2=0.8$(斤)，即 8 两．

【答案】(E)

### 变化 3　比例变化

3. (2009 年管理类联考真题)某国参加北京奥运会的男、女运动员的比例原为 19∶12，由于先增加若干名女运动员，使男、女运动员的比例变为 20∶13，后又增加了若干名男运动员，于是男、女运动员比例最终变为 30∶19，如果后增加的男运动员比先增加的女运动员多 3 人，则最后运动员的总人数为(　　)．

(A) 686　　　(B) 637　　　(C) 700　　　(D) 661　　　(E) 600

【解析】设原来男运动员人数为 $19k$，女运动员人数为 $12k(k\in \mathbf{N}^{+})$，先增加 $x(x\in \mathbf{N}^{+})$ 名女运动员，则后增加的男运动员是 $x+3$ 人，根据比例关系，得

$$\begin{cases}\dfrac{19k}{12k+x}=\dfrac{20}{13},\\ \dfrac{19k+x+3}{12k+x}=\dfrac{30}{19},\end{cases}$$

解得 $k=20$，$x=7$．故最后运动员的总人数为 $(19k+x+3)+(12k+x)=637$．

【快速得分法】倍数法.

男、女运动员的最终比例为30∶19,则最终的总人数一定为49的倍数;

增加男运动员之前,男女比例为20∶13,所以女运动员一定能被13整除,可得总人数也能被13整除.故总人数一定为13和49的公倍数,选(B).

【答案】(B)

**4.(2010年管理类联考真题)** 电影开演时观众中女士与男士人数之比为5∶4,开演后无观众入场,放映一个小时后,女士的20%、男士的15%离场,则此时在场的女士与男士人数之比为( ).

(A)4∶5　　(B)1∶1　　(C)5∶4　　(D)20∶17　　(E)85∶64

【解析】设开场时女观众人数是$5a$,男观众人数是$4a(a\in \mathbf{N}^+)$.一个小时后女观众人数为$5a(1-20\%)=4a$,男观众人数为$4a(1-15\%)=3.4a$.

所以,此时在场的女士与男士人数之比为$\dfrac{4a}{3.4a}=\dfrac{20}{17}$.

【快速得分法】赋值法.

令女观众人数为50人,男观众人数为40人,则一小时后女观众为40人,男观众为34人.所以此时在场的女士与男士人数之比为20∶17.

【答案】(D)

### 变化4　移库问题

**5.(2013年管理类联考真题)** 甲、乙两商店同时购进了一批某品牌电视机,当甲店售出15台时乙店售出了10台,此时两店的库存比为8∶7,库存差为5,甲、乙两店总进货量为( )台.

(A)75　　(B)80　　(C)85　　(D)100　　(E)125

【解析】设甲、乙两店的进货量分别为$x$台、$y$台,由题意,得

$$\begin{cases} \dfrac{x-15}{y-10}=\dfrac{8}{7}, \\ (x-15)-(y-10)=5, \end{cases}$$

解得 $\begin{cases} x=55, \\ y=45. \end{cases}$ 故总进货量为$x+y=45+55=100$(台).

【答案】(D)

### 变化5　百分比问题

**6.(2018年管理类联考真题)** 学科竞赛设一等奖、二等奖和三等奖,比例为1∶3∶8,获奖率为30%,已知10人获得一等奖,则参加竞赛的人数为( ).

(A)300　　(B)400　　(C)500　　(D)550　　(E)600

【解析】根据题意,获奖总人数为$10\times(1+3+8)=120$,参加竞赛的人数为$120\div 30\%=400$.

【答案】(B)

**7.(2021年管理类联考真题)** 某单位进行投票表决,已知该单位的男、女员工人数之比为3∶2,则能确定至少有50%的女员工参加了投票.

(1)投赞成票的人数超过总人数的 $40\%$.
(2)参加投票的女员工比男员工多.

【解析】假设总人数为 50,则男、女员工人数分别是 30,20.

女员工投票的比例 $=\dfrac{\text{参与投票的女员工人数}}{\text{女员工人数}}$,故若要求得最小的比例,则参与投票的女员工人数需要最少.

条件(1):投赞成票的人数大于 20,无法得知投票的女员工人数,条件(1)不充分.

条件(2):显然无法得知投票的女员工人数,条件(2)不充分.

联立两个条件,可知投赞成票的人数最少是 21,假设投票的员工都是投赞成票,此时总投票人数最少,为 21 人.

根据条件(2),参加投票的女员工比男员工多,则此时投票的女员工人数最少是 11 人.故能确定女员工投票的比例 $=\dfrac{11}{20}>50\%$,两个条件联立充分.

【注意】用特殊值法解此题并不严谨,只能作为在考场上快速蒙猜的方法,两个条件联立充分可用以下方法证明:

令总人数为 $a$,则男、女员工人数分别为 $\dfrac{3}{5}a,\dfrac{2}{5}a$,投赞成票的最少有 $0.4a+1$ 人,假设投票的员工都投赞成票,则投票的女员工至少有 $\dfrac{0.4a+1+1}{2}$ 人,比例至少为 $\dfrac{\frac{0.4a+1+1}{2}}{\frac{2a}{5}}=\dfrac{1}{2}+\dfrac{5}{2a}>50\%$.

【答案】(C)

## 题型 73　增长率问题

### 题型概述

| 命题概率 | 母题特点 |
| --- | --- |
| (1)近 10 年真题命题数量:8.<br>(2)命题概率:0.8. | 题干中出现增长率. |

### 母题变化

#### 变化 1　一次增长模型

| 母题模型 | 解题思路 |
| --- | --- |
| 题干中仅涉及一个时间单位的增长. | (1)基本等量关系:$a(1+x\%)=b$.<br>(2)常用赋值法. |

235

1. (2010年管理类联考真题)甲企业今年人均成本是去年的60%.

   (1)甲企业今年总成本比去年减少25%,员工人数增加25%.

   (2)甲企业今年总成本比去年减少28%,员工人数增加20%.

   【解析】用赋值法,设甲企业去年的人数为100人,总成本为100元,则人均成本为1元.

   条件(1):今年总成本减少25%,为75元,人数增加25%,为125人,故人均成本为 $\frac{75}{125}=0.6$ (元).所以,今年人均成本是去年的60%,条件(1)充分.

   条件(2):今年总成本减少28%,为72元,人数增加20%,为120人,故人均成本为 $\frac{72}{120}=0.6$ (元).所以,今年人均成本是去年的60%,条件(2)充分.

   【答案】(D)

2. (2011年管理类联考真题)2007年,某市的全年研究与试验发展(R&D)经费支出300亿元,比2006年增长20%,该市的GDP为10 000亿元,比2006年增长10%. 2006年,该市的R&D经费支出占当年GDP的(    ).

   (A)1.75%     (B)2%     (C)2.5%     (D)2.75%     (E)3%

   【解析】2006年经费支出为 $\frac{300}{1+20\%}=250$ (亿元). 2006年GDP为 $\frac{10\ 000}{1+10\%}=\frac{100\ 000}{11}$ (亿元).

   所以,2006年,经费支出占GDP的比例为 $\frac{250}{\frac{100\ 000}{11}}\times 100\%=2.75\%$.

   【答案】(D)

3. (2004年MBA联考真题)某工厂生产某种新型产品,一月份每件产品销售的利润是出厂价的25%(假设利润等于出厂价减去成本),二月份每件产品出厂价降低10%,成本不变,销售件数比一月份增加80%,则销售利润比一月份的销售利润增长(    ).

   (A)6%     (B)8%     (C)15.5%     (D)25.5%     (E)以上选项均不正确

   【解析】设一月份每件产品出厂价为100元,则利润为25元,成本价为75元,设一月份售出10件,则总利润为250元;

   则二月份每件产品出厂价为 $100\times(1-10\%)=90$ (元),利润为 $90-75=15$ (元),售出18件,总利润为270元.

   故利润增长率为 $\frac{270-250}{250}\times 100\%=8\%$.

   【答案】(B)

4. (2003年在职MBA联考真题)某城区2001年绿地面积较上年增加了20%,人口却负增长,结果人均绿地面积比上年增长了21%.

   (1)2001年人口较上年下降了8.26‰.

   (2)2001年人口较上年下降了10‰.

   【解析】设2000年人口数为100,绿地面积为100,则2001年人口数为 $100-a$,绿地面积为120,根据题意,得

$$\frac{120}{100-a}-1=0.21,$$

解得 $a=0.826$. 故 2001 年人口较上年下降了 $\frac{0.826}{100}=8.26‰$.

故条件(1)充分,条件(2)不充分.

【答案】(A)

## ▶变化 2  连续增长(复利)模型

| 母题模型 | 解题思路 |
| --- | --- |
| 设基础数量为 $a$,平均增长率为 $x$,增长了 $n$ 期($n$ 年、$n$ 月、$n$ 周等),期末值设为 $b$,则有 $b=a(1+x)^n$. | 用公式即可,常用赋值法. |

**5.** (2010 年管理类联考真题)该股票涨了.

(1)某股票连续三天涨 10% 后,又连续三天跌 10%.

(2)某股票连续三天跌 10% 后,又连续三天涨 10%.

【解析】设股票的初始价格为 $a$ 元,最后的价格为 $b$ 元. （利用公式 $b=a(1+x)^n$）

条件(1): $b=a\times(1+10\%)^3\times(1-10\%)^3=a(1-0.1^2)^3<a$.

所以该股票降价了,条件(1)不充分.

条件(2): $b=a\times(1-10\%)^3\times(1+10\%)^3=a(1-0.1^2)^3<a$.

所以该股票降价了,条件(2)不充分.

两个条件显然不能联立.

【快速得分法】赋值法.

【答案】(E)

**6.** (2010 年管理类联考真题)甲企业一年的总产值为 $\frac{a}{p}[(1+p)^{12}-1]$.

(1)甲企业一月份的产值为 $a$,以后每月产值的增长率为 $p$.

(2)甲企业一月份的产值为 $\frac{a}{2}$,以后每月产值的增长率为 $2p$.

【解析】条件(1):根据题意,每月的产值是首项为 $a$、公比为 $1+p$ 的等比数列,故有

$$S_{12}=\frac{a[1-(1+p)^{12}]}{1-(1+p)}=\frac{a}{p}[(1+p)^{12}-1],$$

所以条件(1)充分.  （等比数列求和公式 $S_n=\frac{a_1(1-q^n)}{1-q}$）

条件(2):根据题意,每月的产值是首项为 $\frac{a}{2}$、公比为 $1+2p$ 的等比数列,故有

$$S_{12}=\frac{\frac{a}{2}[1-(1+2p)^{12}]}{1-(1+2p)}=\frac{a}{4p}[(1+2p)^{12}-1],$$

所以条件(2)不充分.

【答案】(A)

**7. (2012年管理类联考真题)** 某商品的定价为200元,受金融危机的影响,连续两次降价20%后的售价为( ).

(A)114元　　　(B)120元　　　(C)128元　　　(D)144元　　　(E)160元

【解析】根据题意,有 $200 \times (1-0.2)^2 = 128$(元).

【答案】(C)

**8. (2015年管理类联考真题)** 某新兴产业在2005年年末至2009年年末产值的年平均增长率为 $q$,在2009年年末至2013年年末产值的年平均增长率比前四年下降了40%,2013年的产值约为2005年产值的 $14.46(\approx 1.95^4)$ 倍,则 $q$ 约为( ).

(A)30%　　　(B)35%　　　(C)40%　　　(D)45%　　　(E)50%

【解析】设2005年的产值为 $a$,由连续增长模型,可知2013年的产值为 $a(1+q)^4(1+0.6q)^4$,根据题意知,$q>0$.

于是 $a(1+q)^4(1+0.6q)^4 = 14.46a \approx 1.95^4 a$,所以 $(1+q)(1+0.6q) = 1.95$,整理得 $6q^2 + 16q - 9.5 = 0$,解得 $q = 0.5$ 或 $q = -\dfrac{9.5}{3}$(舍去).

【答案】(E)

**9. (2017年管理类联考真题)** 能确定某企业产值的月平均增长率.

(1)已知一月份的产值.

(2)已知全年的总产值.

【解析】设1月、2月、……、12月的产值分别为 $a_1, a_2, \cdots, a_{12}$,月均增长率为 $x$,由平均增长率公式可得 $a_1(1+x)^{11} = a_{12}$,解得 $x = \sqrt[11]{\dfrac{a_{12}}{a_1}} - 1$.

欲知平均增长率 $x$,须知 $a_1$ 和 $a_{12}$.故两条件单独不充分,联立也无法确定12月的产值.

例如:1至12月产值分别为1,2,3,4,5,6,7,8,9,10,10,12和1,2,3,4,5,6,7,8,9,10,11,11,两组的 $a_1$ 和 $S$ 一定,但月均增长率并不相同.

【答案】(E)

**10. (1997年在职MBA联考真题)** 银行的一年期定期存款利率为10%,某人于1991年1月1日存入10 000元,1994年1月1日取出,若按复利计算,他取出时所得的本金和利息共计是( ).

(A)10 300元　(B)10 303元　(C)13 000元　(D)13 310元　(E)14 641元

【解析】可以看作首项为10 000、公比为(1+10%)的等比数列求第4项,故取出时所得的本金和利息共计是

$$10\,000 \times (1+10\%)^3 = 13\,310(元).$$

【答案】(D)

**11. (2004年在职MBA联考真题)** A公司2003年6月份的产值是一月份产值的 $a$ 倍.

(1)在2003年上半年,A公司月产值的平均增长率为 $\sqrt[5]{a}$.

(2)在2003年上半年,A公司月产值的平均增长率为 $\sqrt[6]{a} - 1$.

【解析】设每月的增长率为 $x$,一月份的产值为1,则6月份的产值为 $a$,由题意可得方程

238

$(1+x)^{6-1}=a$,解得$x=\sqrt[5]{a}-1$.故条件(1)和条件(2)均不充分.

两个条件不能联立.

【答案】(E)

### 变化3 连续递减模型

**12.** (2017年管理类联考真题)某品牌电冰箱连续两次降价10%后的售价是降价前的(　　).

(A)80%　　(B)81%　　(C)82%　　(D)83%　　(E)85%

【解析】设降价前的价格为100,则两次降价后的价格为$100\times(1-10\%)^2=81$.
故现售价是降价前的81%.

【答案】(B)

**13.** (2007年在职MBA联考真题)某电镀厂两次改进操作方法,使用锌量比原来节约15%,则平均每次节约(　　).

(A)42.5%

(B)7.5%

(C)$(1-\sqrt{0.85})\times100\%$

(D)$(1+\sqrt{0.85})\times100\%$

(E)以上选项均不正确

【解析】设原来用锌量为$a$,平均每次节约率为$x$,根据题意,得
$$a(1-x)^2=a(1-15\%),$$
解得$x=(1-\sqrt{0.85})\times100\%$.

【快速得分法】逻辑推理法.

平均增长率问题,选项(B)中7.5%是15%的一半,显然不对;选项(A)是42.5%,比15%大太多,显然不对;选项(D)大于1,显然不对,所以推测答案是(C).

因为有选项(E)的存在,这个推测有可能会有误,但是根据历年真题的经验,"(E)以上选项均不正确"几乎从来不是正确选项.

【答案】(C)

### 变化4 其他题型

**14.** (2009年管理类联考真题)A企业的职工人数今年比前年增加了30%.

(1)A企业的职工人数去年比前年减少了20%.

(2)A企业的职工人数今年比去年增加了50%.

【解析】条件(1)和条件(2)单独显然不充分,联立两个条件.

设A企业前年的职工人数为$a$.

由条件(1)得,去年的职工人数为$a(1-20\%)=\dfrac{4}{5}a$;

由条件(2)得,今年的职工人数为$(1+50\%)\times\dfrac{4}{5}a=\dfrac{6}{5}a$.

故A企业的职工人数今年比前年增加了
$$\dfrac{\left(\dfrac{6a}{5}-a\right)}{a}\times100\%=20\%.$$

故联立起来也不充分．

【快速得分法】赋值法．设前年的职工为100人，则去年为80人，今年为120人，增加20%．

【答案】(E)

**15. (2013年管理类联考真题)** 某工厂生产一批零件，计划10天完成任务，实际提前2天完成，则每天的产量比计划平均提高了( )．

(A)15%　　(B)20%　　(C)25%　　(D)30%　　(E)35%

【解析】设原计划每天的产量为 $a$，实际比计划平均提高了 $x$，根据题意，得
$$10a = 8a(1+x),$$
解得 $x = 25\%$．

【快速得分法】赋值法．设零件总量为10件，则原计划每天生产1件．实际用了8天，则实际平均每天生产1.25件，故实际比计划平均每天的产量提高25%．

【答案】(C)

**16. (2016年管理类联考真题)** 某公司以分期付款方式购买一套定价1 100万元的设备，首期付款100万元，之后每月付款50万元，并支付上期余额的利息，月利率1%，该公司为此设备支付了( )．

(A)1 195万元　　　　(B)1 200万元　　　　(C)1 205万元

(D)1 215万元　　　　(E)1 300万元

【解析】除首期外显然还需要付款20次．不妨将1 000万元分作20组，第1组在第1个月偿还，故只用付1次利息．第2组在第2个月偿还，需要付2次利息．以此类推．

可知支付总额为 $1\,100 + 50 \times 1\% + 50 \times 1\% \times 2 + \cdots + 50 \times 1\% \times 20 = 1\,205$(万元)．

【答案】(C)

> 需注意的是，这里每个月结算利息，故不存在复利的问题

**17. (2018年管理类联考真题)** 如果甲公司的年终奖总额增加25%，乙公司的年终奖总额减少10%，两者相等，则能确定两公司的员工人数之比．

(1)甲公司的人均年终奖与乙公司的相同．

(2)两公司的员工人数之比与两公司的年终奖总额之比相等．

【解析】设甲公司年终奖总额为 $x$，乙公司年终奖总额为 $y$，由题干可得
$$1.25x = 0.9y \Rightarrow x : y = 18 : 25.$$

条件(1)：设甲、乙公司人数分别为 $a, b$，可得
$$\frac{x}{a} = \frac{y}{b} \Rightarrow a : b = x : y = 18 : 25,$$

故条件(1)充分．

条件(2)：设甲、乙公司人数分别为 $a, b$，可得 $a : b = x : y = 18 : 25$，故条件(2)充分．

【答案】(D)

**18. (2020年管理类联考真题)** 某产品去年涨价10%，今年涨价20%，则该产品两年涨价为( )．

(A)15%　　(B)16%　　(C)30%　　(D)32%　　(E)33%

【解析】赋值法．

设原价为 1，则现价为 $1\times(1+10\%)\times(1+20\%)=1.32$，显然该产品两年涨价 32%.
【答案】(D)

## 题型 74　利润问题

### 题型概述

| 命题概率 | 母题特点 |
| --- | --- |
| (1) 近 10 年真题命题数量：0.<br>(2) 命题概率：0. | 题干中出现"利润""利润率"等字样. |

### 母题变化

| 母题模型 | 解题思路 |
| --- | --- |
| 利润问题 | (1) 利润＝销售额－总成本.<br>(2) 单位利润＝售价－单位成本.<br>(3) 利润率＝$\dfrac{利润}{成本}\times 100\%$. |

#### 变化 1　打折问题

**1. (2010 年管理类联考真题)** 某商品的成本为 240 元，若按该商品标价的 8 折出售，利润率是 15%，则该商品的标价为(　　).

(A) 276 元　　(B) 331 元　　(C) 345 元　　(D) 360 元　　(E) 400 元

【解析】设标价为 $x$ 元，则实际售价为 $0.8x$ 元，根据题意，得
$$\frac{0.8x-240}{240}\times 100\%=15\%,$$
解得 $x=345$. 故该商品的标价为 345 元.
【答案】(C)

**2. (2001 年 MBA 联考真题)** 一商店把某商品按标价的九折出售，仍可获利 20%，若该商品的进价为每件 21 元，则该商品每件的标价为(　　).

(A) 26 元　　(B) 28 元　　(C) 30 元　　(D) 32 元　　(E) 34 元

【解析】设商品标价为 $x$ 元，根据题意，得
$$利润=0.9x-21=21\times 20\%,$$ （利润＝售价－进价）

解得 $x=28$. 故该商品每件的标价为 28 元.
【答案】(B)

**3. (2006 年 MBA 联考真题)** 某电子产品一月份按原定价的 80% 出售，能获利 20%，二月份由于进价

降低，按同样原定价的75%出售，却能获利25%，那么二月份进价是一月份进价的百分之( ).
(A)92　　　　(B)90　　　　(C)85　　　　(D)80　　　　(E)75

【解析】方法一：设一月份定价10元，8元出售，进价为 $8 \times \dfrac{1}{1.2} = \dfrac{20}{3}$（元）；二月份7.5元出售，进价为 $7.5 \times \dfrac{1}{1.25} = 6$（元）. 因此，$\dfrac{6}{\frac{20}{3}} = 0.90 = 90\%$. 故二月份进价是一月份进价的90%.

方法二：设一月进价 $x$ 元，二月进价为 $y$ 元，定价为10元. 可如表7-3所示：

> (1)赋值法；
> (2)列表法

表7-3

|  | 进价 | 定价 | 售价 | 利润率 |
|---|---|---|---|---|
| 一月 | $x$ | 10 | 8 | $\dfrac{8-x}{x} = 20\%$ |
| 二月 | $y$ | 10 | 7.5 | $\dfrac{7.5-y}{y} = 25\%$ |

解得 $\begin{cases} x = \dfrac{20}{3} \\ y = 6 \end{cases}$，故 $\dfrac{y}{x} \times 100\% = 90\%$.

【答案】(B)

### 变化2　判断赢亏问题

4.(2009年管理类联考真题)一家商店为回收资金，把甲、乙两件商品以480元一件卖出，已知甲商品赚了20%，乙商品亏了20%，则商店盈亏结果为( ).
(A)不亏不赚　　　　(B)亏了50元　　　　(C)赚了50元
(D)赚了40元　　　　(E)亏了40元

【解析】设甲商品原价 $x$ 元，乙商品原价 $y$ 元. 根据题意，得

$$\begin{cases} \dfrac{480-x}{x} = 20\%, \\ \dfrac{y-480}{y} = 20\%, \end{cases}$$

> 利润率 = $\dfrac{利润}{成本} \times 100\%$，注意亏损时利润率为负

解得 $x = 400, y = 600$，则 $480 \times 2 - 400 - 600 = -40$（元）.
故商店亏了40元.
【答案】(E)

5.(1997年MBA联考真题)某投资者以2万元购买甲、乙两种股票，甲股票的价格为8元/股，乙股票的价格为4元/股，它们的投资额之比是4∶1. 在甲、乙股票价格分别为10元/股和3元/股时，该投资者全部抛出这两种股票，他共获利( ).
(A)3 000元　　　(B)3 889元　　　(C)4 000元　　　(D)5 000元　　　(E)2 300元

【解析】甲股票的投资数量为 $\dfrac{20\,000 \times \frac{4}{5}}{8} = 2\,000$（股）；

乙股票的投资数量为 $\dfrac{20\,000 \times \dfrac{1}{5}}{4} = 1\,000$(股).

故获利总额为 $2\,000 \times (10-8) + 1\,000 \times (3-4) = 3\,000$(元).

【答案】(A)

6. (1999年在职MBA联考真题)某商店将每套服装按原价提高50%后再作7折"优惠"的广告宣传,这样每售出一套服装可获利625元. 已知每套服装的成本是2 000元,该店按"优惠价"售出一套服装比按原价( ).

(A)多赚100元    (B)少赚100元    (C)多赚125元
(D)少赚125元    (E)多赚155元

【解析】设原价为 $x$ 元,现在的售价为 $2\,000 + 625 = 2\,625$(元),故有
$$x \times (1+50\%) \times 0.7 = 2\,625,$$
解得 $x = 2\,500$,故比原价多赚 $2\,625 - 2\,500 = 125$(元).

【答案】(C)

7. (2002年在职MBA联考真题)甲花费5万元购买了股票,随后他将这些股票转卖给乙,获利10%,不久乙又将这些股票返卖给甲,但乙损失了10%,最后甲按乙卖给他的价格的9折把这些股票卖掉了,不计交易费,甲在上述股票交易中( ).

(A)不盈不亏    (B)盈利50元    (C)盈利100元
(D)亏损50元    (E)亏损100元

【解析】第一笔交易,甲卖给乙:甲获利为 $50\,000 \times 10\% = 5\,000$(元),售价为 $55\,000$ 元;

第二笔交易,乙卖给甲:售价为 $55\,000 \times (1-10\%) = 49\,500$(元);

第三笔交易,甲售出:甲亏损为 $49\,500 \times (1-90\%) = 4\,950$(元).

故甲共获利 $5\,000 - 4\,950 = 50$(元).

【答案】(B)

8. (2002年在职MBA联考真题)商店出售两套礼盒,均以210元售出,按进价计算,其中一套盈利25%,而另一套亏损25%,结果商店( ).

(A)不赔不赚    (B)赚了24元    (C)亏了28元
(D)亏了24元    (E)赚了28元

【解析】方法一:盈利的礼盒进价为 $\dfrac{210}{1+25\%} = 168$(元);亏损的礼盒进价为 $\dfrac{210}{1-25\%} = 280$(元).

所以有 $210 \times 2 - 168 - 280 = -28$(元),故亏损了28元.

方法二:设两套礼盒分别为甲、乙,甲进价设为 $x$ 元,乙进价设为 $y$ 元,则可得到表7-4.

表7-4

|      | 进价 | 售价 | 利润 | 利润率 |
| --- | --- | --- | --- | --- |
| 甲礼盒 | $x$ | 210 | $210-x$ | 25% |
| 乙礼盒 | $y$ | 210 | $210-y$ | −25% |

则 $\begin{cases} \dfrac{210-x}{x}=0.25, \\ \dfrac{210-y}{y}=-0.25, \end{cases}$ 解得 $\begin{cases} x=168, \\ y=280, \end{cases}$ 利润 $=(210-x)+(210-y)=-28$，即亏损 28 元．

【答案】(C)

### 变化 3　其他价格、利润问题

**9. (2010 年管理类联考真题)** 售出一件甲商品比售出一件乙商品利润要高．

(1) 售出 5 件甲商品，4 件乙商品共获利 50 元．
(2) 售出 4 件甲商品，5 件乙商品共获利 47 元．

【解析】设售出一件甲商品的利润为 $x$ 元，售出一件乙商品的利润为 $y$ 元．

条件(1)和条件(2)单独显然不充分，联立两个条件，得

$$\begin{cases} 5x+4y=50, \\ 4x+5y=47, \end{cases}$$

即 $x-y=3$，则售出一件甲商品的利润比售出一件乙商品的利润多 3 元．

故两个条件联立起来充分．

【快速得分法】逻辑推理法．

联立条件(1)和条件(2)，同样是 9 件商品，甲商品多则利润多，说明售出一件甲的利润比售出一件乙的利润高．

【答案】(C)

## 题型 75　阶梯价格问题

### 题型概述

| 命题概率 | 母题特点 |
| --- | --- |
| (1) 近 10 年真题命题数量：1.<br>(2) 命题概率：0.1. | 分段计费问题 |

### 母题变化

| 母题模型 | 解题思路 |
| --- | --- |
| 分段计费问题 | (1) 确定要求的值位于哪个阶梯上．<br>(2) 按照此阶梯的情况进行计算． |

**1. (2018 年管理类联考真题)** 单位采取分段收费的方式收取网络流量(单位：GB)费用：每月流量 20(含)以内免费，流量 20 到 30(含)的每 GB 收费 1 元，流量 30 到 40(含)的每 GB 收费 3 元，

流量 40 以上的每 GB 收费 5 元. 小王这个月用了 45GB 的流量, 则他应该交费( ).
(A)45 元　　　　(B)65 元　　　　(C)75 元　　　　(D)85 元　　　　(E)135 元

**【解析】** 分级计算：

20GB 以内免费：$20 \times 0 = 0$(元)；

20GB～30GB 部分 1 元/GB：$10 \times 1 = 10$(元)；

30GB～40GB 部分 3 元/GB：$10 \times 3 = 30$(元)；

40GB 以上部分 5 元/GB：此分段只用了 5GB，所以是 $5 \times 5 = 25$(元).

故这个月小王应该交费 $20 \times 0 + 10 \times 1 + 10 \times 3 + 5 \times 5 = 65$(元).

**【答案】**(B)

2. 为了调节个人收入，减少中低收入者的赋税负担，国家调整了个人工资薪金所得税的征收方案．已知原方案的起征点为 2 000 元/月，税费分九级征收，前四级税率见表 7-5.

表 7-5

| 级数 | 全月应纳税所得额 $q$(元) | 税率(%) |
|---|---|---|
| 1 | $0 < q \leqslant 500$ | 5 |
| 2 | $500 < q \leqslant 2\,000$ | 10 |
| 3 | $2\,000 < q \leqslant 5\,000$ | 15 |
| 4 | $5\,000 < q \leqslant 20\,000$ | 20 |

新方案的起征点为 3 500 元/月，税费分七级征收，前三级税率见表 7-6.

表 7-6

| 级数 | 全月应纳税所得额 $q$(元) | 税率(%) |
|---|---|---|
| 1 | $0 < q \leqslant 1\,500$ | 3 |
| 2 | $1\,500 < q \leqslant 4\,500$ | 10 |
| 3 | $4\,500 < q \leqslant 9\,000$ | 20 |

若某人在新方案下每月缴纳的个人工资薪金所得税是 345 元，则此人每月缴纳的个人工资薪金所得税比原方案减少了( )元．

(A)825　　　　(B)480　　　　(C)345　　　　(D)280　　　　(E)135

**【解析】** 设新方案下，第 1 级数最多需纳税 $1\,500 \times 3\% = 45$(元)；

第 2 级数最多需纳税 $(4\,500 - 1\,500) \times 10\% = 300$(元).

此人每月纳税 345 元，说明他刚好在第 2 级数的最高点，每月收入为 $3\,500 + 4\,500 = 8\,000$(元).

在原方案下，8 000 元的工资应纳税所得额处于第 4 级数，所以需要纳税

　$500 \times 5\% + (2\,000 - 500) \times 10\% + (5\,000 - 2\,000) \times 15\% + (8\,000 - 2\,000 - 5\,000) \times 20\% = 825$(元).

故新方案比原方案少纳税 $825 - 345 = 480$(元).

**【答案】**(B)

## 题型 76　溶液问题

### 题型概述

| 命题概率 | 母题特点 |
| --- | --- |
| (1) 近10年真题命题数量：3. <br> (2) 命题概率：0.3. | (1) 溶质守恒定律. <br> (2) 溶液配比使用十字交叉法. |

### 母题变化

**变化 1　稀释问题**

| 母题模型 | 解题思路 |
| --- | --- |
| 在溶液中加水 | 方法1：利用溶质守恒定律求解. <br> 方法2：把水看成浓度为0的溶液，使用十字交叉法. |

1. 烧杯中盛有一定浓度的溶液若干，加入一定量的水后，浓度变为了15%，第二次加入等量的水后浓度变为12%，如果第三次再加入等量的水，浓度会变为(　　).
   (A) 6%　　(B) 7%　　(C) 8%　　(D) 9%　　(E) 10%

   【解析】设每次加入的水为 $x$，第三次加水后浓度为 $y$. 使用十字交叉法.

   ```
   15%           12%
        \       /
         12%
        /       \
   0%            3%
   ```

   可得，第一次加水后溶液量：加入的水 $=12\%:3\%=4:1$，设第一次加水后溶液量为 $4x$，则第三次加水后溶液量为 $6x$. 所以 $15\% \cdot 4x = y \cdot 6x$，解得 $y=10\%$.

   【答案】(E)

**变化 2　蒸发问题**

| 母题模型 | 解题思路 |
| --- | --- |
| 溶液中的水分蒸发 | 利用溶质守恒定律求解 |

2. 仓库运来含水量为90%的一种水果100千克，一星期后再测发现含水量降低了，现在这批水果的总重量是50千克.
   (1) 含水量变为80%.
   (2) 含水量降低了20%.

   【解析】由含水量为90%，可得果肉质量为10千克. 设水量降低后该水果的含水量为 $x$.
   由溶质守恒定律，得 $100 \times 10\% = 50 \cdot (1-x)$，解得含水量 $x=80\%$.

显然条件(1)充分,条件(2)不充分.
【答案】(A)

### 变化3 倒出溶液再加水问题

| 母题模型 | 解题思路 |
| --- | --- |
| 将体积为$V$,初始浓度为$C_1$的溶液,倒出$V_1$后加满水,再倒出$V_2$后加满水,此时溶液的浓度变为$C_2$. | $C_1 \times \dfrac{V-V_1}{V} \times \dfrac{V-V_2}{V} = C_2.$ |

3.(2014年管理类联考真题)某容器中装满了浓度为90%的酒精,倒出1升后用水将容器注满,搅拌均匀后又倒出1升,再用水将容器注满,已知此时的酒精浓度为40%,则该容器的容积是(    ).
(A)2.5升　　　(B)3升　　　(C)3.5升　　　(D)4升　　　(E)4.5升

【解析】方法一:本题可以看作是递减率问题,设每次倒出的1升占整个容器容积的比例为$x$,根据题意,得
$$90\%(1-x)^2 = 40\%,$$
解得$x = \dfrac{1}{3}$,所以容器的容积为3升.

方法二:设该容器的容积为$V$升,套用公式$C_1 \times \dfrac{V-V_1}{V} \times \dfrac{V-V_2}{V} = C_2$,代入本题,得
$$90\% \times \dfrac{V-1}{V} \times \dfrac{V-1}{V} = 40\%,$$
解得$V = 3$,所以容器的容积为3升.
【答案】(B)

### 变化4 溶液配比问题

| 母题模型 | 解题思路 |
| --- | --- |
| 两种不同浓度的溶液配成另外一种浓度的溶液. | 方法1:使用溶质守恒定律.<br>方法2:使用十字交叉法. |

4.(2009年管理类联考真题)在某实验中,三个试管各盛水若干克.现将浓度为12%的盐水10克倒入A管中,混合后,取10克倒入B管中,混合后再取10克倒入C管中,结果A,B,C三个试管中盐水的浓度分别为6%,2%,0.5%,那么三个试管中原来盛水最多的试管及其盛水量各是(    ).
(A)A试管,10克　　　(B)B试管,20克　　　(C)C试管,30克
(D)B试管,40克　　　(E)C试管,50克

【解析】设A试管中原有水$x$克,B试管中原有水$y$克,C试管中原有水$z$克.根据题意,得
$$\begin{cases} \dfrac{0.12 \times 10}{x+10} = 0.06, \\ \dfrac{0.06 \times 10}{y+10} = 0.02, \\ \dfrac{0.02 \times 10}{z+10} = 0.005, \end{cases} 解得 \begin{cases} x = 10, \\ y = 20, \\ z = 30. \end{cases}$$

所以原来盛水量最多的是C试管,盛水量是30克.
【答案】(C)

5. (2016年管理类联考真题)将2升甲酒精和1升乙酒精混合得到丙酒精,则能确定甲、乙两种酒精的浓度.

(1)1升甲酒精和5升乙酒精混合后的浓度是丙酒精浓度的 $\frac{1}{2}$ 倍.

(2)1升甲酒精和2升乙酒精混合后的浓度是丙酒精浓度的 $\frac{2}{3}$ 倍.

【解析】设甲、乙、丙酒精浓度分别为 $x,y,z$. 故有 $\frac{2x+y}{2+1}=z$,即 $2x+y=3z$ ①.

条件(1): $\frac{x+5y}{1+5}=\frac{1}{2}z$,即 $x+5y=3z$ ②,显然不充分.

条件(2): $\frac{x+2y}{1+2}=\frac{2}{3}z$,即 $x+2y=2z$ ③,显然不充分.

联立两个条件,由于 $3\times$③$-$②$=$①,方程组实际上只有2个方程,无法解出3个未知数,故联立起来也不充分.
【答案】(E)

6. (2021年管理类联考真题)现有甲、乙两种浓度酒精,已知用10升甲酒精和12升乙酒精可以配成浓度为70%的酒精,用20升甲酒精和8升乙酒精可以配成浓度为80%的酒精,则甲酒精的浓度为( ).

(A)72%  (B)80%  (C)84%
(D)88%  (E)91%

【解析】设甲酒精的浓度为 $x$,乙酒精的浓度为 $y$,根据题意可得

$$\begin{cases} \frac{10x+12y}{10+12}\times 100\%=70\%, \\ \frac{20x+8y}{20+8}\times 100\%=80\%, \end{cases}$$

解得 $x=91\%$. 故甲酒精的浓度为91%.
【答案】(E)

## 题型 77　工程问题

### 题型概述

| 命题概率 | 母题特点 |
| --- | --- |
| (1) 近10年真题命题数量:7.<br>(2) 命题概率:0.7. | 几个人合作或独立完成一项工作. |

## 母题变化

### 变化 1 总工作量不为 1

| 母题模型 | 解题思路 |
| --- | --- |
| 某人或几个人合作一项工作且这项工作的总工作量不能看作 1. | 当工作总量已知或者待求时,不能将工作总量看作 1,需将实际工作量设为 $x$,即<br>效率×时间=实际工作量. |

1. (2011年管理类联考真题)某施工队承担了开凿一条长为 2 400 米隧道的工程,在掘进了 400 米后,由于改进了施工工艺,每天比原计划多掘进 2 米,最后提前 50 天完成了施工任务,原计划施工工期是( ).

   (A)200 天　　　(B)240 天　　　(C)250 天　　　(D)300 天　　　(E)350 天

   【解析】已知工程总量为 2 400 米的隧道,故不能将其看作 1.

   设原计划每天掘进 $x$ 米,计划天数=实际天数+提前天数,故剩余工程包含的等量关系为

   $$\frac{2\,400-400}{x}=\frac{2\,400-400}{x+2}+50,$$

   解得 $x=8$. 所以原计划施工工期为 $\frac{2\,400}{8}=300(天)$.

   【答案】(D)

2. (2017年管理类联考真题)某人需要处理若干份文件,第一小时处理了全部文件的 $\frac{1}{5}$,第二小时处理了剩余文件的 $\frac{1}{4}$,则此人需要处理的文件共 25 份.

   (1)前两个小时处理了 10 份文件.

   (2)第二小时处理了 5 份文件.

   【解析】因为所求量为文件数,即本题的工作总量,故不能将工作总量当作 1 处理.

   设总份数为 $x$,第一个小时处理 $\frac{1}{5}x$,第二个小时处理 $\frac{1}{4} \times \frac{4}{5}x = \frac{1}{5}x$.

   条件(1):$\frac{1}{5}x+\frac{1}{5}x=10$,解得 $x=25$,故条件(1)充分.

   > 注意:第二小时处理的是"剩余"文件的 $\frac{1}{4}$.

   条件(2):$\frac{1}{5}x=5$,解得 $x=25$,故条件(2)充分.

   【答案】(D)

3. (1998年MBA联考真题)一批货物要运进仓库,由甲、乙两队合运 9 小时,可运进全部货物的 50%,乙队单独运则要 30 小时才能运完,又知甲队每小时可运进 3 吨,则这批货物共有( ).

   (A)135 吨　　　(B)140 吨　　　(C)145 吨　　　(D)150 吨　　　(E)155 吨

   【解析】设共有货物 $x$ 吨,乙队每小时可运 $y$ 吨. 则

$$\begin{cases} 9(y+3)=\dfrac{1}{2}x, \\ x=30y \end{cases} \Rightarrow x=135, y=4.5.$$

故这批货物共有 135 吨.

【答案】(A)

4. (2007 年 MBA 联考真题)甲、乙两队修一条公路,甲单独施工需要 40 天完成,乙单独施工需要 24 天完成,现在两队同时从两端开始施工,在距离公路中点 7.5 千米处会合完工,则公路长度为(    )千米.

(A) 60　　(B) 70　　(C) 80　　(D) 90　　(E) 100

【解析】设公路的总长度为 $x$ 千米,甲的工效为 $\dfrac{x}{40}$,乙的工效为 $\dfrac{x}{24}$,则工程所用总时间为

$$\dfrac{x}{\dfrac{x}{40}+\dfrac{x}{24}}=15(天),$$

> 工作时间 = $\dfrac{\text{工作量}}{\text{工作效率}}$

则甲干了 $\dfrac{15}{40}x$,乙干了 $\dfrac{15}{24}x$,根据题意有

$$\dfrac{15}{24}x-\dfrac{15}{40}x=7.5\times 2,$$

解得 $x=60$.

【快速得分法】甲、乙施工进度比为 24∶40,即 3∶5,中点处为 4∶4,可见会合处离中点距离是全程的 $\dfrac{1}{8}$,则公路总长为 $7.5\times 8=60$(千米).

【答案】(A)

### 变化 2　合作问题(总工作量为 1)

| 母题模型 | 解题思路 |
| --- | --- |
| 几个人合作一项工作且这项工作的总工作量能看作 1. | (1) 基本等量关系:工作效率 = $\dfrac{\text{工作量}}{\text{工作时间}}$. <br> (2) 常用的等量关系:各部分的工作量之和 = 总工作量 = 1. |

5. (2013 年管理类联考真题)某工程由甲公司承包需要 60 天完成,由甲、乙两公司共同承包需要 28 天完成,由乙、丙两公司共同承包需要 35 天完成,则由丙公司承包完成该工程需要的天数为(    )天.

(A) 85　　(B) 90　　(C) 95　　(D) 100　　(E) 105

【解析】令工程总量为 1,设甲的工作效率为 $x$,乙的工作效率为 $y$,丙的工作效率为 $z$,则

$$\begin{cases} x=\dfrac{1}{60}, \\ x+y=\dfrac{1}{28}, \\ y+z=\dfrac{1}{35}, \end{cases}$$

> 工作效率 = $\dfrac{\text{工作量}}{\text{工作时间}}$,此处设工作量为单位 1

解得 $z=\dfrac{1}{105}$，即 $\dfrac{1}{z}=105$，故丙单独完成需要 105 天．

**【答案】**(E)

**6.**(2021 年管理类联考真题)清理一块场地，则甲、乙、丙三人能在 2 天内完成．

(1)甲、乙两人需要 3 天．

(2)甲、丙两人需要 4 天．

**【解析】**条件(1)和条件(2)显然单独都不充分，故考虑联立．

方法一：设总工作量为 1，甲、乙、丙的工作效率分别为 $x, y, z$．

由条件(1)可得，$x+y=\dfrac{1}{3}$；由条件(2)可得，$x+z=\dfrac{1}{4}$．

联立可得 $y-z=\dfrac{1}{12}$，无法确定具体的工作效率，故无法确定工作时间，联立也不充分．

方法二：举反例．

假设甲单独清理这块场地需要 5 天，根据条件(1)，乙的效率为 $\dfrac{1}{3}-\dfrac{1}{5}=\dfrac{2}{15}$．

根据条件(2)，丙的工作效率为 $\dfrac{1}{4}-\dfrac{1}{5}=\dfrac{1}{20}$．

因此三人的工作效率之和为 $\dfrac{1}{5}+\dfrac{2}{15}+\dfrac{1}{20}=\dfrac{23}{60}<\dfrac{1}{2}$，故联立也不充分．

**【答案】**(E)

**7.**(1999 年 MBA 联考真题)一项工程由甲、乙两队合作 30 天可完成．甲队单独做 24 天后，乙队加入，两队合作 10 天后，甲队调走，乙队继续做了 17 天才完成．若这项工程由甲队单独做，则需要(　　)．

(A)60 天　　(B)70 天　　(C)80 天　　(D)90 天　　(E)100 天

**【解析】**令工程总量为 1，设甲单独做需要 $x$ 天完成，则乙的工作效率是 $\dfrac{1}{30}-\dfrac{1}{x}$，根据题意得

$$\dfrac{24}{x}+\dfrac{10}{30}+17\times\left(\dfrac{1}{30}-\dfrac{1}{x}\right)=1,$$

解得 $x=70$．故这项工程由甲队单独做需要 70 天．

> 工作量＝工作效率×工作时间．
> 注意：设甲单独工作需 $x$ 天，甲的效率是 $\dfrac{1}{x}$ 而不是 $x$

**【答案】**(B)

**8.**(2007 年在职 MBA 联考真题)完成某项任务，甲单独需 4 天，乙单独做需 6 天，丙单独做需 8 天．现甲、乙、丙三人依次一日一轮换地工作，则完成该项任务共需的天数为(　　)天．

(A)$6\dfrac{2}{3}$　　　　　(B)$5\dfrac{1}{3}$　　　　　(C)6

(D)$4\dfrac{2}{3}$　　　　　(E)4

【解析】甲、乙、丙的工作效率分别为 $\frac{1}{4}$，$\frac{1}{6}$，$\frac{1}{8}$.

通分可得甲、乙、丙的工作效率分别为 $\frac{6}{24}$，$\frac{4}{24}$，$\frac{3}{24}$.

第一轮：甲、乙、丙各做一天，共完成 $\frac{6}{24}+\frac{4}{24}+\frac{3}{24}=\frac{13}{24}$；

第二轮：甲、乙各做一天，共完成 $\frac{6}{24}+\frac{4}{24}=\frac{10}{24}$；

剩余：$1-\frac{13}{24}-\frac{10}{24}=\frac{1}{24}$，由丙完成，需要 $\frac{1}{3}$ 天.

所以完成该项任务共需 $5\frac{1}{3}$ 天.

【答案】(B)

### 变化3　工费问题（总工作量为1）

| 母题模型 | 解题思路 |
| --- | --- |
| 工程问题中，出现对费用的计算. | 一般需要列两组方程进行求解.<br>第1组：工作效率×工作时间＝工作量.<br>第2组：单位时间工费×工作时间＝总工费. |

**9.**（2014年管理类联考真题）某单位进行办公室装修，若甲、乙两个装修公司合作，需10周完成，工时费为100万元；甲公司单独做6周后由乙公司接着做18周完成，工时费为96万元. 甲公司每周的工时费为(　　).

(A)7.5万元　　　　　　　　(B)7万元　　　　　　　　(C)6.5万元

(D)6万元　　　　　　　　(E)5.5万元

【解析】设甲公司每周的工时费为 $x$ 万元，乙公司每周的工时费为 $y$ 万元，则

$$\begin{cases} 10(x+y)=100, \\ 6x+18y=96, \end{cases}$$

解得 $x=7$，$y=3$. 故甲公司每周的工时费为7万元.

【答案】(B)

**10.**（2015年管理类联考真题）一项工作，甲、乙合作需要2天，人工费2 900元；乙、丙合作需要4天，人工费2 600元；甲、丙合作2天完成了全部工作量的 $\frac{5}{6}$，人工费2 400元. 甲单独做该工作需要的时间和人工费分别为(　　).

(A)3天，3 000元　　　　　　(B)3天，2 850元　　　　　　(C)3天，2 700元

(D)4天，3 000元　　　　　　(E)4天，2 900元

【解析】设甲、乙、丙三人单独完成工作需要 $x$ 天、$y$ 天、$z$ 天，根据题意，得

$$\begin{cases} \dfrac{1}{x}+\dfrac{1}{y}=\dfrac{1}{2}, \\ \dfrac{1}{y}+\dfrac{1}{z}=\dfrac{1}{4}, \\ \dfrac{1}{z}+\dfrac{1}{x}=\dfrac{5}{12} \end{cases} \Rightarrow 2\dfrac{1}{x}=\dfrac{1}{2}+\dfrac{5}{12}-\dfrac{1}{4},$$

解得 $x=3$.

设甲、乙、丙三人每天的工时费为 $a$ 元、$b$ 元、$c$ 元，根据题意，得

$$\begin{cases} 2(a+b)=2\,900, \\ 4(b+c)=2\,600, \\ 2(c+a)=2\,400 \end{cases} \Rightarrow 2a=1\,450+1\,200-650=2\,000,$$

因此 $a=1\,000$. 故甲单独完成需要 3 天，工时费为 $3\times 1\,000=3\,000$(元).

**【答案】**(A)

**11.** (2019年管理类联考真题)某单位要铺设草坪，若甲、乙两公司合作需要 6 天完成，工时费共计 2.4 万元；若甲公司单独做 4 天后由乙公司接着做 9 天完成，工时费共计 2.35 万元. 若由甲公司单独完成该项目，则工时费共计(　　)万元.

(A)2.25　　　　　　　　(B)2.35　　　　　　　　(C)2.4

(D)2.45　　　　　　　　(E)2.5

**【解析】** 设甲单独工作需 $x$ 天完成，每天的工时费为 $m$ 万元，乙单独工作需 $y$ 天完成，每天的工时费为 $n$ 万元，则

$$\begin{cases} \dfrac{1}{x}+\dfrac{1}{y}=\dfrac{1}{6}, \\ \dfrac{4}{x}+\dfrac{9}{y}=1, \end{cases} 解得 x=10,\ y=15;$$

$$\begin{cases} 6(m+n)=2.4, \\ 4m+9n=2.35, \end{cases} 解得 m=0.25,\ n=0.15.$$

故由甲公司单独完成该项目，工时费为 $10\times 0.25=2.5$(万元).

**【答案】**(E)

**12.** (2002年MBA联考真题)公司的一项工程由甲、乙两队合作 6 天完成，公司需付 8 700 元；由乙、丙两队合作 10 天完成，公司需付 9 500 元；甲、丙两队合作 7.5 天完成，公司需付 8 250 元. 若单独承包给一个工程队并且要求不超过 15 天完成全部工作，则使公司付钱最少的队是(　　).

(A)甲队　　　　　　　　(B)丙队　　　　　　　　(C)乙队

(D)甲队和乙队　　　　　(E)不能确定

**【解析】** 设甲、乙、丙的工作效率分别为 $x,\ y,\ z$，根据题意，可得

$$\begin{cases} (x+y)\times 6=1, \\ (y+z)\times 10=1, \\ (x+z)\times 7.5=1, \end{cases}$$

解得 $x=\frac{1}{10}$，$y=\frac{1}{15}$，$z=\frac{1}{30}$，即甲完成工作需要 10 天，乙完成工作需要 15 天，丙完成工作需要 30 天．要求 15 天内完成工作，所以该工程只能由甲队或乙队承包．

设甲队每天的酬金 $m$ 元，乙队每天 $n$ 元，丙每天 $k$ 元，可得
$$\begin{cases}(m+n)\times 6=8\,700,\\ (k+n)\times 10=9\,500,\\ (m+k)\times 7.5=8\,250,\end{cases}$$

解得 $m=800$，$n=650$，$k=300$.

所以，由甲队承包该工程共需工程款 $800\times 10=8\,000$（元）；由乙队承包共需工程款 $650\times 15=9\,750$（元）．

又因 $8\,000<9\,750$，故由甲队单独完成此项工程花钱最少．

【答案】(A)

### 变化 4　效率判断（总工作量为 1）

| 母题模型 | 解题思路 |
| --- | --- |
| 评价几个对象（人、工程队、机器、管道等）的效率高低． | 思路1：计算出效率后比大小．<br>思路2：逻辑推理，看谁干得快． |

**13.** (2011年管理类联考真题) 现有一批文字材料需要打印，两台新型打印机单独完成此任务分别需要 4 小时与 5 小时，两台旧型打印机单独完成此任务分别需要 9 小时与 11 小时，则能在 2.5 小时内完成任务．

(1) 安排两台新型打印机同时打印．

(2) 安排一台新型打印机与两台旧型打印机同时打印．

【解析】条件(1)：令工作总量为 1，完成时间为 $\dfrac{1}{\frac{1}{4}+\frac{1}{5}}=\dfrac{20}{9}<2.5$（小时），所以条件(1)充分．

条件(2)：若安排工作效率较低的新型打印机，则完成时间为

$$\dfrac{1}{\frac{1}{5}+\frac{1}{9}+\frac{1}{11}}=\dfrac{5\times 99}{199}<2.5（小时）.$$

所以，使用工作效率较高的新型打印机，完成的时间会更少，故条件(2)充分．

【答案】(D)

**14.** (2007年在职MBA联考真题) 管径相同的三条不同管道甲、乙、丙可同时向某基地容积为 1 000 立方米的油罐供油．丙管道的供油速度比甲管道供油速度大．

(1) 甲、乙同时供油 10 天可注满油罐．

(2) 乙、丙同时供油 5 天可注满油罐．

【解析】两个条件单独显然不充分，联立之．

设甲、乙、丙三条管道的供油效率分别为 $x$，$y$，$z$.

条件(1)：$x+y=\dfrac{1}{10}$，得 $x=\dfrac{1}{10}-y$；

条件(2)：$y+z=\dfrac{1}{5}$，得 $z=\dfrac{1}{5}-y$．

显然 $z>x$，故联立两个条件充分．

【快速得分法】逻辑推理法．

联立两个条件可知，乙和甲一起供油比乙和丙一起供油要慢，可见甲比丙要慢．

【答案】(C)

### 变化 5　效率变化问题

| 母题模型 | 解题思路 |
| --- | --- |
| 工作过程中出现效率的变化． | 原效率×时间＋新效率×时间＝总工作量 1． |

15. (2019 年管理类联考真题)某车间计划 10 天完成一项任务，工作 3 天后因故停工 2 天．若仍要按原计划完成任务，则工作效率需要提高(　　)．

(A) 20%　　　　　　　　(B) 30%　　　　　　　　(C) 40%

(D) 50%　　　　　　　　(E) 60%

【解析】设工作效率需要提高 $x$，令工作总量为 1，原工作效率为 $\dfrac{1}{10}$，计划 10 天完成，工作 3 天后停工 2 天，故需要提高工作效率的天数为 5 天，得

$$\dfrac{1}{10}\times 3+\dfrac{1}{10}\times(1+x)\times 5=1,$$

原效率×时间＋新效率×时间＝总工作量 1

解得 $x=40\%$．故工作效率需要提高 40%．

【答案】(C)

16. (2006 年 MBA 联考真题)甲、乙两项工程分别由一、二工程队负责完成，晴天时，一队完成甲工程需要 12 天，二队完成乙工程需要 15 天，雨天时，一队的工作效率是晴天时的 60%，二队的工作效率是晴天时的 80%，结果两队同时开工并同时完成各自的工程，那么，在这段施工期间雨天的天数为(　　)．

(A) 8　　　　　　　　　(B) 10　　　　　　　　　(C) 12

(D) 15　　　　　　　　　(E) 以上选项均不正确

【解析】设晴天为 $x$ 天，雨天为 $y$ 天，则有晴天时干的＋雨天时干的＝总工作量 1，即

$$\begin{cases} 一队：\dfrac{1}{12}\times x+\dfrac{1}{12}\times 60\%\times y=1, \\ 二队：\dfrac{1}{15}\times x+\dfrac{1}{15}\times 80\%\times y=1, \end{cases}$$

解得 $x=3$，$y=15$．故雨天的天数为 15 天．

【答案】(D)

## 题型 78　行程问题

### 题型概述

| 命题概率 | 母题特点 |
|---|---|
| (1) 近10年真题命题数量：8.<br>(2) 命题概率：0.8. | 行程问题 |

### 母题变化

**变化 1　迟到早到问题**

| 母题模型 | 解题思路 |
|---|---|
| 行程问题中，出现因故迟到或早到. | (1) 路程＝速度×时间，即 $s=vt$.<br>(2) 迟到问题：实际时间－迟到时间＝计划时间.<br>(3) 早到问题：实际时间＋早到时间＝计划时间. |

**1.** (2015年管理类联考真题) 某人驾车从 $A$ 地赶往 $B$ 地，前一半路程比计划多用时 45 分钟，平均速度只有计划的 80%，若后一半路程的平均速度为 120 千米/小时，此人还能按原定时间到达 $B$ 地，则 $A$、$B$ 两地的距离为(　　)千米．

(A) 450　　(B) 480　　(C) 520　　(D) 540　　(E) 600

【解析】设 $A$、$B$ 的距离为 $s$ 千米，原计划的速度为 $v$ 千米/小时，只考虑前一半路程，得

$$\frac{s}{2\times 0.8v}-\frac{s}{2v}=\frac{3}{4} \Rightarrow \frac{s}{v}=6,$$

>迟到问题：实际时间－迟到时间＝计划时间

即计划时间为 6 小时，实际后一半路程用时为 $t=\frac{1}{2}\times 6-\frac{3}{4}=\frac{9}{4}$(小时).

因此，$A$、$B$ 两地的距离为 $s=2\times 120\times \frac{9}{4}=540$(千米).

【答案】(D)

**2.** (2021年管理类联考真题) 某人开车去上班，有一段路因维修限速通行，则可算出此人上班的距离．

(1) 路上比平时多用了半小时．
(2) 已知维修路段的通行速度．

【解析】设平时上班用时为 $t$，维修路段的速度为 $v_1$，正常路段的速度为 $v_2$.

条件(1)：实际用时 $t'=t+\frac{1}{2}$，但不知道速度，显然无法求距离．

条件(2)：已知 $v_1$，但不知道时间，显然无法求距离．

256

联立两个条件,由条件(1)得,$t'=t+\dfrac{1}{2}$=维修路段用时+正常路段用时;

又由题意知,总路程$s=v_2 \cdot t=v_1 \cdot$维修路段用时$+v_2 \cdot$正常路段用时.

条件既不知道正常路段的速度$v_2$,也不知道两个路段分别用时多长时间,显然无法求出总路程,故两个条件联立也不充分.

【答案】(E)

3. **(2001年MBA联考真题)** 某人下午三点钟出门赴约,若他每分钟走60米,会迟到5分钟,若他每分钟走75米,会提前4分钟到达. 所定的约会时间是下午(   ).

(A)三点五十分 　　　(B)三点四十分 　　　(C)三点三十五分

(D)三点半 　　　(E)三点二十分

【解析】设计划所用时间为$t$分钟,不论哪一种方案,总路程相等,故
$$60(t+5)=75(t-4),$$
解得$t=40$. 所以所定的约会时间为下午三点四十分.

【答案】(B)

4. **(2006年MBA联考真题)** 一辆大巴车从甲城以匀速$v$行驶可按预定时间到达乙城,但在距乙城还有150千米处因故停留了半小时,因此需要平均每小时增加10千米才能按预定时间到达乙城,则大巴车原来的速度$v=$(   ).

(A)45千米/小时

(B)50千米/小时

(C)55千米/小时

(D)60千米/小时

(E)以上选项均不正确

【解析】后150千米的计划时间=后150千米的实际时间+半小时,即
$$\dfrac{150}{v}=\dfrac{150}{v+10}+\dfrac{1}{2},$$
解得$v_1=50, v_2=-60$(舍去). 故大巴车原来的速度$v=50$千米/小时.

【答案】(B)

5. **(2002年在职MBA联考真题)** $A$、$B$两地相距15千米,甲中午12点从$A$地出发,步行前往$B$地,20分钟后乙从$B$地出发骑车前往$A$地,到达$A$地后乙停留40分钟后骑车从原路返回,结果甲、乙同时到达$B$地,若乙骑车比甲步行每小时快10千米,则两人同时到达$B$地的时间是(   ).

(A)下午2点 　　　(B)下午2点半 　　　(C)下午3点

(D)下午3点半 　　　(E)下午4点

【解析】设甲的速度为$x$千米/小时,乙的速度为$x+10$千米/小时,因为两人同时到达$B$地,故有
$$\dfrac{15}{x}=1+\dfrac{30}{x+10},$$
解得$x=5$或$-30$(负值舍去). 甲用的时间是$\dfrac{15}{5}=3$(小时),所以下午3点到达.

【答案】(C)

## 变化2　直线追及相遇问题

| 母题模型 | 解题思路 |
| --- | --- |
| 直线路程上的追及相遇问题. | (1) 相对速度：迎面而来，速度相加；同向而去，速度相减.<br>(2) 路程差＝速度差×时间，即 $\Delta s = \Delta v \cdot t$.<br>(3) 路程差＝速度×时间差，即 $\Delta s = v \cdot \Delta t$.<br>(4) 相遇：甲的速度×时间＋乙的速度×时间＝距离之和.<br>(5) 追及：追及时间＝追及距离÷速度差. |

**6. (2016年管理类联考真题)** 上午9时一辆货车从甲地出发前往乙地，同时一辆客车从乙地出发前往甲地，中午12时两车相遇. 已知货车和客车的速度分别是90千米/小时、100千米/小时. 则当客车到达甲地时，货车距乙地的距离为(　　).

(A) 30千米　　(B) 43千米　　(C) 45千米　　(D) 50千米　　(E) 57千米

【解析】相遇时，货车行驶了 $3×90=270$(千米)，客车行驶了 $100×3=300$(千米). 此时客车到达甲地还需要 $270÷100=2.7$(小时). 这段时间货车又行驶了 $90×2.7=243$(千米).

故货车距离乙地的距离为 $300-243=57$(千米).

【答案】(E)

**7. (2021年管理类联考真题)** 甲、乙两人相距330千米，他们驾车同时出发，经过2小时相遇. 甲继续行驶2小时24分钟后到达乙的出发地，则乙的车速为(　　)千米/小时.

(A) 70　　(B) 75　　(C) 80　　(D) 90　　(E) 96

【解析】设甲的速度为 $v_甲$ 千米/小时，乙的速度为 $v_乙$ 千米/小时.

相遇问题中，距离之和＝速度之和×时间＝$(v_甲+v_乙)×2=330$，解得 $v_甲+v_乙=165$.

单独讨论甲，甲一共行驶了4小时24分钟，即用 $\frac{22}{5}$ 小时完成了全程，故 $v_甲 × \frac{22}{5} = 330$，解得 $v_甲=75$，$v_乙=90$. 故乙的车速为90千米/小时.

【答案】(D)

**8. (1998年MBA联考真题)** 甲、乙两汽车从相距695千米的两地出发，相向而行，乙汽车比甲汽车迟2个小时出发，甲汽车每小时行驶55千米，若乙汽车出发后5小时与甲汽车相遇，则乙汽车每小时行驶(　　)千米.

(A) 55　　(B) 58　　(C) 60　　(D) 62　　(E) 65

【解析】设乙车的速度为 $x$ 千米/小时，两车的路程之和为695千米，得
$$55×(5+2)+5x=695,$$
解得 $x=62$，故乙车每小时行驶62千米.

【答案】(D)

**9. (2005年MBA联考真题)** 一支队伍排成长度为800米的队列行军，速度为80米/分. 队首的通讯员以3倍于行军的速度跑步到队尾，花1分钟传达首长命令后，立即以同样的速度跑回到队首. 在这往返全过程中通讯员所花费的时间为(　　).

(A) 6.5分钟　　(B) 7.5分钟　　(C) 8分钟　　(D) 8.5分钟　　(E) 10分钟

258

【解析】从队首到队尾所花时间：$\frac{800}{3\times 80+80}=2.5$（分钟）；　　　　　　　　　　迎面而来，速度相加

从尾到首所花时间：$\frac{800}{3\times 80-80}=5$（分钟）．　　　　　　　　　　　　　　　同向而去，速度相减

一共花费的时间为 $2.5+5+1=8.5$（分钟）．

【答案】(D)

**10.** (2007年MBA联考真题)甲、乙、丙三人进行百米赛跑(假设他们速度不变)，当甲到达终点时，乙距离终点还有10米，丙距离终点还有16米，则当乙到达终点时，丙距离终点还差(　　)米．

(A) $\frac{22}{3}$　　　　　(B) $\frac{20}{3}$　　　　　(C) $\frac{15}{3}$

(D) $\frac{10}{3}$　　　　　(E)以上选项均不正确

【解析】方法一：设当甲到达终点时用时为 $t_1$ 秒，当乙到达终点时用时为 $t_2$ 秒；设乙到达终点时，丙距离终点还差 $x$ 米，则有

$$\frac{乙速}{丙速}=\frac{\frac{100-10}{t_1}}{\frac{100-16}{t_1}}=\frac{\frac{100}{t_2}}{\frac{100-x}{t_2}},$$

解得 $x=\frac{20}{3}$．故丙距离终点还差 $\frac{20}{3}$ 米．

方法二：设甲速度为10米/秒，当甲到达终点时，用时 $t_1=\frac{s}{v_甲}=\frac{100}{10}=10$（秒），此时：

乙跑了90米，则乙的速度为 $v_乙=\frac{s_乙}{t_1}=\frac{90}{10}=9$（米/秒）；

丙跑了84米，则丙的速度为 $v_丙=\frac{s_丙}{t_1}=\frac{84}{10}=8.4$（米/秒）．

当乙到达终点时，乙跑完最后10米用时 $t_3=\frac{s_{乙剩余}}{v_乙}=\frac{10}{9}$ 秒．

此时丙又跑了 $s'_丙=v_丙\cdot t_3=8.4\times\frac{10}{9}=\frac{28}{3}$（米）．

故当乙到达终点时，丙距离终点还差 $16-\frac{28}{3}=\frac{20}{3}$（米）．

【答案】(B)

**11.** (2001年在职MBA联考真题)从甲地到乙地，水路比公路近40千米，上午10：00，一艘轮船从甲地驶往乙地，下午1：00，一辆汽车从甲地开往乙地，最后船、车同时到达乙地．若汽车的速度是每小时40千米，轮船的速度是汽车的 $\frac{3}{5}$，则甲、乙两地的公路长为(　　)千米．

(A)320　　　(B)300　　　(C)280　　　(D)260　　　(E)240

【解析】设公路长为 $x$ 千米，则水路长为 $x-40$ 千米，轮船的速度为 $40\times\frac{3}{5}=24$（千米/小时），设轮船走了 $t$ 小时，则汽车走了 $t-3$ 小时，根据题意得

$$\begin{cases}24t=x-40,\\ 40(t-3)=x,\end{cases}$$

解得 $t=10, x=280$. 故甲、乙两地的公路长为 280 千米.

【答案】(C)

## 变化 3 环形跑道问题

| 母题模型 | 解题思路 |
|---|---|
| 环形跑道上的追及相遇问题. | (1) 相对速度：迎面而来，速度相加；同向而去，速度相减.<br>(2) 环形跑道上，两人方向相反地跑，每相遇一次则两人路程之和为跑道长度；两人方向相同地跑，每相遇一次则快者比慢者多跑一个跑道的长度. |

**12.** (2013 年管理类联考真题)甲、乙两人同时从 $A$ 点出发，沿 400 米跑道同向匀速行走，25 分钟后乙比甲少走了一圈，若乙行走一圈需要 8 分钟，则甲的速度是(　　)(单位：米/分钟).

(A)62　　　　(B)65　　　　(C)66　　　　(D)67　　　　(E)69

【解析】设甲的速度为 $v_甲$，乙的速度为 $v_乙$，易知 $v_乙=\dfrac{400}{8}=50$(米/分钟).

已知 25 分钟后，乙比甲少走了一圈，则有
$$25v_甲-25v_乙=400,$$
解得 $v_甲=66$，即甲的速度为 66 米/分钟.

【答案】(C)

## 变化 4 交换目的地问题

| 母题模型 | 解题思路 |
|---|---|
| 两人交换目的地的行程问题. | 分别按照不同的行程段进行计算即可. |

**13.** (2004 年在职 MBA 联考真题)甲、乙两人同时从同一地点出发，相背而行. 1 小时后他们分别到达各自的终点 $A$ 和 $B$. 若从原地出发，互换彼此的目的地，则甲在乙到达 $A$ 之后 35 分钟到达 $B$. 问甲的速度和乙的速度之比是(　　).

(A)3∶5　　　(B)4∶3　　　(C)4∶5　　　(D)3∶4　　　(E)以上选项均不正确

【解析】设甲的速度是 $x$，乙的速度是 $y$，根据题意得图 7-2.

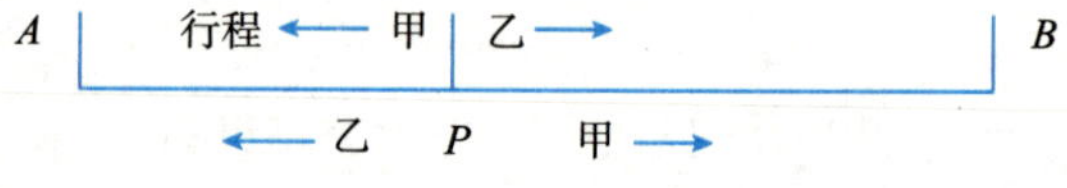

```
A | 行程 ← 甲 | 乙 → | B
    ← 乙   P   甲 →
```

图 7-2

设甲从 $P$ 地出发到 $A$ 地，乙从 $P$ 地出发到 $B$ 地，1 小时后到达目的地，则 $AP=x, BP=y$；交换目的地之后，甲从 $P$ 地出发到 $B$ 地，乙从 $P$ 地出发到 $A$ 地，则

$$\dfrac{x}{v_乙}+\dfrac{35}{60}=\dfrac{y}{v_甲} \Rightarrow \dfrac{x}{y}+\dfrac{35}{60}=\dfrac{y}{x},$$

解得 $\dfrac{x}{y}=\dfrac{3}{4}$ 或 $-\dfrac{4}{3}$(舍去). 故甲的速度和乙的速度之比是 3∶4.

【答案】(D)

## 变化 5　多次相遇问题（泳池相遇模型）

| 母题模型 | 解题思路 |
| --- | --- |
| 两人分别以不变的速度在长度为 $S$ 的泳池里游泳，两人分别从泳池的两端同时入水． | 两人第一次迎面相遇，两人合走的距离为 $S$；之后，每增加一次相遇，两人合走的距离增加 $2S$． |

**14.** (2014 年管理类联考真题)甲、乙两人上午 8：00 分别自 $A$，$B$ 出发相向而行，9：00 第一次相遇，之后速度均提高了 1.5 公里/小时，甲到 $B$、乙到 $A$ 后都立刻沿原路返回．若两人在 10：30 第二次相遇，则 $A$、$B$ 两地的距离为(　　)千米．

(A)5.6　　　(B)7　　　(C)8　　　(D)9　　　(E)9.5

【解析】设甲的原始速度为 $x$ 千米/小时，乙的原始速度为 $y$ 千米/小时．$A$、$B$ 两地的距离为 $S$ 千米．相遇问题：速度和×时间＝路程和．根据题意，得

$$\begin{cases}(x+y)\times 1=S,\\ [(x+1.5)+(y+1.5)]\times 1.5=2S,\end{cases}$$

解得 $x+y=9$，即 $S=9$．

故 $A$、$B$ 两地的距离为 9 千米．

> 第一次相遇时，两人一共走了 1 个 $S$；
> 从第一次相遇到第二次相遇时，两人一共走了 2 个 $S$

【答案】(D)

**15.** (2020 年管理类联考真题)甲、乙两人从一条长为 1 800 米道路的两端同时出发，往返行走．已知甲每分钟行走 100 米，乙每分钟行走 80 米，则两人第三次相遇时，甲距其出发点(　　)米．

(A)600　　　(B)900　　　(C)1 000　　　(D)1 400　　　(E)1 600

【解析】设两地距离为 $S$，则两人第 1 次相遇合计走 $S$，之后到下一次相遇合计再走 $2S$，故第三次相遇时共计走了 $5S=9\,000$ 米，因为两人始终相向而行，相对速度为两人速度之和，故所用时间是 $\dfrac{9\,000}{100+80}=50$(分钟)．

此时甲共走了 $100\times 50=5\,000$(米)，则甲距其出发点为 $5\,000-1\,800\times 2=1\,400$(米)．

【答案】(D)

## 变化 6　航行问题（与水速有关）

| 母题模型 | 解题思路 |
| --- | --- |
| 船在水面上行驶<br>人在电梯上走路 | 顺水行程＝(船速＋水速)×顺水时间．<br>逆水行程＝(船速－水速)×逆水时间．<br>顺水速度＝船速＋水速．<br>逆水速度＝船速－水速．<br>静水速度＝(顺水速度＋逆水速度)÷2．<br>水速＝(顺水速度－逆水速度)÷2． |

**16.** (2009 年管理类联考真题)一艘轮船往返航行于甲、乙两个码头之间，若船在静水中的速度不变，则当这条河的水流速度增加 50% 时，往返一次所需的时间比原来将(　　)．

(A)增加　　　　　　　　　(B)减少半个小时　　　　　　(C)不变
(D)减少一个小时　　　　　　(E)无法判断

【解析】设甲、乙两个码头之间距离为 $s$，船在静水中的速度为 $v$，原来的水流速度为 $x$，则后来的水流速度为 $\frac{3}{2}x$，根据题意，得

原来往返所需要的时间为

$$t_1 = \frac{s}{v+x} + \frac{s}{v-x},$$

后来往返所需要的时间为

$$t_2 = \frac{s}{v+\frac{3}{2}x} + \frac{s}{v-\frac{3}{2}x},$$

则有

$$t_2 - t_1 = \frac{s}{v+\frac{3}{2}x} + \frac{s}{v-\frac{3}{2}x} - \left(\frac{s}{v+x} + \frac{s}{v-x}\right)$$

$$= \frac{s}{v+\frac{3}{2}x} - \frac{s}{v+x} + \frac{s}{v-\frac{3}{2}x} - \frac{s}{v-x}$$

$$= s\left[\frac{-\frac{x}{2}}{\left(v+\frac{3}{2}x\right)(v+x)} + \frac{\frac{x}{2}}{\left(v-\frac{3}{2}x\right)(v-x)}\right] > 0,$$

故增加水速增加了往返所需要的时间．

【快速得分法】设水速增加到与船速相等，则船逆水行驶的速度为 0，永远达不到目的地．显然增加水速就增加了往返所需要的时间．……………… 极值法

【答案】(A)

17. (2011年管理类联考真题) 已知船在静水中的速度为28千米/小时，河水的流速为2千米/小时，则此船在相距78千米的两地间往返一次所需时间是(　　)小时．

(A)5.9　　　(B)5.6　　　(C)5.4　　　(D)4.4　　　(E)4

【解析】相对速度问题，往返一次所需时间为 $\frac{78}{30} + \frac{78}{26} = 5.6$(小时)． $\quad t_{顺水} = \frac{s}{v_{船}+v_{水}} = \frac{78}{28+2}$；
$t_{逆水} = \frac{s}{v_{船}-v_{水}} = \frac{78}{28-2}$

【答案】(B)

18. 一艘小轮船上午8：00起航逆流而上(设船速和水流速度一定)，中途船上一块木板落入水中，直到8：50船员才发现这块重要的木板丢失，立即调转船头去追，最终于9：20追上木板．由上述数据可以算出木板落水的时间是(　　)．

(A)8：35　　　(B)8：30　　　(C)8：25　　　(D)8：20　　　(E)8：15

【解析】设轮船出发后过了 $t$ 分钟，木板落入水中，船的速度和水的速度分别为 $v_{船}$、$v_{水}$，根据题意可知

$$(v_{船} - v_{水}) \times (50-t) + v_{水} \times (80-t) = (v_{船} + v_{水}) \times 30.$$

船逆流而上的距离+木板顺流而下的距离=船顺流去追的距离

解得 $t = 20$，即木板落水时间为8：20．

262

【快速得分法】极值法.

设水流速度为0,木板位置保持不变,船的速度保持不变,则远离木板的时间等于回追木板的时间,均为30分钟,所以木板丢失的时间比8:50早30分钟,即8:20木板落水.

【答案】(D)

### 变化7 与火车有关的问题

| 母题模型 | 解题思路 |
| --- | --- |
| 与火车有关的行程问题 | 火车问题一般需要考虑车身的长度,例如:<br>(1)火车穿过隧道:<br>火车通过的距离＝车长＋隧道长.<br>(2)快车超过慢车:<br>相对速度＝快车速度－慢车速度(同向而去,速度相减).<br>从追上车尾到超过车头的相对距离＝快车长度＋慢车长度.<br>(3)两车相对而行:<br>相对速度＝快车速度＋慢车速度(迎面而来,速度相加).<br>从相遇到离开的距离为两车长度之和. |

19. (2004年MBA联考真题)快慢两列车长度分别为160米和120米,它们相向驶在平行轨道上,若坐在慢车上的人见整列快车驶过的时间是4秒,那么坐在快车上的人见整列慢车驶过的时间是(　　).

(A)3秒　　(B)4秒　　(C)5秒　　(D)6秒　　(E)以上选项均不正确

【解析】设快车速度为$a$,慢车速度为$b$,相向行驶,速度相加,故有$\dfrac{160}{a+b}=4$(秒).

则$a+b=\dfrac{160}{4}=40$(米/秒).所以,快车上看见慢车驶过的时间为$\dfrac{120}{a+b}=3$(秒).

【答案】(A)

20. (1998年在职MBA联考真题)在有上、下行的轨道上,两列火车相向开来,若甲车长187米,每秒行驶25米,乙车长173米,每秒行驶20米,则从两车头相遇到两车尾离开,需要(　　).

(A)12秒　　(B)11秒　　(C)10秒　　(D)9秒　　(E)8秒

【解析】从两车头相遇到两车尾离开,走的相对路程为两车长之和,由于是相向开来,故相对速度为两者速度之和,故有

$$t=\dfrac{s}{v}=\dfrac{187+173}{25+20}=8(秒).$$

【答案】(E)

21. (1999年在职MBA联考真题)一列火车长75米,通过525米长的桥梁需要40秒,若以同样的速度穿过300米的隧道,则需要(　　).

(A)20秒　　(B)约23秒　　(C)25秒　　(D)约27秒　　(E)约28秒

【解析】设通过300米的隧道需要$t$秒,速度相等,故有

$$\frac{75+525}{40}=\frac{75+300}{t},$$

解得 $t=25$. 故通过 300 米的隧道需要 25 秒.

【答案】(C)

**22.** (2005年在职MBA联考真题)一列火车完全通过一个长为 1 600 米的隧道用了 25 秒, 通过一根电线杆用了 5 秒, 则该列火车的长度为( ).

(A) 200 米　　(B) 300 米　　(C) 400 米　　(D) 450 米　　(E) 500 米

【解析】令火车长为 $x$ 米, 火车通过隧道和电线杆时的速度相等, 即 $\frac{1\,600+x}{25}=\frac{x}{5}$, 解得 $x=400$. 故该列火车长为 400 米.

【答案】(C)

**23.** (2008年在职MBA联考真题)一批救灾物资分别随 16 列货车从甲站紧急调到 600 千米外的乙站, 每列车的平均速度为 125 千米/小时. 若两列相邻的货车在运行中的间隔不得小于 25 千米, 则这批物资全部到达乙站最少需要的小时数为( )小时.

(A) 7.4　　(B) 7.6　　(C) 7.8　　(D) 8　　(E) 8.2

【解析】假设第一列货车始终往前开, 则全部到站时, 第一列货车行走 $600+15\times 25$ 千米, 故所需时间为 $\frac{600+15\times 25}{125}=7.8$(小时).

【答案】(C)

### 变化 8　其他行程问题

**24.** (2017年管理类联考真题)某人从 $A$ 地出发, 先乘时速为 220 千米的动车, 后转乘时速为 100 千米的汽车到达 $B$ 地, 则 $A$、$B$ 两地的距离为 960 千米.

(1) 乘动车时间与乘汽车的时间相等.
(2) 乘动车时间与乘汽车的时间之和为 6 小时.

【解析】两个条件单独显然不充分, 联立之.
乘动车和乘汽车的时间均为 3 小时, 距离为 $(220+100)\times 3=960$(千米), 故联立起来充分.

【答案】(C)

**25.** (2001年MBA联考真题)两地相距 351 千米, 汽车已行驶了全程的 $\frac{1}{9}$, 再行驶( )千米, 剩下的路程是已行驶的路程的 5 倍.

(A) 19.5　　　　　　　(B) 21　　　　　　　(C) 21.5
(D) 22　　　　　　　(E) 22.5

【解析】设再行驶 $x$ 千米, 根据题意得

$$5\times\left(351\times\frac{1}{9}+x\right)=351-\left(351\times\frac{1}{9}+x\right),$$

解得 $x=19.5$. 故汽车需再行驶 19.5 千米.

【答案】(A)

## 题型 79　图像与图表问题

### 题型概述

| 命题概率 | 母题特点 |
| --- | --- |
| (1) 近 10 年真题命题数量：5.<br>(2) 命题概率：0.5. | 题干中给出一些图像或图表，要求根据图中的信息进行计算. |

### 母题变化

**变化 1　行程问题的图像**

| 母题模型 | 解题思路 |
| --- | --- |
| (1) $s-t$ 图.<br>①匀速直线运动：斜率即为速度 $v$. 如图 7-3 所示. 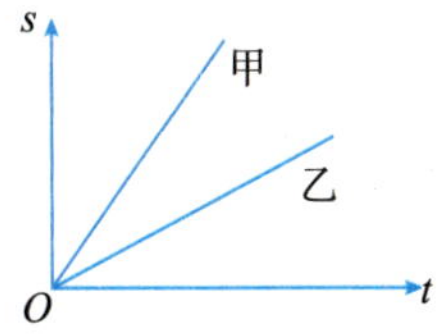<br><br>图 7-3<br><br>②速度有变化的运动. 如图 7-4 所示： 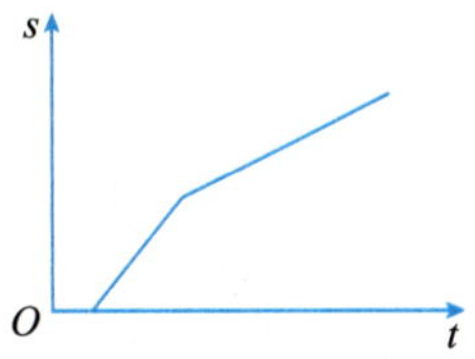<br><br>图 7-4<br><br>初始速度为 0，然后变为一个较大的速度进行匀速直线运动，再变为一个较小的速度进行匀速直线运动.<br>(2) $v-s$ 图.<br>如图 7-5 所示： 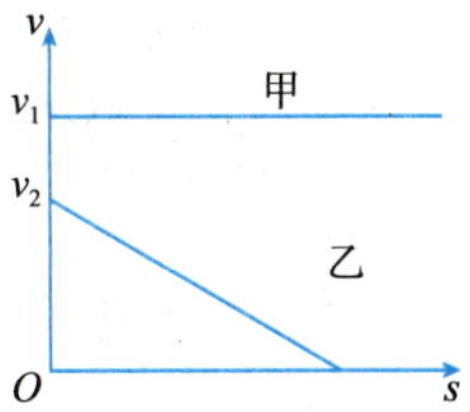<br><br>图 7-5 | 根据图像获取一些信息，再根据信息解题即可. |

265

续表

| 母题模型 | 解题思路 |
|---|---|
| 甲是一个速度为 $v_1$ 的匀速直线运动．乙为一个初始速度为 $v_2$，逐渐降低到速度为 0 的变速运动． <br> (3) $v-t$ 图． <br> 如图 7-6 所示： 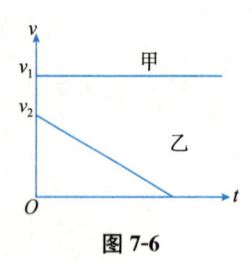 <br> 图 7-6 <br> 甲是一个速度为 $v_1$ 的匀速直线运动．乙为一个初始速度为 $v_2$，逐渐降低到速度为 0 的变速运动． | |

1. (2019 年管理类联考真题) 货车行驶 72 千米用时 1 小时，其速度 $v$ 与行驶时间 $t$ 的关系如图 7-7 所示，则 $v_0=$ ( )．

   (A) 72  (B) 80
   (C) 90  (D) 95
   (E) 100

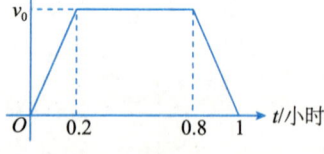

   【解析】将右边的三角形补到左边，形成一个矩形，则矩形面积为 $s=v_0 t=v_0 \times 0.8 = 72$，故 $v_0 = 90$．

   因为 $s = vt$，则行驶的路程恰好为题干中梯形的面积

   图 7-7

   【答案】(C)

### 变化 2　注水问题的图像

2. (2009 年在职 MBA 联考真题) 如图 7-8 所示，向放在水槽底部的口杯注水（流量一定），注满口杯后继续注水，直到注满水槽，水槽中水平面上升高度 $h$ 与注水时间 $t$ 之间的函数关系大致是 ( )．

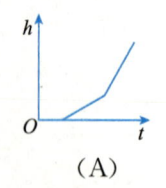

   (A) 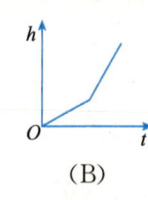　(B) 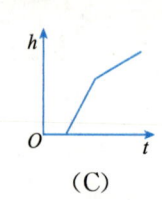　(C) 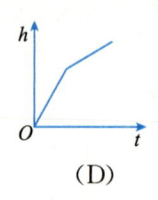　(D)　(E) 以上选项均不正确

   图 7-8

   【解析】分成三个阶段：

   Ⅰ：注满口杯前，水槽内一直没水，$h=0$；

   Ⅱ：注满口杯后，没过口杯前，根据 $h = \dfrac{V}{S_底}$，此时底面积 $S_底$ 较小，水的高度 $h$ 增长速度较快；

   Ⅲ：没过口杯后，根据 $h = \dfrac{V}{S_底}$，此时底面积 $S_底$ 较大，水的高度 $h$ 增长速度较慢．

   故图像应为 (C) 选项所示．

   【答案】(C)

### 变化 3　其他一次函数应用题的图像

**3.**（2019 年管理类联考真题）某影城统计了一季度的观众人数，如图 7-9 所示，则一季度的男、女观众人数之比为（　　）．
(A) 3∶4　　(B) 5∶6　　(C) 12∶13
(D) 13∶12　(E) 4∶3

【解析】观察图像，可知一季度男观众的总人数为 $5+4+3=12$（万人），女观众的总人数为 $6+3+4=13$（万人）．则一季度的男、女观众人数之比为 12∶13．
【答案】(C)

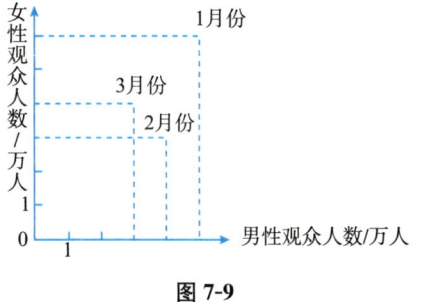

图 7-9

### 变化 4　图表题

**4.**（2012 年管理类联考真题）经统计，某机场的一个安检口每天中午办理安检手续的乘客人数及相应的概率如表 7-7 所示．

表 7-7

| 乘客人数 | 0～5 | 6～10 | 11～15 | 16～20 | 21～25 | 25 以上 |
|---|---|---|---|---|---|---|
| 概率 | 0.1 | 0.2 | 0.2 | 0.25 | 0.2 | 0.05 |

该安检口 2 天中至少有 1 天中午办理安检手续的乘客人数超过 15 的概率是（　　）．
(A) 0.2　　(B) 0.25　　(C) 0.4　　(D) 0.5　　(E) 0.75

【解析】设每天中午在安检口办理手续的乘客人数超过 15 人为事件 $A$，则根据图表可知 $P(A)=0.25+0.2+0.05=0.5$．所以 $P(\bar{A})=1-0.5=0.5$．
两天均没超过 15 人的概率为 $0.5^2=0.25$．所以，2 天中至少有一天中午办理手续的人数超过 15 人的概率为 $1-0.25=0.75$．

"至少有 1 天"使用对立事件求解法：1−两天均没超过 15 人的概率

【答案】(E)

**5.**（2015 年管理类联考真题）某次网球比赛的四强对阵为甲对乙、丙对丁，两场比赛的胜者将争夺冠军，选手之间相互获胜的概率如表 7-8 所示：

表 7-8

|  | 甲 | 乙 | 丙 | 丁 |
|---|---|---|---|---|
| 甲获胜概率 |  | 0.3 | 0.3 | 0.8 |
| 乙获胜概率 | 0.7 |  | 0.6 | 0.3 |
| 丙获胜概率 | 0.7 | 0.4 |  | 0.5 |
| 丁获胜概率 | 0.2 | 0.7 | 0.5 |  |

则甲获得冠军的概率为（　　）．
(A) 0.165　(B) 0.245　(C) 0.275
(D) 0.315　(E) 0.330

甲要获得冠军必须战胜乙，并且战胜丙和丁之间的胜者．甲在半决赛中获胜的概率为 0.3；甲在决赛中获胜的概率为 $0.5\times 0.3+0.5\times 0.8$．

【解析】甲获得冠军的概率为 $0.3\times(0.5\times 0.3+0.5\times 0.8)=0.165$．
【答案】(A)

6. (2019年管理类联考真题)10名同学的语文和数学成绩如表7-9所示：

表7-9

| 语文成绩 | 90 | 92 | 94 | 88 | 86 | 95 | 87 | 89 | 91 | 93 |
|---|---|---|---|---|---|---|---|---|---|---|
| 数学成绩 | 94 | 88 | 96 | 93 | 90 | 85 | 84 | 80 | 82 | 98 |

语文和数学成绩的均值分别记为 $E_1$ 和 $E_2$，标准差分别记为 $\sigma_1$ 和 $\sigma_2$，则(　　).

(A) $E_1 > E_2$，$\sigma_1 > \sigma_2$
(B) $E_1 > E_2$，$\sigma_1 < \sigma_2$
(C) $E_1 > E_2$，$\sigma_1 = \sigma_2$
(D) $E_1 < E_2$，$\sigma_1 > \sigma_2$
(E) $E_1 < E_2$，$\sigma_1 < \sigma_2$

【解析】$E_1 = \dfrac{90+92+94+88+86+95+87+89+91+93}{10} = 90.5$；

$E_2 = \dfrac{94+88+96+93+90+85+84+80+82+98}{10} = 89.$

显然 $E_1 > E_2$，通过观察可知语文成绩的离散程度小于数学成绩，故有 $\sigma_1 < \sigma_2$.

或者通过计算方差也可得出答案.

$\sigma_1^2 = \dfrac{1}{10} \times [(90-90.5)^2 + (92-90.5)^2 + (94-90.5)^2 + (88-90.5)^2 + (86-90.5)^2 + (95-90.5)^2 +$
$(87-90.5)^2 + (89-90.5)^2 + (91-90.5)^2 + (93-90.5)^2]$

$= \dfrac{1}{10} \times (0.5^2 + 1.5^2 + 3.5^2 + 2.5^2 + 4.5^2 + 4.5^2 + 3.5^2 + 1.5^2 + 0.5^2 + 2.5^2) = 8.25.$

$\sigma_2^2 = \dfrac{1}{10} \times [(94-89)^2 + (88-89)^2 + (96-89)^2 + (93-89)^2 + (90-89)^2 + (85-89)^2 + (84-89)^2 +$
$(80-89)^2 + (82-89)^2 + (98-89)^2]$

$= \dfrac{1}{10} \times (5^2 + 1^2 + 7^2 + 4^2 + 1^2 + 4^2 + 5^2 + 9^2 + 7^2 + 9^2) = 34.4.$

故 $\sigma_1 < \sigma_2$.

【答案】(B)

## 题型80　最值问题

### 题型概述

| 命题概率 | 母题特点 |
|---|---|
| (1) 近10年真题命题数量：5.<br>(2) 命题概率：0.5. | 在应用题中出现求最值或者求范围. |

## 母题变化

### 变化 1　转化为一元二次函数求最值

| 母题模型 | 解题思路 |
| --- | --- |
| 题干列方程以后，能变为一个一元二次函数. | (1) 配方法.<br>(2) 顶点坐标公式法.<br>(3) 图像法.<br>注意：定义域问题. |

1. (2010 年管理类联考真题)甲商店销售某种商品，该商品的进价为每件 90 元，若每件定价 100 元，则一天内能售出 500 件，在此基础上，定价每增 1 元，一天少售出 10 件，若使甲商店获得最大利润，则该商品的定价应为(　　).

   (A) 115 元　　　(B) 120 元　　　(C) 125 元　　　(D) 130 元　　　(E) 135 元

   【解析】设现定价比原定价高了 $x$ 元，利润为 $y$ 元，根据题意，得销售量为 $500-10x$，故

   $$y = (100+x-90)(500-10x)$$
   $$= 10(500+40x-x^2)$$
   $$= -10(x^2-40x+400-900)$$
   $$= -10(x-20)^2+9\,000,$$  ——配方法

   根据一元二次函数的性质，可知当 $x=20$ 时，利润最高，此时定价为 120 元.

   【答案】(B)

2. (2016 年管理类联考真题)某商场将每台进价为 2 000 元的冰箱以 2 400 元销售时，每天销售 8 台，调研表明，这种冰箱的售价每降低 50 元，每天就能多销售 4 台. 若要每天销售利润最大，则该冰箱的定价应为(　　)元.

   (A) 2 200　　　(B) 2 250　　　(C) 2 300　　　(D) 2 350　　　(E) 2 400

   【解析】设降价 $50x$ 元，利润为 $y$ 元. 则

   $$y = (2\,400-2\,000-50x)(8+4x),$$

   即

   $$y = -200x^2+1\,200x+3\,200.$$

   故当 $x=3$ 时，$y$ 有最大值，故该冰箱的定价为　　　顶点坐标法：当 $x=-\dfrac{b}{2a}$ 时，$y$ 有最大值

   $$2\,400-3\times 50 = 2\,250(元).$$

   【答案】(B)

3. (2007 年 MBA 联考真题)设罪犯与警察在一开阔地上相隔一条宽 0.5 千米的河的两岸，罪犯从北岸 $A$ 点处以每分钟 1 千米的速度向正北逃窜，警察从南岸 $B$ 点以每分钟 2 千米的速度向正东追击(如图 7-10 所示)，则警察从 $B$ 点到达最佳射击位置(即罪犯与警察相距最近的位置)所需的时间是(　　)分钟.

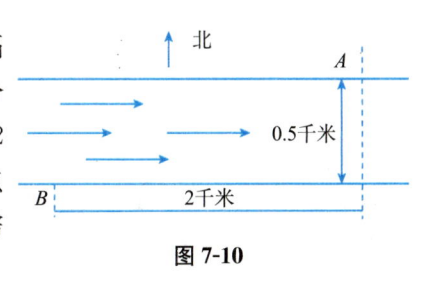

图 7-10

(A) $\dfrac{3}{5}$   (B) $\dfrac{5}{3}$   (C) $\dfrac{10}{7}$   (D) $\dfrac{7}{10}$   (E) $-\dfrac{3}{5}$

【解析】设经过 $t$ 分钟到达最佳射击位置,此时警察在 $B'$ 点,罪犯在 $A'$ 点,与 $A$ 点相对应的南岸的点为 $C$ 点,如图 7-11 所示.

求 $A'B'$ 距离的最小值,则有

$$A'C = 0.5 + 1 \cdot t, \quad B'C = 2 - 2t,$$

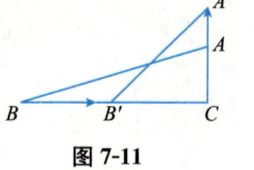

得 $A'B' = \sqrt{A'C^2 + B'C^2} = \sqrt{5t^2 - 7t + 4.25}$,根据顶点坐标公式,当 $t = \dfrac{7}{10}$ 时,$A'B'$ 距离最小.

【答案】(D)

4. (2003 年在职 MBA 联考真题) 已知某厂生产 $x$ 件产品的成本为 $C = 25\,000 + 200x + \dfrac{1}{40}x^2$(元),若产品以每件 500 元售出,则使利润最大的产量是(  ).

(A) 2 000 件   (B) 3 000 件   (C) 4 000 件
(D) 5 000 件   (E) 6 000 件

【解析】总利润为 $y = 500x - C = -\dfrac{1}{40}x^2 + 300x - 25\,000$.根据顶点坐标公式,当 $x = -\dfrac{300}{-\dfrac{1}{40} \times 2} = 6\,000$ 时,$y$ 有最大值.故使利润最大的产量为 6 000 件.

【答案】(E)

### 变化 2　转化为均值不等式求最值

| 母题模型 | 解题思路 |
| --- | --- |
| 题干列方程以后,能变为均值不等式问题. | 一正二定三相等 |

5. (2009 年管理类联考真题) 某工厂定期购买一种原料,已知该厂每天需用该原料 6 吨,每吨价格 1 800 元,原料的保管等费用平均每天每吨 3 元,每次购买原料需支付运费 900 元,若该工厂要使平均每天支付的总费用最省,则应该每(  )天购买一次原料.

(A) 11   (B) 10   (C) 9   (D) 8   (E) 7

【解析】设每 $x$ 天购买一次原料,平均每天支付的总费用为 $y$ 元,根据题意,得

$$y = \dfrac{900 + 6 \times 1\,800x + 3 \times 6 \times [x + (x-1) + \cdots + 2 + 1]}{x}$$

$$= \dfrac{900 + 6 \times 1\,800x + 3 \times 6 \times \dfrac{x(x-1)}{2}}{x}$$

$$= 6 \times 1\,800 + \dfrac{900}{x} + 9x - 9.$$

根据均值不等式等号成立的条件,当 $\dfrac{900}{x} = 9x$ 时,$y$ 有最小值,解得 $x = 10$.

【答案】(B)

6. (2003年MBA联考真题)已知某厂生产 $x$ 件产品的成本为 $C=25\,000+200x+\dfrac{1}{40}x^2$，要使平均成本最小所应生产的产品件数为(　　).

(A)100件　　(B)200件　　(C)1 000件　　(D)2 000件　　(E)2 500件

【解析】平均成本：$y=\dfrac{C}{x}=\dfrac{25\,000}{x}+200+\dfrac{1}{40}x\geqslant 2\sqrt{\dfrac{25\,000}{x}\times\dfrac{1}{40}x}+200=250.$

当 $\dfrac{25\,000}{x}=\dfrac{1}{40}x$ 时等号成立，可使平均成本最小，此时 $x=1\,000$ 件．

【答案】(C)

7. (2003年MBA联考真题)某产品的产量 $Q$ 与原材料 $A$、$B$、$C$ 的数量 $x$，$y$，$z$(单位均为吨)满足 $Q=0.05xyz$，已知 $A$、$B$、$C$ 每吨的价格分别是 3，2，4(百元). 若用 5 400 元购买 $A$、$B$、$C$ 三种原材料，则使产量最大的 $A$、$B$、$C$ 的采购量分别为(　　)吨．

(A)6，9，4.5　(B)2，4，8　(C)2，3，6　(D)2，2，2　(E)以上选项均不正确

【解析】设 $A$、$B$、$C$ 的采购量分别为 $x$ 吨、$y$ 吨、$z$ 吨，由题意可知 $3x+2y+4z=54$，由均值不等式，可知

$$Q=0.05xyz=\dfrac{1}{20}\times\dfrac{1}{24}\cdot 3x\cdot 2y\cdot 4z\leqslant \dfrac{1}{480}\left(\dfrac{3x+2y+4z}{3}\right)^3=\dfrac{243}{20},$$

当 $3x=2y=4z$ 时等号成立，解得 $x=6$，$y=9$，$z=4.5$.

【答案】(A)

### 变化 3　转化为不等式求最值

| 母题模型 | 解题思路 |
| --- | --- |
| 题干列方程以后，能变为不等式求解集问题． | 求解不等式即可 |

8. (2012年管理类联考真题)某户要建一个长方形的羊栏，则羊栏的面积大于 500 平方米．

(1)羊栏的周长为 120 米．

(2)羊栏对角线的长不超过 50 米．

【解析】设羊栏的长与宽分别为 $a$ 米、$b$ 米，则只需证 $ab>500$.

条件(1)：可令长为 59 米，宽为 1 米，则面积为 59 平方米，条件(1)不充分．

条件(2)：举反例，令长为 4 米，宽为 3 米，对角线长为 5 米，面积为 12 平方米，条件(2)也不充分．

联立条件(1)和条件(2)，即

$$\begin{cases} a+b=60, \\ \sqrt{a^2+b^2}\leqslant 50, \end{cases}$$

则 $3\,600=(a+b)^2=a^2+2ab+b^2\leqslant 2\,500+2ab$，所以 $ab\geqslant 550$，故两个条件联立充分．

【答案】(C)

9. (2013年管理类联考真题)某单位年终共发了 100 万元奖金，奖金金额分别是一等奖 1.5 万元、二等奖 1 万元、三等奖 0.5 万元，则该单位至少有 100 人．

(1)得二等奖的人数最多．

(2)得三等奖的人数最多．

【解析】设一等奖 $x$ 人，二等奖 $y$ 人，三等奖 $z$ 人，则总人数为 $x+y+z$，奖金为
$$1.5x+1y+0.5z=(x+y+z)+0.5(x-z)=100,$$
当 $x-z\leqslant 0$，即 $x\leqslant z$ 时，$x+y+z\geqslant 100$.

条件(1)：得二等奖的人数最多，则得一等奖的人数可能比得三等奖的人数多，条件(1)不充分.

条件(2)：得三等奖的人数最多，则得一等奖的人数少于得三等奖的人数，条件(2)充分.

【答案】(B)

**10.** (2020年管理类联考真题)某网店对单价为 55 元、75 元、80 元的三种商品进行促销，促销策略是：每单满 200 元减 $m$ 元．如果每单减 $m$ 元的实际售价均不低于原价的 8 折，那么 $m$ 的最大值为(　　)．

(A)40　　　　(B)41　　　　(C)43　　　　(D)44　　　　(E)48

【解析】易知，总价越高，"打 8 折"的优惠力度就大于"减 $m$ 元"的优惠力度，故只要考虑总价最接近 200 元的情况即可．当买 1 件 55 元的商品、2 件 75 元的商品时，总价最接近 200 元．此时，根据每单减 $m$ 元的实际售价不低于原价的 8 折，可得
$$55+75\times 2-m\geqslant (55+75\times 2)\times 0.8,$$
解得 $m\leqslant 41$. 故 $m$ 的最大值为 41.

【答案】(B)

### 变化4　极值法求最值

**11.** (2011年管理类联考真题)某年级共有 8 个班，在一次年级考试中，共有 21 名学生不及格，每班不及格的学生最多有 3 名，则(一)班至少有 1 名学生不及格．

(1)(二)班的不及格人数多于(三)班．

(2)(四)班不及格的学生有 2 名．

【解析】条件(1)：因为(二)班的不及格人数多于(三)班，又因为每个班最多有 3 名学生不及格，所以，(三)班的不及格人数小于等于 2 人．除(一)班外，其他 7 个班不及格人数最多为 $3\times 6+2=20$(人)，所以，(一)班至少有 1 名学生不及格，条件(1)充分．

条件(2)：同理，条件(2)也充分．

【答案】(D)

**12.** (2013年管理类联考真题)甲班共有 30 名学生，在一次满分为 100 分的考试中，全班的平均成绩为 90 分，则成绩低于 60 分的学生至多有(　　)名．

(A)8　　　　(B)7　　　　(C)6　　　　(D)5　　　　(E)4

【解析】用极值法．欲使低于 60 分的人数最多，则不及格的学生分数越接近 60 分越好，及格的同学分数越接近 100 分越好．

故设不及格的同学的分数约等于 60 分，有 $x$ 人，及格的同学均为 100 分，有 $30-x$ 人，即
$$(30-x)100+60x=30\times 90,$$
解得 $x=7.5$.

理想状态下可以有 7.5 人不及格，取整数，则最多有 7 个人低于 60 分．

【答案】(B)

## 题型 81　线性规划问题

### 题型概述

| 命题概率 | 母题特点 |
|---|---|
| (1) 近10年真题命题数量：3.<br>(2) 命题概率：0.3. | 在限定条件下，求最优解. |

### 母题变化

| 母题模型 | 解题思路 |
|---|---|
| 在某些限定条件下，确定目标函数的极限值. | (1) "先看边界后取整数"法.<br>第一步：将不等式直接取等号，求得未知数的解；<br>第二步：若所求解为整数，一般来说此整数解即为目标函数的解；若所求解为小数，则取其左右相邻的整数，验证是否符合题意.<br>(2) 图像法.<br>由已知条件写出约束条件，并作出可行域，进而通过平移目标函数的图像（一般为直线），在可行域内求线性目标函数的最优解. |

#### 变化 1　临界点为整数点

**1.** (2013年管理类联考真题) 有一批水果要装箱，一名熟练工单独装箱需要10天，每天报酬为200元；一名普通工单独装箱需要15天，每天报酬为120元. 由于场地限制，最多可同时安排12人装箱，若要求在一天内完成装箱任务，则支付的最少报酬为(　　).

(A) 1 800元　　(B) 1 840元　　(C) 1 920元　　(D) 1 960元　　(E) 2 000元

【解析】设需要熟练工和普通工的人数分别为 $x,y$，支付的报酬为 $z$，熟练工的效率为 $\dfrac{1}{10}$，普通工的效率为 $\dfrac{1}{15}$，则

$$\begin{cases} \dfrac{x}{10}+\dfrac{y}{15}\geqslant 1, \\ x+y\leqslant 12, \\ z=200x+120y, \end{cases} \text{（其中 } x,y \text{ 均为非负整数）}$$

解方程组 $\begin{cases} \dfrac{x}{10}+\dfrac{y}{15}=1, \\ x+y=12, \end{cases}$ 得 $x=6, y=6$. （解恰为整数，一般来说，此组解为原不等式组的最优解）

所以，支付的报酬最少为 $z=200x+120y=200\times 6+120\times 6=1\,920$(元).

【答案】(C)

## 变化 2　临界点为非整数点

**2. (2010年管理类联考真题)** 某居民小区决定投资15万元修建停车位,据测算,修建一个室内车位的费用为5 000元,修建一个室外车位的费用为1 000元,考虑到实际因素,计划室外车位的数量不少于室内车位的2倍,也不多于室内车位的3倍,这笔投资最多可建车位的数量为(　　)个.

(A)78　　　　(B)74　　　　(C)72　　　　(D)70　　　　(E)66

【解析】方法一:由题意可知,欲使总车位最多,应尽量多建室外车位,故应使室外车位数量是室内车位数量的3倍,设室内车位建$x$个,则室外车位建$3x$个,则
$$5\,000x+1\,000\times 3x=150\,000,$$
解得$x=18.75$. 检验$x=18$和$x=19$,可知当$x=19$时,可建19个室内车位和55个室外车位,此时车位最多为74个.

方法二:设可建室内车位$x$个,室外车位$y$个,根据题意,有
$$\begin{cases}5\,000x+1\,000y\leqslant 150\,000,\\ 2x\leqslant y\leqslant 3x\end{cases}\Rightarrow\begin{cases}5x+y\leqslant 150,\\ 2x\leqslant y\leqslant 3x.\end{cases}$$

采用极值法,将上述不等式取等号,可得
$$\begin{cases}5x+y=150,\\ 2x=y,\end{cases}\text{或者}\begin{cases}5x+y=150,\\ 3x=y.\end{cases}$$

解得$x=\dfrac{150}{7}$或$x=\dfrac{150}{8}$,故有$\dfrac{150}{8}\leqslant x\leqslant \dfrac{150}{7}$.

又因为$x$必须为整数,故$x$的可能取值为19,20,21.

代入可知,$x=19$时,可建车位数量最多,此时$y=55$,车位总数为$19+55=74$(个).

【答案】(B)

**3. (2012年管理类联考真题)** 某公司计划运送180台电视机和110台洗衣机下乡,现有两种货车,甲种货车每辆最多可载40台电视机和10台洗衣机,乙种货车每辆最多可载20台电视机和20台洗衣机,已知甲、乙两种货车的租金分别是每辆400元和360元,则最少的运费是(　　).

(A)2 560元　　(B)2 600元　　(C)2 640元　　(D)2 680元　　(E)2 720元

【解析】设用甲种货车$x$辆,乙种货车$y$辆,总费用为$z$元,则有
$$\begin{cases}40x+20y\geqslant 180,\\ 10x+20y\geqslant 110,\\ z=400x+360y,\end{cases}\text{即}\begin{cases}2x+y\geqslant 9,\\ x+2y\geqslant 11,\\ z=400x+360y,\end{cases}$$

解方程组$\begin{cases}2x+y=9,\\ x+2y=11,\end{cases}$得$x=\dfrac{7}{3}$,$y=\dfrac{13}{3}$. 　*解为非整数时,需要取相邻整数检验*

取整数有

若$x=2$,$y=5$,费用为$800+360\times 5=2\,600$(元);

若$x=3$,$y=4$,费用为$1\,200+360\times 4=2\,640$(元).

可知用甲车2辆、乙车5辆时,费用最低,是2 600元.

【答案】(B)

## 变化 3　解析几何型线性规划问题

**4. (2018 年管理类联考真题)** 已知点 $P(m, 0)$，$A(1, 3)$，$B(2, 1)$，点 $(x, y)$ 在 $\triangle PAB$ 上。则 $x-y$ 的最小值与最大值分别为 $-2$ 和 $1$。

(1) $m \leqslant 1$。

(2) $m \geqslant -2$。

【解析】条件(1)：当 $m$ 的值很小时，将点 $P$ 坐标代入 $x-y$，所得值很小，不充分。

条件(2)：当 $m$ 的值很大时，将点 $P$ 坐标代入 $x-y$，所得值很大，不充分。

联立两个条件：

设 $x-y=b$，则有 $y=x-b$，可知 $x-y$ 的最小值和最大值分别为直线 $y=x-b$ 截距相反数的最小值和最大值。

如图 7-12 所示：$x-y$ 的最小值和最大值分别为 $-2$ 和 $1 \Leftrightarrow A(1,3)$，$B(2,1)$ 分别为可行域的最大值和最小值 $\Leftrightarrow P$ 在 $M(-2,0)$，$N(1,0)$ 之间。

故 $-2 \leqslant m \leqslant 1$，所以联立充分。

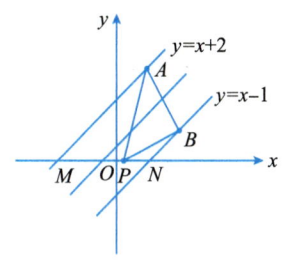

图 7-12

【答案】(C)